杨志 刘畅 / 编著

从新手到高手

# Premiere Pro 2023 从新手到高手

清華大學出版社
北 京

## 内 容 简 介

本书是为Premiere Pro 2023初学者量身订制的实用型案例教程。通过阅读本书，读者不但可以系统、全面地学习和掌握Premiere Pro 2023的基本概念和基础操作方法，还可以通过大量精美的范例，拓展设计思路，积累实战经验。

本书共11章，从基础的Premiere Pro 2023工作界面开始介绍，逐步深入讲解基本操作、素材剪辑、特效应用、关键帧动画、叠加与抠像、视频调色、添加字幕、音频处理等核心功能及操作方法，最后通过两个大型实例综合演练前面所学的知识。

本书内容丰富，讲解深入，不仅适合Premiere Pro零基础者学习，也适合用作相关院校和培训机构的相关教材，还适用于广大视频编辑爱好者、影视动画制作者、影视编辑从业人员参考学习。



**图书在版编目（CIP）数据**

Premiere Pro 2023从新手到高手 / 杨志, 刘畅编著. — 北京：清华大学出版社, 2023.6
（从新手到高手）

ISBN 978-7-302-63673-1

Ⅰ. ①P… Ⅱ. ①杨… ②刘… Ⅲ. ①视频编辑软件 Ⅳ. ①TN94

中国国家版本馆CIP数据核字(2023)第100408号

**责任编辑：** 陈绿春
**封面设计：** 潘国文
**责任校对：** 徐俊伟
**责任印制：** 沈 露

**出版发行：** 清华大学出版社
**网　　址：** http://www.tup.com.cn，　http://www.wqbook.com
**地　　址：** 北京清华大学学研大厦A座　　**邮　　编：** 100084
**社 总 机：** 010-83470000　　**邮　　购：** 010-62786544
**投稿与读者服务：** 010-62776969，c-service@tup.tsinghua.edu.cn
**质量反馈：** 010-62772015，zhiliang@tup.tsinghua.edu.cn
**印 装 者：** 天津鑫丰华印务有限公司
**经　　销：** 全国新华书店
**开　　本：** 188mm×260mm　　**印　　张：** 14.25　　**字　　数：** 440千字
**版　　次：** 2023年8月第1版　　**印　　次：** 2023年8月第1次印刷
**定　　价：** 88.00元

---

产品编号：101046-01

# 前 言

Premiere Pro 2023 是 Adobe 公司推出的一款专业且功能强大的视频编辑软件，该软件为用户提供了素材采集、剪辑、调色、特效、字幕、输出等一整套流程所需的功能，编辑方式简便、实用，被广泛应用于电视节目制作、自媒体视频制作、广告制作、视觉创意、新媒体传播等领域。

**1. 编写目的**

基于 Premiere Pro 2023 软件强大的视频处理能力，编者力求编写一本介绍 Premiere Pro 2023 软件操作方法与常用视频制作技巧的书籍。本书以“基础知识 + 功能详解 + 实例操作”的形式展开，在详细讲解软件基本操作的同时，让读者跟着实例的操作一起动手，以边学边练的形式体验视频制作的乐趣。

**2. 内容安排**

本书共 11 章，精心安排了众多极具针对性和实用性的案例，能让读者快速领悟软件操作的要点，轻松掌握 Premiere Pro 2023 的使用技巧和具体应用方法，还能让有一定基础的读者高效掌握操作重点和难点，快速提升视频编辑制作的水平。

本书内容的具体安排如下。

| 章 名 | 内容安排 |
| --- | --- |
| 第1章　视频编辑的基础知识 | 本章介绍了视频编辑工作的基础知识，包括视频编辑工作中常见的专业术语、电视制式、常用视音频格式、非线性编辑等内容 |
| 第2章　Premiere Pro 2023基本操作 | 本章介绍了Premiere Pro 2023的一些基础操作方法和知识点，包括如何设置和保存工作区、调整项目参数、编辑项目文件、设置界面颜色、设置输出参数和输出音频等内容 |
| 第3章　视频素材剪辑 | 本章介绍了镜头组接的技巧，以及素材剪辑的各类操作方法，其中包括常用剪辑工具的使用方法、取消音视频的链接、调整素材的播放速度、分割素材等内容 |
| 第4章　视频的转场效果 | 本章介绍了Premiere Pro 2023中各类视频转场效果的使用方法及应用技巧 |
| 第5章　关键帧动画 | 本章讲解了关键帧的应用方法，包括创建关键帧、移动关键帧、删除关键帧、复制关键帧，以及如何运用关键帧制作不同的视频效果等内容 |
| 第6章　视频叠加与抠像 | 本章主要介绍了叠加与抠像技术，包括键控特效、各类叠加与抠像效果、通过素材色度进行抠像等内容 |
| 第7章　颜色的校正与调整 | 本章介绍了素材颜色的校正、设置图像控制类效果、设置颜色校正效果、光感效果调色等内容 |
| 第8章　创建与编辑字幕 | 本章介绍了基本图形参数以及字幕创建与编辑的方法，其中包括创建并添加字幕、字幕面板的编辑操作、制作滚动字幕、为字幕添加样式，还有软件新增加的文字描边和对齐等内容 |
| 第9章　音频效果 | 本章介绍了音频效果的应用方法，包括调整音频素材、调整素材音量、调整音频增益与速度、音频效果的使用方法等内容 |
| 第10章　奶茶产品宣传广告 | 本章以案例的形式介绍了奶茶产品宣传广告的制作方法 |
| 第11章　MV视频制作 | 本章以案例的形式介绍了MV视频的制作方法 |

### 3. 本书写作特色

※ 由易到难，轻松学习

本书立足初学者的角度，由浅入深地对 Premiere Pro 2023 的工具、功能和技术要点进行讲解，其中布置的实例涵盖面广泛，从基本操作到行业应用均有涉及，可以满足日常生活或工作中的各类视频制作需求。

※ 全程图解，一看即会

本书内容通俗易懂，以“图解为主，文字为辅”的形式向读者详解各类操作方法。通过书中的插图，可以帮助读者在阅读文字的同时，更轻松、快捷地理解软件的操作方法。

※ 知识全面，一网打尽

本书除了对基础功能的讲解，在操作步骤中还分布了实用的“提示”部分，用于对相应概念、操作技巧和注意事项等进行深层次解读。因此，本书还可以说是一本不可多得的、能全面提升读者软件操作技能的练习手册。

### 4. 配套资源下载

本书的相关教学视频和配套素材请扫描下方的二维码进行下载。

配套素材

教学视频

如果在配套资源的下载过程中碰到问题，请联系陈老师，联系邮箱 chenlch@tup.tsinghua.edu.cn。

### 5. 作者信息和技术支持

本书由哈尔滨学院杨志和刘畅编著。在本书的编写过程中，我们以科学、严谨的态度，力求精益求精，但疏漏之处在所难免，如果有任何技术方面的问题，请扫描下方的二维码，联系相关的技术人员进行解决。

技术支持

编者

2023 年 7 月

# 目 录

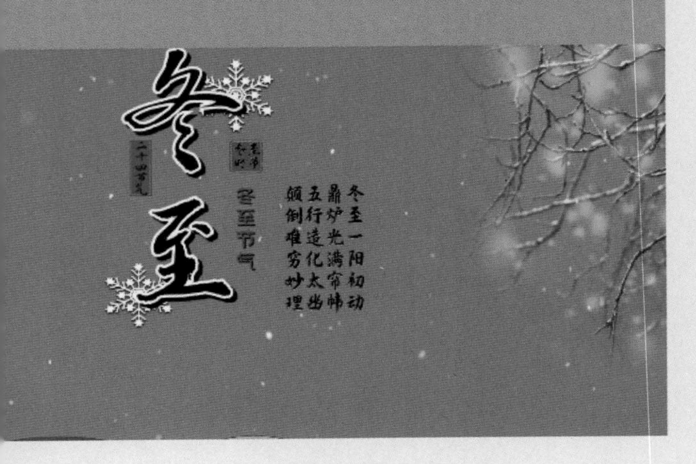
冬至
冬至节气

## 第8章 创建与编辑字幕



## 第9章 音频效果



## 第10章 奶茶产品宣传广告



## 第11章 MV视频制作

# 第1章
# 视频编辑的基础知识

从事影视相关工作的人需要掌握一些基本知识和相关理论，以加深对视频编辑工作的认识和领悟。本章将介绍视频编辑中的一些基础理论，具体内容包括常用视频编辑术语、电视制式、常用音视频格式、图像基础知识，以及线性编辑和非线性编辑等。

## 本章重点

※ 视频编辑常用专业术语
※ 常用音视频格式
※ 常用图像格式
※ 非线性编辑

## 1.1 视频编辑术语

许多初学视频编辑的人会在工作中接触到一些专业术语，例如，关键帧、帧速率、序列、缓存等。在正式开始学习视频编辑前，了解这些术语的含义，能帮助大家更好地掌握视频编辑工作的要义，并且能在一定程度上提高工作效率。

### 1.1.1 视频的概念

视频，又称视像、视讯、录影、录像、动态图像、影音等，泛指一系列静态影像以电信号方式加以捕捉、记录、处理、存储、传送与再现的技术。视频的原理可以通俗理解为：连续播放的静态图片，造成人眼的视觉残留，从而形成连续的动态影像。

### 1.1.2 常见专业术语

视频编辑中的常见术语主要有以下几个。

※ 时长：指视频的时间长度，基本单位是秒。在 Premiere Pro 中所见的时长（00:00:00:00），如图 1-1 所示，分别代表时、分、秒、帧（时 : 分 : 秒 : 帧）。

※ 帧：视频的基础单位，可以理解为一张静态图片即一帧。

※ 关键帧：指剪辑中的特定帧，标记特殊的编辑或其他操作，以便控制动画的流、回放或其他特性。

图1-1

※ 帧速率：指每秒播放帧的数量，单位是帧/秒（fps），帧速率越高，视频播放越流畅。

※ 帧尺寸：指帧（视频）的宽度和高度，帧尺寸越大，视频画面就越大，画面中包含的像素也越多。

※ 画面尺寸：指实际画面的宽度和高度。

※ 画面比例：指视频画面宽度和高度的比例，即常说的4:3、16:9。

※ 画面深度：指色彩深度，对普通的RGB视频来说，8bit是最常见的。

※ Alpha通道：R、G和B颜色通道之外的另一种图像通道，用来存储和传输合成时所需的透明信息。

※ 锚点：指在使用运动特效时，用来改变剪辑中心位置的点。

※ 缓存：指计算机存储器中一部分用来存储静止图像和数字影片的区域，它是为影片的实时回放而准备的。

※ 片段：指由视频、音频、图片或任何能够输入Premiere Pro中的类似内容所组成的媒体文件。

※ 序列：指由编辑过的视频、音频和图形素材组成的片段。

※ 润色：通过调整声音的音量、重录对白的不良部分，以及录制旁白、音乐和声音效果，从而创建高质量混音效果的过程。

※ 时间码：指存储在帧画面上，用于识别视频帧的电子信号编码系统。

※ 转场：指两个编辑点之间的视频或音频效果，例如，视频叠化或音频交叉渐变等。

※ 修剪：指通过对多个编辑点进行细微调整来精确控制序列。

※ 变速：指在单个片段中，前进或倒转（后退）运动时动态改变速度。

※ 压缩：指对编辑好的视频进行重新组合时，减小视频文件大小的方法。

※ 素材：指影片的一小段或一部分，可以是音频、视频、静态图像或标题字幕等。

## 1.1.3 视频分辨率

分辨率是指用于度量图像内数据量多少的参数。在一段视频中，分辨率是非常重要的，因为它决定了位图图像的精细程度。通常情况下，图像的分辨率越高，所包含的像素就越多，图像就越清晰。但需要注意的是，存储高分辨率图像也会相应增加文件占用的磁盘存储空间。我们可以把整个图像想象为一个大型的棋盘，而分辨率的表示方式就是棋盘上所有经线和纬线交叉点的数量。以分辨率为2436×1125的手机屏幕来说，它的分辨率代表了每一条水平线上包含2436个像素，共有1125条线，即扫描列数为2436列，行数为1125行。

这里以Premiere Pro为例，在进入“新建序列”对话框后，单击顶部的“设置”选项卡，然后在界面中单击展开“编辑模式”下拉列表，在该列表中有多种分辨率预设选项可供选择，如图1-2所示。

提示：当在Premiere Pro中设置“宽度”和“高度”的数值后，序列的宽高比也会随数值而更改。

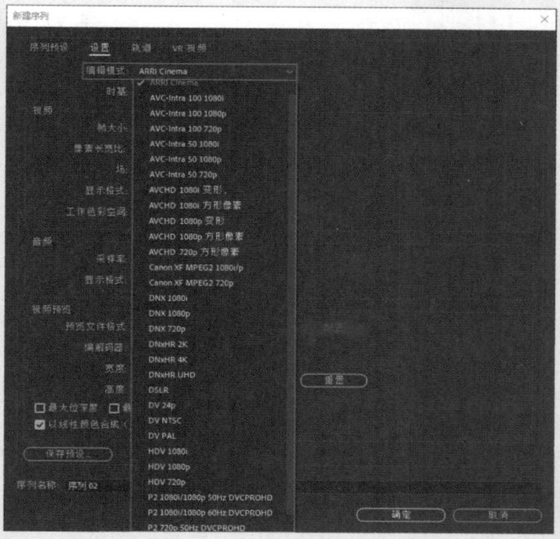

图1-2

## 1.2 影视制作常用格式

在影视制作中会用到各种视频、音频及图像等素材，在正式学习 Premiere Pro 的操作之前，大家应当对视频编辑的规格、标准有清晰的认识。

### 1.2.1 电视制式

电视广播制式主要分为 NTSC、PAL、SECAM 这三种，由于各国对电视影像制定的标准不同，其制式也会有所不同。

**1.NTSC**

正交平衡调幅制，英文全称为 National Television Systems Committee（国家电视系统委员会制式），简称 NTSC 制。该制式是 1952 年由美国国家电视标准委员会指定的彩色电视广播标准。

NTSC 制的帧频约为 30fps（实际为 29.97fps），每帧 525 行 262 线，标准的分辨率为 720×480，24bit 的色彩位深，画面比例为 4:3 或 16:9。NTSC 制虽然解决了彩色电视和黑白电视广播相互不兼容的问题，但也存在相位容易失真、色彩不太稳定的缺点。图 1-3 所示为在 Premiere Pro 中新建序列时，软件提供的几种 NTSC 制预设选项。

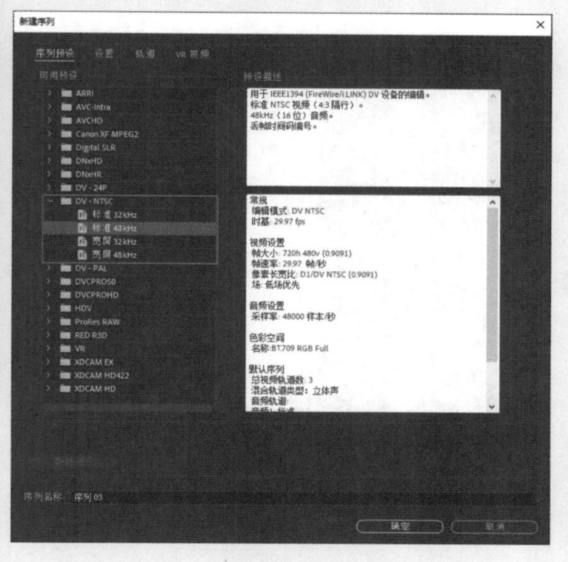


图1-3

**2.PAL**

正交平衡调幅逐行倒相制，英文全称为 Phase-Alternative Line，简称 PAL 制。该制式是西德在 1962 年指定的彩色电视广播标准，采用逐行倒相正交平衡调幅的技术方法，克服了 NTSC 制相位敏感造成色彩失真的缺点。

PAL 制的帧频是 25fps，每帧 625 行 312 线，标准分辨率为 720×576，画面比例为 4:3。PAL 制对相位失真不敏感，图像彩色误差较小，但编码器和解码器都比 NTSC 制复杂，信号处理也较麻烦，接收机的造价也高。图 1-4 所示为在 Premiere Pro 中新建序列时，软件提供的几种 PAL 制预设选项。

**3.SECAM**

行轮换调频制，英文全称为 Sequential Coleur Avec Memoire，简称 SECAM 制。该制式是顺序传送彩色信号与存储恢复彩色信号制，由法国在 1956 年提出，1966 年制定的一种新的彩色电视制式。

SECAM 制式的帧速率为 25fps，每帧 625

行 312 线，隔行扫描，画面比例为 4:3，标准分辨率为 720 × 576。SECAM 制式的特点是抗干扰，彩色效果好，但兼容性差。

图1-4

## 1.2.2 常用视频格式

视频格式是视频播放软件为了能够播放视频文件而赋予视频文件的一种识别符号，可以分为适合本地播放的本地视频和适合在网络中播放的网络流媒体视频两大类。视频格式实际上是一个容器，其中包含不同的轨道，使用容器的格式关系到视频的可扩展性。

下面介绍几种常用的视频格式。

### 1.AVI

AVI（Audio Video Interleave），即音频视频交叉存取格式。1992 年，Microsoft 公司推出了 AVI 技术及其应用软件 VFW（Video for Windows）。在 AVI 文件中，运动图像和伴音数据是以交织的方式存储的，并独立于硬件设备。这种按交替方式组织音频和视像数据的方式可以使读取视频数据流时，能更有效地从存储媒介得到连续的信息。构成一个 AVI 文件的主要参数包括视像参数、伴音参数和压缩参数等。AVI 具有非常好的扩充性。这个规范由于是由微软公司制定的，因此微软全系列的软件包括编程工具 VB、VC 都提供了最强有力的支持，因此，更奠定了 AVI 格式在个人计算机上的视频霸主地位。由于 AVI 格式本身的开放性，获得了众多编码技术研发商的支持，不同的编码使 AVI 格式不断完善，现在几乎所有运行在个人计算机上的通用视频编辑系统，都支持 AVI 格式。

### 2.FLV

FLV 格式是 Flash Video 格式的简称，随着 Flash MX 的推出，Macromedia 公司开发了属于自己的流媒体视频格式——FLV 格式。FLV 流媒体格式是一种新的视频格式，由于它形成的文件极小、加载速度极快，使网络观看视频文件成为可能，FLV 视频格式的出现有效地解决了视频文件导入 Flash 后，使导出的 SWF 格式文件体积庞大，不能在网络上很好地使用等缺点。

### 3.MOV

MOV 格式是 Apple 公司开发的一种视频格式。MOV 格式具有很高的压缩比率和较高的视频清晰度，但其最大的特点还是跨平台性，不仅支持 macOS 操作系统，也能支持 Windows 操作系统。MOV 格式的文件主要由 QuickTime 软件播放，该格式具有跨平台、存储空间小等技术特点，此外，采用了有损压缩方式的 MOV 格式文件，画面效果较 AVI 格式稍好。

### 4.MPEG

MPEG（Moving Picture Export Group）是 1988 年成立的一个专家组，它的工作是开发满足各种应用的运动图像及其伴音的压缩、解压缩和编码描述的国际标准。MPEG 标准有 MPEG-1、MPEG-2、MPEG-4、MPEG-7 和 MPEG-21。MPEG 系列国际标准已经成为影响最大的多媒体技术标准，对数字电视、视听消费电子产品、多媒体通信等信息产业中的重要产品都产生了深远的影响。

### 5.WMV

WMV 格式（Windows Media Video），是微软公司推出的一种采用独立编码方式并且可以直接在网络上实时观看视频节目的文件压缩格式。WMV 格式的主要优点：本地或网络回放、可扩充的媒体类型、可伸缩的媒体类型、支持多语言、环境独立性、丰富的流间关系以及扩展性等。

#### 6.RMVB

RMVB 格式是由 RM 视频格式升级而延伸出的新型视频格式，RMVB 视频格式的先进之处在于打破了原先 RM 格式使用的平均压缩采样的方式，在保证平均压缩比的基础上，更合理地利用比特率资源。也就是说，对于静止和动作场面少的画面场景采用较低编码速率，从而留出更多的带宽，这些带宽会在出现快速运动的画面场景时被利用。这就在保证了静止画面质量的前提下，大幅提高了运动图像的画面质量，从而在图像质量和文件大小之间取得平衡。同时，与 DVDrip 格式相比，RMVB 视频格式也有较为明显的优势，一部大小为 700MB 左右的 DVD 影片，如将其转录成同样品质的 RMVB 格式影片，最多也就有 400MB。不仅如此，RMVB 视频格式还具有内置字幕和无须外挂插件等优点。

### 1.2.3　常用音频格式

本小节将介绍一些常见的音频格式。

#### 1.WAV

WAV 格式是微软公司开发的一种声音文件格式，用于保存 Windows 平台的音频信息资源，被 Windows 平台及其应用程序所支持。WAV 格式支持 MSADPCM、CCITT A LAW 等多种压缩算法，支持多种音频位数、采样频率和声道，标准格式的 WAV 文件和 CD 格式相同，也是 44.1K 的采样频率，速率 88Hz，16 位量化位数。尽管音色出众，但在压缩后的文件体积过大，相对于其他音频格式而言是一个缺点。WAV 格式也是目前个人计算机上广为流行的声音文件格式，几乎所有的音频编辑软件都能识别 WAV 格式文件。

#### 2.MP3

MP3 格　式（Moving Picture Experts Group Audio Layer III，动态影像专家压缩标准音频层面 3）利用人耳对高频声音信号不敏感的特性，将时域波形信号转换为频域信号，并划分为多个频段，对不同的频段使用不同的压缩率，对高频加大压缩比（甚至忽略信号），对低频信号使用小压缩比，保证信号不失真。这样就相当于抛弃人耳基本听不到的高频声音，只保留能听到的低频部分，从而将声音用 1:10 甚至 1:12 的压缩率压缩，所以具有文件小、音质好的特点。

#### 3.MIDI

MIDI（Musical Instrument Digital Interface）格式又称为“乐器数字接口”。MIDI 允许数字合成器和其他设备交换数据。MID 文件格式由 MIDI 继承而来，其并不是一段录制好的声音，而是记录声音的信息，然后再告诉声卡如何再现音乐的一组指令。这样一个 MIDI 文件每存 1 分钟的音乐只需要 5 ~ 10KB。MID 文件主要用于原始乐器作品、流行歌曲的业余表演、游戏音轨以及电子贺卡等。

#### 4.WMA

WMA 格式（Windows Media Audio）是微软公司推出的与 MP3 格式齐名的一种音频格式。由于 WMA 在压缩比和音质方面都超过了 MP3，更是远胜于 RA（Real Audio）格式，即使在较低的采样频率下也能产生较好的音质。WMA 7 之后的 WMA 格式支持证书加密，未经许可（即未获得许可证书），即使是非法复制到本地，也无法播放。

#### 5.AAC

AAC（Advanced Audio Coding）实际上是“高级音频编码”的缩写，其是由 Fraunhofer IIS-A、杜比和 AT&T 共同开发的一种音频格式，也是 MPEG-2 规范的一部分。AAC 所采用的运算法则与 MP3 的运算法则有所不同，AAC 格式通过结合其他的功能来提高编码效率。它还同时支持多达 48 个音轨、15 个低频音轨、更多种采样率和比特率、多种语言的兼容能力、更高的解码效率。总之，AAC 格式可以在比 MP3 文件缩小 30% 的前提下提供更好的音质，被手机界称为“21 世纪数据压缩方式”。

### 1.2.4 常用图像格式

在计算机中常用的图像存储格式有 BMP、TIFF、JPEG、GIF、PSD 和 PDF 等，下面进行简单介绍。

**1.BMP**

BMP 格式是 Windows 操作系统中的标准图像文件格式，它以独立于设备的方法描述位图，各种常用的图形图像软件都可以对该格式的图像文件进行预览和编辑。

**2.TIFF**

TIFF 是常用的位图图像格式，TIFF 位图可以具有任意大小和分辨率，需要用于打印、印刷输出的图像建议存储为该格式。

**3.JPEG**

JPEG 格式是一种高效的压缩格式，可以对图像进行大幅度的压缩，最大限度地节约网络资源，提高传输速度，因此，用于网络传输的图像，一般都存储为该格式。

**4.GIF**

GIF 格式可以在各种图像处理软件中使用，是经过压缩的文件格式，因此，一般占用磁盘空间较小，适合于网络传输，一般常用于存储具有动画效果的图片。

**5.PSD**

PSD 格式是 Photoshop 软件中使用的一种标准图像文件格式，可以保留图像的图层、通道和蒙版等信息，便于后续修改和制作特效。一般在 Photoshop 中制作和处理的图像建议存储为该格式，以最大限度地保存数据信息，待制作完成后再转换成其他图像文件格式，进行后续的排版、拼版或输出工作。

**6.PDF**

PDF 格式又称可移植（或可携带）文件格式，具有跨平台的特性，并包括对专业的制版和印刷生产有效的控制信息，可以作为印前领域通用的文件格式。

## 1.3 数字视频编辑基础

视频后期编辑可以分为线性编辑和非线性编辑两类，下面进行具体介绍。

### 1.3.1 线性编辑

编辑机通常由一台放像机和一台录像机组成，通过放像机选择一段合适的素材并播放，由录像机记录有关内容，然后使用特技机、调音台和字幕机来完成相应的特技，并进行配音和字幕叠加，最终合成影片。由于这种编辑方式和存储介质通常为磁带（录像带），记录的视频信息与接收的信号在时间轴上的顺序紧密相关，所以被看成是一条完整的直线，这就是为什么称为“线性编辑”的原因。但如果要在已完成的磁迹中插入或删除一个镜头，那么该镜头之后的内容就必须全部重新录制一遍。由此可以看出，线性编辑的缺点相当明显，而且需要辅以大量专业设备，操作流程复杂，投资大，对于普通用户来说难以承受。

### 1.3.2 非线性编辑

非线性编辑在剪切、复制或粘贴素材时，无须在素材的存储介质上重新录制它们。非线性编辑借助计算机来进行数字化制作，几乎所有的工作都在计算机上完成，不再需要过多的外部设备。另外，对素材的调用也是瞬间实现的，不用反复在磁带上寻找，突破了单一的时间顺序编辑限制，可以按各种顺序排列，具有快捷简便、随机的特性。

非线性编辑在编辑方式上呈非线性的特点，能够很容易地改变镜头顺序，而这些改动并不影响已编辑好的素材。非线性编辑中的“线”指的是时间，而不是信号线。

### 1.3.3 非线性编辑基本流程

任何非线性编辑的基本流程，都可以简单地分为输入、编辑、输出三步。当然对于不同软件功能的差异，其工作流程还可以进一步细化。以Premiere Pro为例，其工作流程主要分成以下5个步骤。

**1. 素材采集与输入**

采集就是利用Premiere Pro，将模拟视频、音频信号转换成数字信号并存储到计算机中，或者将外部的数字视频存储到计算机中，成为可以处理的素材。输入主要是把其他软件处理过的图像、声音等素材导入Premiere Pro中。

**2. 素材编辑**

素材编辑就是设置素材的入点与出点，以选择需要的部分，然后按时间顺序组接不同素材的过程。

**3. 特技处理**

对于视频素材，特技处理包括转场、特效、合成叠加等；对于音频素材，特技处理包括转场、特效等。令人震撼的画面效果就是在这一过程中产生的，而非线性编辑软件功能的强弱，往往也体现在这方面。配合某些硬件，Premiere Pro还能够实现特技播放。

**4. 字幕制作**

字幕是节目中非常重要的组成部分，它包括文字和图形两方面。在Premiere Pro中制作字幕非常方便，并且还有大量的模板可以使用。

**5. 输出和生成**

节目编辑完成后，可以选择生成视频文件，便于分享到网络，或者进行实时播放。

### 1.3.4 非线性编辑系统构成

非线性编辑系统是计算机技术和电视数字化技术的结晶，它使视频制作的设备由分散到简约，制作速度和画面效果均有大幅提升。非线性编辑的实现，与软件和硬件的支持密不可分，这就组成了非线性编辑的系统。

**1. 硬件构成**

从硬件上看，一个非线性编辑系统由视频卡、声卡、硬盘、显示器、CPU、非线性编辑卡（如特技卡）以及外围设备构成。

早期的非线性编辑系统大多选择macOS操作系统，只是由于早期的Mac与个人计算机相比，在交互和多媒体方面有着巨大的优势，但是随着个人计算机的不断发展，其性能和市场优势反而越来越强大。大部分新的非线性编辑系统厂家倾向于采用Windows操作系统。

**2. 软件构成**

一套完整的非线性编辑系统还应该有编辑软件的支持，编辑软件由非线性编辑软件以及二维动画软件、三维动画软件、图像处理软件和音频处理软件等构成，有些软件是与硬件配套使用的，这里就不过多介绍了。

## 1.4 本章小结

本章主要介绍了与视频编辑相关的基础理论知识，包括视频编辑的常见专业术语、电视广播制式、常用的音视频格式，以及线性编辑与非线性编辑等。希望大家能认真学习本章内容，熟记相关概念和知识，为随后学习视频编辑操作打下良好的理论基础。

第2章

# Premiere Pro 2023 基本操作

本章主要介绍 Premiere Pro 2023 的一些基础操作方法，包括认识工作界面、项目与素材的基本操作、Premiere Pro 的优化设置、输出影片等。

## 本章重点

※ 工作界面

※ 创建与保存项目文件

※ Premiere Pro 优化设置

※ 输出影片

## 本章效果欣赏

## 2.1 认识 Premiere Pro 2023 的工作界面

Premiere Pro 是一个功能强大的视频编辑软件，也是目前比较流行的非线性视频编辑软件之一，其应用范围广泛，能够满足广大视频编辑者的不同需求，本书以 Premiere Pro 2023 进行讲解。

### 2.1.1 Premiere Pro 2023 启动界面

启动 Premiere Pro 2023 后，首先打开的是“主页”界面，单击该界面中的功能按钮，可以新建和打开项目文件，如图 2-1 所示。

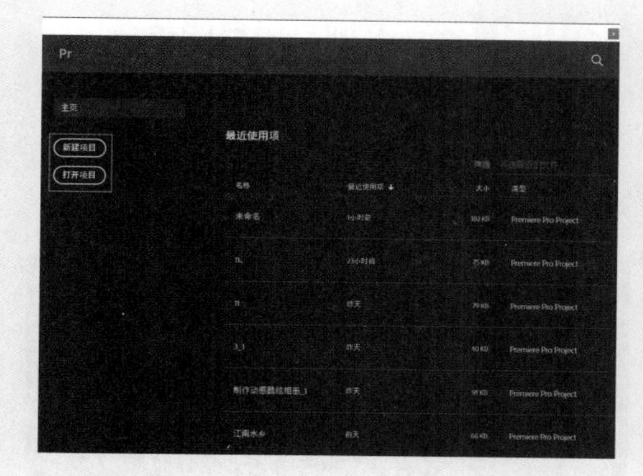


图2-1

单击“新建项目”按钮，会进入“导入”面板，在“项目名”文本框中输入项目名称，在“项目位置”框中设置项目文件的保存位置，最后单击右下角“创建”按钮，即可创建项目文件，如图2-2所示。

图2-2

创建项目后，会自动进入Premiere Pro的视频编辑工作界面，如图2-3所示。

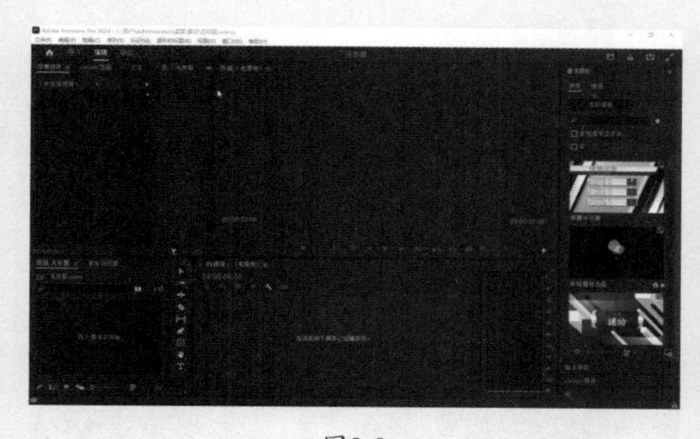

图2-3

## 2.1.2 Premiere Pro的工作区

首次进入Premiere Pro 2023，显示的是Premiere Pro的默认工作界面，用户可以根据视频编辑的需要调整工作界面。单击工作界面右上角的“工作区”按钮，打开如图2-4所示的工作区列表，用户可以自由选择系统提供的14个不同的工作区界面。

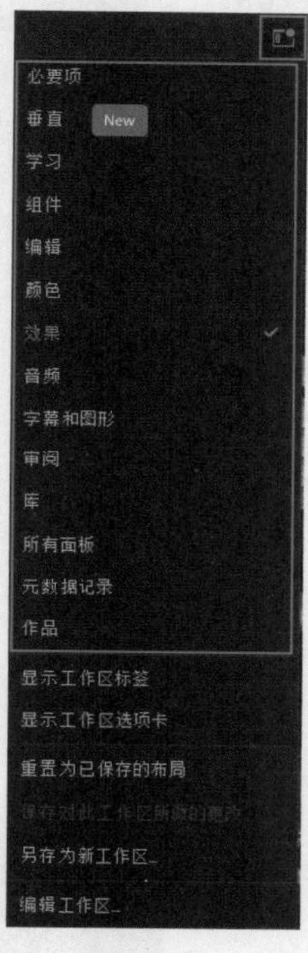


图2-4

## 2.1.3 实例：设置和保存工作区

为了简化工作流程，Premiere Pro 2023的工作界面会隐藏一部分不常用的面板，用户可以根据需要重新显示这些面板，并保存起来作为新的工作区。本例讲解“备用”工作区的创建方法。

**01** 执行“窗口”→“效果”命令，打开“效果”面板，如图2-5所示。

**02** 执行“窗口”→“历史记录”命令，打开“历史记录”面板，拖曳该面板的边缘线可以随意调整面板大小，如图2-6所示。

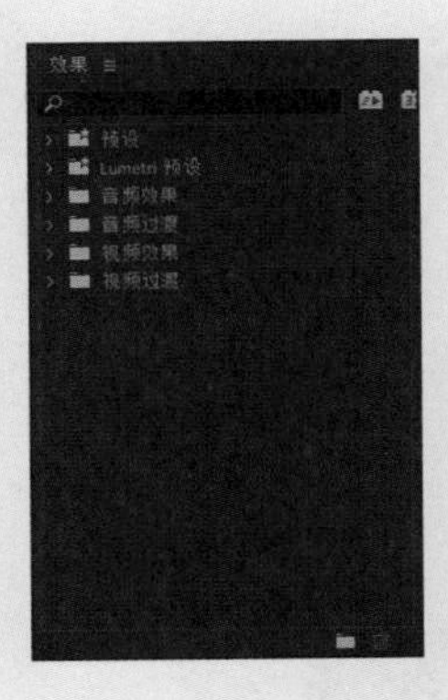

图2-5

图2-6

**03** 执行“窗口”→“工作区”→“另存为新工作区…”命令，即可将当前工作界面保存为新的工作区，如图2-7所示。

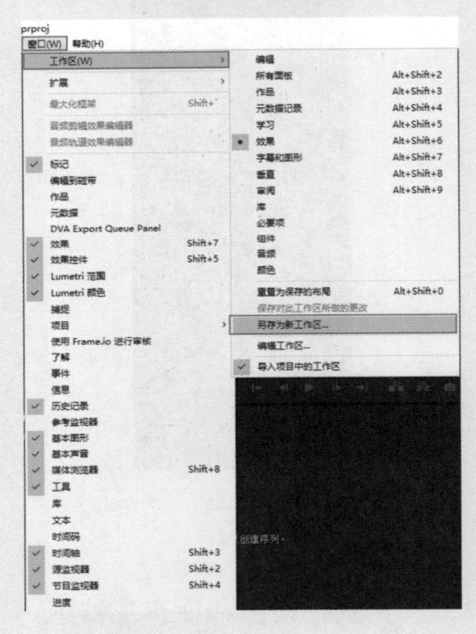


图2-7

## 2.2 项目与素材的基本操作

在 Premiere Pro 2023 中，编辑影片项目的基本操作包括创建项目、导入素材、编辑素材、添加音视频特效和输出影片等。下面详细讲解处理影片项目时的各项基本操作。

### 2.2.1 素材、序列、项目的关系

素材、序列、项目的层次关系：序列包含素材，项目包含序列和素材，可以简单地理解为将多个素材编排成一个序列，如图 2-8 所示。

图2-8

一个项目中可以存在多个序列，一个序列可以理解为一个故事视频，素材是这个剪辑视频中需要放入的各个片段。

**1．素材的展示方式**

素材在不同面板中的展示形式是不一样的，素材在“项目”面板中以缩略图或列表的形式展示，在“时间轴”面板中以进度条的形式展示，如图 2-9 所示。

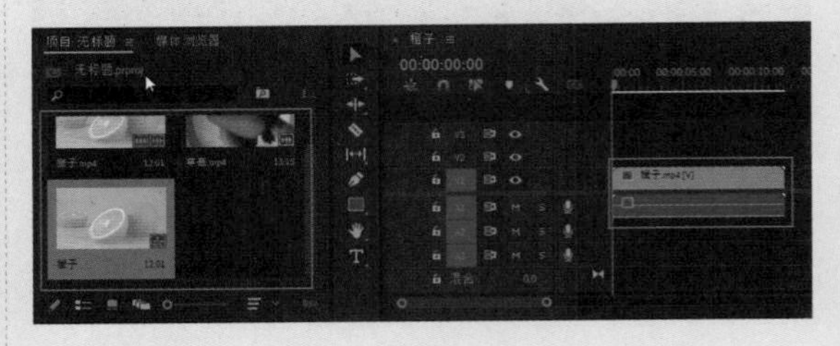

图2-9

**2．序列的存在形式**

序列是存在于“项目”面板中的，通常在所有素材的后面；而在“时间轴”面板中，序列是处于打开状态的，并且“时间轴”面板展示了序列中的所有素材和编辑状态，如图 2-10 所示。

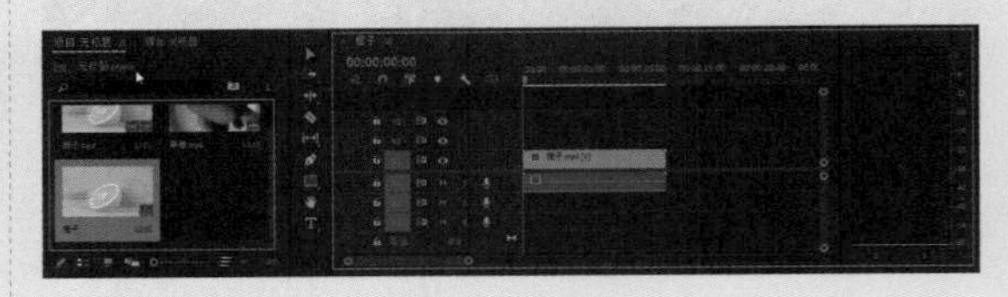

图2-10

### 3．项目

项目是整个项目文件，一个项目的所有文件都存于“项目”面板中，包括素材、序列等。注意，项目并不等于序列，因为打开项目就会打开序列，项目的情况和序列一样，但是随着剪辑的进行，一个项目中可能会包含多个序列。

## 2.2.2　实例：调整项目参数

在 Premiere Pro 中，如果对创建的项目设置不满意，可以通过执行相关命令，对项目参数进行修改。下面讲解调整项目参数的具体操作方法。

**01** 在Premiere Pro 2023中创建项目或打开项目的情况下，执行“文件”→“项目设置”→“常规”命令。

**02** 弹出“项目设置”对话框，在“常规”选项卡中，可以调整视频显示格式和音频显示格式，以及动作与字幕安全区域等，如图2-11所示。

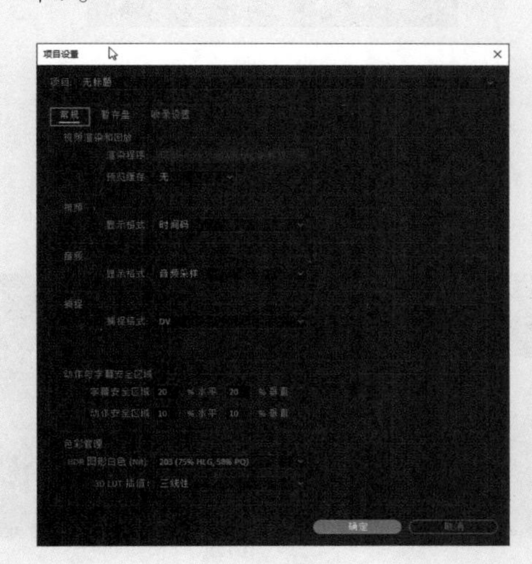

图2-11

**03** 切换至“暂存盘”选项卡，在该选项卡中可以设置视频、音频等暂存文件的存储路径，如图2-12所示。

**04** 完成项目参数的调整后，单击该对话框中的“确定”按钮即可。

图2-12

## 2.2.3　保存项目文件

对项目进行保存操作，可以方便用户随时打开项目进行二次编辑。在 Premiere Pro 2023 中保存项目的方法主要有以下几种。

※ 执行“文件”→“保存”命令（快捷键为 Ctrl+S），可以快速保存项目文件，如图 2-13 所示。

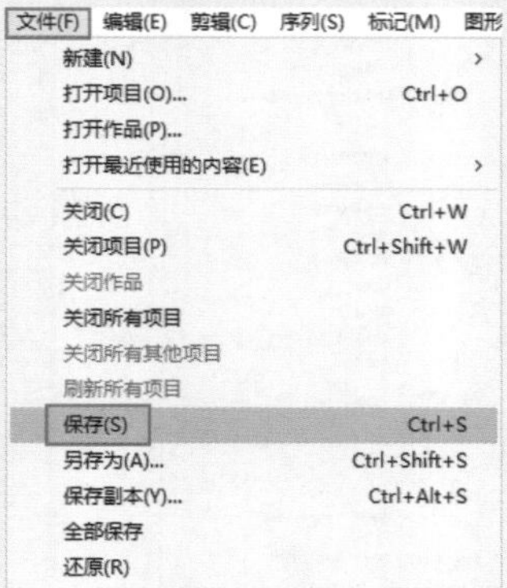

文件(F)　编辑(E)　剪辑(C)　序列(S)　标记(M)　图形
新建(N)
打开项目(O)...　Ctrl+O
打开作品(P)...
打开最近使用的内容(E)
关闭(C)　Ctrl+W
关闭项目(P)　Ctrl+Shift+W
关闭作品
关闭所有项目
关闭所有其他项目
刷新所有项目
保存(S)　Ctrl+S
另存为(A)...　Ctrl+Shift+S
保存副本(Y)...　Ctrl+Alt+S
全部保存
还原(R)

图2-13

※ 执行“文件”→“另存为”命令（快捷键为 Ctrl+Shift+S），如图 2-14 所示。弹出“保存项目”对话框，在其中可以设置项目名称及存储路径，如图 2-15 所示，单击“保存”按钮即可保存项目。

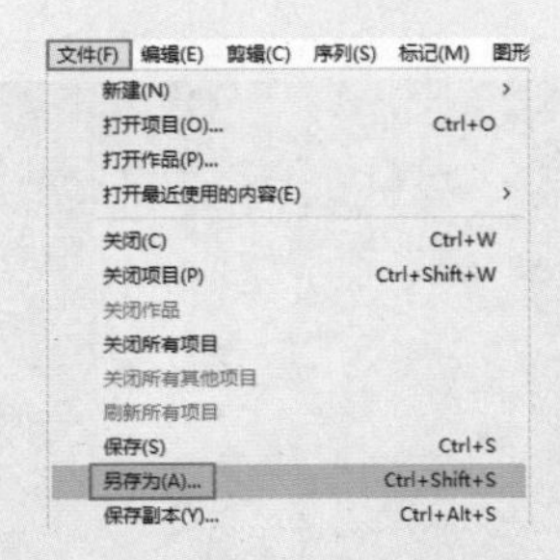


图2-14

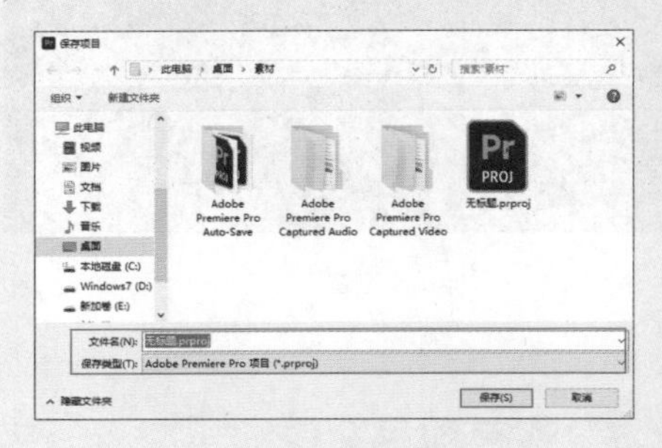


图2-15

※ 执行“文件”→“保存副本”命令（快捷键为Ctrl+Alt+S），如图2-16所示。弹出“保存项目”对话框，在其中可设置项目名称及存储路径，如图2-17所示，单击“保存”按钮即可将当前项目保存为副本文件。

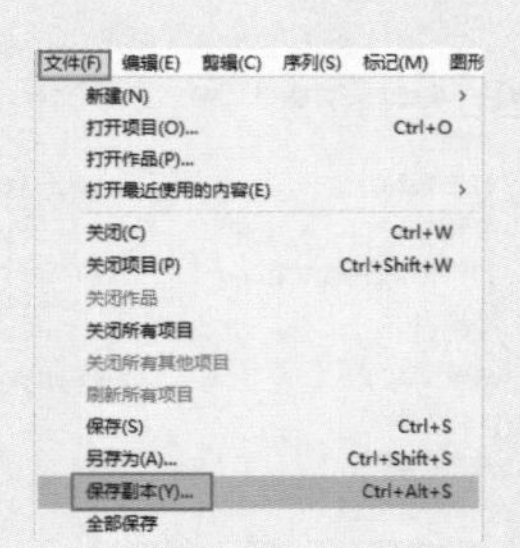


图2-16

图2-17

## 2.2.4 实例：编辑项目文件

要将“项目”面板中的素材添加到“时间轴”面板中，只需选中“项目”面板中的素材，然后将其拖入“时间轴”面板中的相应轨道上即可。将素材拖入“时间轴”面板后，可以对素材进行编辑处理，例如控制素材播放速度、调整持续时间等。

**01** 启动Premiere Pro 2023，按快捷键Ctrl+O，打开素材文件夹中的“编辑项目文件.prproj”项目文件。进入工作界面后，可以看到“项目”面板中已经创建好的序列和已导入的素材文件，如图2-18所示。

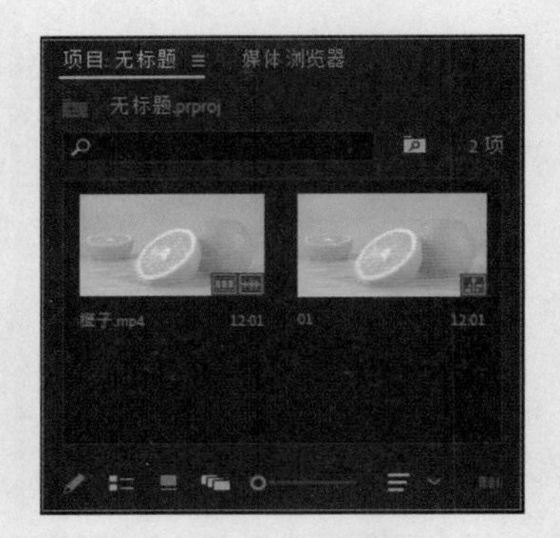


图2-18

**02** 在“项目”面板中选中“橙子.mp4”素材，将其拖入“时间轴”面板的V1视频轨道中，如图2-19所示。

图2-19

**03** 在“时间轴”面板中右击“橙子.mp4”素材，在弹出的快捷菜单中选择“速度/持续时间”选项，如图2-20所示。

**04** 弹出“剪辑速度/持续时间”对话框，其中显示素材的“持续时间”为00:00:12:01，如图2-21所示。

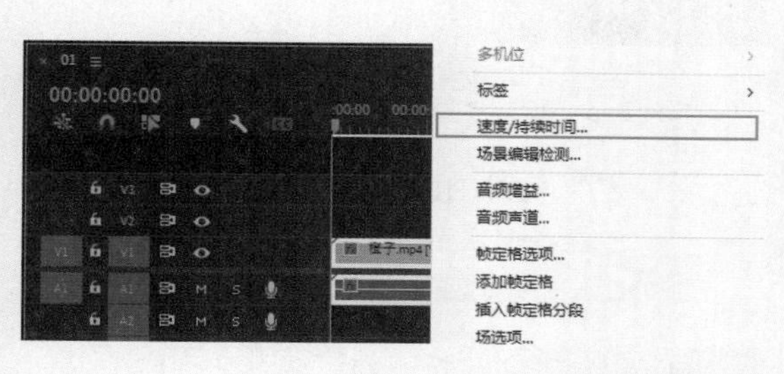


图2-20

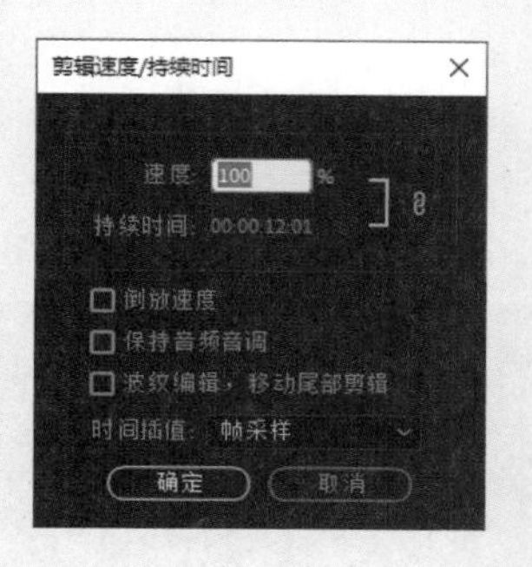


图2-21

**05** 在该对话框中调整“持续时间”为00:00:13:00，如图2-22所示，单击“确定”按钮。

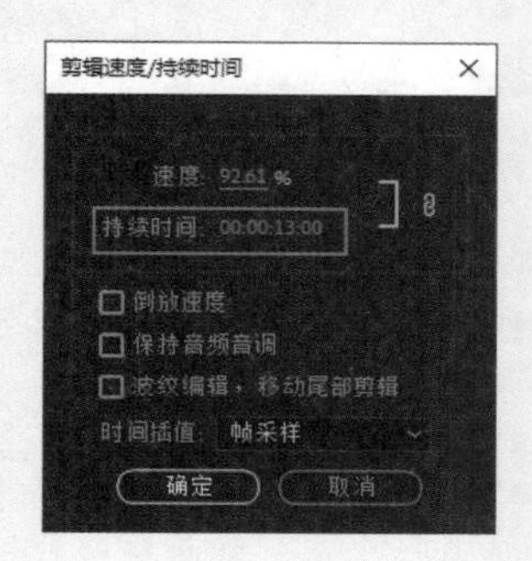


图2-22

**06** 完成上述操作后，可以在“时间轴”面板中查看该素材的持续时间，此时素材持续时间已变为00:00:13:00（13秒），如图2-23所示。

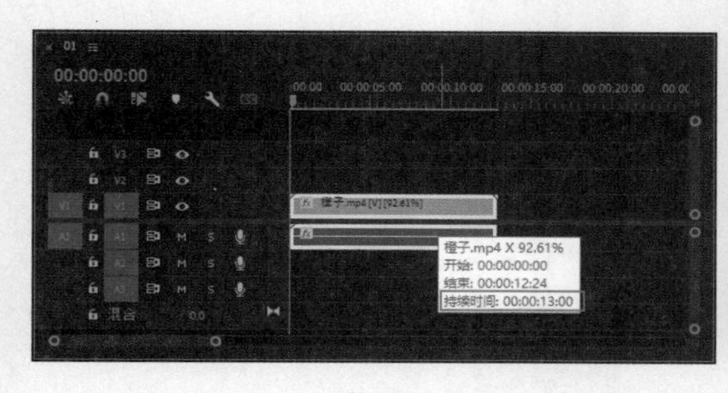


图2-23

## 2.3 Premiere Pro 的优化设置

### 2.3.1 设置 Premiere Pro 界面颜色

启动 Premiere Pro 2023 时，默认的界面颜色是纯黑色的，但其界面颜色是可调整的。执行“编辑”→“首选项”→“外观”命令，弹出“首选项”对话框，此时会自动跳转到“外观”选项卡，只需要拖动滑块即可调整界面亮度，向左拖曳为深色，向右拖曳为浅色，如图 2-24 所示。

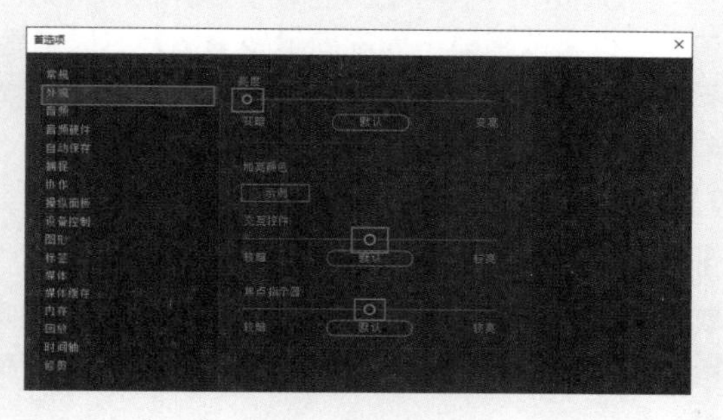

图2-24

### 2.3.2 设置 Premiere Pro 快捷键

在 Premiere Pro 中已经预设了一些快捷键，在剪辑过程中可以实现快速操作，但有些未设置的快捷键可以手动设置。执行“编辑”→“快捷键”命令，弹出“键盘快捷键”对话框，如图 2-25 所示，可以查看键位和功能的关系，也可以在“命令”选项区中设置快捷键。

图2-25

## 2.4 输出影片

在影片编辑完成后，若要得到便于分享和随时观看的视频，就需要将Premiere Pro中的剪辑进行输出。通过Premiere Pro自带的输出功能，可以将影片输出为各种格式，以便分享到网络上与好友共同观赏。

### 2.4.1 影片输出类型

Premiere Pro 2023提供了多种输出方式，用户可以将剪辑输出为不同类型的影片，以满足不同的观看需要，还可以与其他编辑软件进行数据交换。

执行“导出”→“设置”→“格式”命令，可以查看Premiere Pro所支持的输出类型，或者执行“文件”→“导出”命令快捷查看，如图2-26所示。

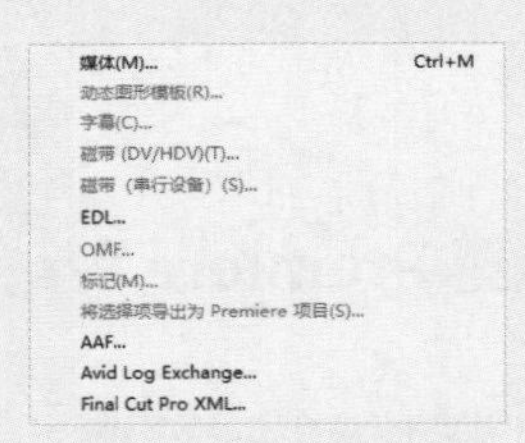


图2-26

部分视频输出类型介绍如下。

※ 媒体（M）：选择该选项，将弹出“导出设置”对话框，如图2-27所示，在该对话框中可以进行各种格式的媒体输出设置和操作。

图2-27

※ 字幕（C）：用于单独输出在Premiere Pro 2023中创建的字幕文件。

※ 磁带（DV/HDV）（T）：选择该选项，可以将完成的影片直接输出到专业录像设备的磁带上。

※ EDL：选择该选项，将弹出“EDL导出设置（CMX 3600）”对话框，如图2-28所示。在其中进行设置并输出一个描述剪辑过程的数据文件，可以导入其他的编辑软件中进行再编辑。

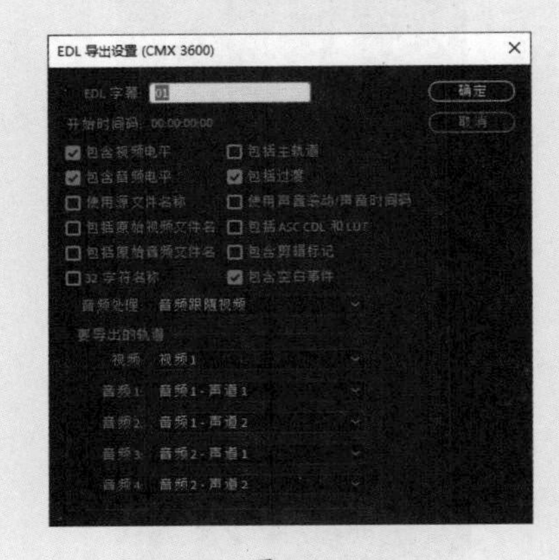


图2-28

※ OMF：可以将序列中所有激活的音频轨道输出为OMF格式文件，再导入其他软件中继续编辑润色。

※ AAF：将影片输出为AAF格式，该格式支持多平台多系统的编辑软件，是一种高级制作格式。

※ Final Cut Pro XML：用于将剪辑数据转移到Final Cut Pro剪辑软件上继续编辑。

### 2.4.2 输出参数设置

决定视频质量的因素很多，例如，编辑所使用的图形压缩类型、输出的帧速率、播放视频的计算机系统配置等。输出视频之前，需要在“导出设置”对话框中对导出视频的质量进行设置，不同的设置所输出的视频效果也会有较大的差别。

选择需要输出的序列文件，执行“文件”→“导出”→“媒体”命令（快捷键为Ctrl+M），弹出“导出设置”对话框，如图2-29所示。

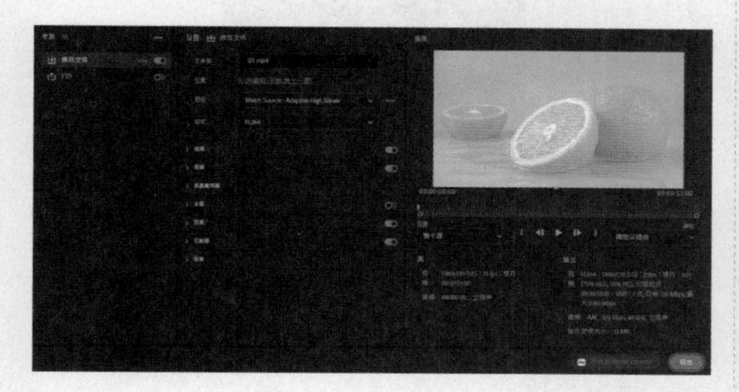

图2-29

“导出设置”对话框的部分参数介绍如下。

※ 文件名：设置输出视频文件的名称。

※ 位置：设置输出视频文件保存的位置。

※ 预设：设置输出视频的制式。

※ 格式：在右侧的下拉列表中可以选择输出视频文件的格式。

※ 视频（选项卡）：主要用于设置输出视频的编码器、质量、尺寸、帧速率、长宽比等基本参数。

※ 导出视频：默认为选中状态，如果取消选中该选复选框，则表示不输出该视频的图像画面。

※ 音频（选项卡）：主要用于设置输出音频的编码器、采样率、声道、样本大小等参数。

※ 导出音频：默认为选中状态，如果取消选中该复选框，则表示不输出该视频的声音。

※ 摘要：在该选项组中会显示输出路径、名称、尺寸、质量等信息。

※ 使用最高渲染质量：选中该选复选框，将使用软件默认的最高质量参数进行视频输出。

※ 源范围：用于设置导出全部素材或“时间轴”面板中指定的区域。

※ 导出：单击该按钮，开始输出视频。

## 2.4.3 实例：输出单帧图像

在Premiere Pro中，可以选择视频中的任意一帧，将其输出为一张静态图片。下面介绍输出单帧图像的操作方法。

**01** 启动Premiere Pro 2023，按快捷键Ctrl+O，打开素材文件夹中的“输出单帧图像.prproj”项目文件。进入工作界面后，可以看到“时间轴”面板中已经添加好的一段视频素材，如图2-30所示。

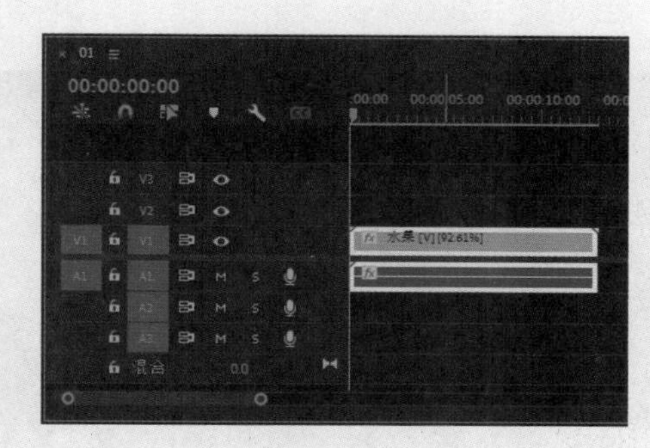


图2-30

**02** 在“时间轴”面板中选择“水果”素材，并将时间指示器移至00:00:03:00（即确定要输出的单帧图像所处的时间点），如图2-31所示。

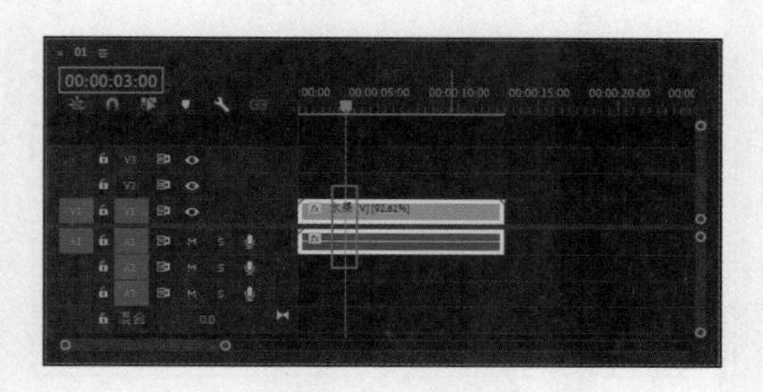


图2-31

**03** 执行“文件”→“导出”→“媒体”命令，或者按快捷键Ctrl+M，弹出“导出设置”对话框，如图2-32所示。

图2-32

**04** 在“导出设置”对话框中，展开“格式”下拉列表并选择JPEG选项，然后单击“文件名”文本框，在弹出的“另存为”对话框中，为输出文件设定名称及存储路径，如图2-33和图2-34所示。

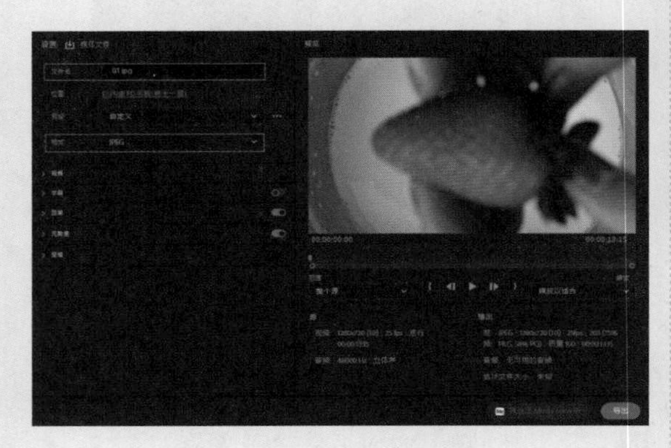

图2-33

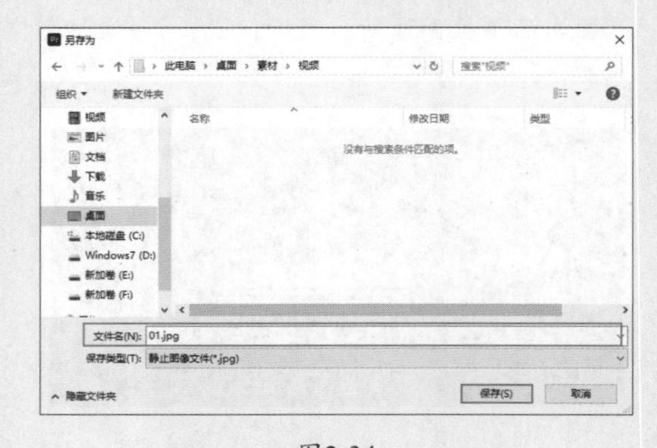

图2-34

**05** 在“视频”选项组中取消选中“导出为序列”复选框，如图2-35所示。

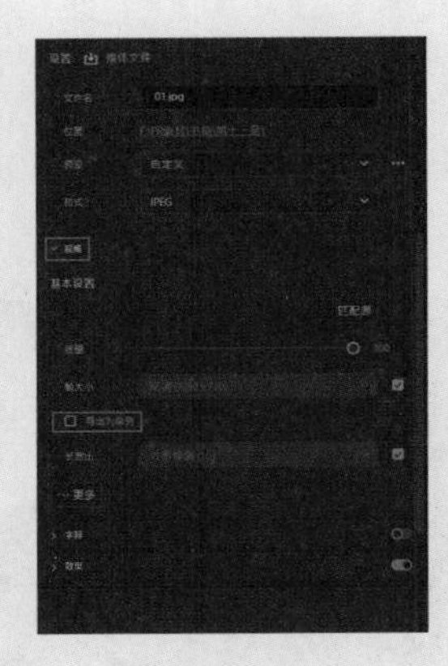

图2-35

**06** 单击“导出设置”对话框底部的“导出”按钮，如图2-36所示。

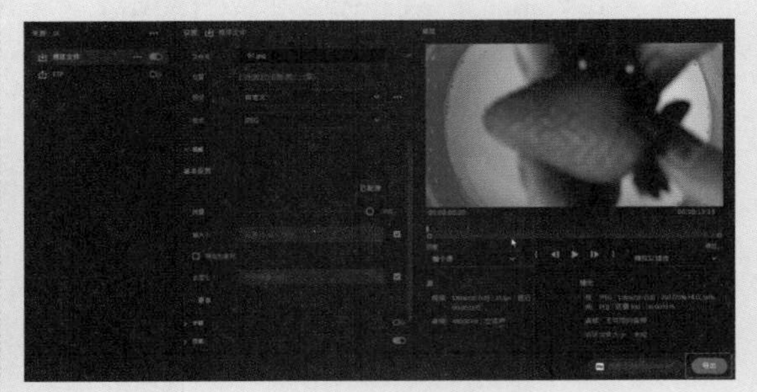

图2-36

提示：在上述步骤中，若设置格式后不取消选中“导出为序列”对话框，那么最终在存储文件夹中将导出连续的序列图像，而不是单帧图像。

**07** 完成上述操作后，可以在设定的存储路径中找到输出的单帧图像文件，如图2-37所示。

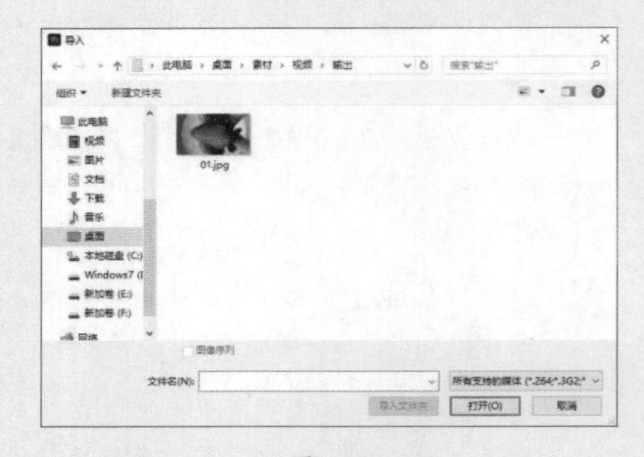

图2-37

## 2.4.4 实例：输出序列文件

Premiere Pro 2023可以将编辑完成的视频输出为一组带有序号的序列图片文件，下面介绍输出序列图片的操作方法。

**01** 启动Premiere Pro 2023，按快捷键Ctrl+O，打开素材文件夹中的“序列文件输出.prproj”项目文件。进入工作界面后，在“时间轴”面板中选择“伞.mp4”素材，并将时间指示器移至素材起始的位置，如图2-38所示。

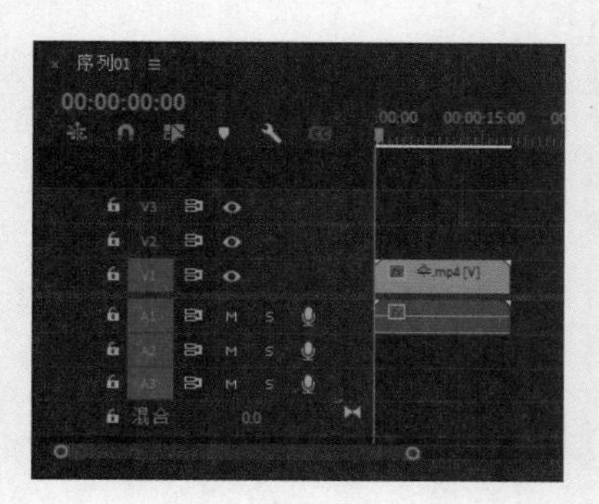

图2-38

**02** 执行“文件”→“导出”→“媒体”命令，或者按快捷键Ctrl+M，弹出“导出设置”对话框。展开“格式”下拉列表并选择JPEG选项，也可以选择PNG和TIFF等选项，如图2-39所示。

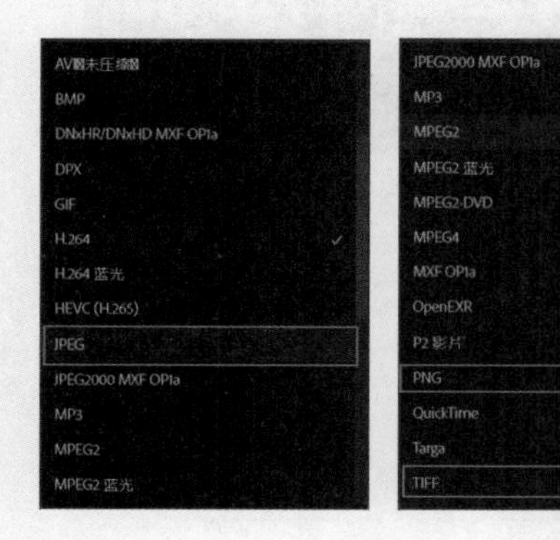

图2-39

**03** 单击“文件名”文本框，在弹出的“另存为”对话框中，为输出文件设定名称及存储路径，如图2-40所示，完成后单击“保存”按钮。

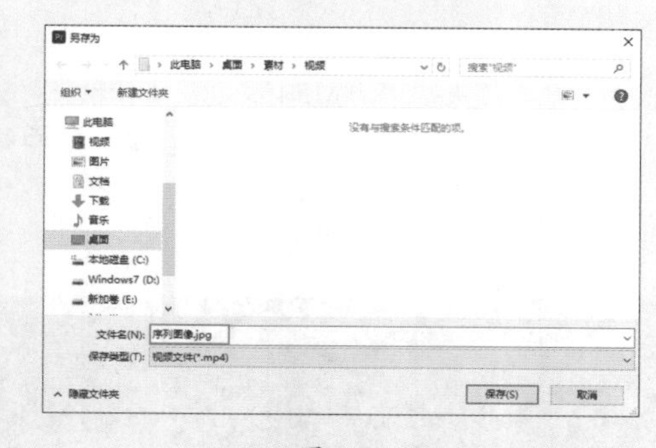

图2-40

**04** 在“视频”选项组中选中“导出为序列”复选框，如图2-41所示。

图2-41

**05** 完成上述操作后，单击“导出设置”对话框底部的“导出”按钮，导出后可以在设定的存储路径中找到输出的一系列序列图像文件，如图2-42所示。

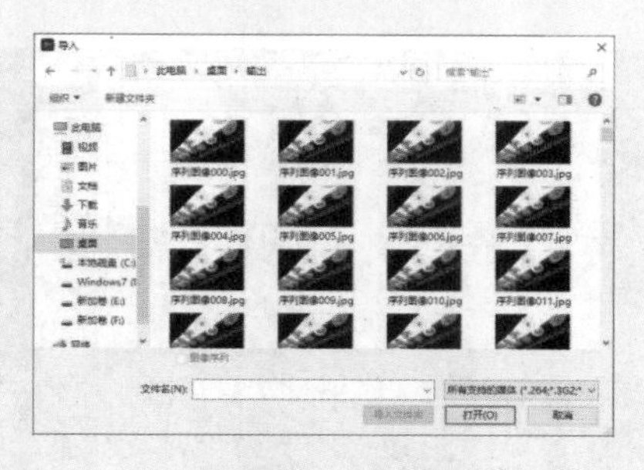

图2-42

## 2.4.5 实例：输出MP4格式影片

MP4格式是目前比较主流且常用的视频格式，下面就介绍如何在Premiere Pro 2023中输出MP4格式的视频文件。

**01** 启动Premiere Pro 2023，按快捷键Ctrl+O，打开素材文件夹中的“MP4格式影片.prproj”项目文件。进入工作界面后，将“项目”面板中的“骑马.mp4”素材拖入“时间轴”面板的V1轨道，如图2-43所示。

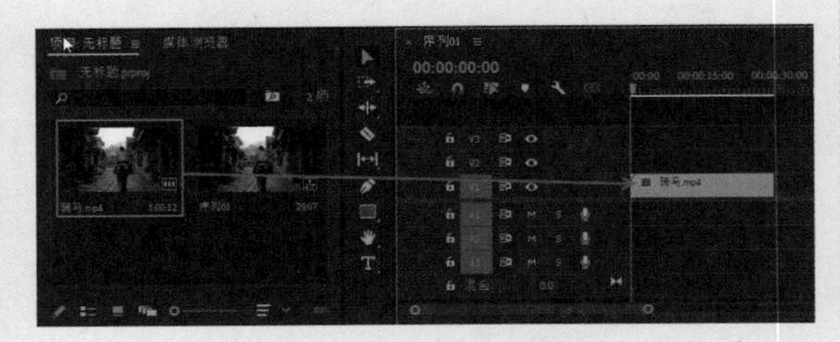

图2-43

**02** 在弹出的“剪辑不匹配警告”对话框中，单击“保留现有设置”按钮，如图2-44所示。

图2-44

**03** 执行“文件”→“导出”→“媒体”命令，或者按快捷键Ctrl+M，弹出“导出设置”对话框。展开“格式”下拉列表并选择H.264选项，然后展开“指定导出范围”下拉列表，选择“缩放以填充”选项，如图2-45所示。

图2-45

**04** 单击“文件名”文本框，在弹出的“另存为”对话框中，为输出文件设定名称及存储路径，如图2-46所示，完成后单击“保存”按钮。

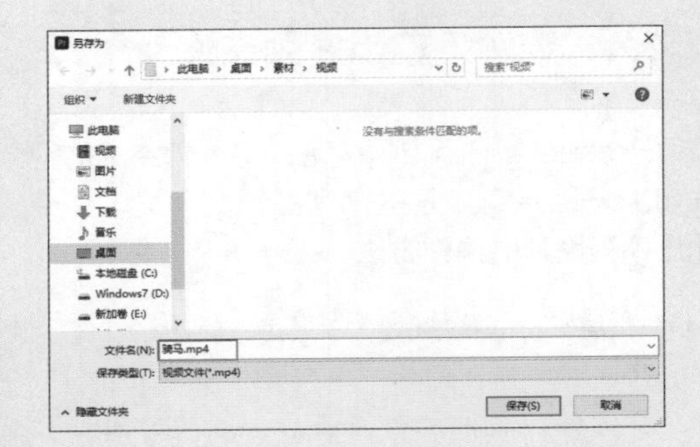


图2-46

**05** 切换至“多路复用器”选项组，在“多路复用器”下拉列表中选择MP4选项，如图2-47所示。

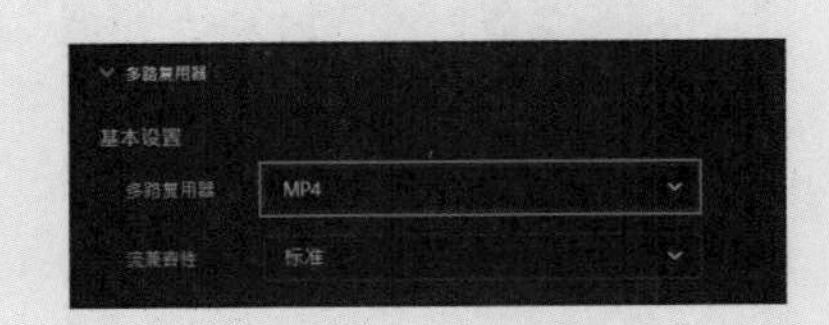


图2-47

**06** 切换至“视频”选项组，取消选中“长宽比”复选框并选中“D1/DV NTSC宽银幕16:9（1.2121）”选项，如图2-48所示。

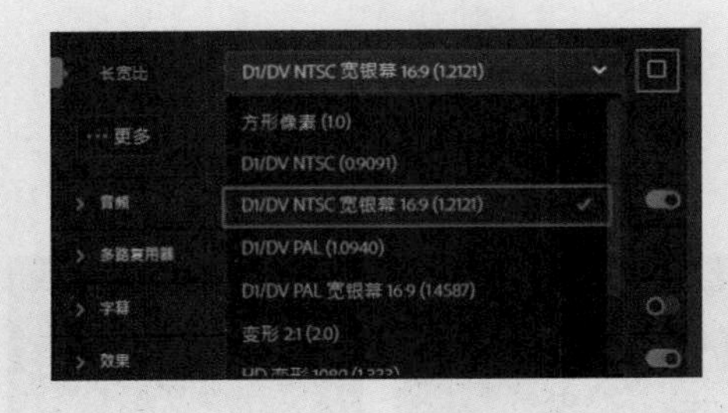


图2-48

**07** 设置完成后，单击“导出”按钮，视频开始渲染，同时弹出渲染进度对话框，在该对话框中可以看到渲染（输出）进度和剩余的时间，如图2-49所示。

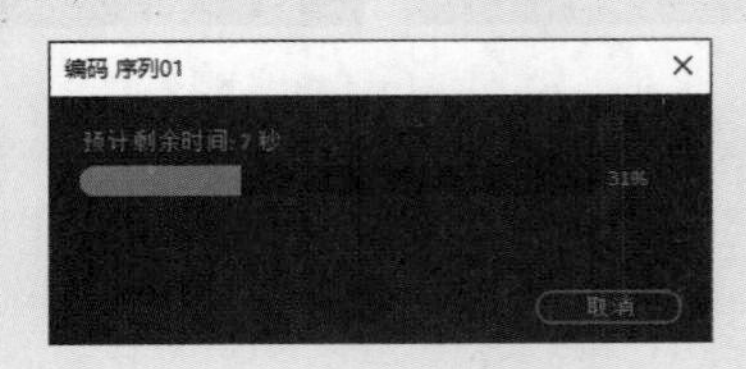


图2-49

**08** 导出完成后，可以在设定的存储路径中找到输出的MP4格式视频文件，如图2-50所示。

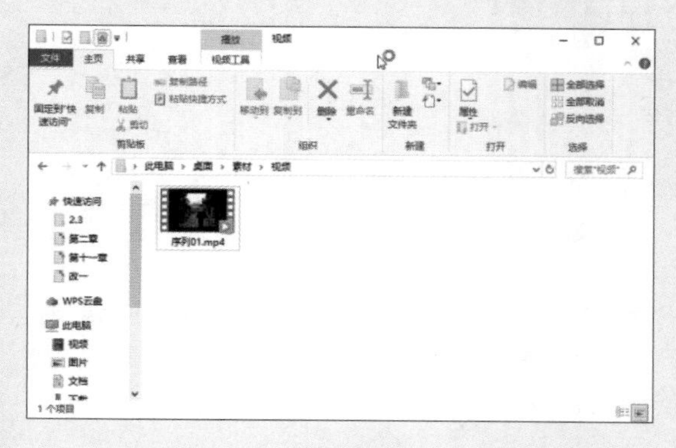

图2-50

## 2.5 本章小结

本章主要介绍了 Premiere Pro 2023 的工作界面，以及各个工作面板的作用和基本使用方法，以帮助读者快速了解 Premiere Pro 2023 的工作环境，随后还简单介绍了 Premiere Pro 2023 的具体工作流程，并通过多个实例帮助读者体验 Premiere Pro 2023 的工作流程。希望通过对本章的学习，能帮助读者进一步了解 Premiere Pro 2023 的操作方法。

第3章
# 视频素材剪辑

剪辑是对所拍摄的镜头（视频）进行分割、取舍和组建的过程，以将零散的片段拼接为一个有节奏、有故事感的视频作品。对视频素材进行剪辑是确定影片内容的重要操作，需要熟练掌握素材剪辑的技术与技巧，下面就详细讲解视频素材剪辑的各项基本操作方法。

## 本章重点

※ 蒙太奇的概念
※ 剪辑常用工具
※ 波纹删除素材
※ 添加、删除轨道
※ 调整素材的播放速度
※ 插入和覆盖编辑

## 本章效果欣赏

## 3.1 认识剪辑

剪辑是视频制作过程中必不可少的一道工序，在一定程度上决定了视频作品的优劣，可以影响其叙事、节奏和情感，更是视频的二次升华和创作基础。剪辑的本质是通过视频中主体动作的分解、组合来完成蒙太奇形象的塑造，从而传达故事情节，完成内容的叙述。

### 3.1.1 蒙太奇的概念

蒙太奇是法语 Montage 的音译，原为装配、剪切之意，是一种在影视作品中常见的剪辑手法。在电影的创作中，电影艺术家先把全篇所要表现的内容分成许多不同的镜头，进行分别拍摄，然后按照原先规定的创作构思，把这些镜头组接起来，产生平行、连贯、悬念、对比、暗示、联想等作用，形成各个有组织的片段和场面，直至得到一部完整的影片。这种按导演的创作构思组接镜头的方法就是蒙太奇。

蒙太奇的表现方式大致可以分为两类：叙述性蒙太奇和表现性蒙太奇。

**1. 叙述性蒙太奇**

叙述性蒙太奇是通过一个个画面，表现动作、交代情节、讲述故事。叙述性蒙太奇有连续式、平行式、交叉式、复现式这四种基本形式。

※ 连续式：连续式蒙太奇沿着一条单一的情节线索，按照事件发展的逻辑顺序，有节奏地连续叙事。这种叙事自然流畅、朴实平顺，但由于缺乏时空与场面的变换，无法直接展示同时发生的情节，难以突出各条情节线之间的对列关系，不利于概括，易有拖沓冗长、平铺直叙之感。因此，在一部影片中较少单独使用，多与平行式、交叉式蒙太奇混合使用，相辅相成。

※ 平行式：在影片故事发展的过程中，通过两件或三件内容性质上相同，而在表现形式上不尽相同的事，同时异地并列进行，而又互相呼应、联系，起着彼此促进、互相刺激的作用，这种方式就是平行式蒙太奇。平形式蒙太奇不存在时间的因素，而重在几条线索的平行发展，靠内在的悬念把各条线的戏剧动作紧紧地连在一起。采用迅速交替的手段，造成悬念和逐渐强化的紧张气氛，使观众在极短的时间内，看到两个情节的发展，最后又相互结合在一起。

※ 交叉式：在交叉式蒙太奇中，有两个以上具有同时性的动作或场景交替出现。它是由平行式蒙太奇发展而来的，但更强调同时性、密切的因果关系及迅速频繁的交替表现，因而能使动作和场景产生互相影响、互相加强的作用。这种剪辑技巧极易引起悬念，营造紧张、激烈的气氛，加强矛盾冲突的尖锐性，是控制观众情绪的有力手法。惊险片、恐怖片和战争片常用此法表现追逐和惊险的场面。

※ 复现式：即前面出现过的镜头或场面，在关键时刻反复出现，造成强调、对比、呼应、渲染等艺术效果。在影视作品中，各种构成元素，如人物、景物、动作、场面、物件、语言、音乐等，都可以通过精心构思反复出现，以期产生独特的寓意和印象。

**2. 表现性蒙太奇**

表现性蒙太奇（也称对列蒙太奇），不是为了叙事，而是为了某种艺术表现效果的需要。它不是以事件发展顺序为依据的镜头组合，而是通过不同内容的镜头的对列，来暗示、比喻、表达一个原来不曾有的新含义，一种比人们所看到的表面现象更深刻、更富有哲理的东西。表现性蒙太奇在很大程度上是为了表达某种思想或某种情绪意境，造成一种情感的冲击力。表现式蒙太奇有对比式、隐喻式、心理式和累积式这四种形式。

※ 对比式：即把两种思想内容截然相反的镜头连在一起，利用它们之间的冲突制造强烈的对比，以表达某种寓意、情绪或思想。

※ 隐喻式：隐喻式蒙太奇是一种独特的影视比喻手法，它通过镜头的对列，将两个不同性质的事物之间的某种类似的特征凸显出来，以此喻彼，刺激观众的感受。隐喻式蒙太奇的特点是巨大的概括力和简洁的表现手法相结合，具有强烈的情绪感染力和造型表现力。

※ 心理式：即通过镜头的组接展示人物的心理活动。如表现人物的闪念、回忆、梦境、幻觉、幻想，甚至潜意识的活动。它是人物心理的表现，其特点是片断性和跳跃性，主观色彩强烈。

※ 累积式：即把一连串性质相近的同类镜头组接在一起，造成视觉的累积效果。累积式蒙太奇也可以用于叙事，也可以成为叙述性蒙太奇的一种形式。

### 3.1.2 镜头衔接的技巧

无技巧组接就是通常所说的“切”，是指不用任何特技，而是直接用镜头的自然过渡来衔接镜头或段落的方法，常用的组接技巧有以下几种。

※ 淡出淡入：淡出是指上一段落最后一个镜头的画面逐渐隐去直至黑场；淡入是指下一段落第一个镜头的画面逐渐显现直至正常的亮度。这种技巧可以给人一种间歇感，适用于自然段落的转换。

※ 叠化：叠化是指前一个镜头的画面和后一个镜头的画面相叠加，前一个镜头的画面逐渐隐去，后一个镜头的画面逐渐显现的过程，两个画面有一段过渡时间。叠化特技主要有以下几种功能：一是用于时间的转换，表示时间的消逝；二是用于空间的转换，表示空间已发生变化；三是用叠化表现梦境、划像、回忆等插叙、回叙场合；四是表现景物变幻莫测、琳琅满目、目不暇接。

※ 划像：划像可以分为划出与划入。前一画面从某一方向退出荧屏称为“划出”，下一个画面从某一方向进入荧屏称为“划入”。划出与划入的形式多种多样，根据画面进出荧屏的方向不同，可以分为横划、竖划、对角线划等。划像一般用于两个内容意义差别较大的镜头组接。

※ 键控：键控分黑白键控和色度键控两种。其中，黑白键控又分内键与外键，内键可以在原有彩色画面上叠加字幕、几何图形等；外键可以通过特殊图案重新安排两个画面的空间分布，把某些内容安排在适当的位置，形成对比性显示。而色度键控常用在新闻片或文艺片中，可以把人物嵌入奇特的背景中，构成一种虚设的画面，增强艺术感染力。

### 3.1.3 镜头组接的原则

影片中镜头的前后顺序并不是杂乱无章的，在视频编辑的过程中，往往会根据剧情需要，选择不同的组接方式。镜头组接的总原则：合乎逻辑、内容连贯、衔接巧妙，具体可以分为以下几点。

**1. 符合观众的思想方式和影视表现规律**

镜头的组接不能随意，必须符合生活和观众思维的逻辑。因此，影视节目要表达的主题与中心思想一定要明确，这样才能根据观众的心理要求，即思维逻辑来考虑选用哪些镜头，以及怎样将它们有机地组合在一起。

**2. 遵循镜头调度的轴线规律**

所谓的“轴线规律”是指拍摄的画面是否有“跳轴”现象。在拍摄的时候，如果摄像机的位置始终在主体运动轴线的同一侧，那么构成画面的运动方向、放置方向都是一致的，否则称为“跳轴”。“跳轴”的画面在一般情况下是无法组接的。在进行组接时，遵循镜头调度的轴线规律拍摄的镜头，能使镜头中的主体物的位置、运动方向保持一致，合乎人们观察事物的规律，否则就会出现方向性混乱。

**3. 景别的过渡要自然、合理**

表现同一主体的两个相邻镜头的组接时，要

遵守以下原则。

※ 两个镜头的景别要有明显变化，不能把同机位、同景别的镜头相接。因为同一环境中的同一对象，机位不变，景别又相同，两镜头相接后会产生主体的跳动感。

※ 景别相差不大时，必须改变摄像机的机位，否则也会产生明显的跳动感，好像从一个连续镜头中截取了一段。

※ 对不同主体的镜头组接时，同景别或不同景别的镜头都可以组接。

**4. 镜头组接要遵循“动接动”和“静接静”的规律**

如果画面中同一主体或不同主体的动作是连贯的，可以动作接动作，达到顺畅、简洁过渡的目的，则简称为“动接动”；如果两个画面中的主体运动是不连贯的，或者它们中间有停顿时，那么这两个镜头的组接必须在前一个画面主体做完一个完整动作停下来后，再接上一个从静止到运动的镜头，则简称为“静接静”。

“静接静”组接时，前一个镜头结尾停止的片刻称为“落幅”；后一镜头运动前静止的片刻称为“起幅”。起幅与落幅的时间间隔为1~2s。运动镜头和固定镜头组接，同样需要遵循这个规律。如一个固定镜头要接一个摇镜头，则摇镜头开始时要有起幅；相反一个摇镜头接一个固定镜头，那么摇镜头要有落幅，否则画面就会给人一种跳动感。有时为了实现某种特殊的效果，也会用到“静接动”或“动接静”的组接方式。

**5. 光线、色调的过渡要自然**

在组接镜头时，要注意相邻镜头的光线与色调不能相差太大，否则会导致镜头组接太突兀，使人感觉影片不连贯、不流畅。

### 3.1.4 剪辑的基本流程

在Premiere Pro中，剪辑可以分为整理素材、初剪、精剪和完善这四个流程，具体介绍如下。

**1. 整理素材**

前期的素材整理对后期剪辑具有非常大的帮助。通常在拍摄时会把一个故事情节分段拍摄，拍摄完成后，浏览所有素材，只选取其中可用的素材，为可用部分添加标记便于二次查找。然后可以按脚本、景别、角色将素材进行分类排序，将同属性的素材文件存放在一起。整齐有序的素材文件可以提高剪辑的效率和影片的质量，并且可以彰显剪辑者的专业性。

**2. 初剪**

初剪又称为“粗剪”，将整理完成的素材按脚本进行归纳、拼接，并按照影片的中心思想、叙事逻辑逐步剪辑，从而粗略剪辑成一个无配乐、旁白、特效的影片初样，以这个初样作为影片的雏形，逐步完成整部影片。

**3. 精剪**

精剪是影片制作中最重要的剪辑工序，是在粗剪（初样）的基础上进行的剪辑操作，进一步挑选和保留优质镜头及内容。精剪可以控制镜头的长度、调整镜头分剪与剪接点等，是决定影片优劣的关键步骤。

**4. 完善**

完善是剪辑影片的最后一道工序，它在注重细节调整的同时更注重节奏感。通常在该步骤中会将导演的情感、剧本的故事情节，以及观众的视觉追踪注入整体架构中，使整部影片更具看点和故事性。

## 3.2 素材剪辑的基本操作

本节将讲解素材剪辑的一些基本操作方法，包括导入素材、导入常规素材、导入静帧序列素材、导入PSD格式的素材、查找素材、整理素材等操作。

### 3.2.1 导入常规素材

素材导入Premiere Pro的方式有很多种，本节将讲解四种比较快捷和实用的导入方式。

### 1. 在开始面板中导入素材

Premiere Pro 2023增加了全新的开始界面，默认在新建项目后自动进入开始界面的导入面板，在导入面板中，可以通过滑动鼠标指针快速地预览视频素材的内容，如图 3-1 所示。

图3-1

将鼠标指针移至素材的位置，素材的左上方会出现可以进行交互的复选框，选中该复选框可以选中素材，在界面底部中单击“导入”按钮，即可导入素材，如图 3-2 所示。

图3-2

### 2. 使用媒体浏览器

“媒体浏览器”能自动检测计算机中的素材文件，可以显示一个具体的文件，也可以查看并自定义与素材相关的元数据。“媒体浏览器”面板左侧有一系列导航控件，单击其右上角的和按钮可以更改浏览层级，如图 3-3 所示。

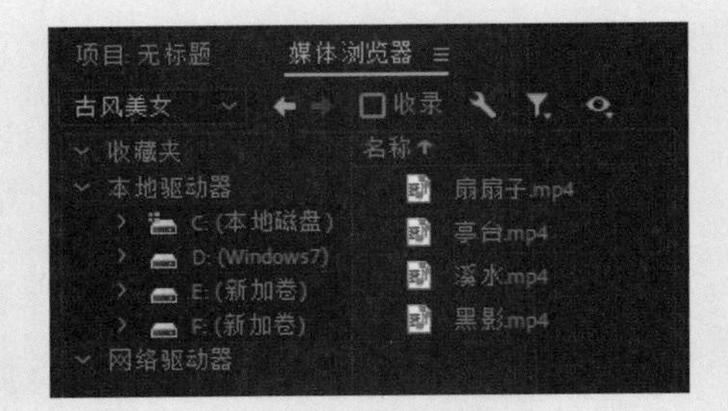


图3-3

可以单独选中一个素材，也可以选中一个文件夹，然后按住鼠标左键将素材拖至“项目”标签上，如图 3-4 所示。待切换到“项目”面板后，将鼠标指针移至面板内，如图 3-5 所示，释放鼠标左键即可将所选素材导入“项目”面板，如图 3-6 所示。

图3-4

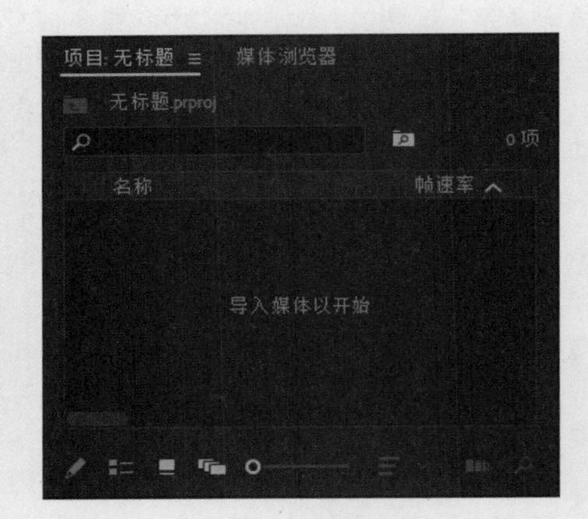


图3-5

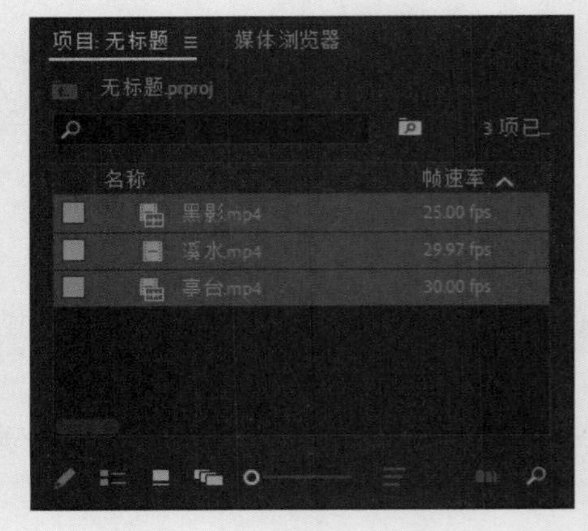


图3-6

**3. 双击“项目”面板的空白区域**

在“项目”面板的空白区域双击或按快捷键Ctrl+I，可以直接弹出“导入”对话框，然后根据路径选择需要的素材，单击“打开”按钮，如图3-7所示，即可导入所选素材，如图3-8所示。

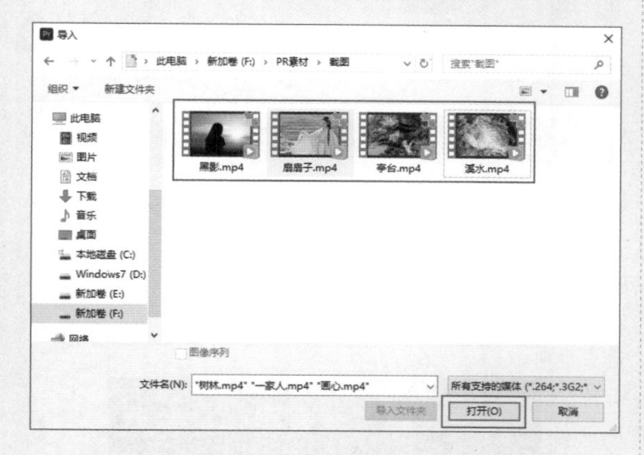


图3-7

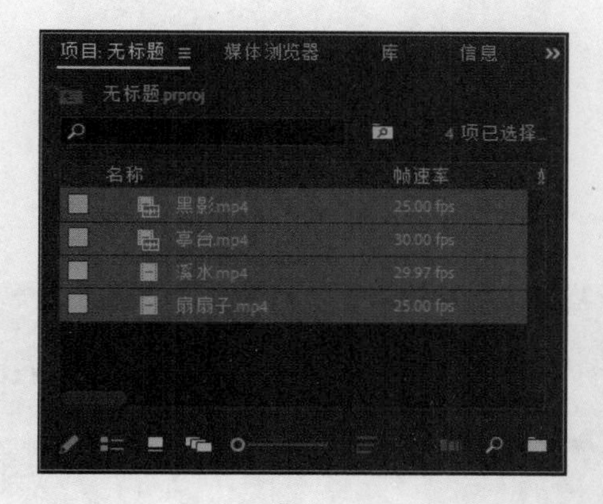


图3-8

**4. 直接拖曳**

在计算机中打开素材所在的文件夹，然后选择需要导入的素材，将其直接拖至“项目”面板中，即可导入所选素材，如图3-9所示。

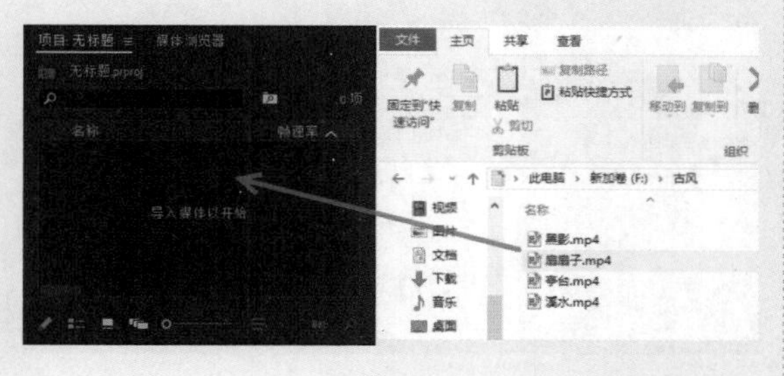


图3-9

## 3.2.2　导入静帧序列素材

静帧就是静态的图像，静帧序列就是将多幅静态图像按次序排好，以形成一段影像。

在“项目”面板的空白区域双击，在弹出的“导入”对话框中选中要导入的静帧序列素材，接着选中对话框下方的“图像序列”复选框，然后单击“打开”按钮导入，如图3-10所示。

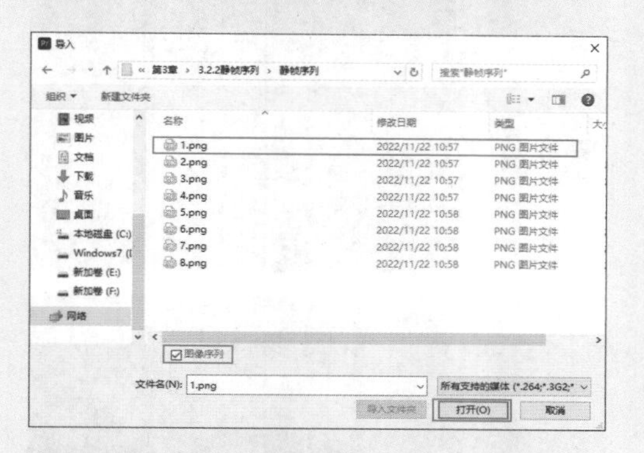


图3-10

此时“项目”面板中出现了序列素材1，然后按住鼠标左键将该序列拖至“时间轴”面板的V1轨道上，如图3-11所示。

图3-11

在“时间轴”面板中拖动时间指示器即可查看序列视频，如图3-12所示。

图3-12

图3-12（续）

### 3.2.3 导入 PSD 格式的素材

PSD 是原理图文件，也是 Photoshop 默认保存的文件格式，该格式可以保留 Photoshop 的所有图层、色板、蒙版、路径、未点阵化文字以及图层样式等，Premiere Pro 可以直接导入 PSD 文件。

在“项目”面板的空白区域双击，弹出“导入”对话框，选择“田园风光.psd”素材文件，并单击“打开”按钮导入，如图 3–13 所示。此时会弹出“导入分层文件：×××”对话框，可以在“导入为”的下拉列表中选择“合并所有图层”选项，最后单击“确定”按钮，如图 3–14 所示。

此时在“项目”面板中会以图片的形式出现导入的“田园风光”合成素材，接着按住鼠标左键将其拖至“时间轴”面板中的 V1 轨道上，如图 3–15 所示。此时的画面效果如图 3–16 所示。

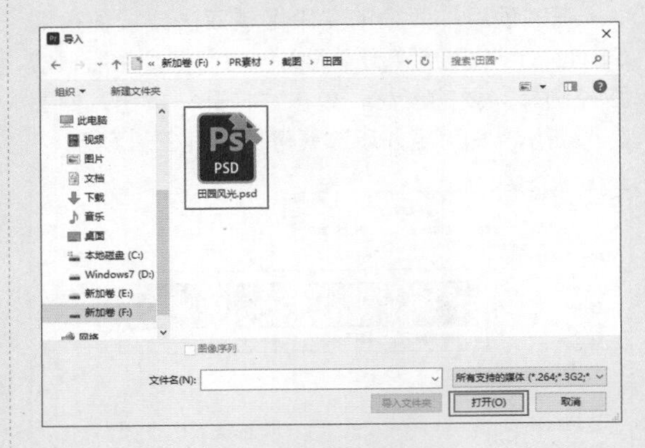


图3-13

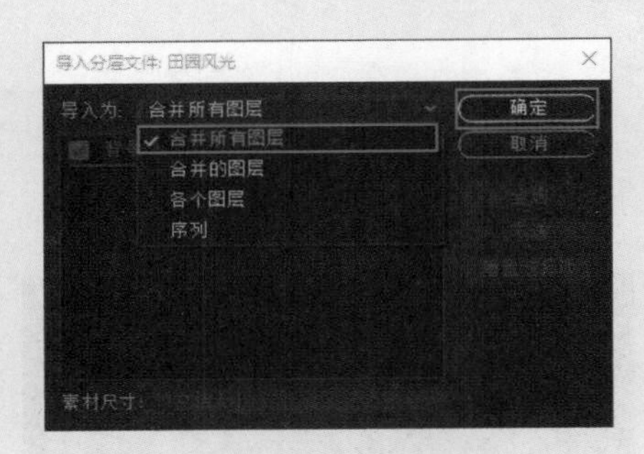


图3-14

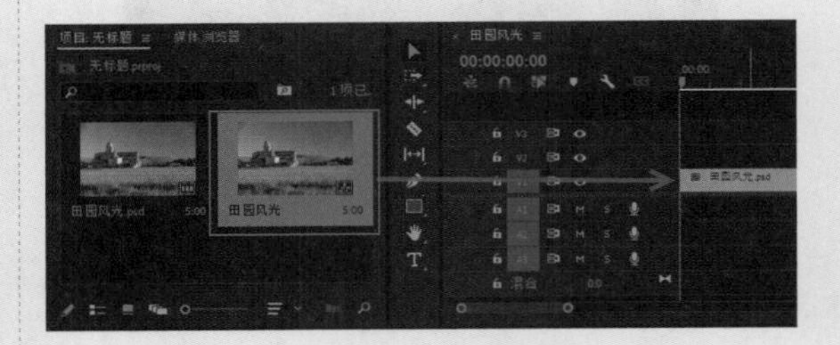

图3-15

图3-16

## 3.2.4 在“项目”面板中查找素材

将“项目”面板切换到列表视图模式，单击“项目”面板中的“名称”栏，“项目”面板中的项目会按字母（数字）降序或升序显示，如图 3-17 和图 3-18 所示。

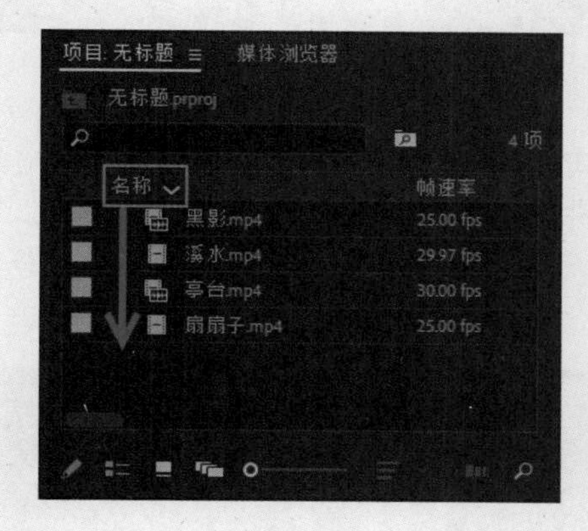


图3-17

图3-18

同理，在“项目”面板中单击其他属性栏，也可以对素材进行排序，属性栏包括帧速率、媒体开始、媒体结束、视频持续时间、视频入点、视频出点、子剪辑开始，子剪辑结束等。

可以根据需要移动属性栏，例如单击“媒体持续时间”属性栏，然后向左拖至“媒体开始”属性栏左侧，待▌图标出现时，如图 3-19 所示，释放鼠标左键，即可将“媒体持续时间”属性栏移至“媒体开始”属性栏的左侧，如图 3-20 所示。

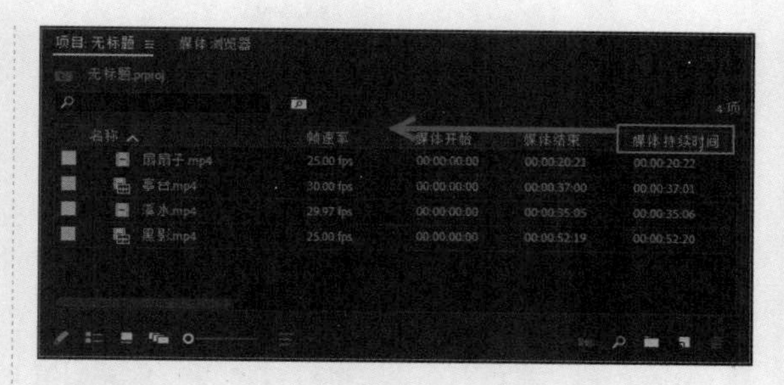


图3-19

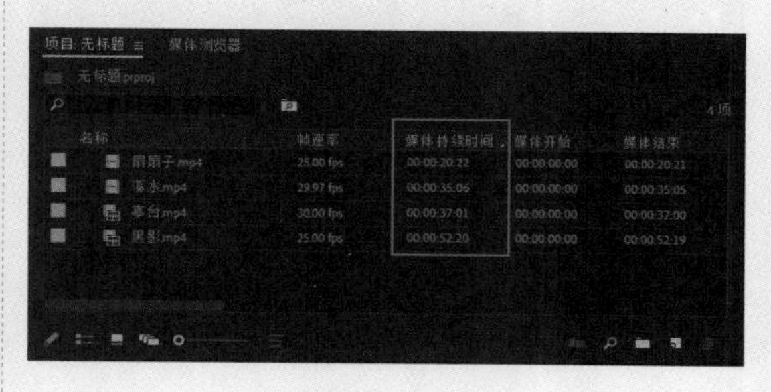


图3-20

当“项目”面板中的素材数量过多时，在“项目”面板的搜索框中输入想要搜索的素材的关键字，就能搜索出相应的素材，如图 3-21 所示。

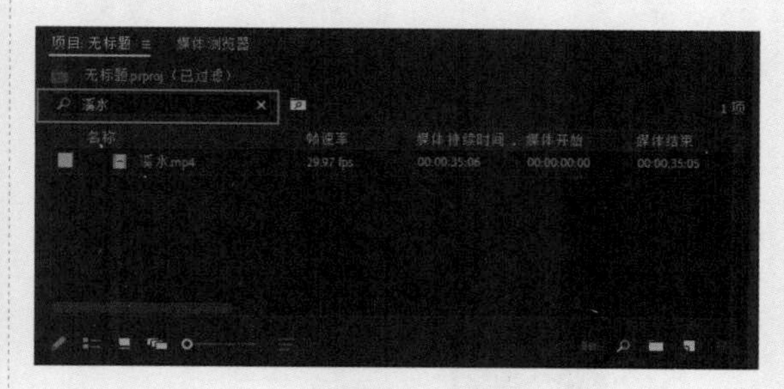


图3-21

搜索完成后，单击搜索框右侧的×按钮，即可取消搜索返回“项目”面板。

## 3.2.5 设置素材箱整理素材

随着项目不断变大，可以创建新的素材箱来容纳新增的素材。虽然创建和使用素材箱不是必需的操作（尤其对于简单项目而言），但是它们对于组织项目文件来说非常有用。

在 Premiere Pro 中有 4 种新建素材箱的方法，具体介绍如下。

※ 单击“项目”面板底部的“新建素材箱”按钮，Premiere Pro 会在“项目”面板中创建一个新素材箱并显示其名称，也可以重命名，如图 3-22 所示。

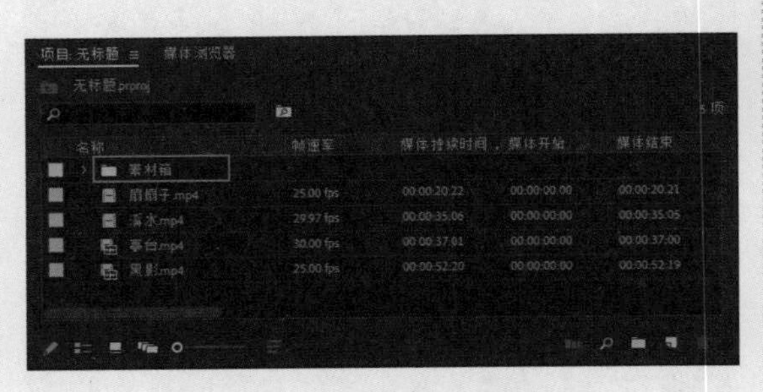

图3-22

※ 在选中“项目”面板的情况下，执行“文件”→“新建”→“素材箱”命令（快捷键为 Ctrl+B），可以在“项目”面板中创建素材箱，如图 3-23 所示。

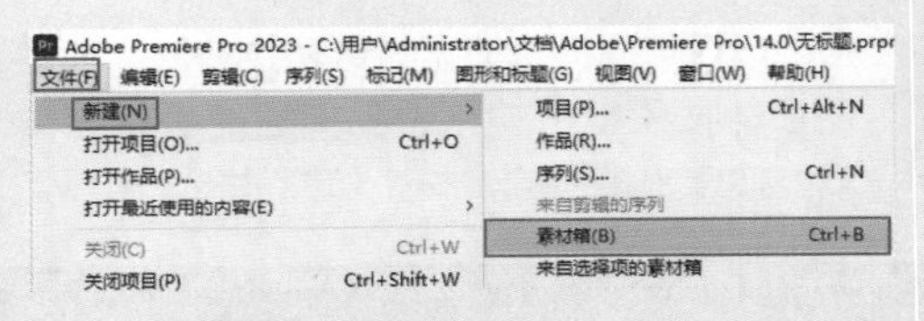


图3-23

※ 在“项目”面板的空白区域右击，然后在弹出的快捷菜单中选择“新建素材箱”选项，如图 3-24 所示。

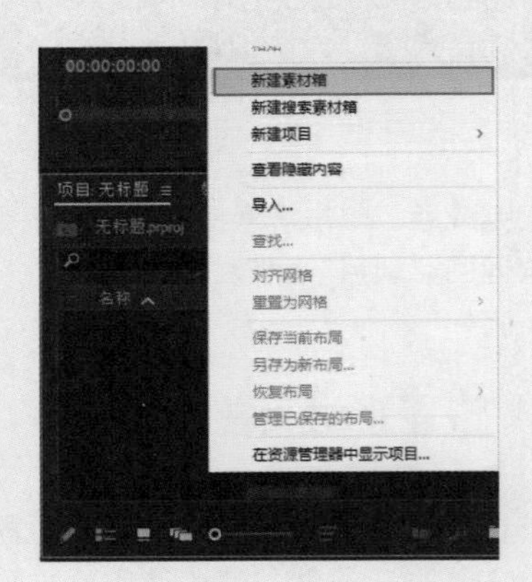


图3-24

※ 当“项目”面板中已有素材时，可以选中需要的素材，并直接拖至“新建素材箱”按钮上创建素材箱，如图 3-25 所示。

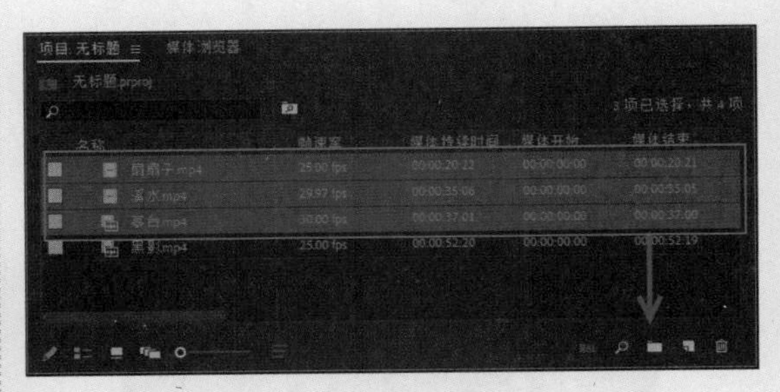

图3-25

可以根据需求将素材按类型放置在对应的素材箱中，实现对素材的归类和整理。单击素材箱前的展开图标即可显示素材箱中的内容，如图 3-26 所示。

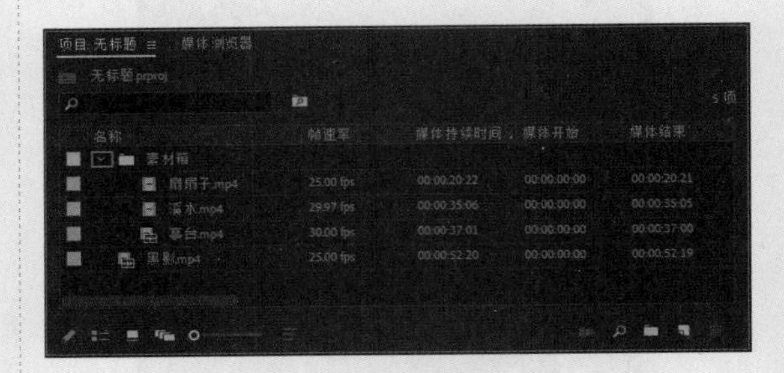

图3-26

更改素材箱视图与更改“项目”面板中素材的显示方式相同，可以分别单击“列表视图”按钮、“图标视图”按钮、“自由变换视图”按钮，效果如图 3-27 所示。

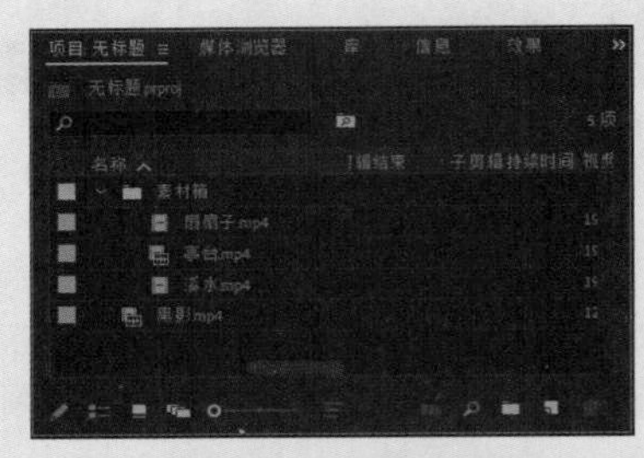

图3-27

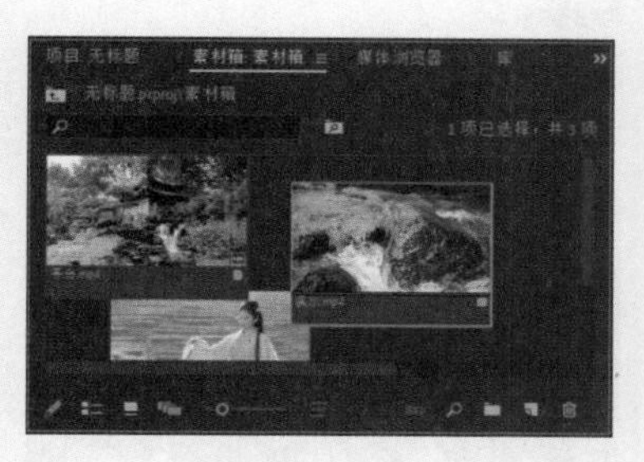

图3-27（续）

### 3.2.6 设置素材标签

“项目”面板和“素材箱”面板中的每个素材箱和素材都有其标签颜色。在列表图标中，名称左侧显示了每个素材箱和素材的标签颜色，如图 3-28 所示。

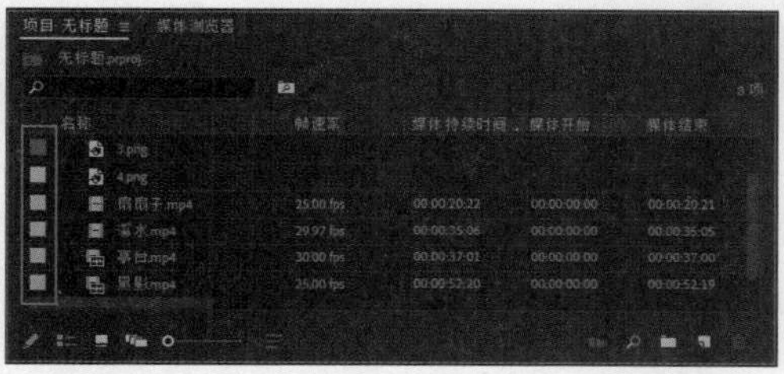

图3-28

将素材添加到序列中时，“时间轴”面板中将显示此颜色，例如，音频和视频素材标签分别为绿色和紫色，将它们分别拖至“时间轴”面板中，视频素材剪辑条为紫色，音频素材剪辑条为绿色，如图 3-29 所示，便于管理和识别素材类型。

图3-29

当素材过多时，可以将素材箱和素材设置为不同的标签颜色，也可以将同类素材箱或同类素材设置为相同的标签颜色，方便在编辑时识别素材。在素材箱中选中素材并右击，在弹出的快捷菜单中选择“标签”子菜单中需要替换的颜色选项即可，如图 3-30 和图 3-31 所示。

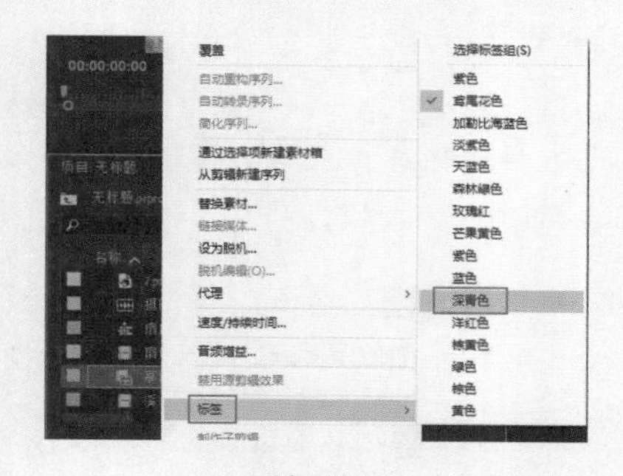

图3-30

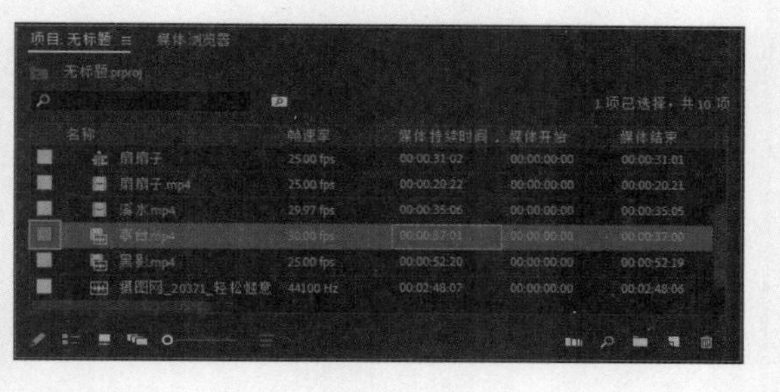

图3-31

## 3.3 编辑素材

### 3.3.1 在“源”面板中编辑素材

在将素材放入视频序列之前，可以在“源”面板中对素材进行预览和修整，如图 3-32 所示。要使用“源”面板预览素材，只要将“项目”面板中的素材拖入“源”面板（或双击“项目”面板中的素材），然后单击“播放 - 停止切换”按钮▶即可预览素材。

图3-32

"源"面板的主要功能按钮说明如下。

※ 添加标记：单击该按钮，可以在时间指示器位置添加一个标记，快捷键为M。添加标记后再次单击该按钮，可以打开标记设置对话框。

※ 标记入点：单击该按钮，可以将时间指示器所在位置标记为入点。

※ 标记出点：单击该按钮，可以将时间指示器所在位置标记为出点。

※ 转到入点：单击该按钮，可以使时间指示器快速跳转到片段的入点位置。

※ 后退一帧（左）：单击该按钮，可以使时间指示器向左移动一帧。

※ 播放-停止切换：单击该按钮，可以预览素材片段。

※ 前进一帧（右）：单击该按钮，可以使时间指示器向右移动一帧。

※ 转到出点：单击该按钮，可以使时间指示器快速跳转到片段的出点位置。

※ 插入：单击该按钮，可以将"源"面板中的素材插入序列中时间指示器的后方。

※ 覆盖：单击该按钮，可以将"源"面板中的素材插入序列中时间指示器的后方，并覆盖其后的素材。

※ 导出帧：单击该按钮，将弹出"导出帧"对话框，如图3-33所示，可以导出时间指示器所处位置的单帧图像。

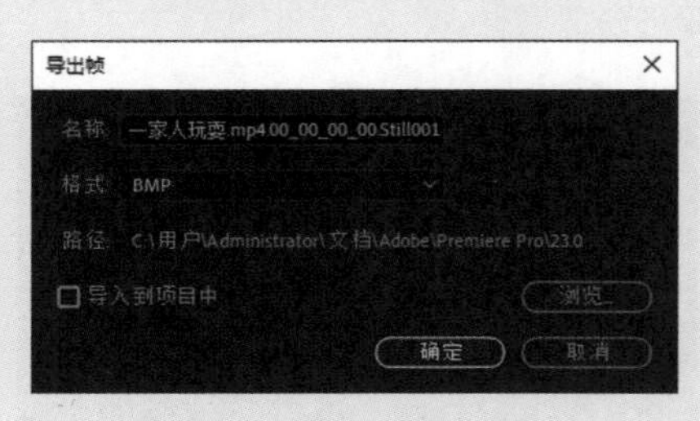


图3-33

※ 按钮编辑器：单击该按钮，将弹出如图3-34所示的"按钮编辑器"对话框，可以根据需求调整按钮的布局。

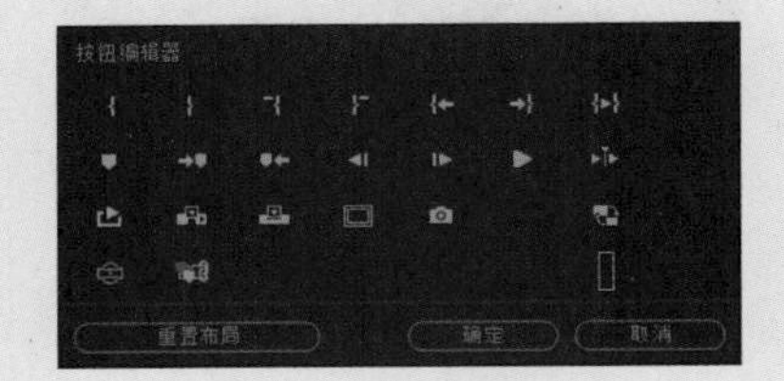


图3-34

※ 仅拖动视频：将鼠标指针移至该按钮上方，将出现手形图标，此时可以将视频素材中的视频单独拖至序列中。

※ 仅拖动音频：将鼠标指针移至该按钮上方，将出现手形图标，此时可以将视频素材中的音频单独拖至序列中。

## 3.3.2 加载素材

双击"项目"面板中的素材或将素材拖至"源"面板中，可以在"源"面板中显示素材，以便对其进行查看或添加标记等操作，如图3-35和图3-36所示。

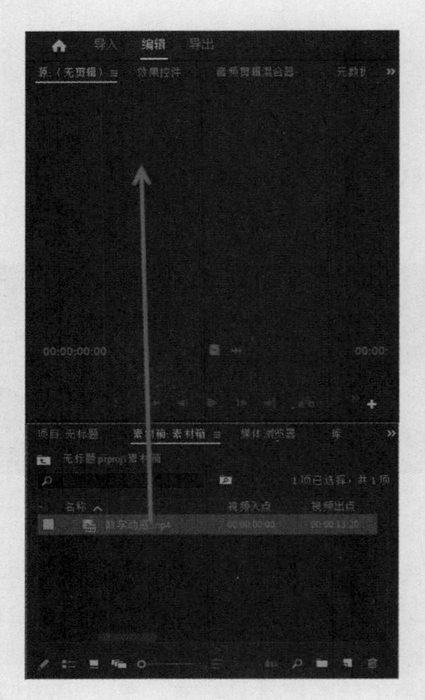


图3-35

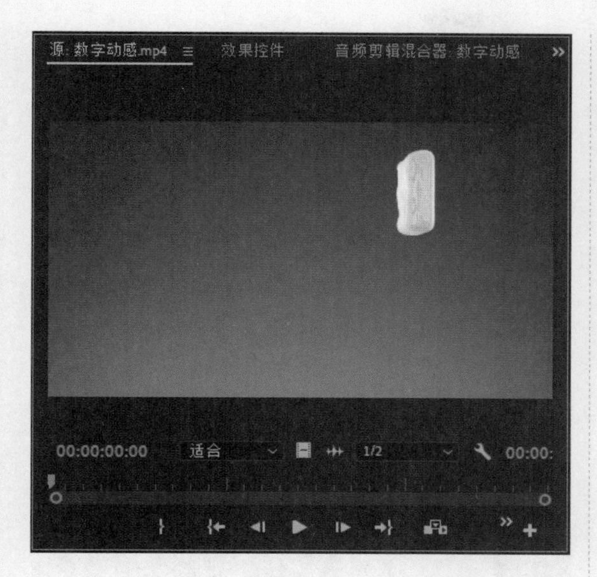


图3-36

若要关闭“源”面板中的素材，单击“源”面板的菜单按钮☰，在弹出菜单中选择“关闭”选项，从而关闭指定素材，也可以选择“全部关闭”选项关闭所有素材，如图3-37所示。

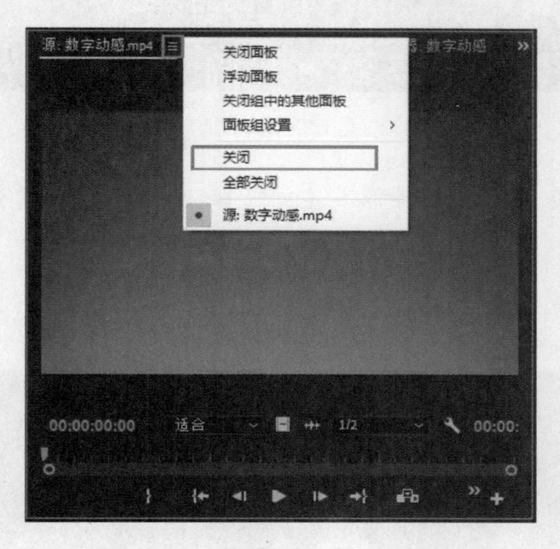


图3-37

## 3.3.3 标记素材

在“源”面板中打开素材后，可以按空格键播放当前素材（再次按空格键即暂停），也可以单击播放条下面的图标进行一系列操作，还可以拖曳时间指示器快速浏览视频内容，如图3-38所示。

图3-38

在播放过程中，单击“添加标记”按钮▼或按M键来标记相应的画面，如图3-39所示。该功能通常用于“卡点”。对一段素材进行标记操作后，在“源”面板的播放条上会出现标记符号，如图3-40所示。

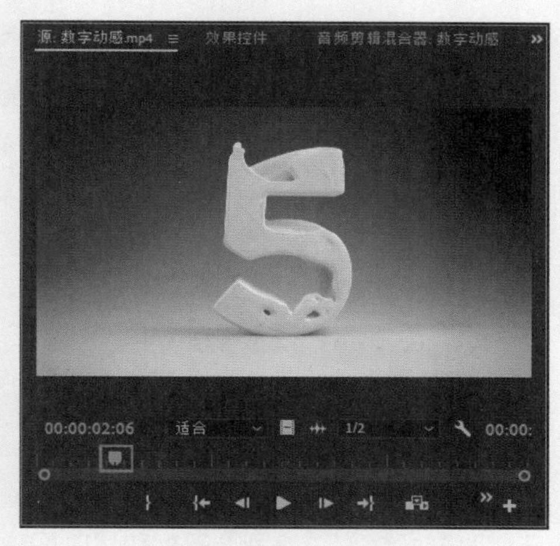


图3-39

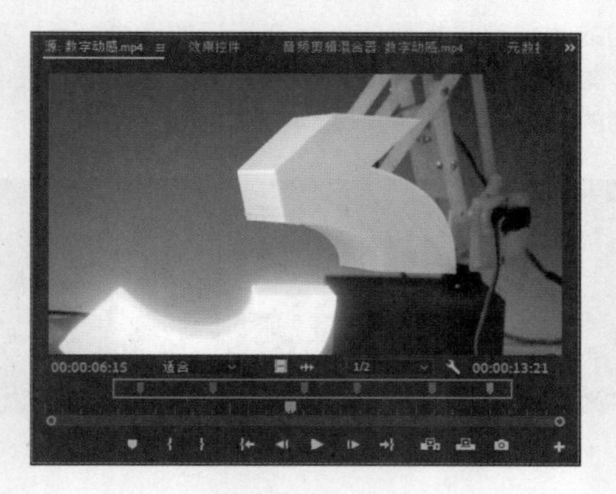


图3-40

在空白区域右击，在弹出的快捷菜单中选择“转到下一个标记”或“转到上一个标记”选项，时间指示器将直接跳转到下一个或上一个标记的位置，以便查找标记点的时间码或画面，如图 3-41 和图 3-42 所示。若要删除、隐藏、显示标记符号，可以右击，在弹出的快捷菜单中选择对应的选项即可。

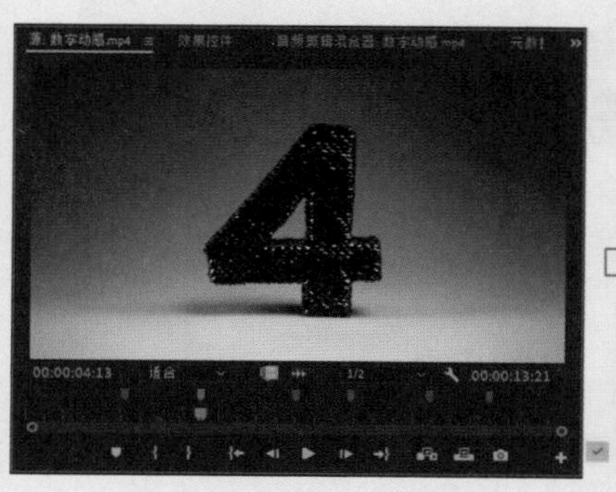


图3-41

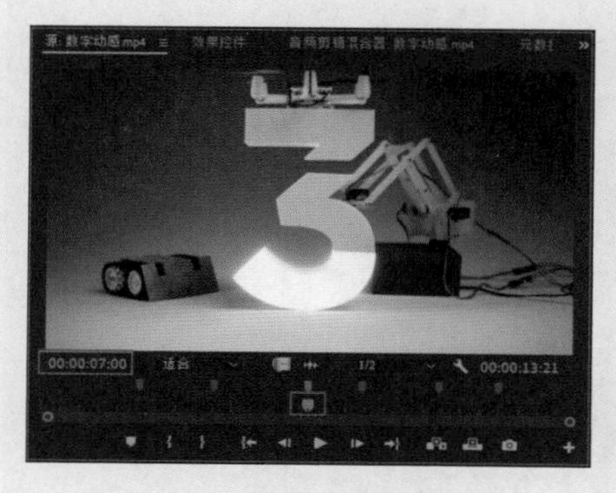


图3-42

在“源”面板、“节目”面板和“时间轴”面板中都有播放条，且都有相同的功能按钮，它们的功能都是相同的。将有标记的素材拖至“时间轴”面板中后，序列中的剪辑条上也会保留相同的标记点，如图 3-43 所示。

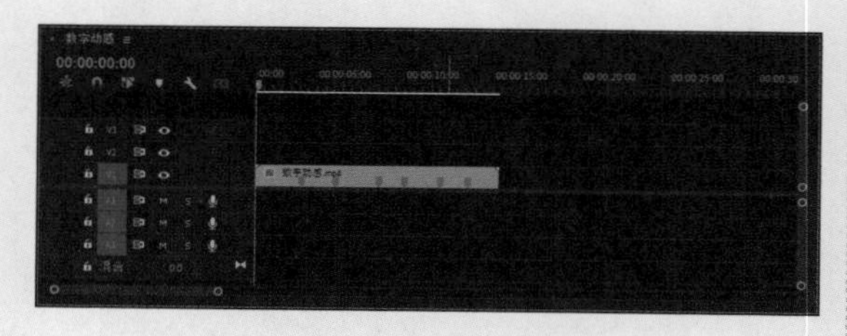


图3-43

## 3.3.4 设置入点与出点

在使用素材制作剪辑时，通常只会使用其中一段，此时即可在“源”面板中通过单击“标记入点”按钮或“标记出点”按钮，设置素材的播放起点或结束点。下面介绍具体的操作方法。

**01** 播放素材或拖曳时间指示器，找到需要的视频片段的起点，单击“标记入点”按钮（快捷键为I），设置视频入点，如图3-44所示。

图3-44

**02** 继续播放素材或拖曳时间指示器，找到需要的视频片段的结束点，单击“标记出点”按钮（快捷键为O），设置视频出点，如图3-45所示。

图3-45

此时回到“项目”面板中查看素材，“视频入点”“视频出点”“视频持续时间”是截取的视频片段的属性，如图3-46所示。

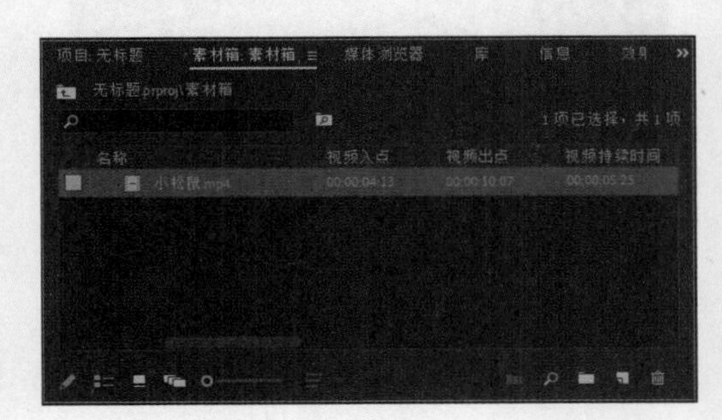


图3-46

将“项目”面板中的素材拖至“时间轴”面板中，素材就是截取后的片段。单击“转到入点”按钮 （快捷键为Shift+I）或“转到出点”按钮 （快捷键为Shift+O），将时间指示器移至对应的时间点，如图3-47所示。

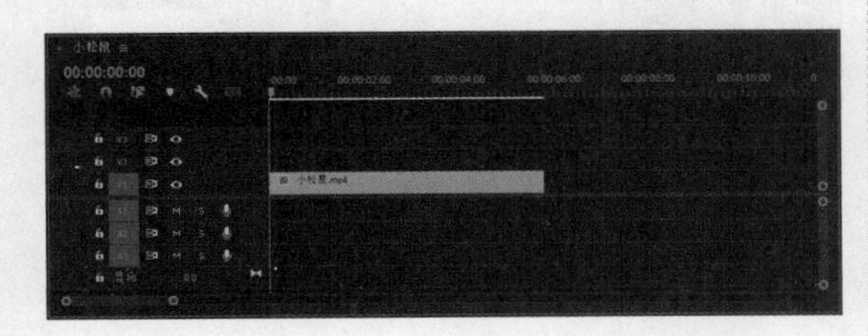

图3-47

若使用一个素材的多个片段，可以单击“插入”按钮将当前片段直接插入“时间轴”面板，然后继续编辑。注意，在进行“插入”操作时，素材片段是插入到“时间轴”面板中时间指示器的后面的。同理，单击“覆盖”按钮是使用当前片段覆盖时间指示器后面的剪辑片段。

## 3.3.5 创建子剪辑

若有一个素材，想保留其中的一个片段或几个片段，以便后续使用，且不影响原素材在“项目”面板的属性，即可通过创建子剪辑来实现。

在“源”面板中通过单击“标记入点”按钮和“标记出点”按钮选择需要的剪辑范围，在剪辑画面上右击，在弹出的快捷菜单中选择“制作子剪辑”选项，如图3-48所示。

图3-48

弹出“制作子剪辑”对话框，根据需要设置“名称”，单击“确定”按钮，如图3-49所示。

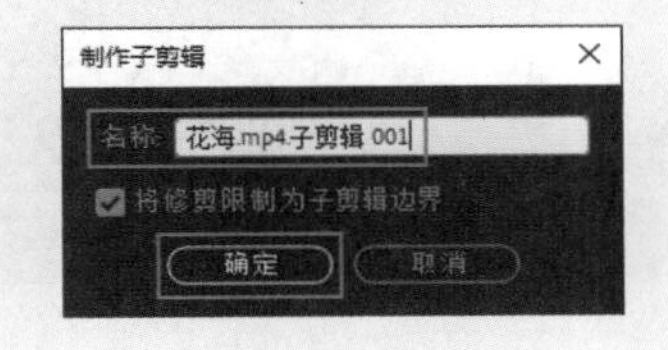


图3-49

子剪辑创建完成后，会在“项目”面板中生成子剪辑，且显示子剪辑的“名称”“媒体开始”“媒体持续时间”等信息，如图3-50所示。注意，子剪辑与常规剪辑的属性相同，可以用素材箱的形式对其进行组织，区别在于子剪辑的图标与常规剪辑的图标不同，在原始剪辑上制作子剪辑后，原始剪辑会一直保留素材的入点和出点，可以在“源”面板中打开原始剪辑，然后右击，在弹出的快捷菜单中选择“清除入点”和“清除出点”选项。

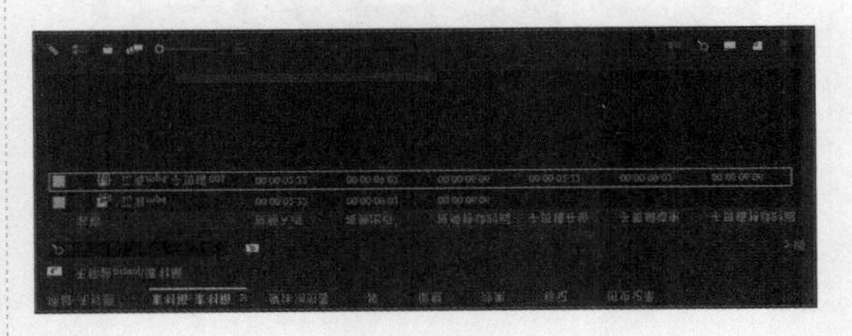

图3-50

## 3.3.6 实例：选择素材片段

本例将详细、完整地展示如何选择素材片段的全过程。

**01** 启动Premiere Pro 2023，按快捷键Ctrl+O，打开素材文件夹中的“选择素材片段.prproj”项目文件。

**02** 在“项目”面板中双击“烧烤.mp4”素材，将其在“源”面板中打开，此时的素材片段的总时长为00:01:10:22，如图3-51所示。

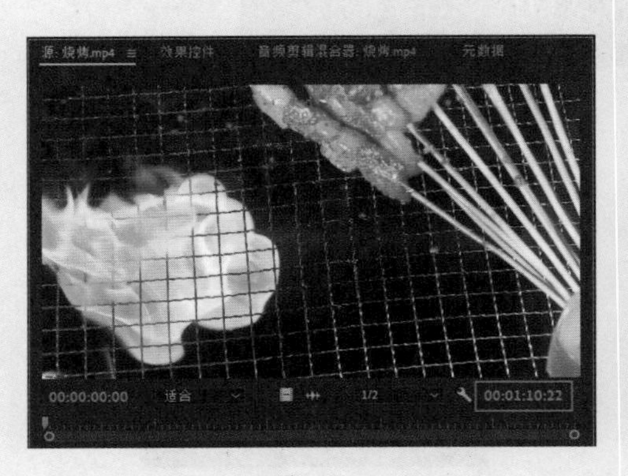


图3-51

**03** 在“源”面板中，将时间指示器移至00:00:27:22，单击“标记入点”按钮，将当前时间点标记为入点，如图3-52所示。

图3-52

**04** 将时间指示器移至00:00:53:11，单击“标记出点”按钮，将当前时间点标记为出点，如图3-53所示。

图3-53

**05** 将素材从“项目”面板中拖入“时间轴”面板，即可看到素材片段的持续时长由00:01:10:22变为00:00:25:15，如图3-54所示。

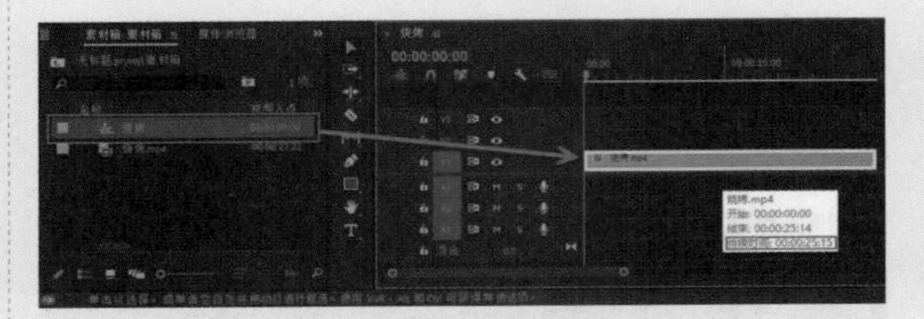

图3-54

# 3.4 使用时间轴和序列

在Premiere Pro中，“时间轴”面板和序列是剪辑操作时必不可少的两个工具。

## 3.4.1 认识“时间轴”面板

“时间轴”面板主要负责大部分的剪辑工作，还可以用于查看并处理序列。剪辑工作必须且高频使用这个面板，可以说“时间轴”面板是剪辑的基石，如图3-55所示。

图3-55

## 3.4.2 “时间轴”面板功能按钮

“时间轴”面板可以编辑和剪辑视频、音频，为视频添加字幕、效果等，如图 3-56 所示。

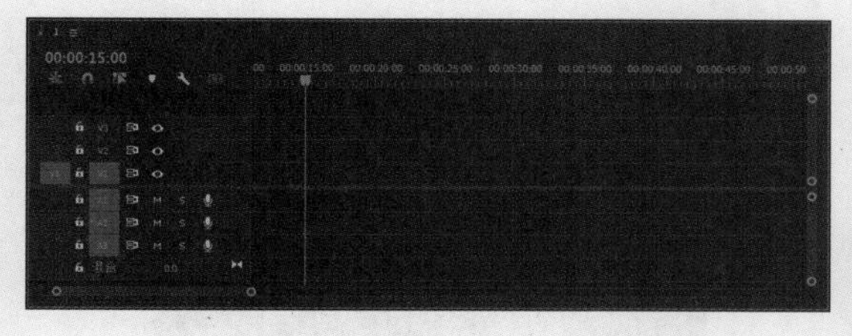


图3-56

“时间轴”面板功能按钮的具体说明如下。

※ 时间指示器位置 00:00:15:00：显示当前时间指示器所在的位置。

※ 时间指示器：单击并拖曳时间指示器即可显示当前播放的时间位置。

※ 切换轨道锁定：单击此按钮，该轨道停止使用。

※ 切换同步锁定：单击此按钮，可以限制在修剪期间的轨道转移。

※ 切换轨道输出：单击此按钮，即可隐藏该轨道中的素材文件，以黑场视频的形式呈现在“节目”面板中。

※ 静音轨道 M：单击此按钮，音频轨道会将当前声音静音。

※ 独奏轨道 S：单击此按钮，该轨道成为独奏轨道，其他轨道的内容将不再显示。

※ 画外音录制：单击此按钮，即可进行录音操作。

※ 轨道音量 0.0：数值越大，轨道音量越大。

※ 缩放轨道：更改时间轴的时间间隔，向左滑动级别增大，显示面积减小；反之，级别变小，素材显示面积增大。

※ 视频轨道 V1：可以在该轨道中编辑静帧图像、序列、视频等素材。

※ 音频轨道 A1：可以在该轨道中编辑音频素材。

## 3.4.3 视频轨道控制区

视频轨道区可以编辑静帧图像、序列、视频等素材，如图 3-57 所示。

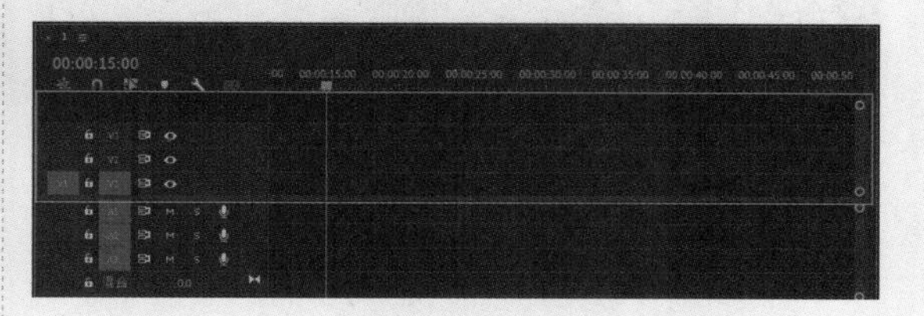


图3-57

## 3.4.4 音频轨道控制区

音频轨道可以编辑各种音频素材，如图 3-58 所示。

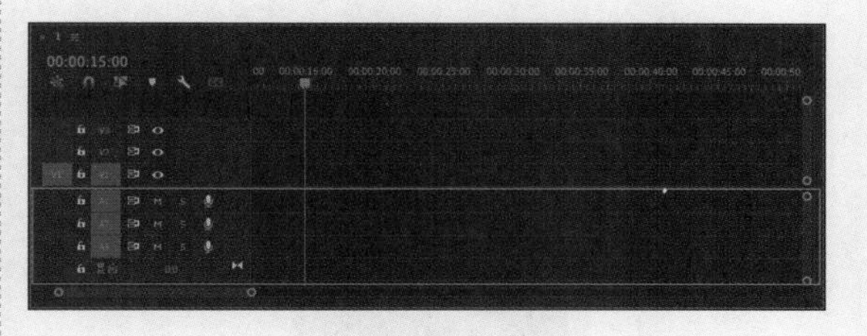


图3-58

## 3.4.5 显示音频时间单位

在“源”面板时间标尺上右击，在弹出的快捷菜单中选择“显示音频时间单位”选项，如图 3-59 所示。操作完成后，可以查看音频时间单位显示情况，如图 3-60 所示。

图3-59

图3-60

## 3.4.6　实例：添加 / 删除轨道

Premiere Pro 2023 支持用户添加多条视频轨道、音频轨道或音频子混合轨道，以满足视频的编辑需求。下面介绍如何在 Premiere Pro 2023 中添加和删除轨道的方法。

**01** 启动Premiere Pro 2023，按快捷键Ctrl+O，打开素材文件夹中的“轨道操作.prproj”项目文件。进入工作界面后，在“时间轴”面板中查看当前轨道的分布情况，如图3-61所示。

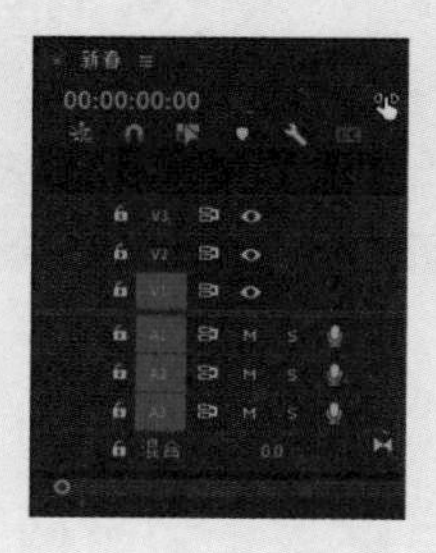


图3-61

**02** 在轨道编辑区的空白区域右击，在弹出的快捷菜单中选择“添加轨道”选项，如图3-62所示。

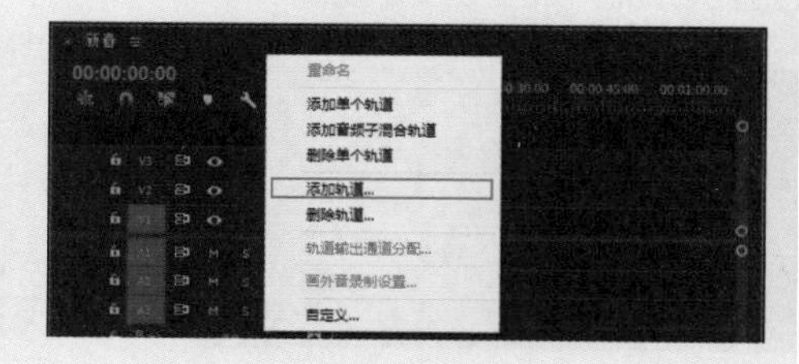


图3-62

**03** 弹出“添加轨道”对话框，在其中可以添加视频轨道、音频轨道或音频子混合轨道。单击“视频轨道”选项组中“添加”参数后的数字1，激活文本框，输入数字2，如图3-63所示，单击“确定”按钮，即可在序列中新增两条视频轨道，如图3-64所示。

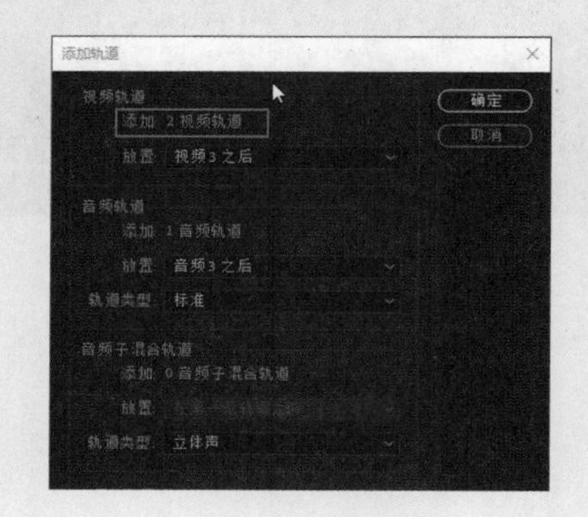


图3-63

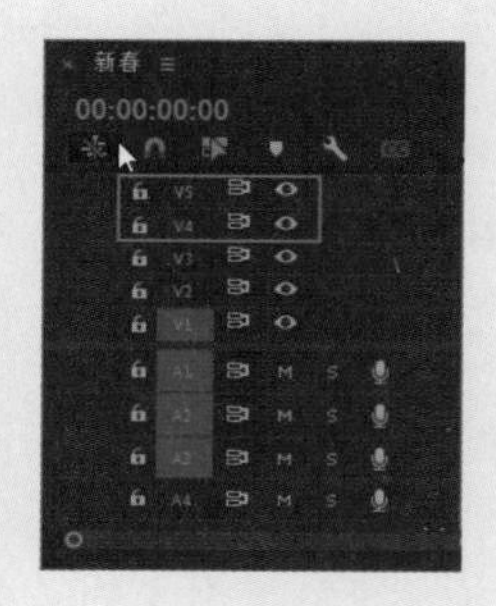


图3-64

提示：在“添加轨道”对话框中，可以展开“放置”下拉列表，选择将新增的轨道放置在已有轨道的上方（之前）或下方（之后）。

**04** 删除轨道。在轨道编辑区的空白区域右击，在弹出的快捷菜单中选择“删除轨道”选项，如图3-65所示。

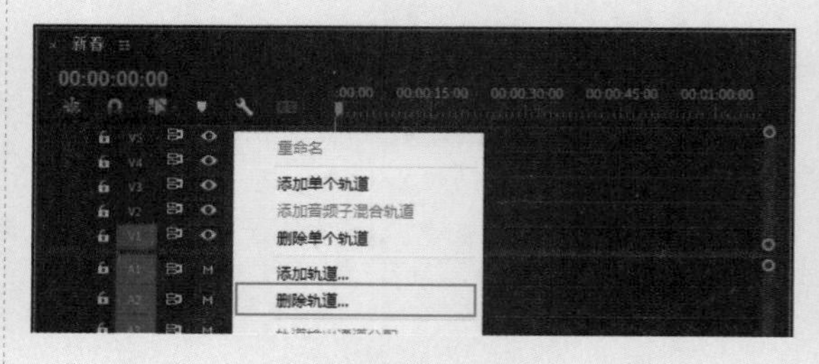


图3-65

**05** 在弹出的“删除轨道”对话框中选中“删除音频轨道”复选框，如图3-66所示，单击“确定”按钮，关闭对话框。

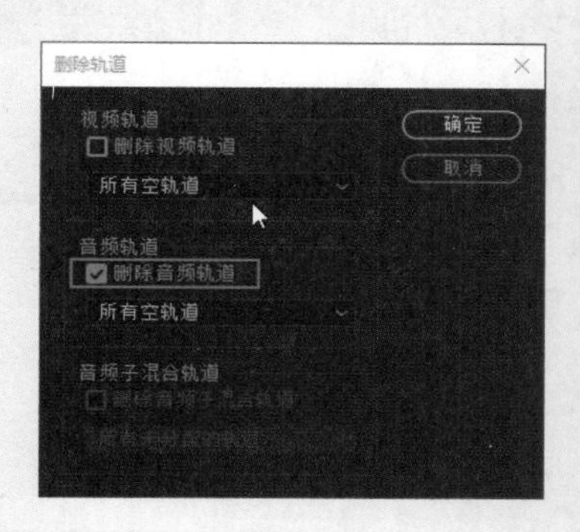


图3-66

**06** 上述操作完成后，可以查看序列中的轨道分布情况，如图3-67所示。

图3-67

## 3.4.7 锁定与解锁轨道

在“项目”面板中单击V1轨道中的“切换轨道锁定”按钮，将停止使用V1轨道，如图3-68所示。

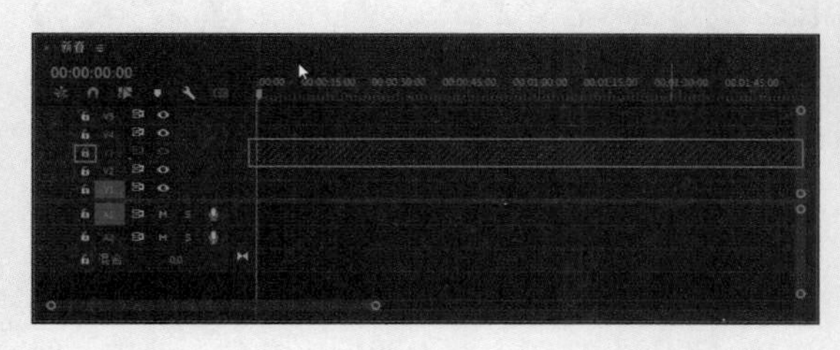

图3-68

再单击“切换轨道锁定”按钮，即可继续使用V1轨道，如图3-69所示。

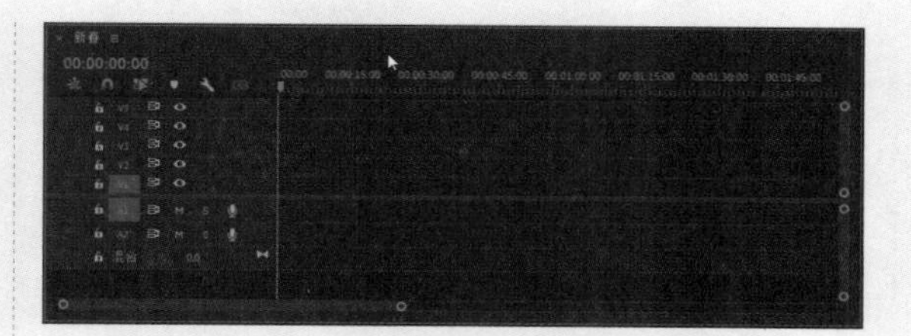

图3-69

## 3.4.8 创建新序列

创建新序列有两种方法，具体的操作方法如下。

### 1. 通过菜单栏创建

在菜单栏中执行“文件”→“新建”→“序列”命令，如图3-70所示，也可以按快捷键Ctrl+N直接进入“新建序列”对话框。在弹出的“新建序列”对话框中根据素材设置序列格式和名称，然后单击“确定”按钮，此时新建的序列会出现在“项目”面板和“时间轴”面板中，如图3-71所示。

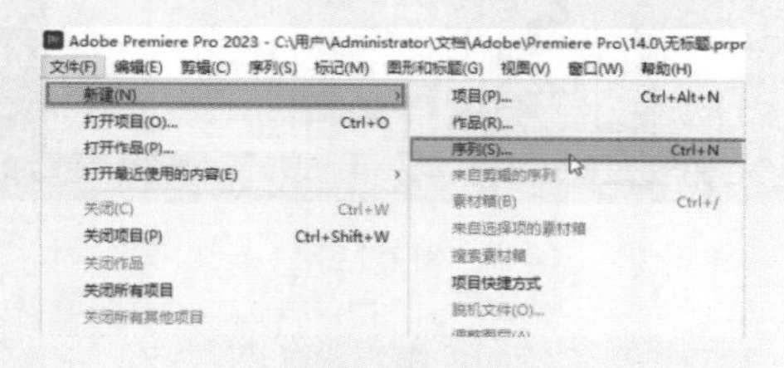

图3-70

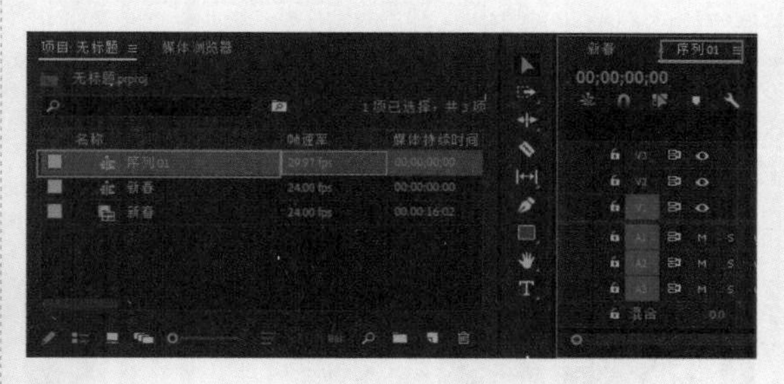

图3-71

### 2. 通过“项目”面板创建

在“项目”面板中的空白区域右击，在弹出的快捷菜单中选择“新建项目”→“序列”选项，如图3-72所示，同样弹出“新建序列”对话框，根据素材设置序列格式和名称。

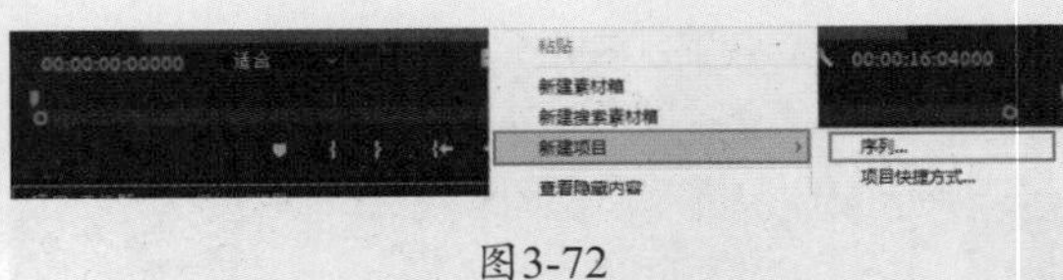


图3-72

## 3.4.9 序列预设

在 Premiere Pro 2023 中，提供了很多序列预设类型，此处讲解剪辑中常用的几种类型。

电影级别 ARRI 摄像机序列预设标准，如图 3-73 所示。

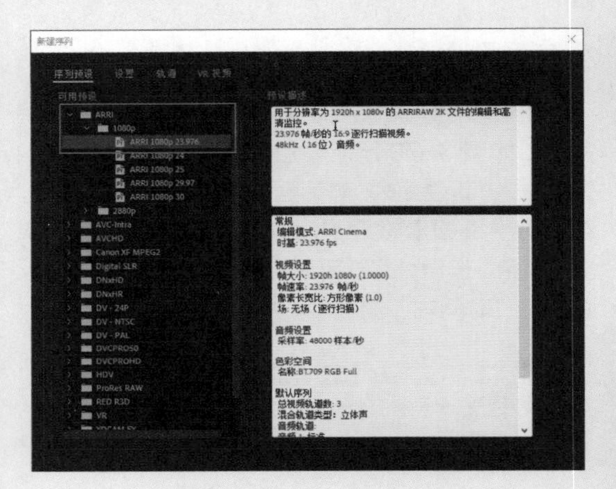


图3-73

数码单反相机的拍摄标准如图 3-74 所示。

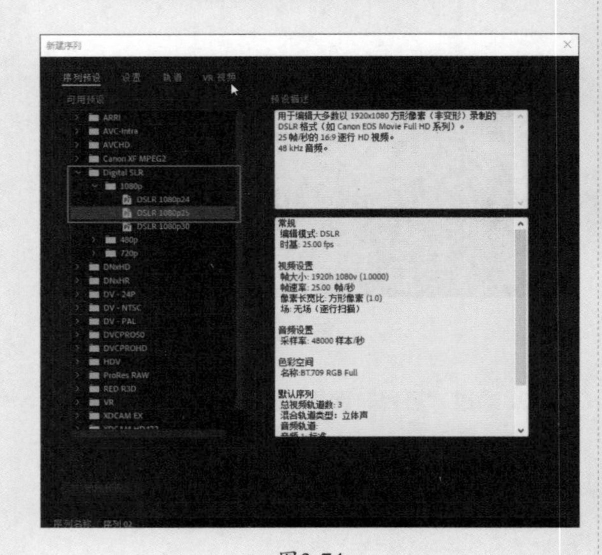


图3-74

常用的 DV 高清预设标准如图 3-75 所示。

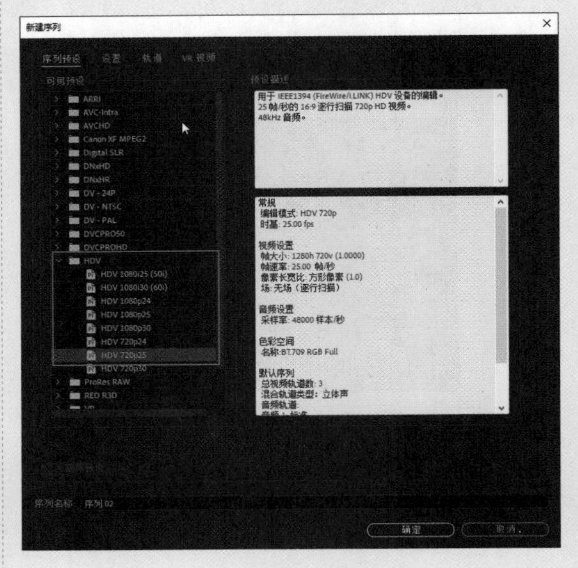


图3-75

专业设备预设标准如图 3-76 所示。

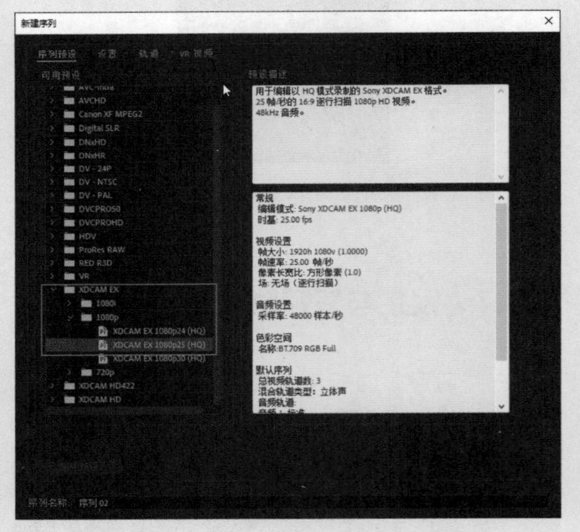


图3-76

用户也可以自定义预设，根据不同的情况和用途选择序列预设。在菜单栏中执行“文件”→“新建”→“序列”命令，弹出“新建序列”对话框，选择“设置”选项卡，设置相应参数，单击“保存预设”按钮，如图 3-77 所示。在弹出的“保存序列预设”对话框中输入名称，单击“确定”按钮，即可自定义预设，如图 3-78 所示。

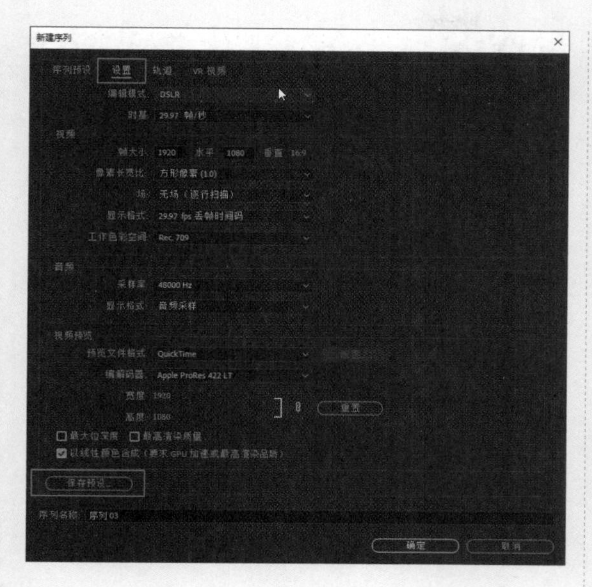

图3-77

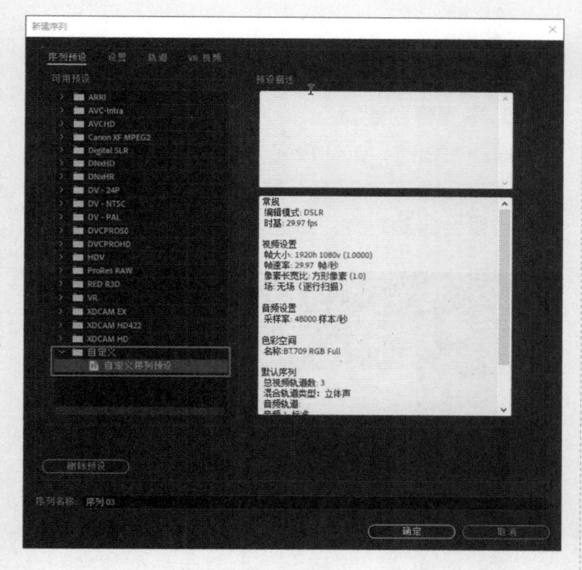

图3-78

## 3.4.10 打开 / 关闭序列

序列可以在“源”面板或“时间轴”面板打开，在“项目”面板中选择“序列 01”并右击，在弹出的快捷菜单中选择“在源监视器中打开”或者“在时间轴内打开”选项，如图 3-79 所示。双击“序列”图标，即可直接在“时间轴”面板中打开。

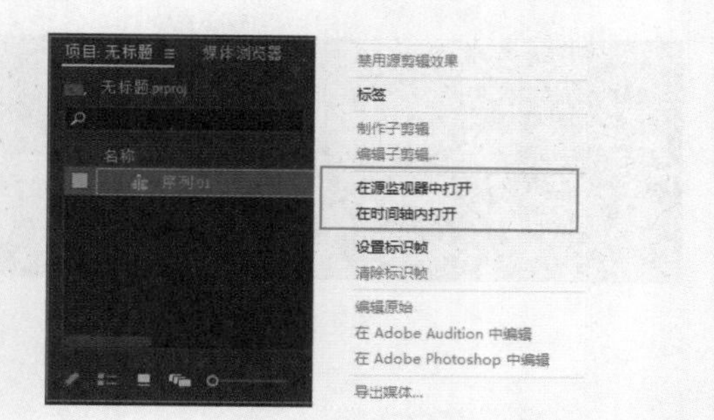


图3-79

在“时间轴”面板中单击“序列 01”前的按钮，即可关闭序列。

# 3.5 在序列中剪辑素材

## 3.5.1 在序列中快速添加素材

将“项目”面板中的任意剪辑素材拖至“项目”按钮上，或者直接拖至“时间轴”面板中，如图 3-80 和图 3-81 所示。软件会根据剪辑素材自动创建一个与剪辑素材名称相同的新序列，如图 3-82 所示。

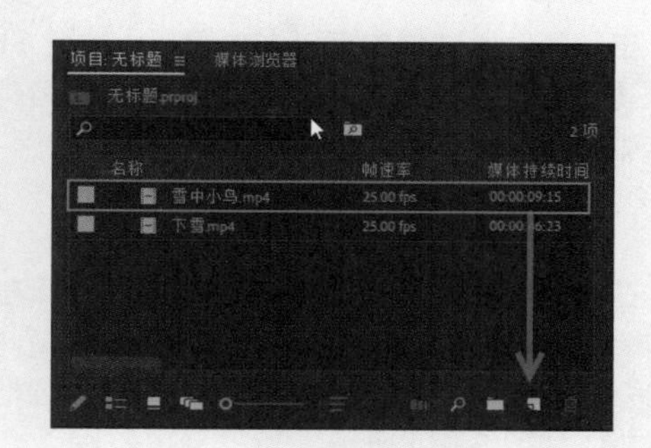

图3-80

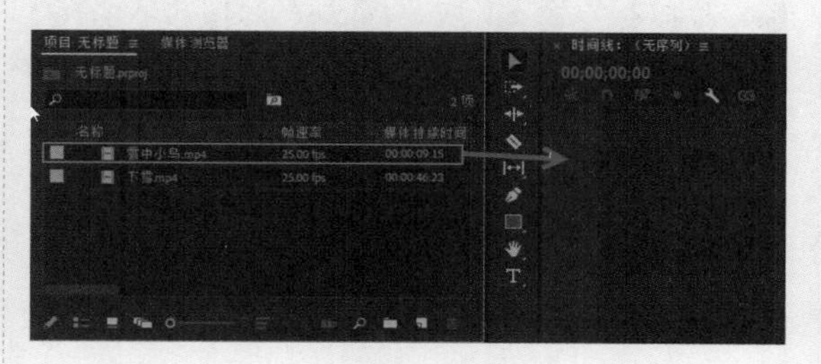

图3-81

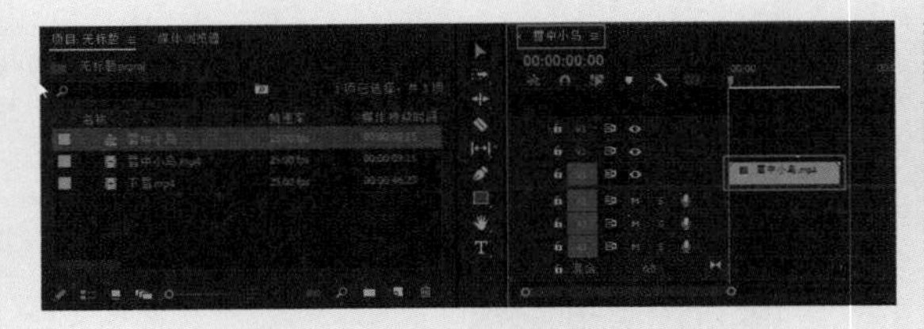

图3-82

## 3.5.2 选择和移动素材

**1. 选择素材**

在应用剪辑素材之前，通常需要在序列中选择素材。在选择剪辑素材时，应注意以下三点。

※ 编辑具有视频和音频的素材，每个素材都至少有一部分。当视频和音频素材由同一台摄像机录制时，它们会自动链接，单击其中一个，也会自动选中另一个。

※ 在“时间轴”面板中，可以通过使用入点和出点进行剪辑。

※ 选择时将使用“选择工具”（快捷键为 V）。

**2. 加选、减选**

在序列中通过单击可以选中剪辑，按住 Shift 键单击可以加选其他剪辑或取消选中已选剪辑。双击剪辑则会在“源”面板中打开并预览。

**3. 框选**

在“时间轴”面板的空白区域按住鼠标左键并拖曳，创建一个选择框，可以框选剪辑，如图 3-83 所示，释放鼠标左键，即可选中被框选的剪辑，如图 3-84 所示。

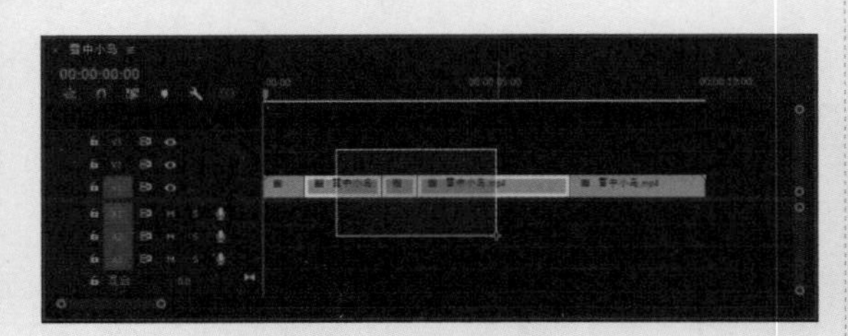

图3-83

图3-84

**4. 选择轨道上的连续剪辑**

使用“向前选择轨道工具”（快捷键为 A）可以选择轨道上的连续剪辑。选择“向前选择轨道工具”，单击任意轨道上的任意剪辑，所有轨道上从单击位置到序列结尾的剪辑都会被选中，若有音频与这些剪辑链接，那么音频也会被选中。若在使用“向前选择轨道工具”时按住 Shift 键，则会选择当前轨道上从鼠标单击位置到序列结尾的剪辑。

仅选择视频和音频。选中“选择工具”，按住 Alt 键，单击时间轴上的一些剪辑，可以只选中视频或音频内容。注意，框选同样适用此操作。

**5. 拖曳移动素材**

拖动剪辑时，默认模式为覆盖。在“时间轴”面板的左上角有“对齐”按钮，单击激活后剪辑的边缘会自动对齐，如图 3-85 所示。

图3-85

在“时间轴”面板上单击最后一个剪辑，并向后拖曳一段距离，因为此剪辑之后没有剪辑，所以会在此剪辑前面添加一个空隙并不影响其他剪辑，如图 3-86 所示。

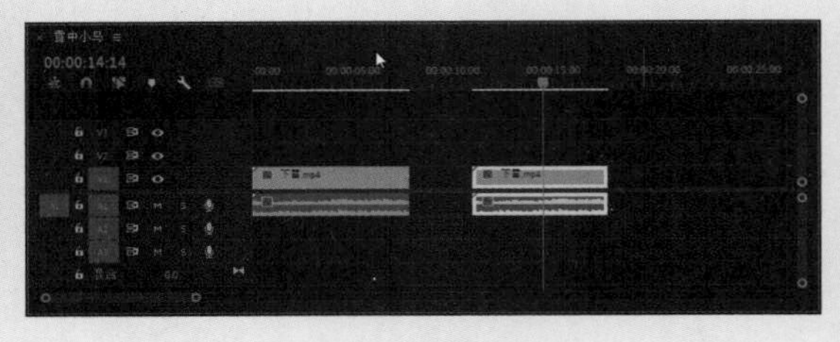

图3-86

在激活了“对齐”模式的情况下，向左缓慢拖曳剪辑，直至与其前面剪辑的末尾对齐，释放鼠标左键，此剪辑会与上一个剪辑的末尾相接，如图 3-87 和图 3-88 所示。

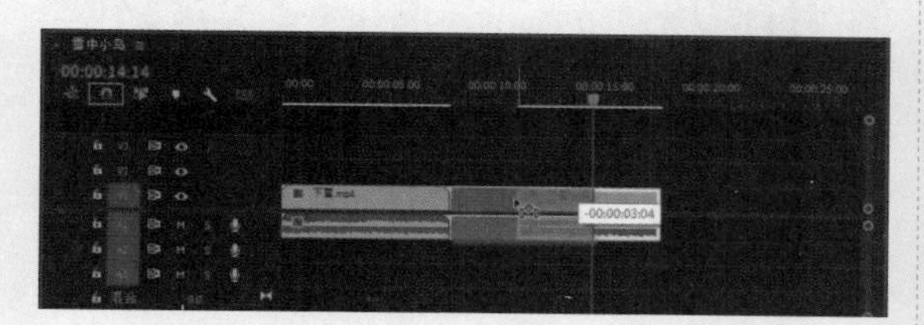

图3-87

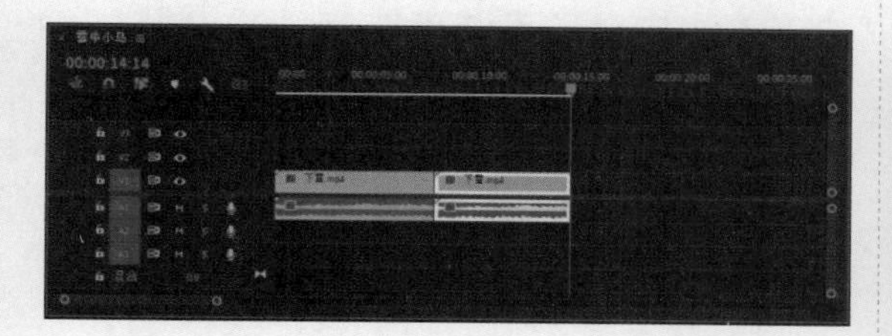

图3-88

**6. 微移剪辑的快捷键**

按 1 次←键可以将剪辑向左移 1 帧；若要向左移 5 帧，则可以按快捷键 Shift+ ←。

按 1 次→键可以将剪辑向右移 1 帧；若要向右移 5 帧，则可以按快捷键 Shift+ →。

按快捷键 Alt+ ↑，可以将剪辑向上移动一个轨道；按快捷键 Alt+ ↓，可以将剪辑向下移动一个轨道。

### 3.5.3 分离视频与音频

在 Premiere Pro 中，处理带有音频的视频素材时，有时需要将链接在一起的视频和音频分开，成为独立的个体，分别进行处理，这就需要用到分离操作。而对于某些单独的视频和音频需要同时进行编辑处理时，就需要将它们链接起来，便于统一操作。

要将链接的视频和音频分离，如图 3-89 所示，可以选择序列中的素材片段，执行“剪辑”→“取消链接”命令，或者按快捷键 Ctrl+L，即可分离视频和音频，此时视频素材的命名后少了 [V] 图标，如图 3-90 所示。

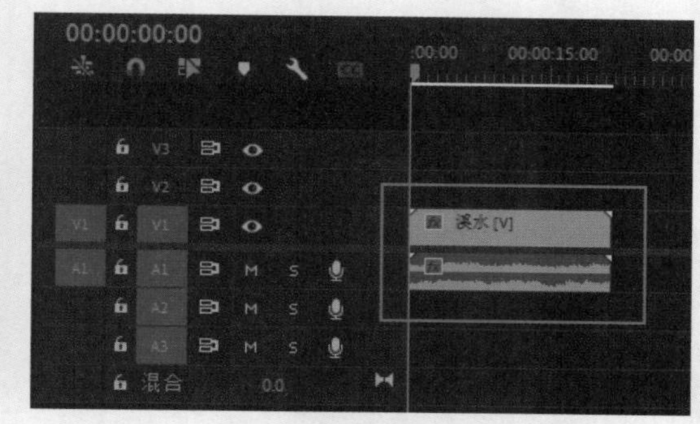


图3-89

图3-90

若要将视频和音频重新链接起来，只需同时选择要链接的视频和音频素材，执行“剪辑”→“链接”命令，或者按快捷键 Ctrl+L，即可链接视频和音频素材，此时视频素材的名称后方重新出现 [V] 图标，如图 3-91 所示。

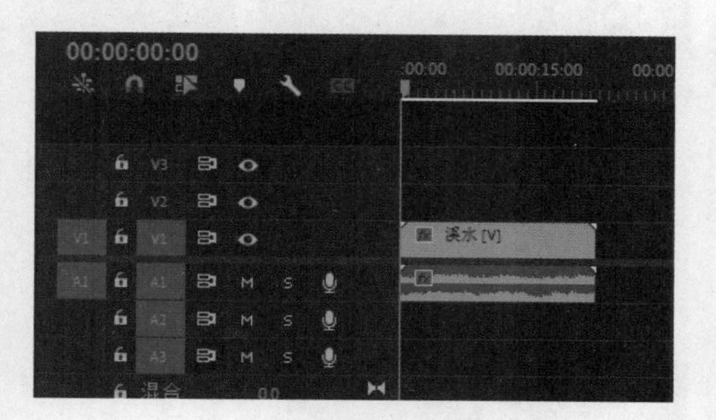


图3-91

### 3.5.4 激活和禁用素材

当序列中有过多素材时，可以禁用暂时不需

要剪辑的素材，方便剪辑其他素材且不影响后续剪辑。

在“时间轴”面板中选择“自然绿叶”素材并右击，在弹出的快捷菜单中取消选中“启用”选项，如图 3-92 所示。

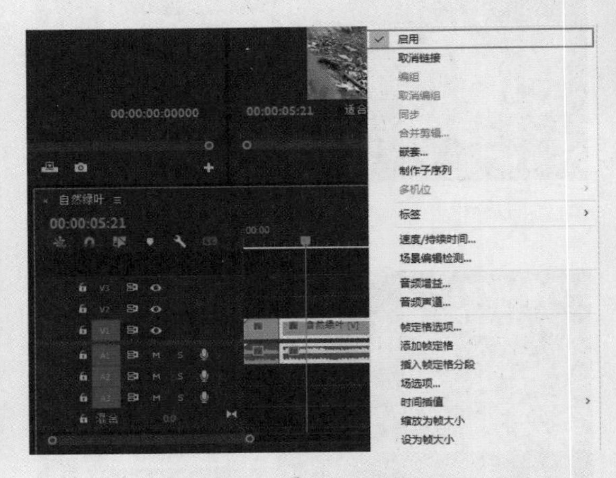


图3-92

此时在“时间轴”面板中禁用素材变成了深蓝色，如图 3-93 所示。在“节目”面板中的画面为黑色，如图 3-94 所示。

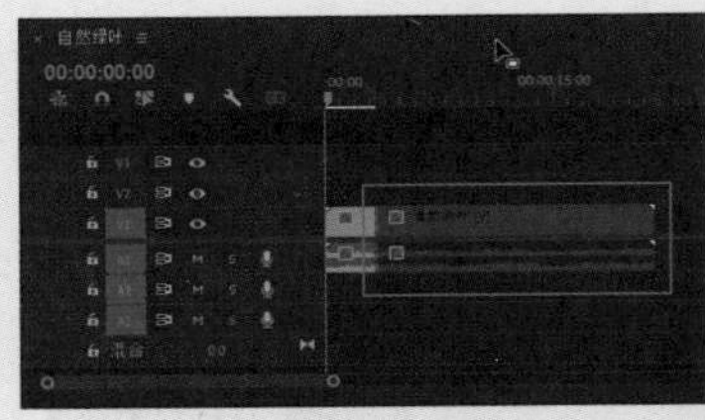

图3-93　　图3-94

若想再次启用该素材，可以选中禁用素材并右击，在弹出的快捷菜单中选择“启用”选项，如图 3-95 所示。此时素材画面重新显示出来，如图 3-96 所示。

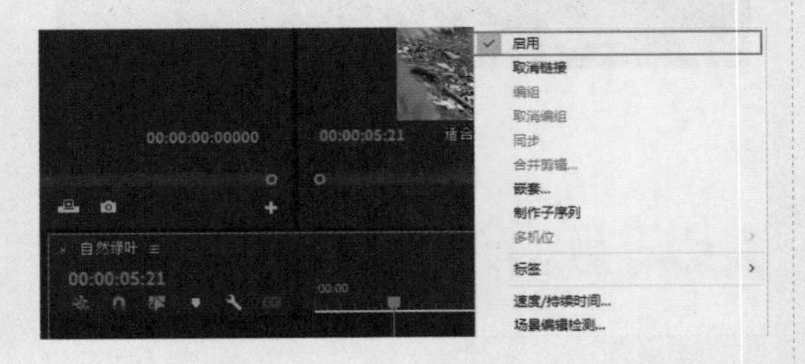


图3-95

图3-96

## 3.5.5 自动匹配序列

“自动匹配序列”功能可以根据素材参数调整素材的排列顺序及呈现效果。

在“项目”面板中同时导入“海边女人.mp4”“小镇风光.mp4”“公园.mp4”素材，选中三个素材后单击“项目”面板底部的“自动匹配序列”按钮，将弹出“序列自动化”对话框，如图 3-97 所示。

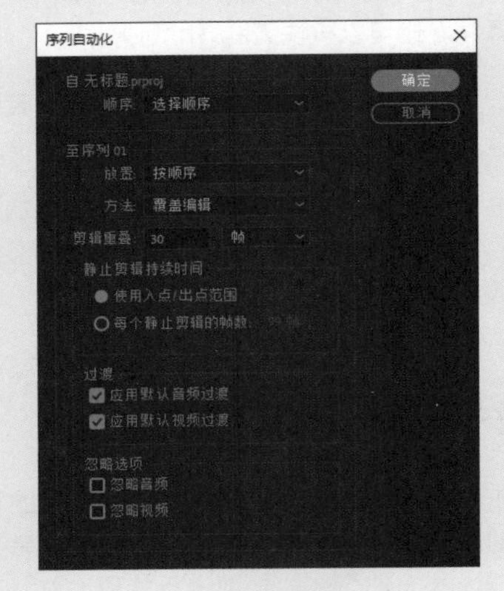


图3-97

在“序列自动化”对话框的“顺序”下拉列表中有“顺序”和“选择顺序”两个选项。“顺序”选项为选中素材按照“项目”面板中的顺序排序导入“时间轴”面板中；而“选择顺序”选项则是按照选择素材的顺序排序导入“时间轴”面板中，如图 3-98 所示。

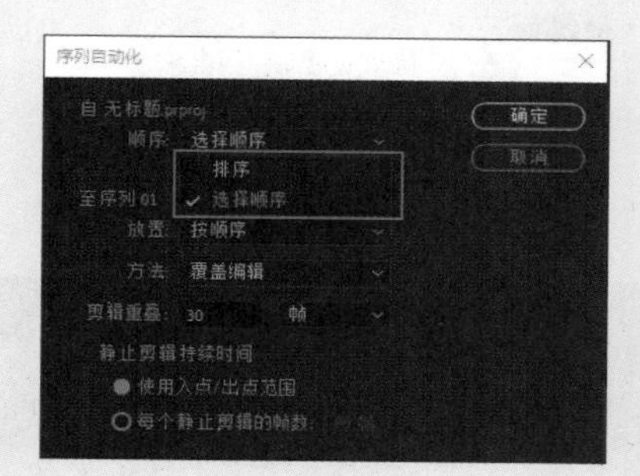


图3-98

在“时间轴”面板中打开“序列01”，在“节目”面板底部单击“添加标记”按钮，在00:00:50:00处添加一个标记，如图3-99所示。

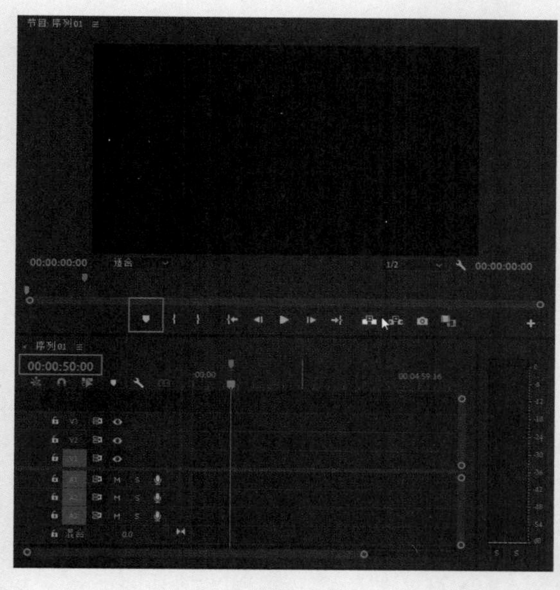


图3-99

选中“项目”面板中的所有素材，单击“自动匹配序列”按钮，如图3-100所示。

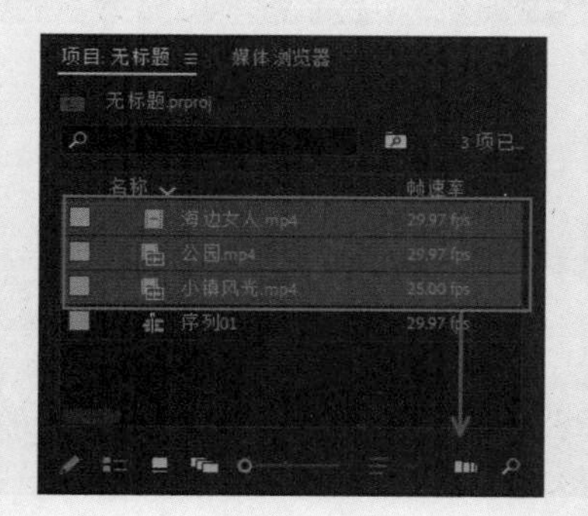


图3-100

弹出“序列自动化”对话框，在“放置”下拉列表中选择“在未编号标记”选项，如图3-101所示。在“方式”下拉列表中选择“插入编辑”选项，然后单击“确定”按钮，如图3-102所示。

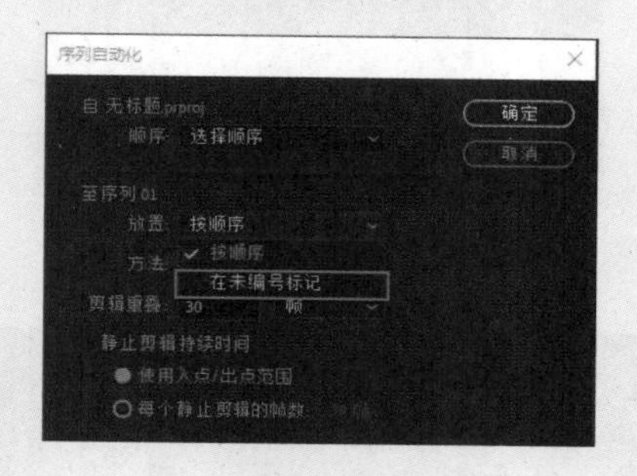


图3-101

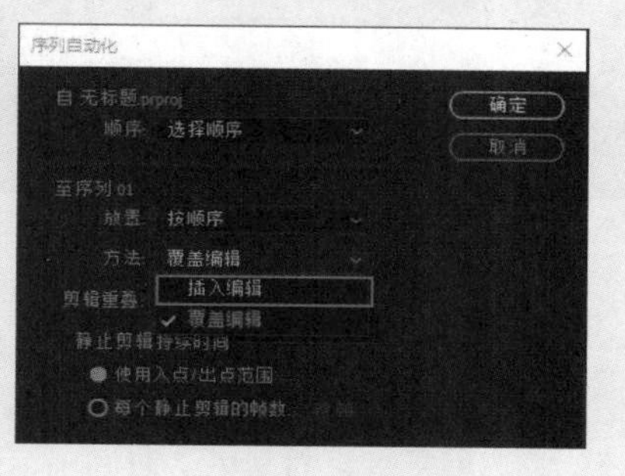


图3-102

选中的素材将会在标记后面按照顺序添加素材，此时标记将会移动到添加标记处的时间加上所有素材时长的位置，如图3-103所示。

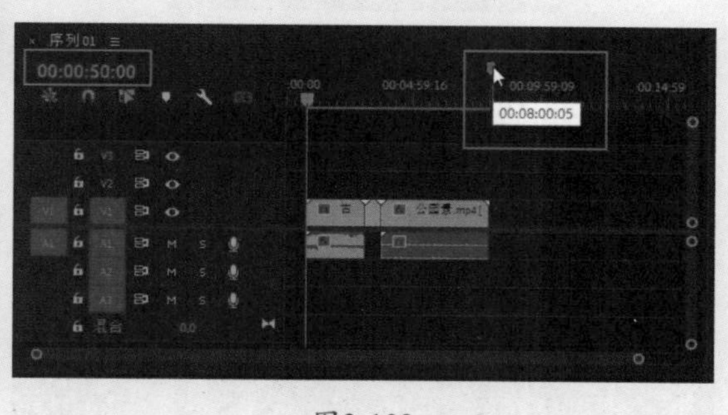


图3-103

若在“方式”的下拉列表中选择“覆盖编辑”选项，标记将不会移动，所有素材导入在标记处后面，如图3-104和图3-105所示。

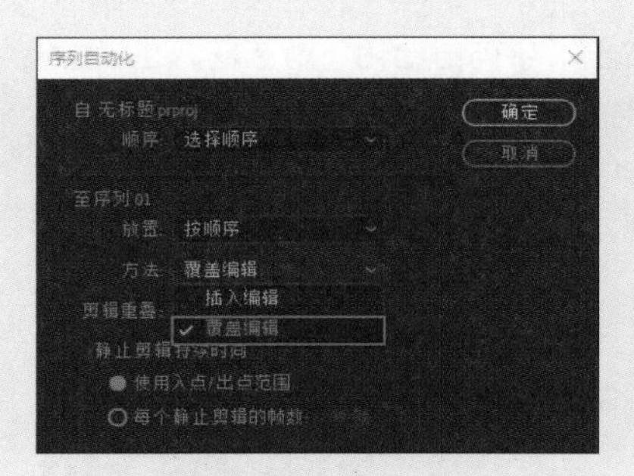


图3-104

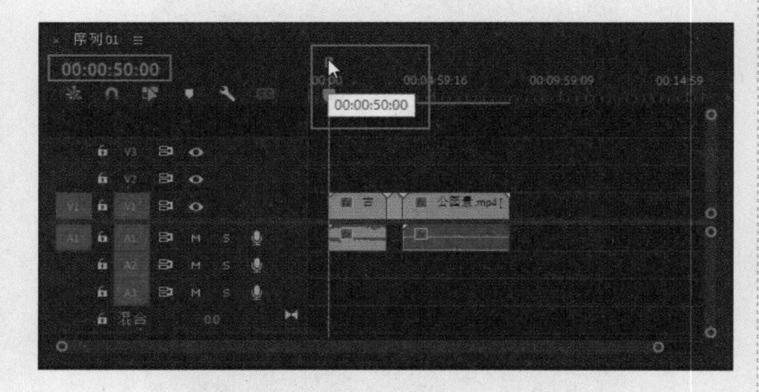


图3-105

在“序列自动化”对话框中，“忽略选项”组中有“忽略音频”和“忽略视频”复选框，“忽略音频”复选框是指素材导入“时间轴”面板时只有视频，如图3-106和图3-107所示。

图3-106

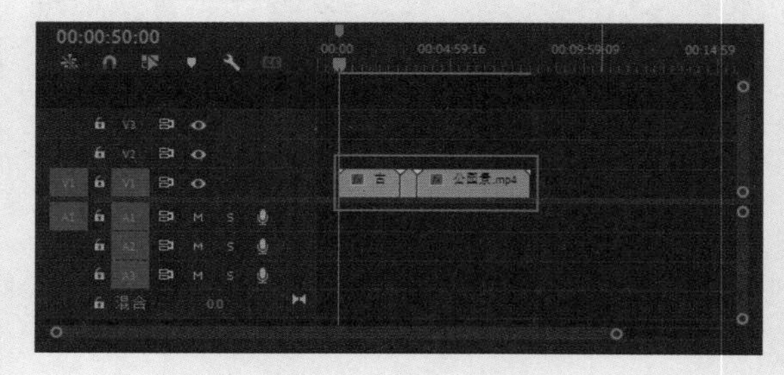


图3-107

而“忽略视频”复选框则指素材导入“时间轴”面板中时只有音频，如图3-108和图3-109所示。

图3-108

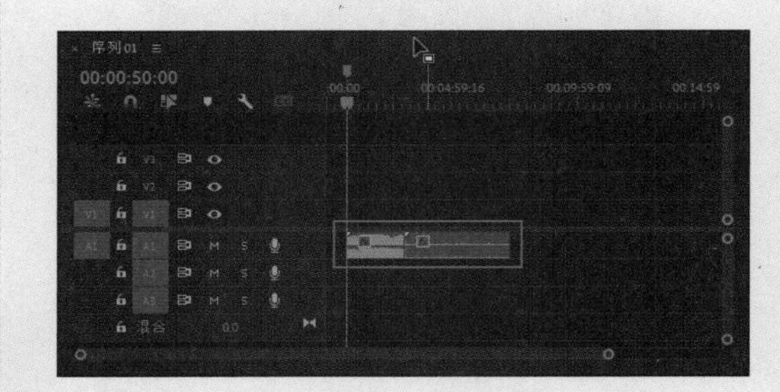


图3-109

## 3.5.6　实例：调整素材播放速度

由于不同的影片播放需求，有时需要将素材快放或慢放，以此来增强画面的表现力。在Premiere Pro中，可以通过调整素材的播放速度来实现素材的快放或慢放操作，具体的操作方法如下。

**01** 启动Premiere Pro 2023，按快捷键Ctrl+O，打开素材文件夹中的“素材播放速度.prproj”项目文件。

**02** 将“雕像.mp4”素材拖至“源”面板中，在00:00:14:23处标记入点，在00:00:31:20处标记出点，如图3-110所示，截取素材片段并将其拖至“时间轴”面板中，在素材片段上右击，在弹出的快捷菜单中选择“速度/持续时间”选项，如图3-111所示。

图3-110

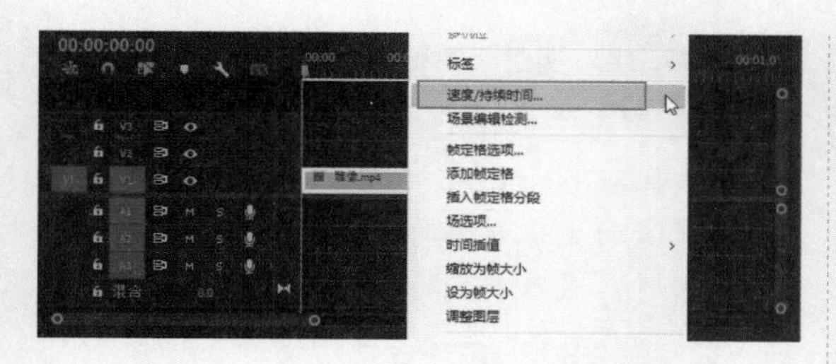


图3-111

**03** 弹出"剪辑速度/持续时间"对话框，如图3-112所示，此时"速度"为100%，代表素材原始的播放速度。

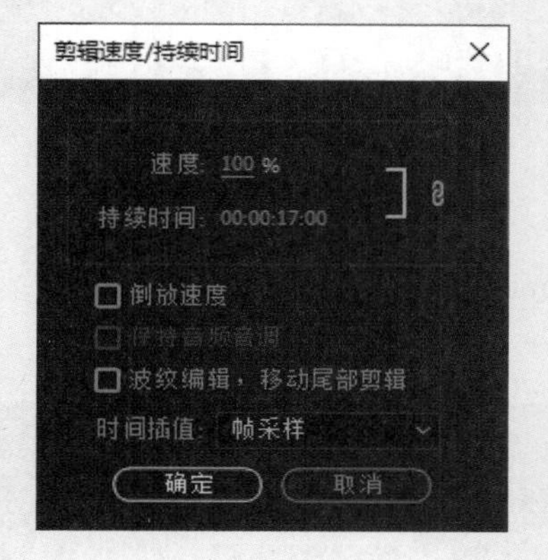


图3-112

**04** 在"速度"选项后的文本框中输入50，此时素材持续时间变为00:00:34:00，如图3-113所示，代表素材片段的总时长变长了，素材的播放速度变慢了。同理，如果"速度"值高于100%，则素材的片段总时长变短，素材的播放速度将变快。

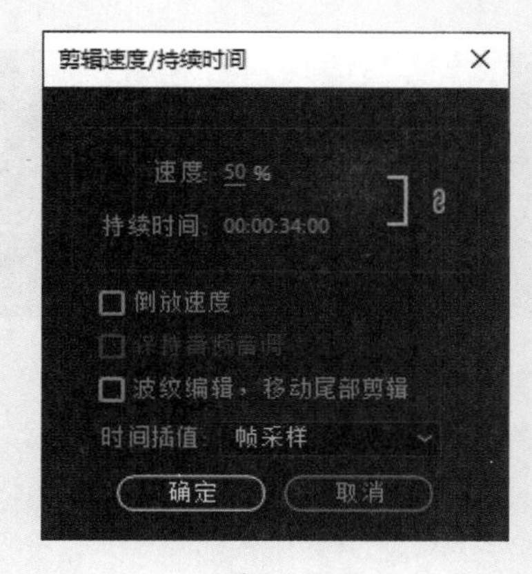


图3-113

提示：除了可以在"速度"文本框中手动输入参数，还可以将鼠标指针放在数值上，待变为左右箭头状态后，左右拖曳即可调整数值。

**05** 将时间指示器调整至00:00:30:00，使用"剃刀工具"进行分割，也可以按快捷键Ctrl+K，再把时间指示器调整到00:00:31:04，同样进行分割，如图3-114所示。随后对按时间轴标准第一顺序的片段进行类似的操作，将速度参数修改为900，然后为最后一个片段也进行类似操作，将"速度"值调整为500，如图3-115所示。

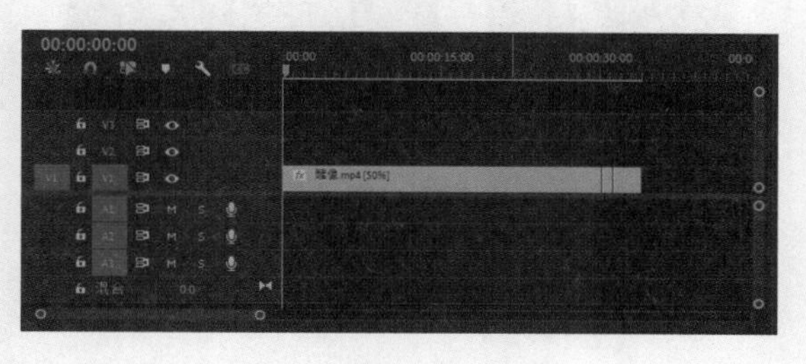


图3-114

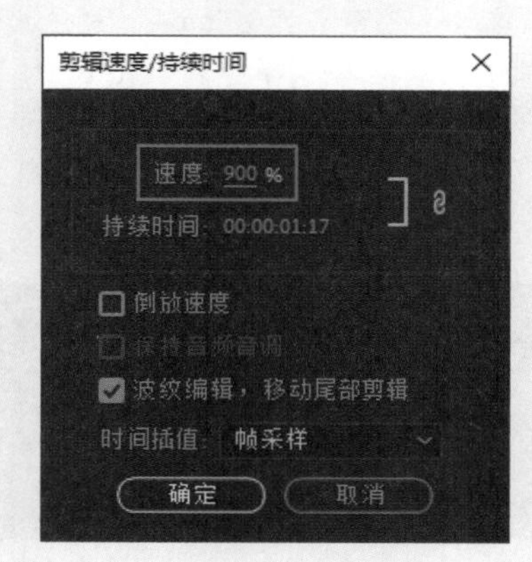


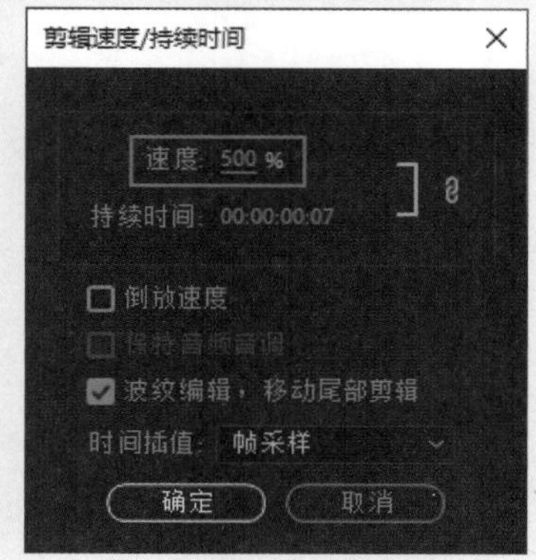


图3-115

**06** 为速度参数为50的片段调色，打开“颜色”工作区，单击“Lumetri颜色”按钮，将“色温”值调至31.9，如图3-116所示。

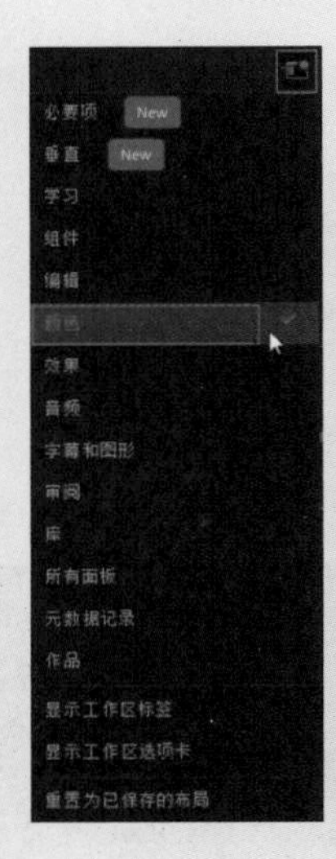


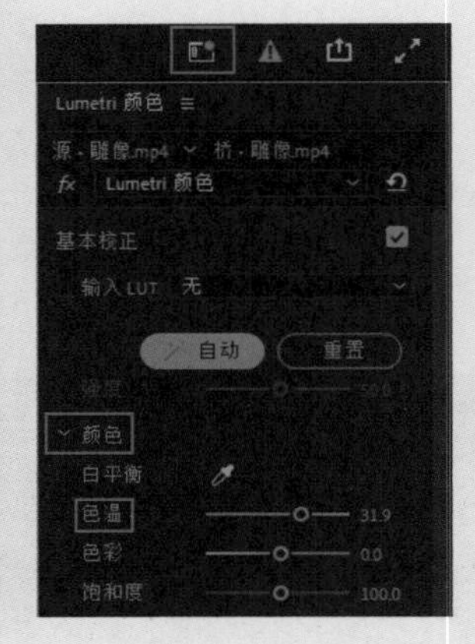


图3-116

**07** 完成“雕像.mp4”素材速度的调整后，对“人像.mp4”和“下雪.mp4”素材进行同样的操作。按以上顺序排列好后，将“配乐.wav”音频素材拖至“时间轴”面板中，在视频素材结尾部分使用“剃刀工具”对音频素材进行切割，如图3-117所示。

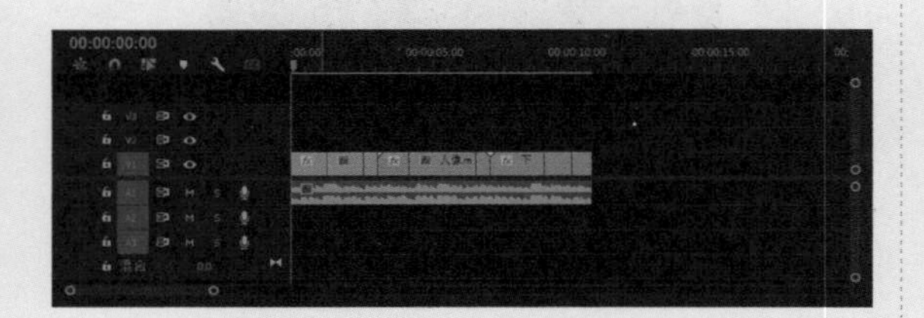


图3-117

> 提示：调整素材的播放速度会改变原始素材的帧数，会影响影片素材的播放质量和声音质量。因此，对于一些自带音频的片段素材，要根据实际需求进行变速调整。

## 3.5.7 实例：分割素材

在将素材添加至“时间轴”面板后，可以使用“剃刀工具”对素材进行分割，下面介绍具体的操作方法。

**01** 启动Premiere Pro 2023，按快捷键Ctrl+O，打开素材文件夹中的“切割素材.prproj”项目文件。进入工作界面后，可以查看“时间轴”面板中已经添加的素材片段，如图3-118所示。

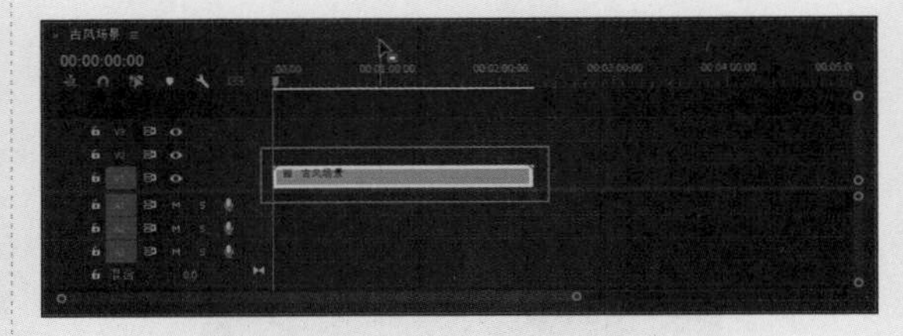


图3-118

**02** 在“时间轴”面板中，将时间指示器移至00:00:40:00，如图3-119所示，然后在工具箱中单击“剃刀工具”按钮。

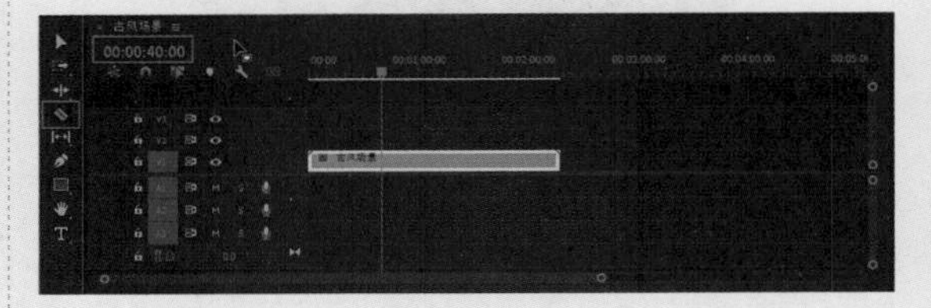


图3-119

**03** 将鼠标指针移至素材上方时间指示器所在的位置，如图3-120所示，单击即可将素材沿当前时间指示器的位置进行分割，如图3-121所示。

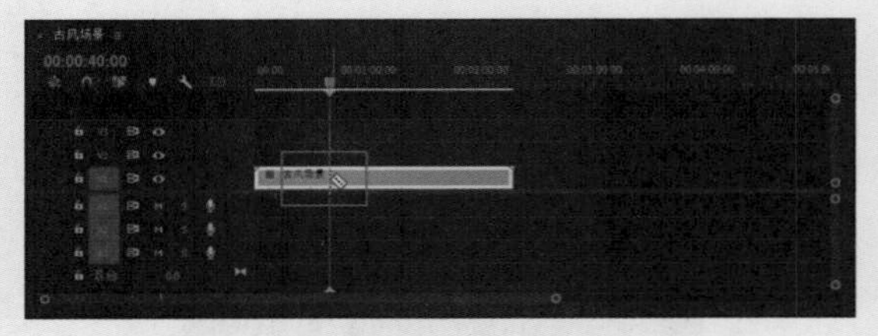


图3-120

**04** 上述操作完成后，素材片段被一分为二，使用“选择工具”可以对分割后的素材进行单独调整，如图3-122所示。

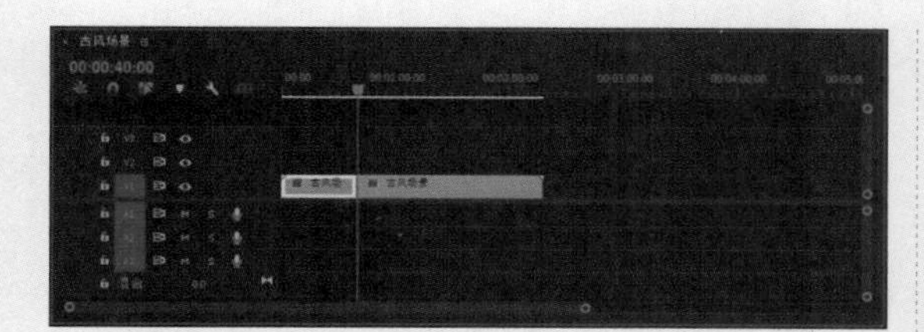

图3-121

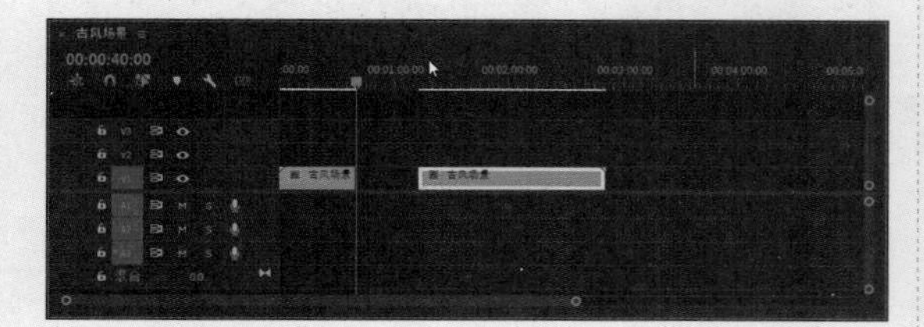

图3-122

## 3.6 素材的高级编辑技巧

### 3.6.1 素材的编组

在操作时通过对多个素材进行编组，可以将其转换为一个整体，同时选择或添加效果。

在“项目”面板的空白区域双击，在弹出的对话框中选择“火锅.mp4”“一起吃火锅.mp4”“聚会.mp4”素材并导入“项目”面板。将“火锅.mp4”和“聚会.mp4”素材拖至“时间轴”面板的V1轨道上，将“一起吃火锅.mp4”素材拖至V2轨道上，起始时间为00:00:02:00，结束时间与V1轨道上的“火锅.mp4”素材的结束时间对齐，如图3-123所示。

图3-123

为“一起吃火锅.mp4”和“火锅.mp4”素材编组，方便为素材添加相同的视频效果。选中“一起吃火锅.mp4”和“火锅.mp4”素材，右击，在弹出的快捷菜单中选择“编组”选项，如图3-124所示。

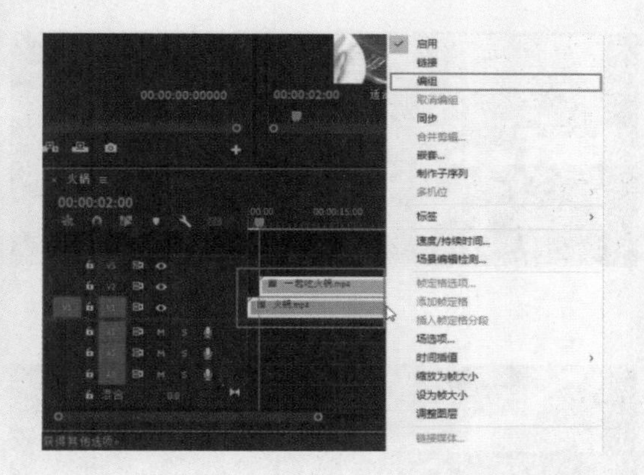


图3-124

此时这两个素材可以同时选择或移动，如图3-125所示。

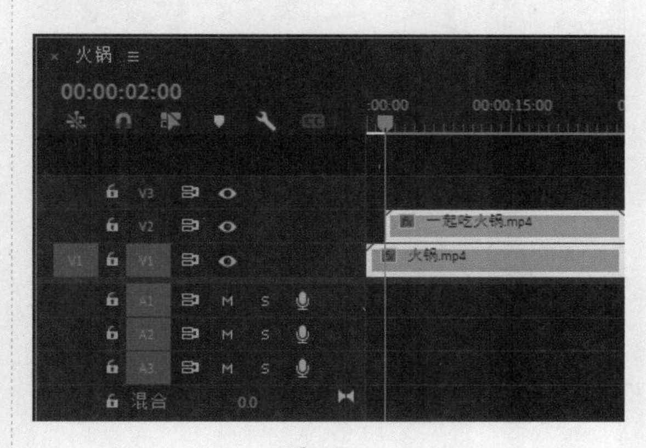


图3-125

为编组对象添加“水平翻转”效果。在“效果”面板的搜索框中搜索“水平翻转”，如图3-126所示。

图3-126

将找到的“水平翻转”效果拖至编组对象上，如图3-127所示。此时“一起吃火锅.mp4”和“火锅.mp4”素材均发生了水平翻转变化，效果如图3-128所示。

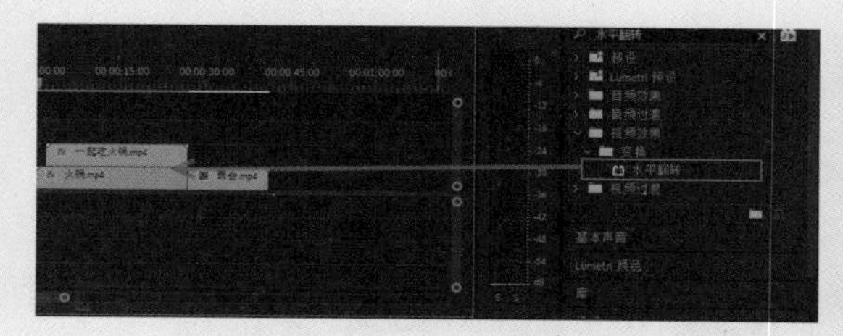

图3-127

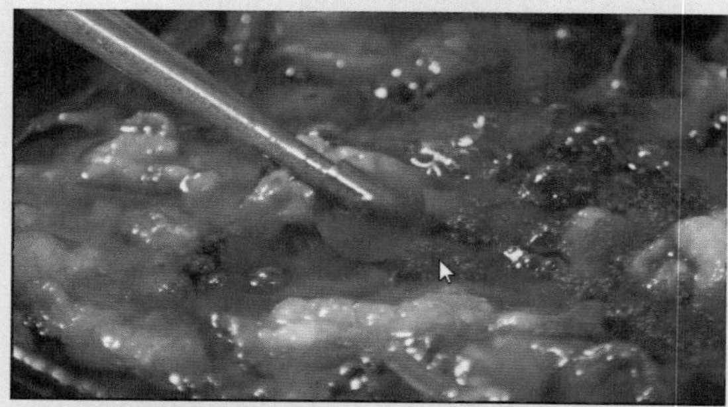

图3-128

## 3.6.2 提升和提取编辑

通过执行“提升”或“提取”命令，可以使序列标记从“时间轴”面板中轻松移除素材片段。

在执行“提升”操作时，会从“时间轴”面板中提升一个片段，然后在已删除素材的地方留下一段空白区域；在执行“提取”操作时，会移除素材的一部分，素材后面的帧会前移，补上删除部分的空缺，因此不会出现空白区域。

在序列中插入一段持续时间为00:00:18:00的素材，如图3-129所示，然后将时间指示器移至00:00:02:00，按I键标记入点，如图3-130所示。

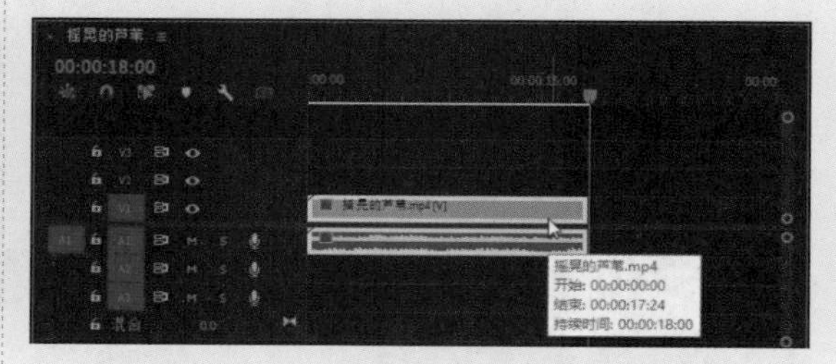


图3-129

图3-130

将时间指示器移至00:00:09:04，按O键标记出点，如图3-131所示。

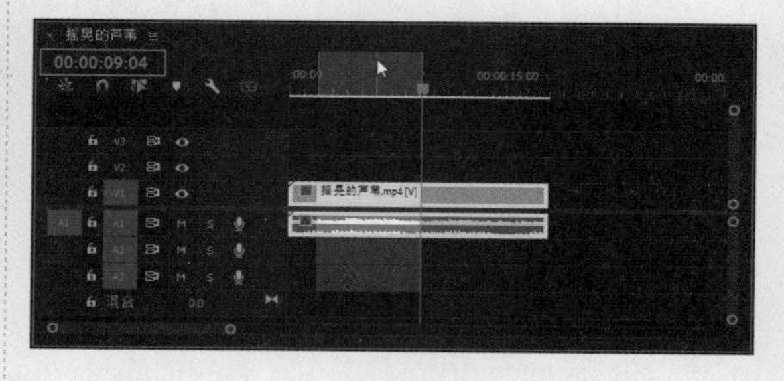


图3-131

标记好片段的出入点后，执行“序列”→“提升”命令，或者在“节目”面板中单击“提升”按钮，即可完成“提升”操作，如图3-132所示，此时在视频轨道中将留下一个空白区域。

回到未执行“提升”操作前的状态。执行“序列”→“提取”命令，或者在“节目”面板中单击“提取”按钮，即可完成“提取”操作，如图3-133所示。此时从入点到出点之间的素材都被移除，并且出点之后的素材会向前移动，在视频轨道中没有留下空白区域。

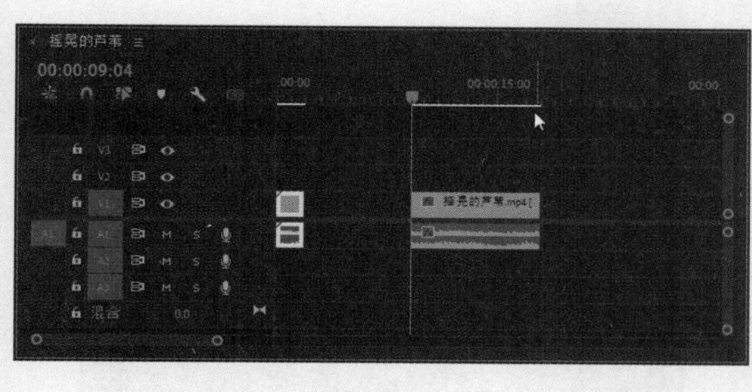


图3-132

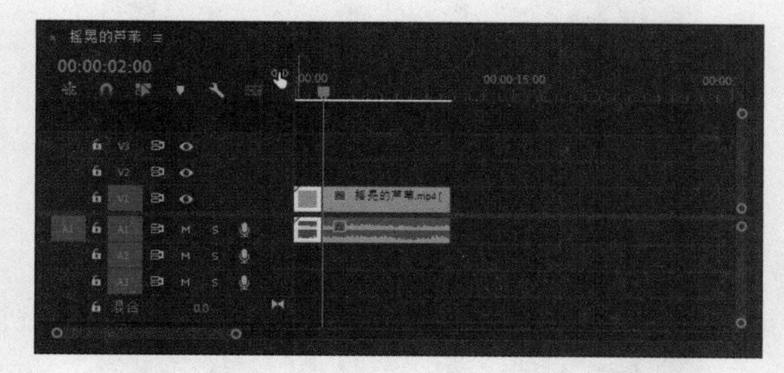


图3-133

## 3.6.3 实例：插入和覆盖编辑

插入编辑是指在时间指示器的位置添加素材，同时时间指示器后面的素材将向后移动；覆盖编辑是指在时间指示器位置添加素材，添加素材与时间指示器后面的素材的重叠部分被覆盖了，并且不会向后移动，下面分别讲解插入和覆盖编辑的操作方法。

**01** 启动Premiere Pro 2023，按快捷键Ctrl+O，打开素材文件夹中的“插入和覆盖编辑.prproj”项目文件。进入工作界面后，可以查看“时间轴”面板中已经添加的素材片段，如图3-134所示，该素材片段的持续时间大约为15s。

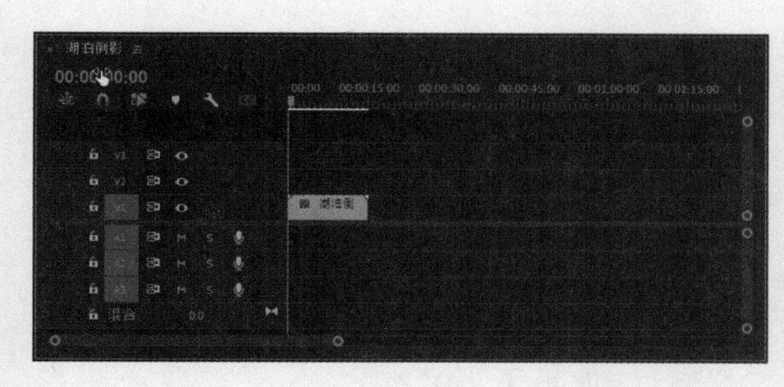


图3-134

**02** 在“时间轴”面板中，将时间指示器移至00:00:05:00，如图3-135所示。

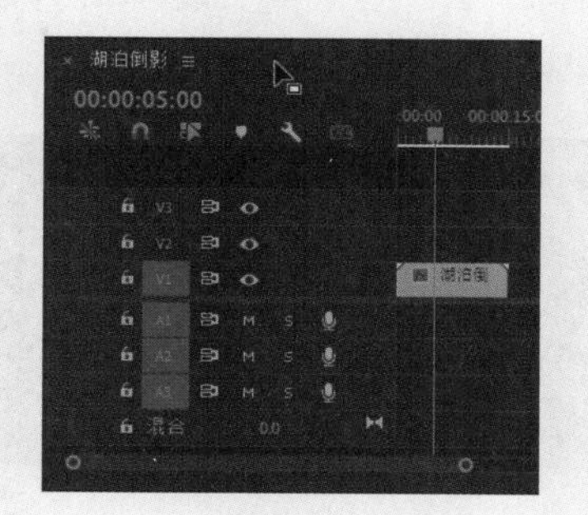


图3-135

**03** 将“项目”面板中的“湖泊倒影.jpg”素材拖入“源”面板（素材的默认持续时间为5s），单击“源”面板下方的“插入”按钮，如图3-136所示。

图3-136

**04** 上述操作完成后，“湖泊倒影.jpg”素材将被插入00:00:05:00的位置，同时“湖泊倒影.jpg”素材被分割为两部分，原本位于时间指示器后方的“湖泊倒影.jpg”素材向后移动了，如图3-137所示。

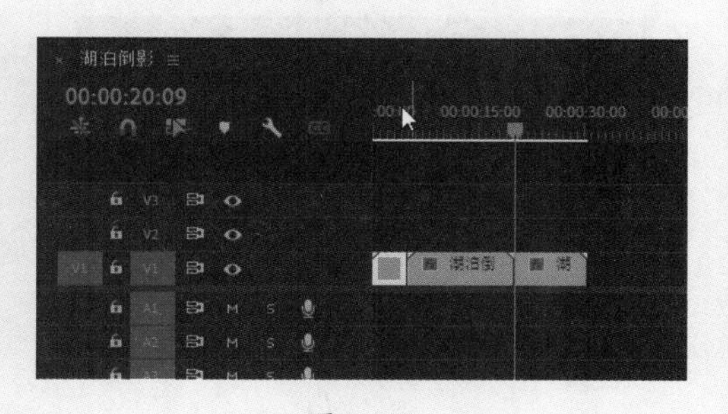


图3-137

下面演示覆盖编辑操作。

**01** 在“时间轴”面板中，将时间指示器移至00:00:25:00，如图3-138所示。

图3-138

**02** 将“项目”面板中的“星空下的树林.jpg”素材拖入“源”面板（素材的默认持续时间为5s），单击“源”面板下方的“覆盖”按钮，如图3-139所示。

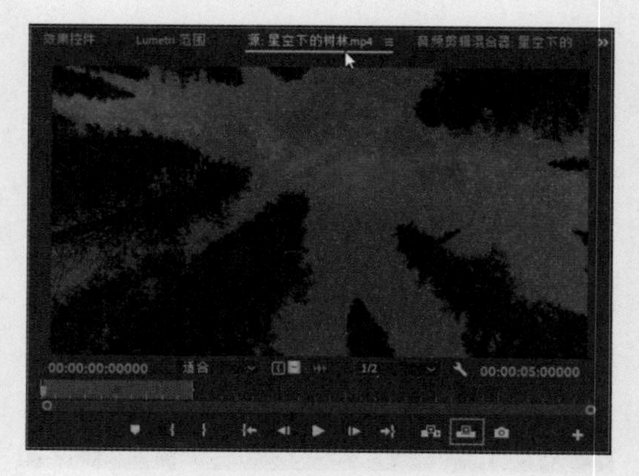


图3-139

**03** 完成上述操作后，“星空下的树林.jpg”素材将被插入00:00:30:00的位置，同时原本位于时间指示器后方的“湖泊倒影.jpg”素材被替换（即被覆盖）为“星空下的树林.jpg”，如图3-140所示。

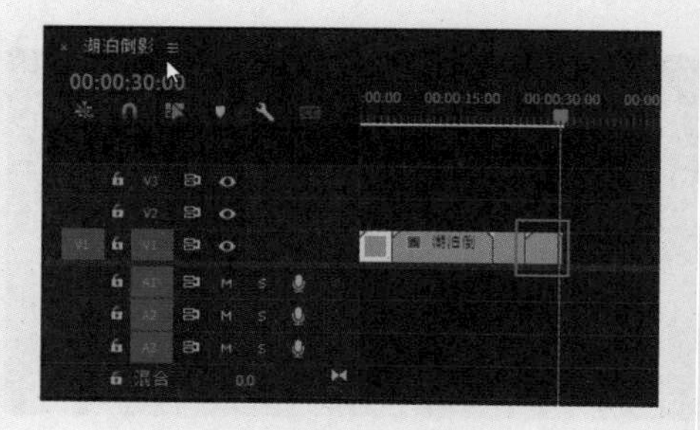


图3-140

**04** 在“节目”面板中可以预览调整后的视频效果，如图3-141所示。

图3-141

提示：本例素材的默认持续时间为5s，可以自行调整。在具体操作时，请以软件的默认持续时间为准。

## 3.6.4 查找与删除时间轴的间隙

非线性编辑的特点是可以随意移动剪辑并删除不需要的部分。删除部分剪辑时，采用“提升”命令会留下间隙（采用“提取”命令则不会）。当复杂序列被缩小后很难发现序列的间隙，所以需要通过自动查找功能查找并删除间隙。

要自动查找间隙，需要先选中序列并按↓键，“时间轴”面板中的时间指示器将自动移至下一个素材上，如图 3-142 所示。

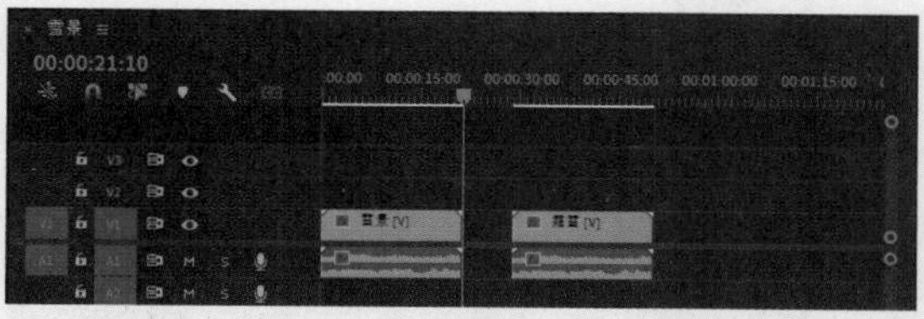

图3-142

采用这样的方法找到间隙并选择间隙，然后按Delete键或右击，在弹出的快捷菜单中选择“波纹删除”选项，即可删除间隙，如图3-143所示。

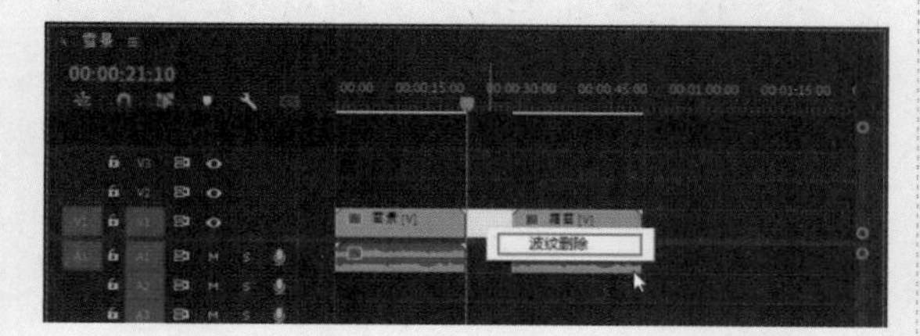


图3-143

## 3.6.5 实例：波纹删除素材

“波纹删除”命令能很好地提高工作效率，经常搭配“剃刀工具”一起使用。在剪辑时，一般会将废弃的片段删除，但直接删除素材往往会留下间隙。而使用“波纹删除”命令，则不用移动其他素材来填补删除后的间隙，它在删除素材的同时能将前后素材自动连接在一起，具体的操作方法如下。

**01** 启动Premiere Pro 2023，按快捷键Ctrl+O，打开素材文件夹中的“波纹删除.prproj”项目文件，效果如图3-144和图3-145所示。

图3-144

图3-145

**02** 在工具箱单击“剃刀工具”按钮，并将“时间轴”面板中的时间指示器拖至00:00:02:00，如图3-146所示。

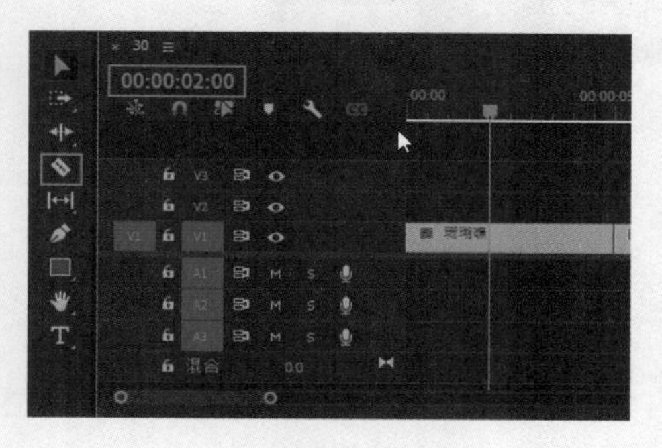


图3-146

**03** 在时间指示器所在的位置单击“珊瑚礁.jpg”素材，此时“珊瑚礁.jpg”素材被分割为两部分，如图3-147所示。

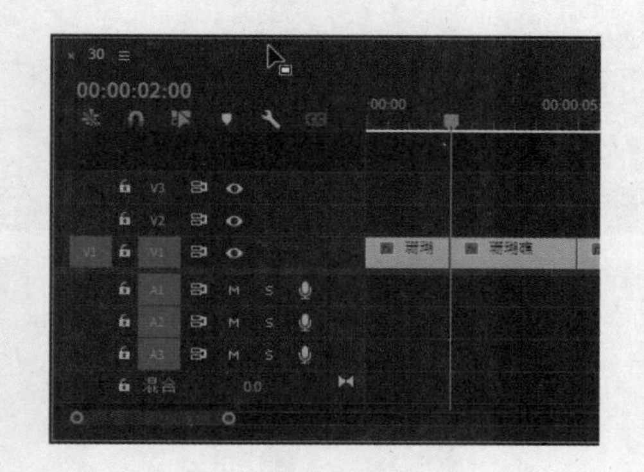


图3-147

**04** 单击“选择工具”按钮，右击时间指示器右侧的“珊瑚礁.jpg”素材，在弹出的快捷菜单中选择“波纹删除”选项，如图3-148所示。

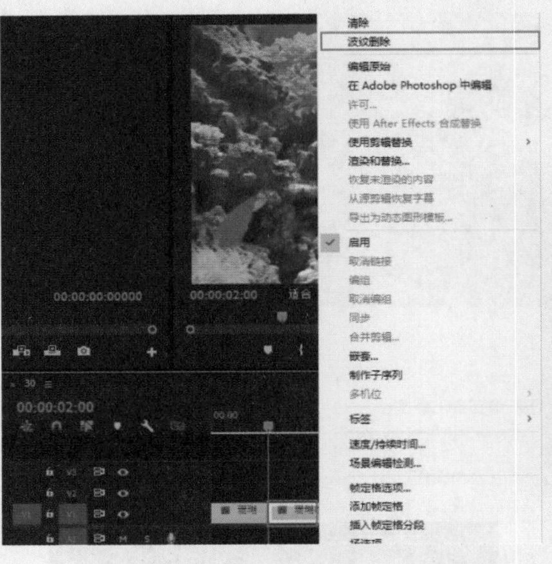


图3-148

**05** 完成上述操作后，在“时间轴”面板中的“鱼群.jpg”素材将自动向前跟进，与剩下的“珊瑚礁.jpg”素材连接在一起，如图3-149所示。

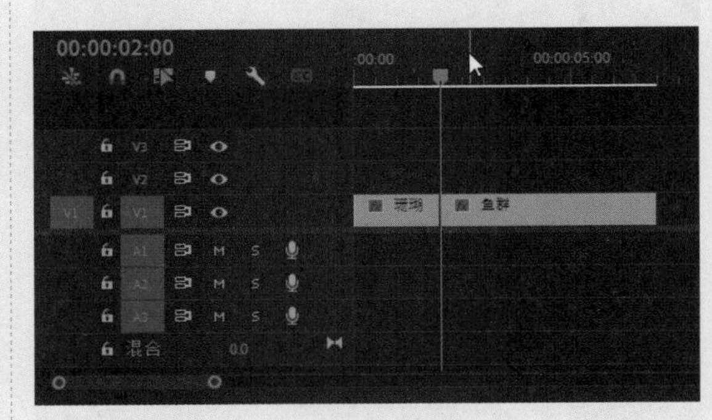


图3-149

## 3.7 综合实例：节气宣传片

二十四节气准确地反映了自然节律变化，在人们日常生活中发挥着极为重要的作用。本例制作一个节气宣传片，画面效果如图3-150所示。

图3-150

素材详细分布数据如表 3-1 所示。

表3-1

| 素材名称 | 入点位置 | 出点位置 | 速度/持续时间 | “时间轴”面板位置（放置在时间指示器后方） |
|---|---|---|---|---|
| 下雪.mp4 | 00:00:00:00 | 00:00:04:22 | 00:00:02:13 | 00:00:00:00 |
| 迎门.mp4 | 00:00:01:07 | 00:00:06:09 | 00:00:06:17 | 00:00:02:14 |
| 捻面粉.mp3、下饺子.mp4、包馅肉.mp4 | 00:00:00:00 | 00:00:08:06 | 00:00:04:03 | 00:00:05:00 |
| 团圆饭.mp4 | 00:00:00:00 | 00:00:03:10 | 00:00:03:10 | 00:00:09:05 |
| 冬至.mp4 | / | / | 00:00:11:15 | 00:00:12:15 |

**01** 启动Premiere Pro 2023，按快捷键Ctrl+O，打开素材文件夹中的“节气宣传片.prproj”项目文件。

**02** 在“项目”面板的空白区域双击，弹出“导入”对话框，选择需要导入的素材，单击“打开”按钮即可导入素材，如图3-151所示。

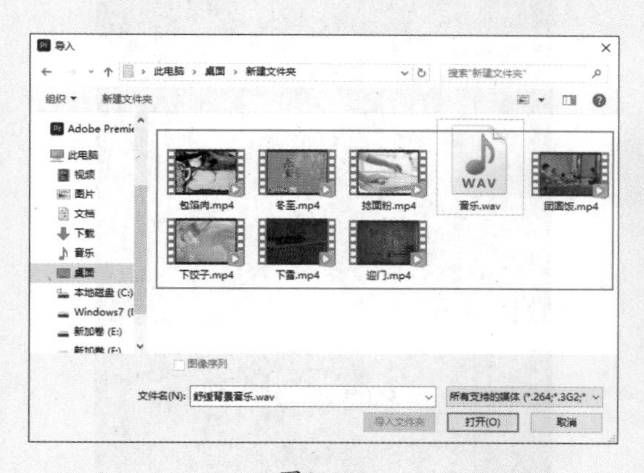

图3-151

**03** 将“项目”面板中的“下雪.mp4”素材拖至“源”面板中，并将时间指示器移至开始处。单击“标记入点”按钮，将当前时间点标记为入点，再将时间指示器移至00:00:04:22，单击“标记出点”按钮，将当前时间点标记为出点，如图3-152所示。将素材从“项目”面板中拖入“时间轴”面板，如图3-153所示，即可看到素材片段的持续时长由00:01:24:16变为00:00:04:22。

图3-152

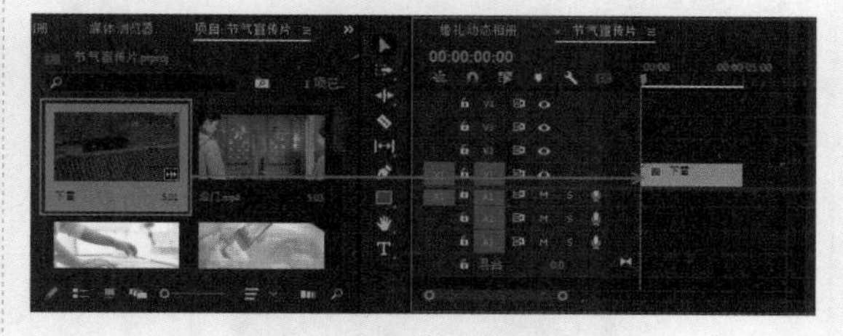

图3-153

**04** 将“下雪.mp4”与“迎门.mp4”素材拖至V1轨道上，组成视频的开头部分，如图3-154所示。

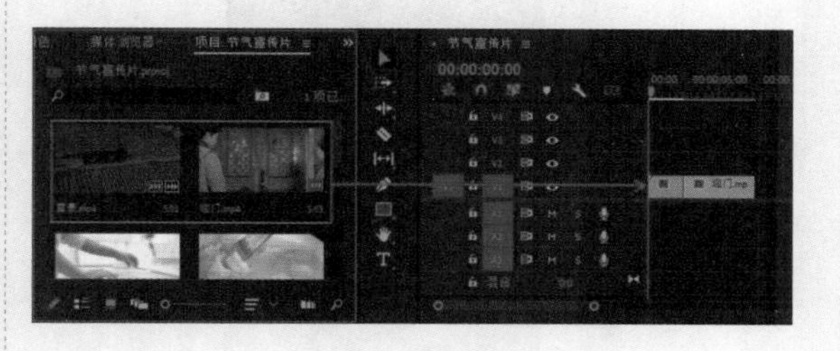

图3-154

**05** 将“下饺子.mp4”“捻面粉.mp4”“包肉馅.mp4”素材依次拖至“时间轴”面板中00:00:05:00为起点的V2、V3、V4轨道上，如图3-155所示。

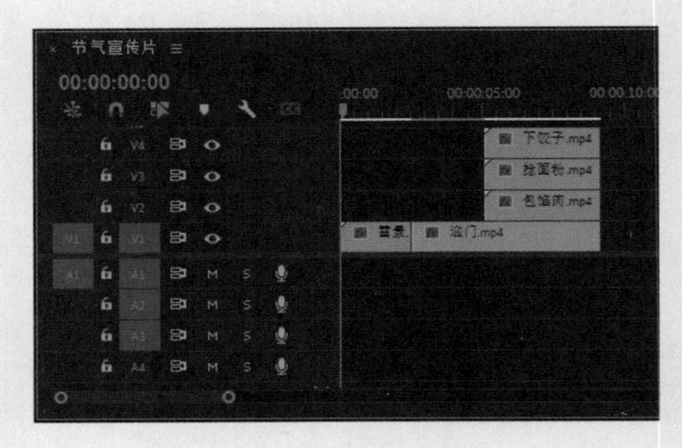


图3-155

**06** 为“下饺子.mp4”“捻面粉.mp4”“包肉馅.mp4”添加效果。按住鼠标左键并拖动框选这三个素材，如图3-156所示。打开“效果”面板，在搜索栏中输入“线性擦除”，找到并双击“线性擦除”效果，即可把效果同时赋予这三个素材，如图3-157所示。

图3-156

图3-157

**07** 制作分屏效果。打开“效果控件”面板，找到“线性擦除”选项，如图3-158所示，根据图3-159所示调整参数。

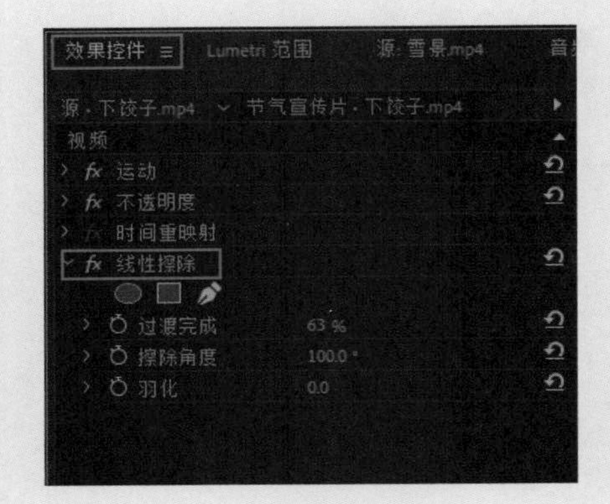


图3-158

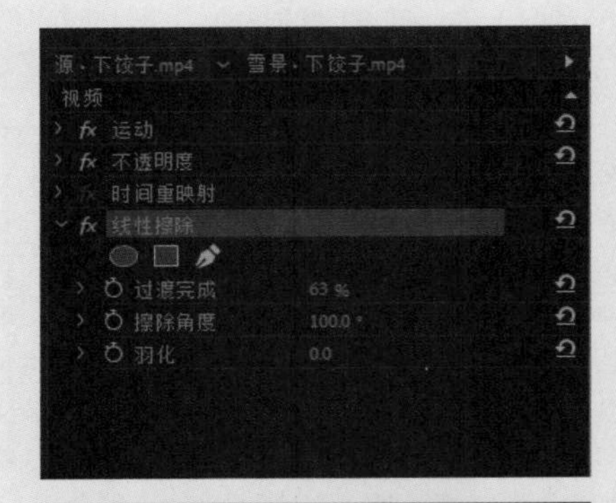


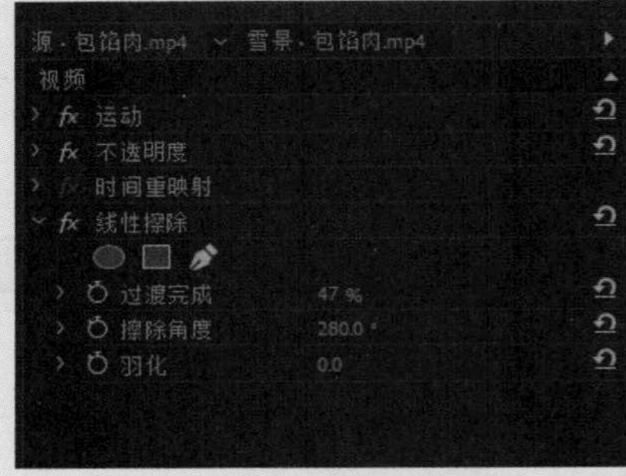


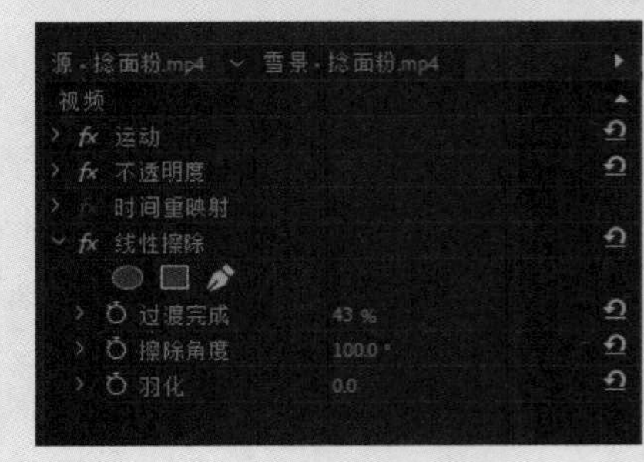


图3-159

**08** 为分屏效果添加“交叉溶解”转场。按住Shift键单击选中的三个素材，再单击素材片段的起始处，即可选中三个素材的入点，如

图3-160所示。右击入点，在弹出的快捷菜单中选择“应用默认过渡”选项，即可为三个素材片段的开头添加“交叉溶解”效果。在素材片段的结尾重复上述操作，即可使分屏的过渡效果变得平缓，效果如图3-161所示。

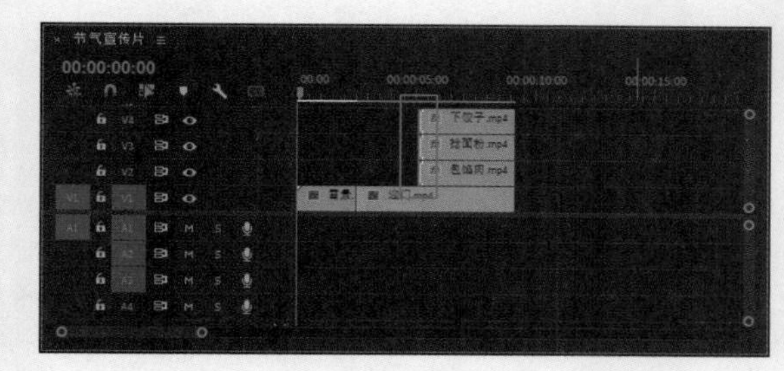


图3-160

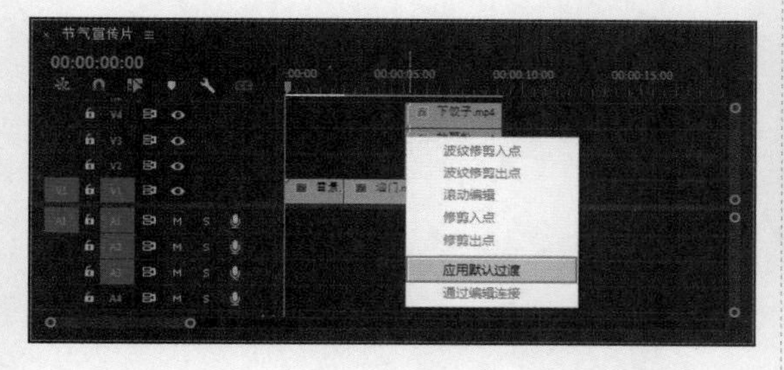


图3-161

**09** 将“团圆饭.mp4”与“冬至.mp4”素材按照表3-1的要求拖至V1轨道上，组成视频的结尾，如图3-162所示。

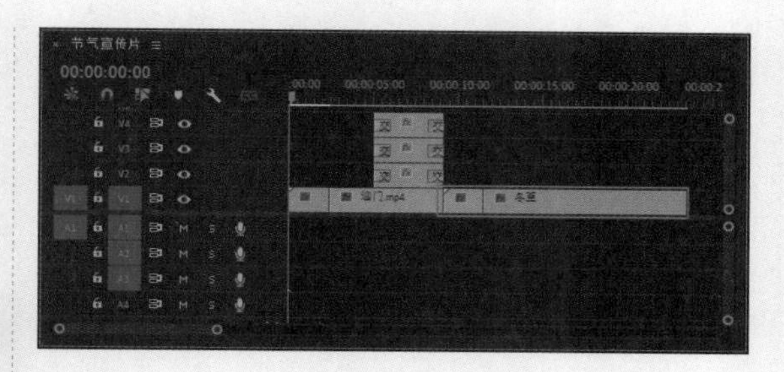


图3-162

**10** 将“音乐.wav”素材拖至A1轨道上，如图3-163所示，而后选择“剃刀工具”，将“音乐.wav”素材在视频的结尾处分割，按Delete键删除多余的音乐素材。

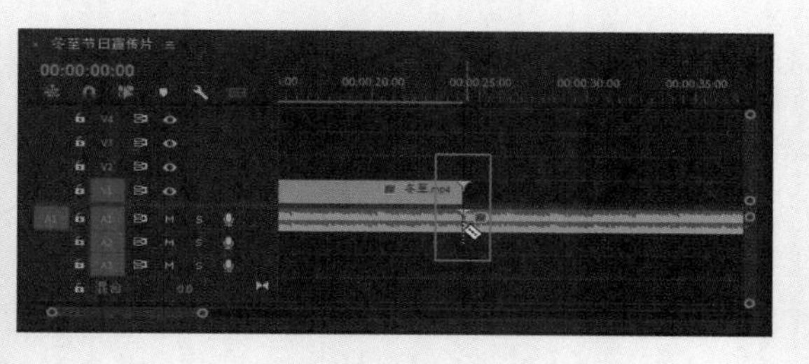


图3-163

**11** 为音频素材添加淡入淡出效果。打开“效果控件”面板，在搜索栏中输入“恒定增益”，将该效果拖至音频素材的开始与结尾处，如图3-164所示，完成实例操作。

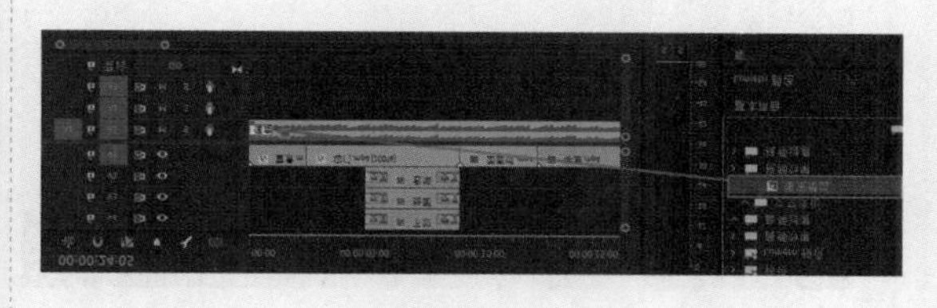

图3-164

## 3.8 本章小结

本章主要介绍了关于素材剪辑的一些基础理论及操作方法，剪辑的基本理论包括蒙太奇的概念、镜头衔接的技巧与原则，以及剪辑的基本流程。剪辑工作并不是单纯地将所有的素材拼凑在一起，好的影片往往需要靠大量的理论营造画面感和故事逻辑。希望通过学习这些基础理论，可以帮助大家更全面地了解剪辑工作。此外，本章还介绍了Premiere Pro 2023中的剪辑工具和各类剪辑操作方法，在编辑影片时，灵活地运用软件提供的各种剪辑命令或工具，可以大幅节省操作时间，提升剪辑的效率。

第4章

# 视频的转场效果

视频的转场效果，又称为“镜头切换”，它可以作为两个素材之间的衔接效果，例如划像、叠变、卷页等，以实现场景或情节之间的平缓过渡，实现丰富画面、吸引观众的目的。

本章将详细讲解 Premiere Pro 2023 中转场效果的使用方法和实际应用技巧。

## 本章重点

※ 认识视频转场
※ 常见的视频转场效果
※ 影片的转场技巧
※ 制作逻辑因素转场
※ 制作多屏分割转场
※ 动感健身混剪

## 本章效果欣赏

## 4.1 认识视频转场

视频转场在影片的制作过程中具有至关重要的作用，它可以将两段素材更好地衔接在一起，实现两个场景的平滑过渡。

### 4.1.1 视频转场效果概述

视频转场效果也称为“镜头切换”，主要用在两段素材之间，以实现画面场景的平滑切换。通常在影视制作中，将视频转场效果添加在两个相邻素材的中间，在播放时可以产生相对平缓或连贯的视觉效果，从而达到增强画面氛围感、吸引观者视线的目的，如图 4-1 所示。

图4-1

在 Premiere Pro 2023 中，视频转场效果的操作，基本都在“效果”面板与“效果控件”面板中完成，如图 4-2 和图 4-3 所示。其中“效果”面板的“视频过渡”文件夹中包含了 8 组视频转场效果。

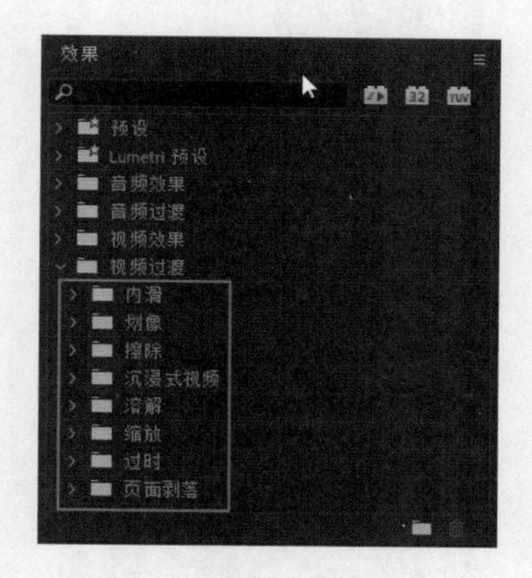


图4-2

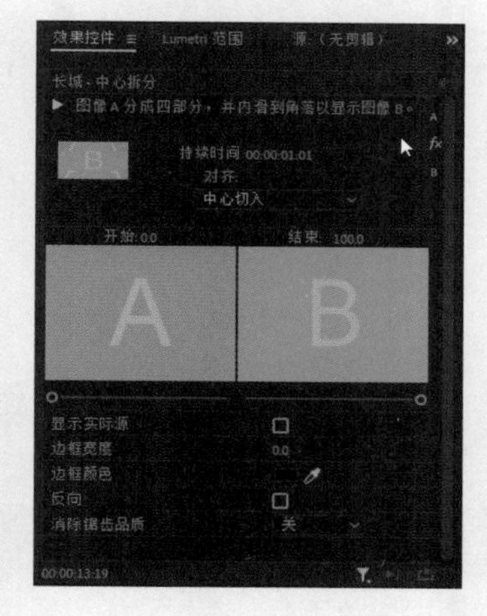


图4-3

### 4.1.2 “效果”面板

打开“效果”面板，在“预设”或“Lumetri 预设”文件夹上右击，在弹出的快捷菜单中选择“导入预设”选项，即可将预设文件导入“效果”面板的素材箱中，如图 4-4 所示。

需要注意的是，Premiere Pro 自带的预设效果是无法删除的，而用户自定义的预设则可以删除。选择需要删除的预设文件，然后单击“效果”

面板右下角的“删除自定义项目”按钮■，即可删除预设文件，如图 4-5 所示。

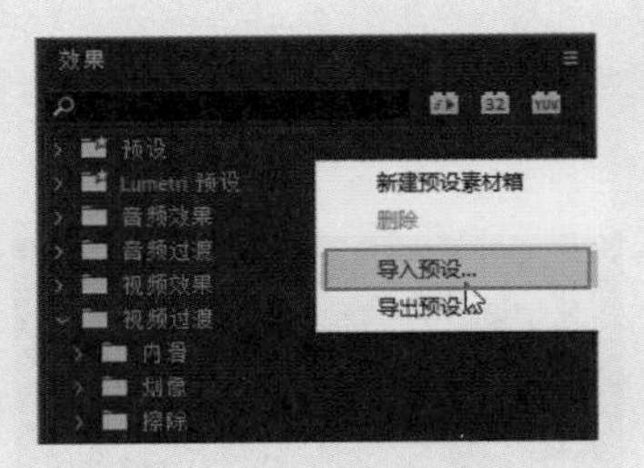


图4-4

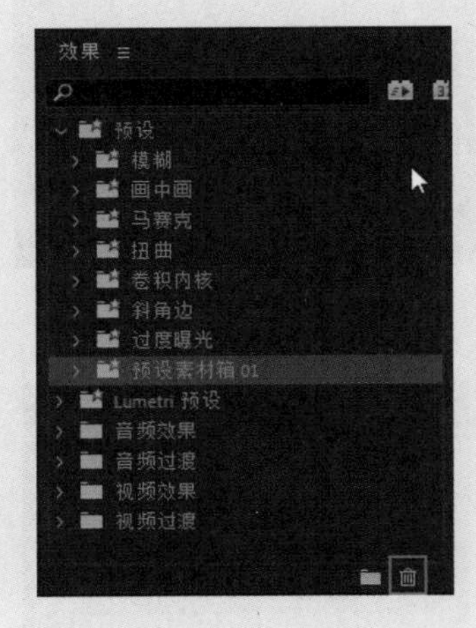


图4-5

## 4.1.3 实例：添加视频转场效果

视频转场效果在影视编辑工作中的应用十分频繁，通过为素材添加视频转场效果，可以令原本普通的画面增色不少。本例具体讲解添加视频转场效果的操作方法。

**01** 启动Premiere Pro 2023，按快捷键Ctrl+O，打开素材文件夹中的“转场效果.prproj”项目文件。进入工作界面后，可以看到“时间轴”面板中已经添加好的两段素材，如图4-6所示。

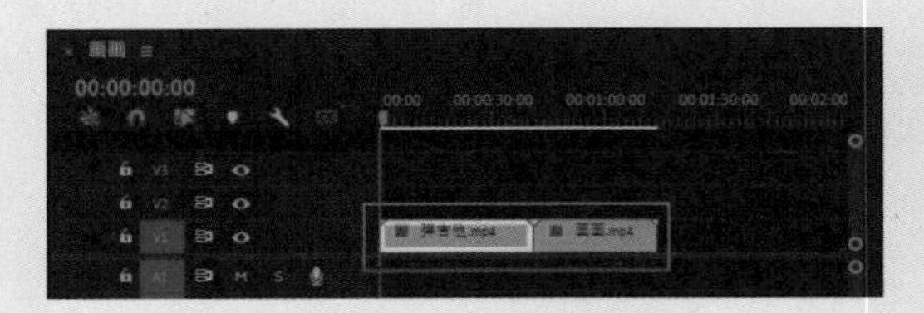


图4-6

**02** 在“效果”面板中展开“视频过渡”文件夹，选择“划像”效果组中的“盒形划像”选项，将其拖至“时间轴”面板中的两段素材之间，如图4-7所示。

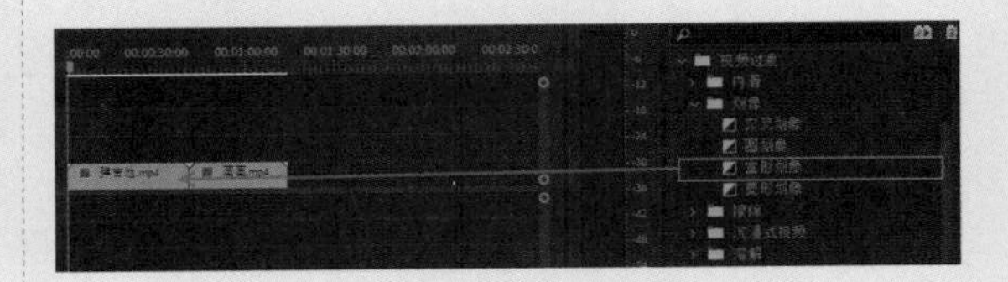

图4-7

**03** 除上述方法外，还可以在“效果”面板中的效果搜索栏中输入效果名称，以快速找到所需的效果，如图4-8所示。

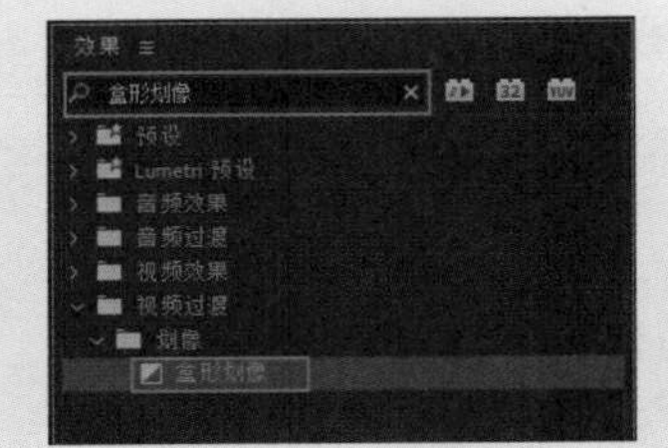


图4-8

**04** 添加视频转场效果后，在“节目”面板中可预览最终效果，如图4-9所示。

图4-9

图4-9（续）

## 4.1.4 自定义转场效果

在应用视频转场效果后，还可以对转场效果进行编辑，使其更适应影片的需求。视频转场效果的参数调整可以在“时间轴”面板中完成，也可以在“效果控件”面板中完成，但是这么做的前提是必须在“时间轴”面板中选中转场效果，才可以对其进行编辑。

在“效果控件”面板中，可以调整转场效果的作用区域，“对齐”下拉列表中提供了 4 种对齐方式，如图 4-10 所示，可以通过设置不同的对齐方式来控制转场效果。此外，还可以选择在“效果控件”面板中调整转场效果的持续时间、对齐方式、开始和结束的比例、边框宽度、边框颜色、消除锯齿品质等参数。

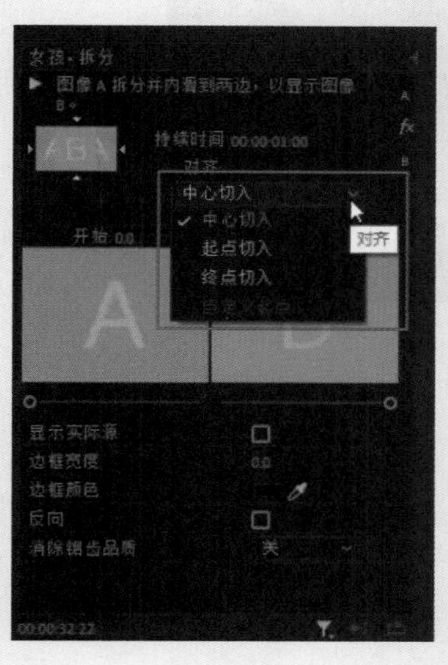


图4-10

“对齐”下拉列表中各种对齐方式说明如下。

※ 中心切入：转场效果添加在相邻素材的中间位置。

※ 起点切入：将转场效果添加在第二段素材的开始位置。

※ 终点切入：将转场效果添加在第一段素材的结束位置。

※ 自定义起点：通过单击拖曳转场效果，自定义转场的起始位置。

## 4.1.5 实例：调整转场的持续时间

在为素材添加转场效果后，可以进入“效果控件”面板对效果的持续时间进行调整，从而制作出符合视频需要的转场效果。

**01** 启动Premiere Pro 2023，按快捷键Ctrl+O，打开素材文件夹中的“时长调整.prproj”项目文件。进入工作界面后，可以看到“时间轴”面板中已经添加好的两段素材，素材中间已经添加了“时钟式擦除”视频转场效果，如图4-11所示。

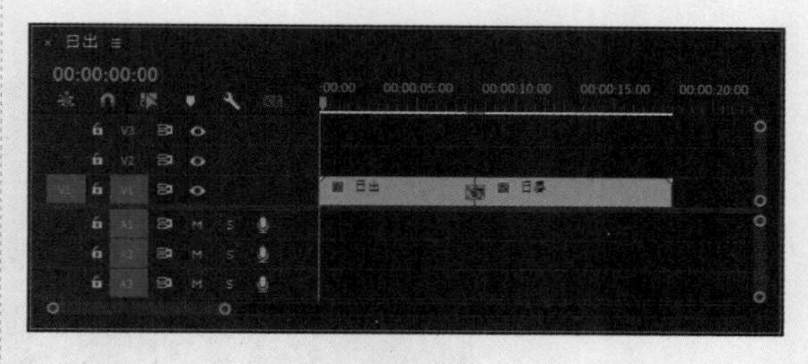


图4-11

**02** 在“时间轴”面板中，单击选中素材中间的“时钟式擦除 ”效果，打开“效果控件”面板，如图4-12所示。

**03** 单击“持续时间”选项后的数字（此时代表转场效果的持续时间为00:00:01:00），进入编辑状态，然后输入00:00:03:00，将转场效果的持续时间调整为3s，按Enter键结束编辑，如图4-13所示。

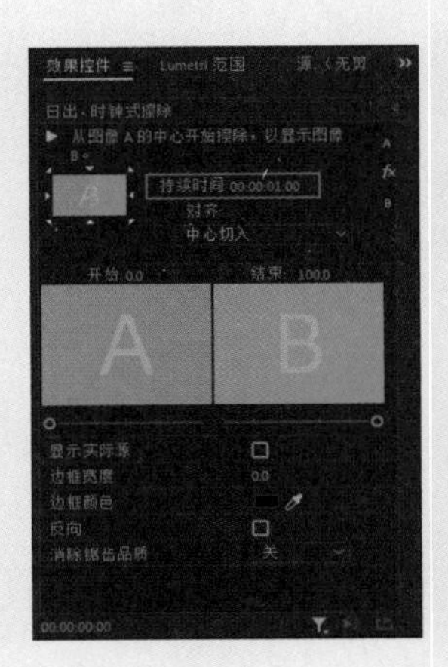


图4-12

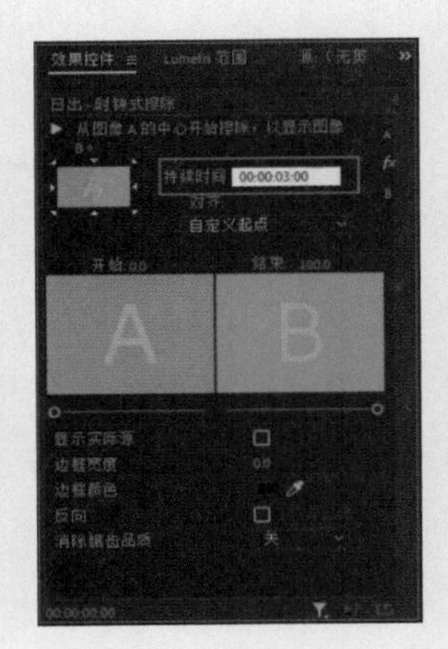


图4-13

**04** 完成上述操作后，在“节目”面板中可以预览最终效果，如图4-14所示。

图4-14

提示：除上述方法外，还可以选择在“时间轴”面板中右击视频转场效果，在弹出的快捷菜单中选择“设置过渡持续时间”选项，如图4-15所示，或者双击转场效果，在弹出的对话框中同样可以调整效果的持续时间。

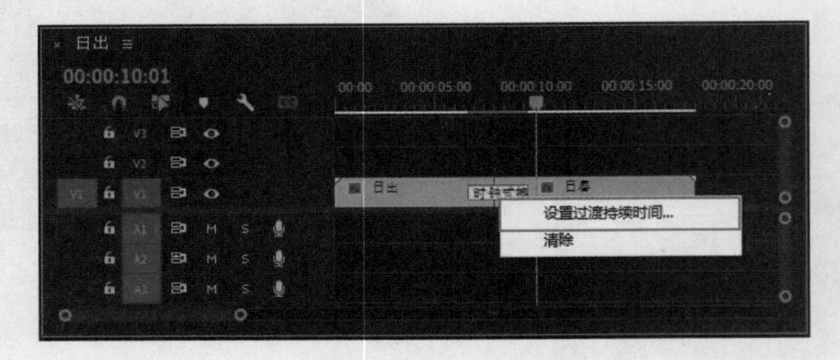


图4-15

## 4.2 常见的视频转场效果

Premiere Pro 提供了多种典型且实用的视频转场效果，并对其进行了分组，分组包括“内滑”“沉浸式视频”“溶解”等，下面进行详细介绍。

## 4.2.1 3D 运动类转场效果

"3D 运动"类转场效果主要是为了体现场景的层次感，可以为画面营造从二维空间到三维空间的视觉效果，该类型包含多种三维运动的视频转场效果。

### 1.3D 切片立方体

"3D 切片立方体"转场效果使第二个场景以条状立方体的形式旋转，以实现前后场景的切换，应用效果如图 4-16 所示。

图4-16

### 2.Impact 3D 方块

"Impact 3D 方块"转场效果将两个场景作为方块，以上下旋转的方式实现前后场景的切换，应用效果如图 4-17 所示。

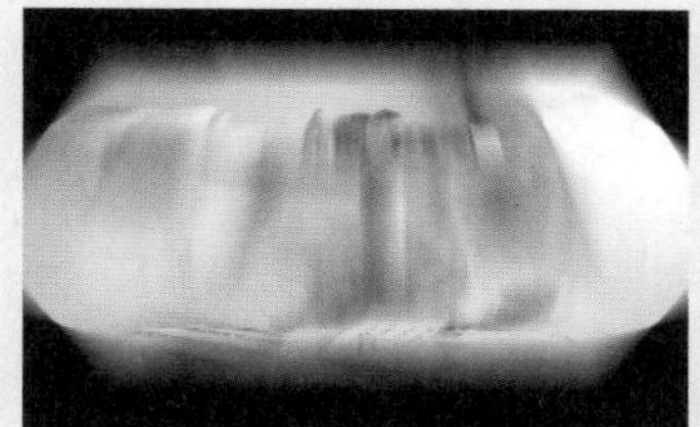

图4-17

### 3.Impact 3D 翻转

"Impact 3D 翻转"转场效果将两个场景模拟为一张纸的两面，然后通过翻转纸张的方式实现两个场景的转换。通过单击"效果控件"面板中的"自定义"按钮，可以设置不同的"带"和填充颜色，应用效果如图 4-18 所示。

图4-18

## 4.2.2 内滑类转场效果

“内滑”类转场效果主要是以滑动的形式来实现场景的切换，下面讲解几种常用的“内滑”类视频转场效果。

### 1. 急摇

“急摇”转场效果将第一个场景与第二个场景交替播放，中间会产生黑场的状态，应用效果如图 4-19 所示。

图4-19

### 2. 带状内滑

“带状内滑”转场效果使第二个场景以条状形式从上向下滑入画面，直至覆盖第一个场景，应用效果如图 4-20 所示。

图4-20

### 3. 推

“推”转场效果使第二个场景从画面的一侧出现，并将第一个场景推出画面，应用效果如图 4-21 所示。

图4-21

### 4.2.3 划像类转场效果

“划像”类转场效果主要是将一个场景伸展，并逐渐切换到另一个场景，下面讲解几个比较常用的视频转场效果。

#### 1. 交叉划像

“交叉划像”转场效果使第二个场景以十字形在画面中心出现，然后由大变小，逐渐遮盖住第一个场景，应用效果如图 4-22 所示。

图4-22

#### 2. 圆划像

“圆划像”转场效果使第一个场景以圆形的方式在画面中心由大变小，逐渐呈现第二个场景，应用效果如图 4-23 所示。

 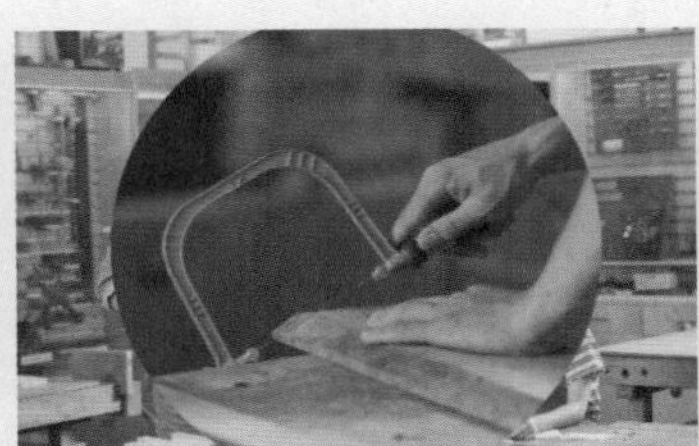 

图4-23

#### 3. 盒形划像

“盒形划像”转场效果使第二个场景呈盒形在画面中心出现，由小变大逐渐呈现第二个场景，应用效果如图 4-24 所示。

图4-24

#### 4. 菱形划像

“菱形划像”转场效果使第二个场景呈菱形在画面中心出现，逐渐遮盖第一个场景，应用效果如图 4-25 所示。

图4-25

## 4.2.4 擦除类转场效果

“擦除”类转场效果主要是通过两个场景的相互擦除来实现场景的转换，下面讲解几种比较常用的视频转场效果。

#### 1. 带状擦除

“带状擦除”转场效果使第二个场景以条状从上至下进入画面，并逐渐覆盖第一个场景，应用效果如图 4-26 所示。

图4-26

#### 2. 径向擦除

“径向擦除”转场效果使第二个场景从第一个场景的中心以画圆的方式扫入画面，并逐渐覆盖第一个场景，应用效果如图 4-27 所示。

图4-27

**3. 时钟式擦除**

“时钟式擦除”转场效果将第二个场景以时钟旋转的方式逐渐覆盖第一个场景，应用效果如图 4-28 所示。

图4-28

**4. 百叶窗**

“百叶窗”转场效果使第二个场景以百叶窗的形式逐渐显示，并覆盖第一个场景，应用效果如图 4-29 所示。

图4-29

## 4.2.5 沉浸式视频类转场效果

“沉浸式视频”类转场效果需要通过头戴式显示设备来体验视频内容，大家可以自行尝试使用。该类转场效果中包含 8 种 VR 转场效果，如图 4-30 所示。

图4-30

## 4.2.6 溶解类视频转场效果

“溶解”类转场效果是视频编辑时常用的一类转场效果，可以较好地表现事物之间的缓慢过渡与变化，下面讲解几种比较常用的视频转场效果。

**1.MorphCut**

MorphCut 效果在处理如单个拍摄对象的“头部特写”采访视频、固定拍摄（极少量的摄像机移动的情况）和静态背景（包括避免细微的光照变化）等素材时效果极佳，该转场效果的具体应用方法如下。

**01** 在“时间轴”面板中设置素材的入点和出点，以选择要使用的剪辑部分。

**02** 在“效果”面板中找到MorphCut转场效果，并将该效果拖至“时间轴”面板中剪辑之间的编辑点上。

**03** 应用 MorphCut 效果后，剪辑立即在后台开始分析，同时，“在后台进行分析”的信息会显示在“节目”面板中，如图4-31所示。

完成分析后，将以编辑点为中心创建一个对称过渡。过渡持续时间符合“视频过渡默认持续时间”指定的 30 帧。使用“首选项”对话框可以更改默认持续时间。

提示:每次对所选 MorphCut 转场效果进行更改甚至撤销更改操作时，Premiere Pro都会重新进行分析，但是用户不需要删除之前分析过的任何数据。

图4-31

### 2. 交叉溶解

“交叉溶解”转场效果在第一个场景淡化消失的同时，会使第二个场景逐渐出现，应用效果如图 4-32 所示。

图4-32

### 3. 叠加溶解

“叠加溶解”转场效果将第一个场景作为纹理贴图映像到第二个场景上，以实现高亮度叠化的转场效果，应用效果如图 4-33 所示。

图4-33

### 4. 白场过渡

“白场过渡”转场效果会使第一个场景逐渐淡化到白色场景，然后从白色场景淡化到第二个场景，应用效果如图 4-34 所示。

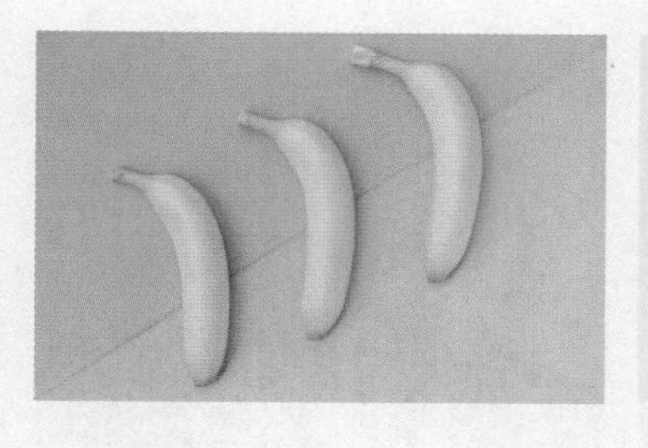

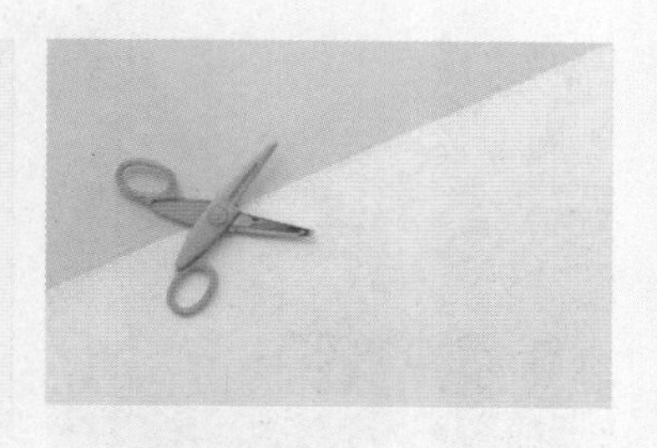

图4-34

**5. 胶片溶解**

“胶片溶解”转场效果使第一个场景产生胶片朦胧的效果，同时逐渐转换至第二个场景，应用效果如图 4-35 所示。

图4-35

**6. 黑场过渡**

“黑场过渡”转场效果使第一个场景逐渐淡化到黑色场景，然后从黑色场景淡化到第二个场景，应用效果如图 4-36 所示。

图4-36

### 4.2.7 缩放类视频转场效果

“缩放”类转场效果中只有一个视频转场效果，即“交叉缩放”效果，该效果会先将第一个场景放至最大，切换到第二个场景的最大化，然后第二个场景缩放到合适大小，应用效果如图 4-37 所示。

图4-37

## 4.2.8 页面剥落视频转场效果

"页面剥落"类转场效果中的视频转场效果会以书页翻开的形式，实现场景画面的切换。"页面剥落"类转场效果中只有一种视频转场效果——"翻页"效果。

"翻页"效果会将第一个场景从一角卷起（卷起后的背面会显示第二个场景），然后逐渐显现第二个场景，应用效果如图 4-38 所示。

图4-38

## 4.2.9 实例：制作婚礼动态相册

本例综合运用前面所学的转场效果知识制作一个婚礼动态相册的效果，如图 4-39 所示。

图4-39

图4-39（续）

素材详细分布数据如表 4-1 所示。

表 4-1

| 素材名称 | 入点位置 | 出点位置 | 速度/持续时间 | “时间轴”面板位置（放置在时间指示器后方） |
|---|---|---|---|---|
| 牵手.jpg | / | / | 00:00:03:00 | 00:00:00:00 |
| 散步.jpg | / | / | 00:00:03:00 | 00:00:03:00 |
| 求婚.jpg | / | / | 00:00:03:00 | 00:00:06:00 |
| 单膝下跪.jpg | / | / | 00:00:03:00 | 00:00:09:00 |
| 婚礼.mp4 | / | / | 00:00:12:14 | 00:00:12:00 |
| 荧光.mov | / | / | 00:00:20:09 | 00:00:00:00 |
| 相框.mov | / | / | 00:00:12:00 | 00:00:00:00 |
| 文字 | / | / | 00:00:04:24 | 00:00:24:14 |
| 背景音乐.wav | 00:00:00:00 | 00:00:29:13 | 00:00:29:13 | 00:00:00:00 |

**01** 启动Premiere Pro 2023，按快捷键Ctrl+O，打开素材文件夹中的“婚礼动态相册.prproj”项目文件。在“项目”面板的空白区域双击，弹出“导入”对话框，选择需要导入的素材，单击“打开”按钮，将素材导入“项目”面板，如图4-40所示。

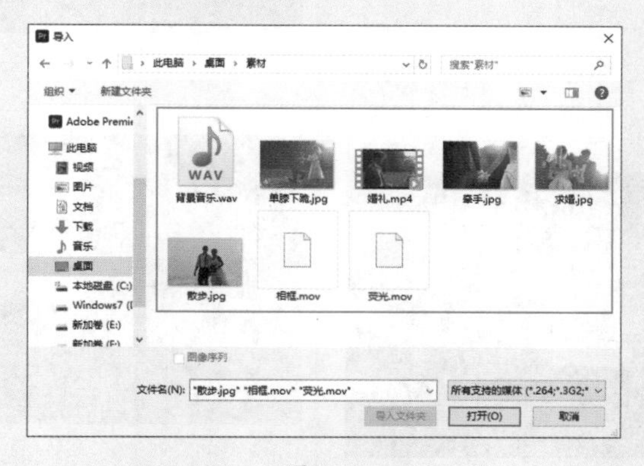


图4-40

**02** 依次将“牵手.jpg”“散步.jpg”“求婚.jpg”“单膝下跪.jpg”这四个素材拖入“时间轴”面板的V1轨道中，如图4-41所示。

图4-41

**03** 按住鼠标左键选中所有素材并右击，在弹出的快捷菜单中选择“速度/持续时间”选项，在弹出的“剪辑速度/持续时间”对话框中，将“持续时间”值修改为00:00:03:00，如图4-42所示。

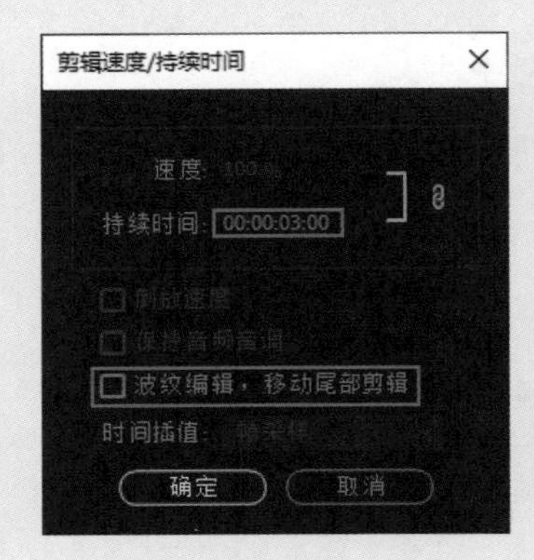


图4-42

**04** 制作相册背景。选中V1轨道上的4个素材片段，按住Alt键，拖动素材到V2轨道，即可批量复制素材到另一轨道，如图4-43所示。

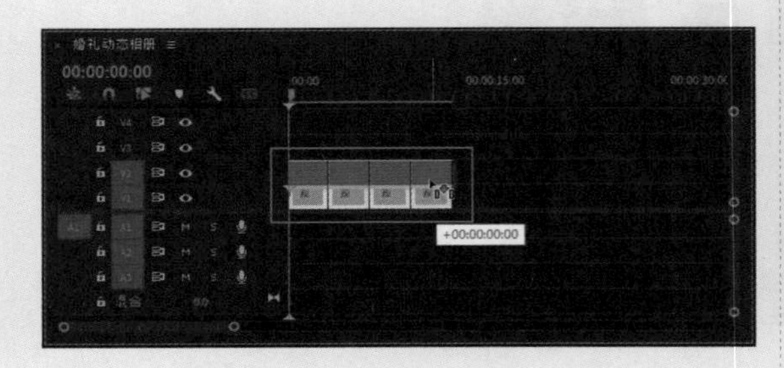

图4-43

**05** 框选V2轨道的所有素材，打开“效果控件”面板，在“运动”属性中找到“缩放”选项，将其参数调整为13.0，如图4-44所示。

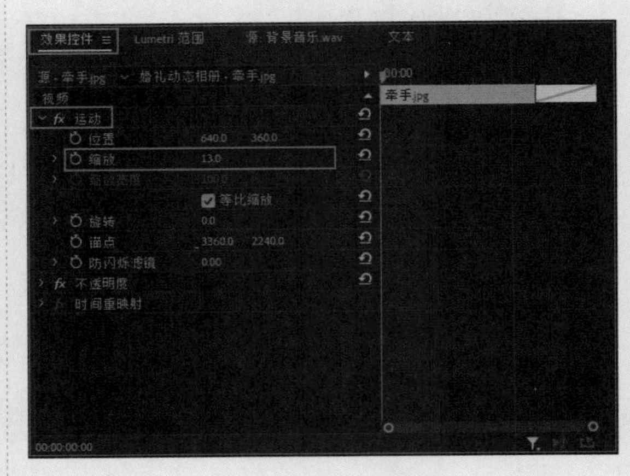


图4-44

**06** 将“婚礼.mp4”素材拖至V2轨道的“单膝下跪.jpg”素材之后，如图4-45所示。将时间指示器调整为00:00:24:14，在工具箱中选择“剃刀工具”，在此处将素材分割。右击00:00:24:14后的素材片段，在弹出的快捷菜单中选择“速度/持续时间”选项，在弹出的“剪辑速度/持续时间”对话框中，将“速度”值调整为50，如图4-46所示。

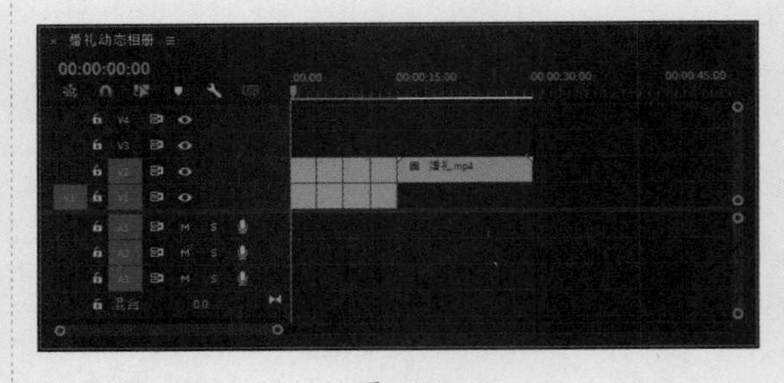

图4-45

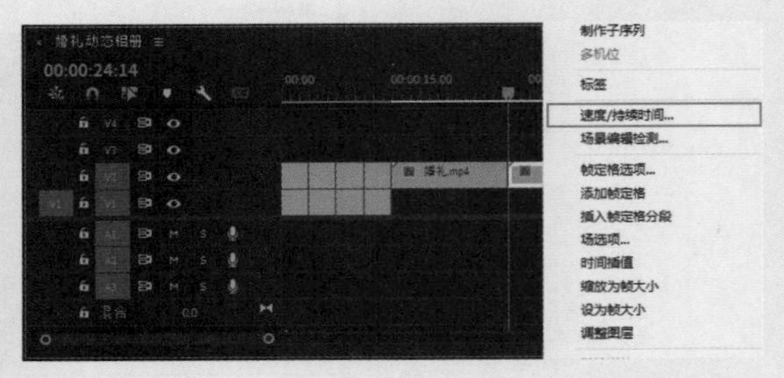


图4-46

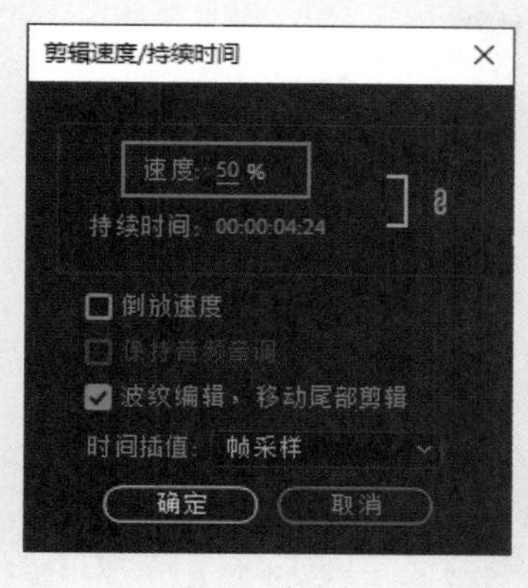


图4-46（续）

**07** 将“荧光.mov”与“边框.mov”素材分别拖至V4和V3轨道中，如图4-47所示。单击“边框.mov”，打开其“效果控件”面板，在“运动”属性中找到“缩放高度”和“缩放宽度”选项，取消选中“等比缩放”复选框，调整“缩放高度”值为60.0，“缩放宽度”值为50.0，如图4-48所示。

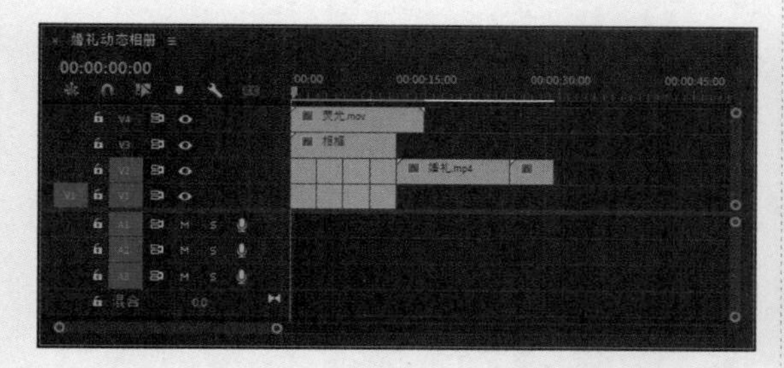

图4-47

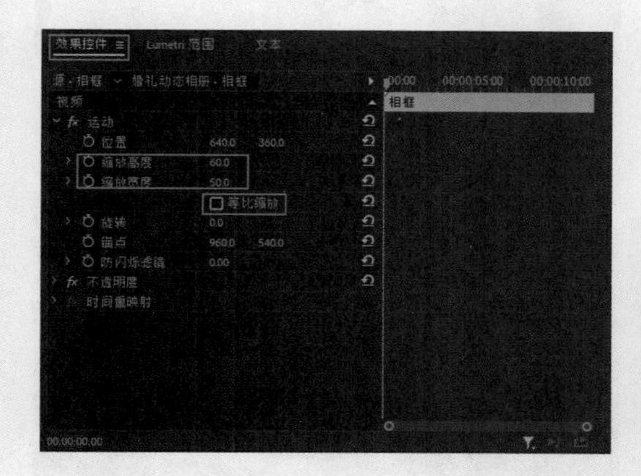


图4-48

**08** 在“效果”面板的搜索栏中输入“交叉划像”，找到“交叉划像”效果并拖至“牵手.jpg”与“散步.jpg”的相接处，继续搜索“棋盘擦除”与“立方体旋转”效果，并依次放入“散步.jpg”与“求婚.jpg”之间和“求婚.jpg”与“单膝下跪.jpg”之间，添加的效果全都保持默认设置，如图4-49所示。

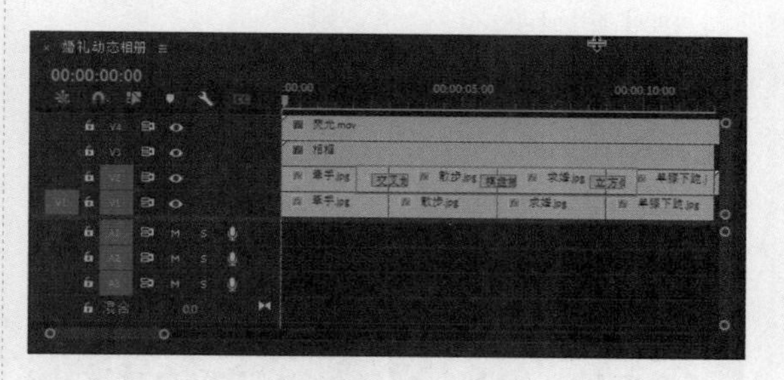

图4-49

**09** 在“效果”面板的搜索栏中输入“交叉划像”，找到该效果并拖至“单膝下跪.jpg”与“婚礼.mp4”素材的相接处，再将其拖至“荧光.mov”与“边框.mov”素材的末尾处，如图4-50所示。

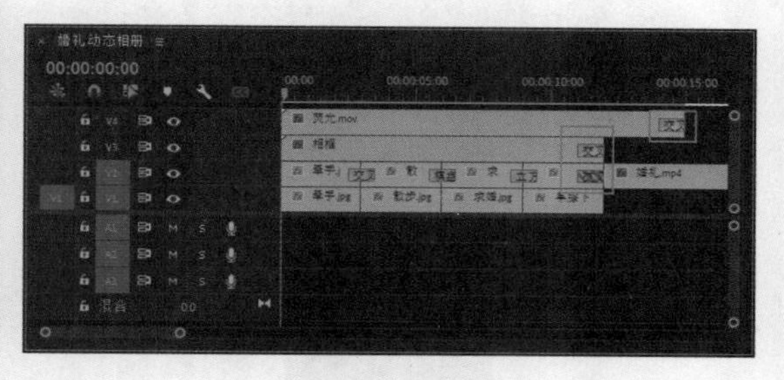

图4-50

**10** 将“音乐.wav”素材拖至A1轨道上，在“效果”面板的搜索栏中输入“恒定增益”，找到该效果并加入“音乐.wav”的开始和结尾处，形成缓入缓出的效果，如图4-51所示。

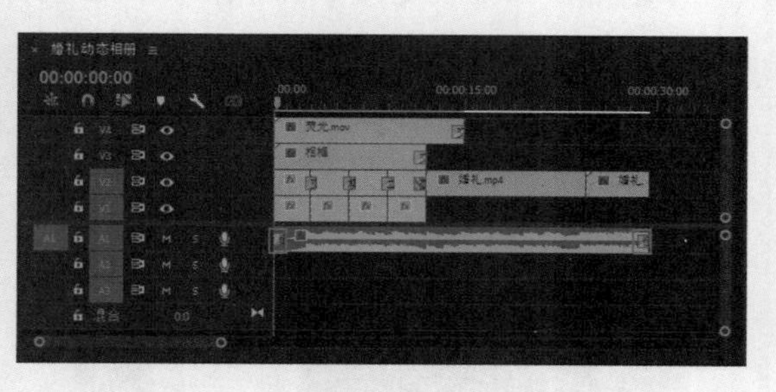

图4-51

**11** 在工具箱中选择“文字工具”，如图4-52所示。将时间指示器拖至00:00:24:14，在“节目”面板中单击，并输入“我们结婚啦”文字，在“基本图形”面板的“编辑”选项卡中找到“对齐并变换”选项组单击“水平居中对齐”按钮，如图4-53所示。

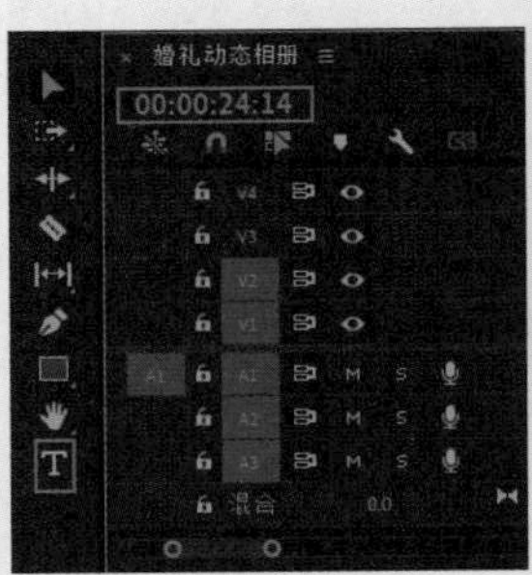


图4-52

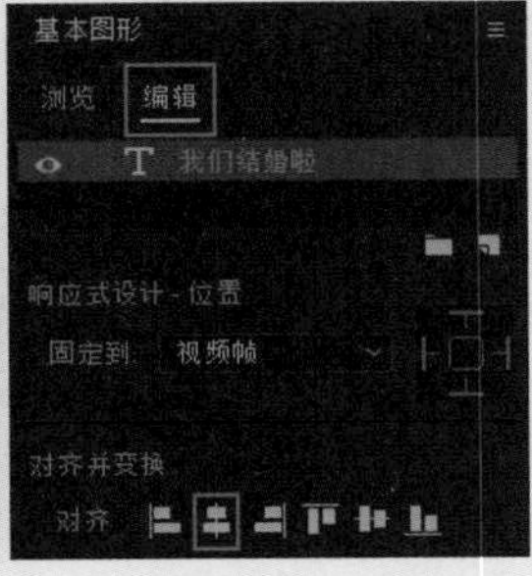


图4-53

**12** 选中“我们结婚啦”文字素材，在“基本图形”面板的“编辑”选项卡中找到“外观”选项组，可以编辑文字的填充颜色、描边、阴影和背景的属性，按照个人喜好调整即可，如图4-54所示。

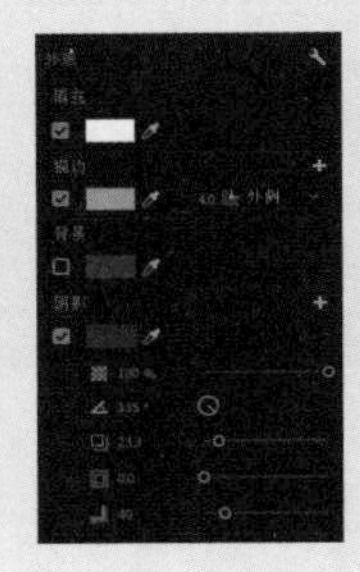

图4-54

**13** 在“我们结婚啦”文字素材的前后边界处右击，在弹出的快捷菜单中选择“应用默认过渡”选项，即可快速添加“交叉溶解”效果，如图4-55所示。

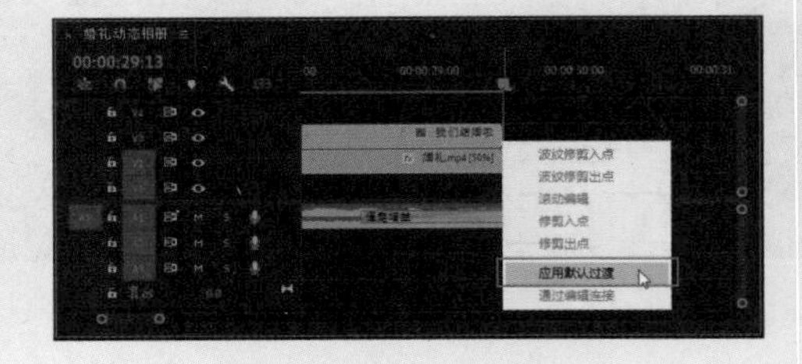


图4-55

## 4.3 影片的转场技巧

### 4.3.1 无技巧性转场

运用镜头拍摄的方式自然地衔接前后两段不同视频素材的方式称为“无技巧转场”，这种转场方式主要适用于蒙太奇镜头段落之间的转换，更加强调视觉的连续性。在剪辑过程中，并不是任意两段素材之间都可以应用无技巧转场，需要注意寻找合理的转换因素和适当的造型因素。应用无技巧转场的方法主要有以下 13 种，下面分别详细介绍。

**1. 两极转场**

两极转场是利用前后素材在景别、动静等方面的对比，形成较为明显的段落层次。两极转场可以大幅省略无关紧要的过程，有助于提高整片的节奏感，如图 4-56 所示。

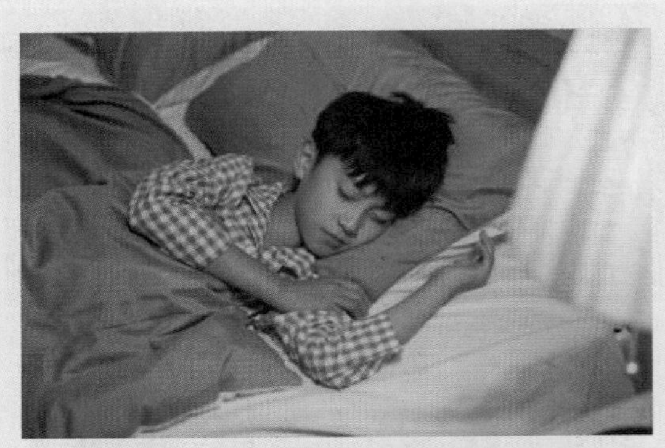

图4-56

### 2. 同景别转场

以前一个场景结尾的镜头与后一个场景开头的景别相同的方式进行转场称为“同景别转场”，这种方式可以使观众集中注意力，增加场面过渡衔接的紧凑感，如图 4-57 所示。

图4-57

### 3. 特写转场

无论前一组镜头的最后一个镜头是什么景别，下一个镜头都以特写镜头开始，从而对局部进行放大，以达到突出强调的效果，形成“视觉重音”，如图 4-58 所示。

图4-58

### 4. 声音转场

声音转场是利用音乐、音效、解说词、对白等与画面进行配合，从而实现转场的方式，可分为三大类。

※ 利用声音过渡所具有的和谐性转换到下一个段落，通常以声音的延续、提前进入、前后段落声音相似部分的叠化等方式实现。

※ 利用声音的呼应关系弱化画面转换时的视觉跳动感，从而实现时空大幅度转换。

※ 利用前后声音的反差，加大段落间隔，增强节奏感。通常有两种方式，即某声音戛然而止，镜头转换到下一个段落；或者后一段落声音突然增大或出现，利用声音吸引观众的注意力，促使人们关注下一个段落。

### 5. 空镜头转场

借助空镜头（或称“景物镜头”）作为两个段落的间隔。空镜头大致分为两类：一类是以景为主，以物为衬，例如山河、田野、天空等，通过这些画面展示不同的地理风貌，表示时间变化或季节变换；另一类是以物为主，以景为衬，例如在镜头前驶过的交通工具或建筑、雕塑、室内陈设等。通常使用这些镜头挡住画面或特写状态作为转场，如图 4-59 所示。

图4-59

### 6. 遮挡镜头转场

遮挡镜头转场是指镜头被画面内运动的主体暂时完全挡住，使观众无法从画面中辨别被摄体的形状和质地等特性，随后转换到下一镜头的方式。

依据遮挡方式的不同，遮挡镜头转场大致可以分为两类情形：一是主体迎面而来挡住镜头；二是画面内前景暂时挡住画面内的其他人或物，成为覆盖画面的唯一形象。例如，拍摄人群中人物的镜头，前景中来往的行人突然挡住了画面主角，如图 4-60 所示。

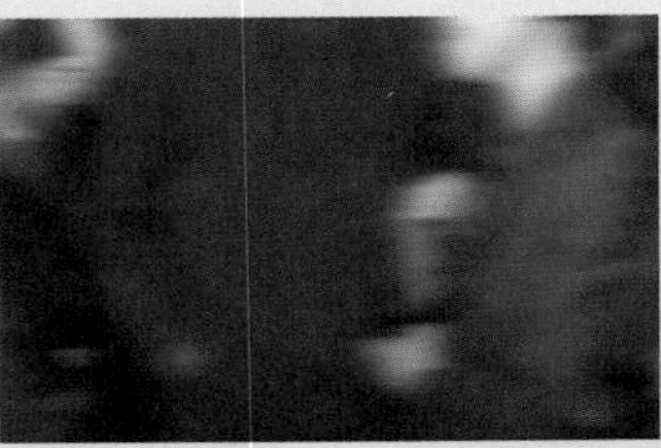

图4-60

### 7. 相似体转场

前后镜头的主体形象相同或具有相似性、两个物体的形状相近、位置重合，以及运动方向、速度、色彩、等方面具有较高的一致性等，以此转场来达到视觉连续、顺畅的目的，如图 4-61 所示。

图4-61

### 8. 地点转场

根据叙事的需要，不考虑前后两个画面是否具有连贯性而直接进行切换（通常使用硬切），以满足场景的转换需求。此种转场方式比较适用于新闻类节目等，如图 4-62 所示。

图4-62

**9. 运动镜头转场**

通过运镜完成画面的转场，或者利用前后镜头中的人物、交通工具等动势的可衔接性及动作的相似性作为媒介，完成转场，如图 4-63 所示。

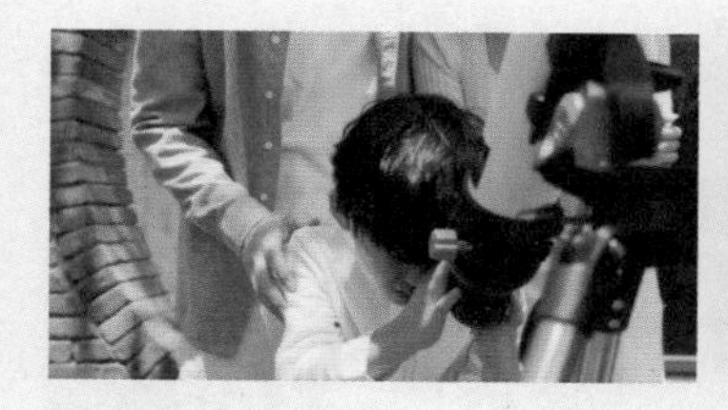

图4-63

**10. 同一主体转场**

前后两个场景用相同的元素进行衔接，形成前镜与后镜的承接关系，如图 4-64 所示。

图4-64

**11. 出画入画转场**

前后镜头分别为主体走出画面和走入画面的形式，通常适用于转换时空的场景，如图 4-65 所示。

图4-65

### 12. 主观镜头转场

前一个镜头表现主体人物及视觉方向，后一个镜头为主体人物（想要）看到的内容，通过前后镜头间的主观逻辑关系来处理场面的转换问题，也可以用于大时空转换，如图 4-66 所示。

图4-66

### 13. 逻辑因素转场

运用前后镜头的因果、呼应、并列、递进、转折等逻辑关系进行转场，使转场更具有合理性。在广告视频中经常会使用此类转场，如图 4-67 所示。

图4-67

## 4.3.2 实例：制作逻辑因素转场

本例制作的是逻辑因素转场的视频效果，运用每个镜头的逻辑关系，使观众对其变换感觉流畅，如图 4-68 所示。

图4-68

**01** 启动Premiere Pro 2023，按快捷键Ctrl+O，打开素材文件夹中的“逻辑因素转场.prproj”项目文件。进入工作界面后，在“时间轴”面板中可以看到已添加的素材，如图4-69所示。

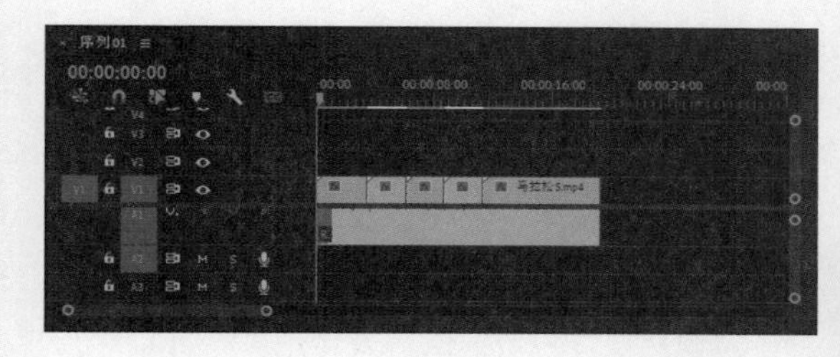

图4-69

**02** 打开“效果”面板，为音乐素材的前后部分分别加入“恒定增益”与“指数淡化”效果，参数设置保持默认，如图4-70所示。

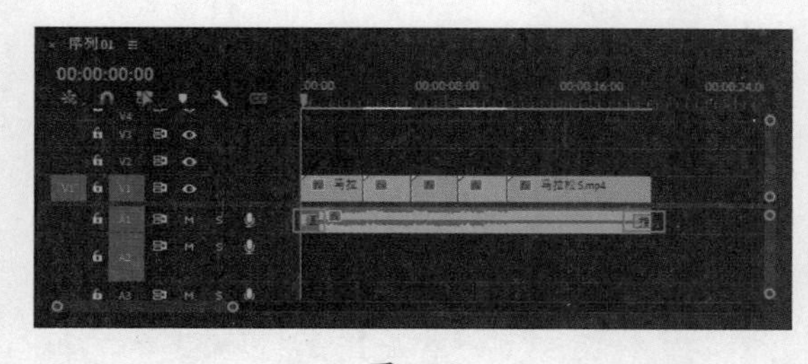

图4-70

**03** 在“马拉松1.mp4”素材的00:00:02:11、00:00:02:13、00:00:02:19与00:00:02:21的位置，按快捷键Ctrl+K进行切割，在“效果”面板中搜索“波形变形”“黑白正常对比度”“边角定位”效果，并添加至两段分割素材中，效果参数为默认设置，如图4-71所示。在“节目”面板的预览效果，如图4-72所示。

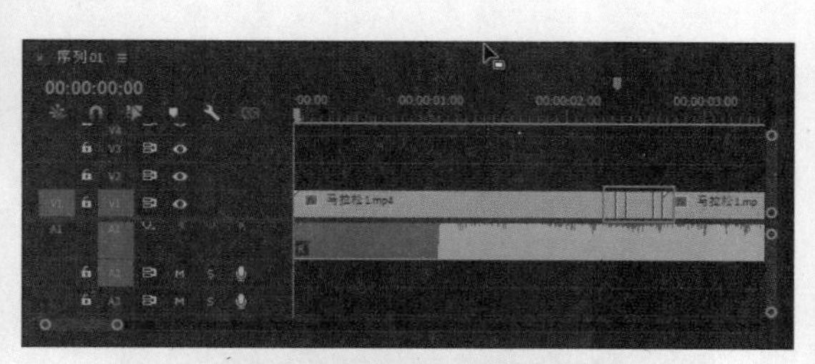

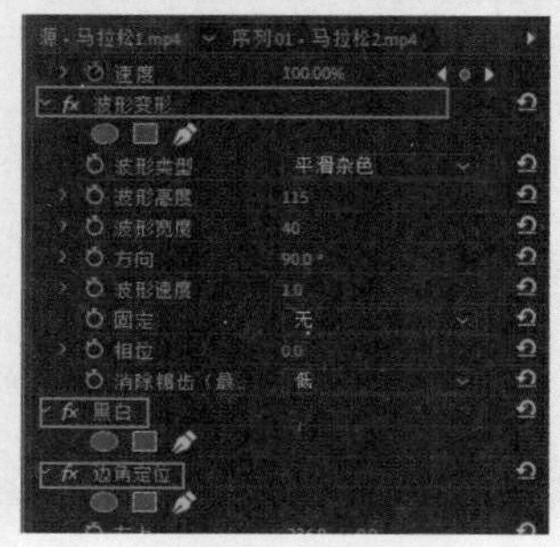

图4-71

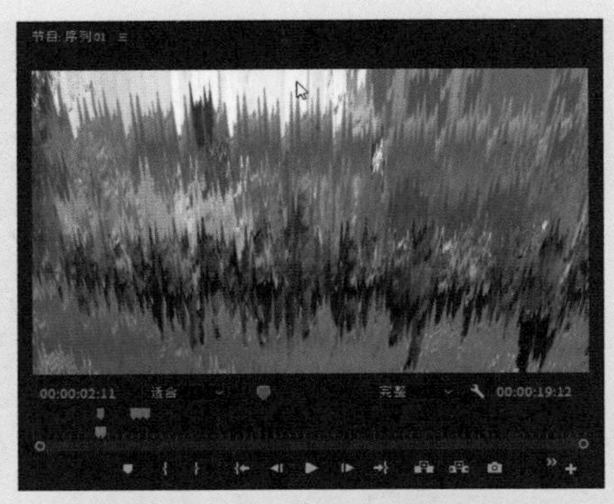

图4-72

**04** 制作片头的颜色填充效果。在“效果”面板的搜索栏中搜索“黑白正常对比度”效果，并将其添加到开头处的“马拉松1.mp4”素材内，在“效果控件”面板中找到“黑白正常对比度”→“创意”→“强度”选项，当时间指示器在开头处时单击“切换动画”按钮创建关键帧，如图4-73所示，将时间指示器移至00:00:01:02，将“强度”值调整至0。

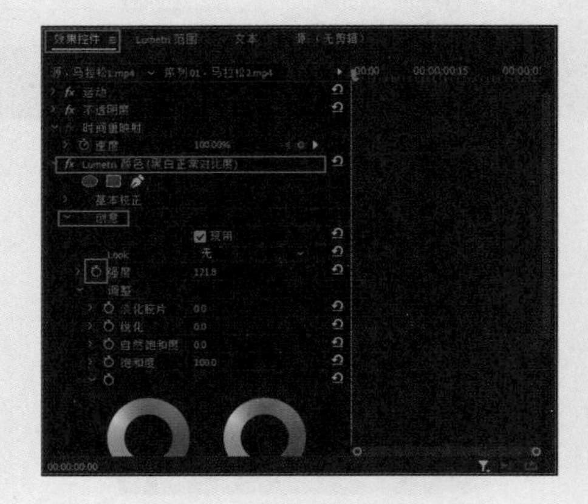

图4-73

**05** 使片段随音乐节奏改变速度。将时间指示器移至00:00:01:02，按快捷键Ctrl+K分割素材片段，右击第二个片段，在弹出的快捷菜单中选择“速度/持续时间”选项，在弹出的“剪辑速度/持续时间”对话框中，调整“速度”值为200，如图4-74所示。

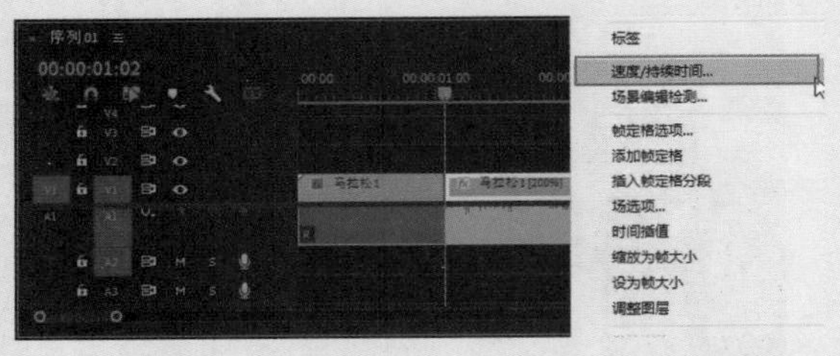


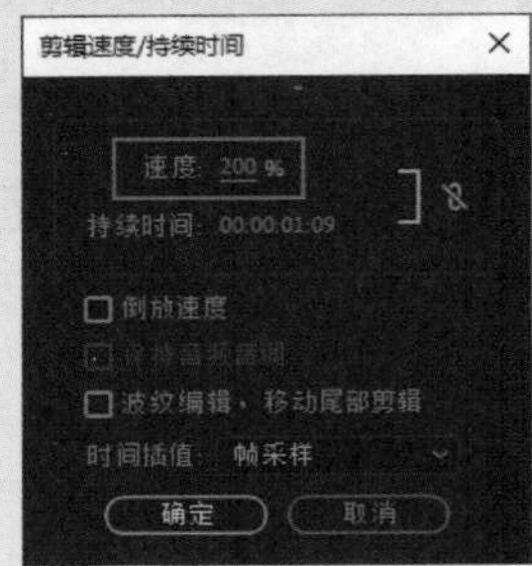


图4-74

**06** 为“马拉松4.mp4”添加卡点故障效果。当时间指示器在00:00:10:03、00:00:10:08和00:00:10:14时按下快捷键Ctrl+K分割素材片段，如图4-75所示。得到两个短片段后打开“效果”面板，查找“波形变形”和“杂色”效果，为前一个片段加入“波形变形”效果，后一个片段加入“杂色”效果。在“效果控件”面板中调整“波形变形”参数，将“波形高度”值调整为115，“波形类型”为“平滑杂色”。再选择“效果控件”面板中的“杂色”参数，将“杂色数量”值调整为100.0%，如图4-76所示，完成操作。

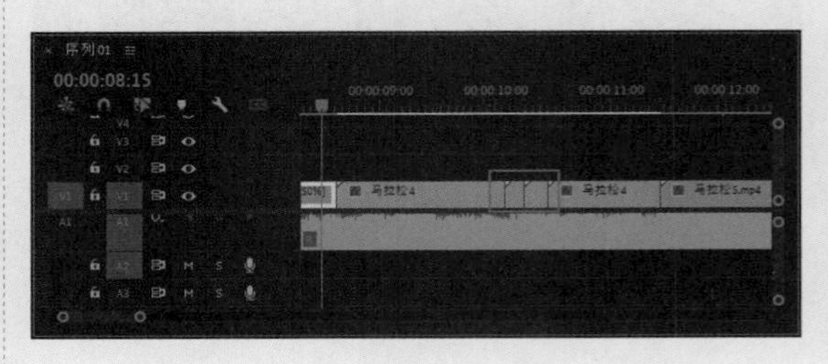

图4-75

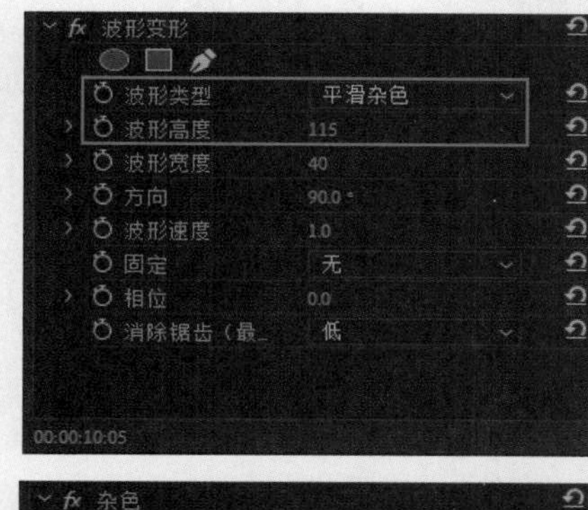


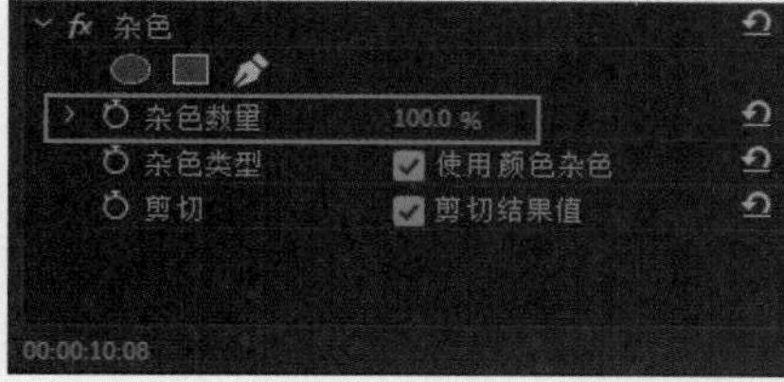


图4-76

## 4.3.3 技巧性转场

本节将介绍 8 类技巧性转场的制作方法，主要包含淡入 / 淡出、缓淡、闪白、划像、翻转、定格、叠化和多画屏分割转场等。

### 1. 淡入 / 淡出转场

淡入是指下一段落第一个镜头的画面逐渐显现，直至达到正常亮度为止；淡出是指上一段落最后一个镜头的画面逐渐隐去，直至达到黑场为止，从而使剪辑更加自然、流畅地过渡至开始或结束。而淡入 / 淡出的位置需要在实际编辑时根据视频的情节、情绪、节奏的要求来决定。在两段剪辑的淡入与淡出之间添加一段黑场可以增添间隙感。

打开“效果”面板，找到“交叉溶解”效果，并拖至视频素材的开始处与结束处，如图 4-77 所示。

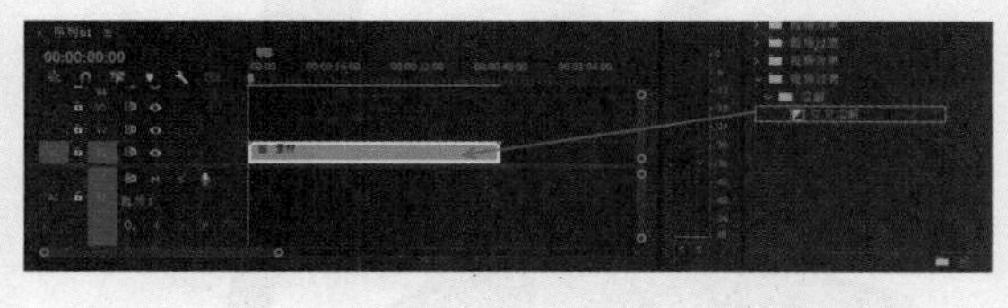

图4-77

可以将效果添加至两个视频素材的衔接处，双击轨道中的“交叉溶解”文字，弹出“设置过渡持续时间”对话框，如图 4-78 所示，输入效果所需的持续时间。

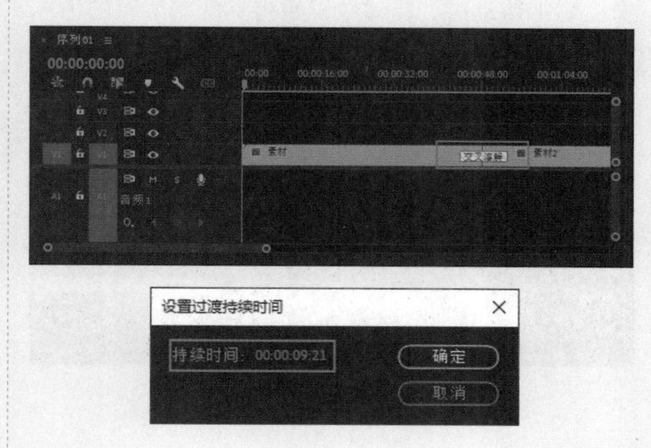


图4-78

音频也可以设置淡入 / 淡出效果，找到“音频过渡”中的“恒定功率”效果，拖至音频素材的开始处与结束处，如图 4-79 所示。另外，还可以拖至第一段剪辑的结束处或第二段剪辑的开始处。

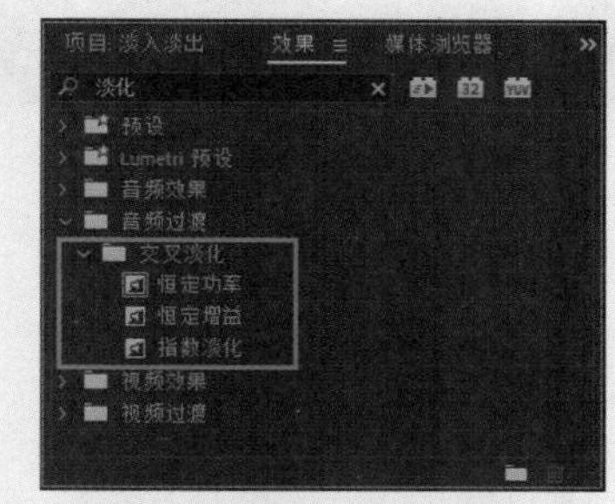


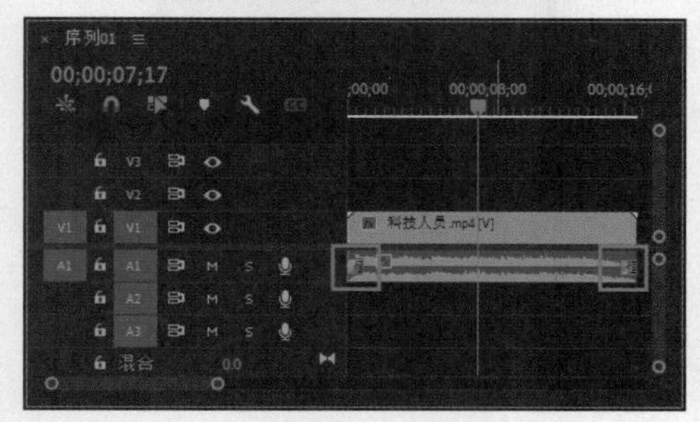


图4-79

### 2. 缓淡——减慢转场

缓淡转场通常用于强调抒情、思索、回忆等情绪，让观众对影片产生悬念。可以通过放慢渐隐速度或添加黑场来实现这种转场效果。

### 3. 闪白——加快转场

闪白通常可以用来掩盖镜头的剪辑点，从视觉上增加跳动感，具体效果是将画面转为亮白色，具体的操作方法如下。

**01** 将1.mp4和2.mp4素材导入“项目”面板中，并将其拖至“时间轴”面板中，如图4-80所示。

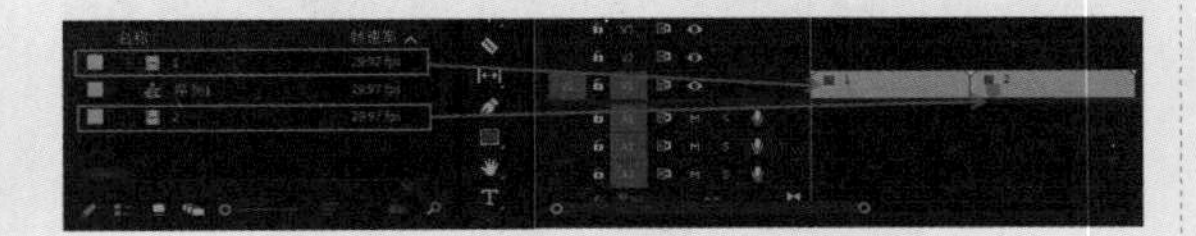

图4-80

**02** 在“效果”面板中搜索“白场过渡”效果，并将其拖至视频衔接处，设置持续时间为00:00:00:10，对齐方式为“中心切入”，如图4-81所示。

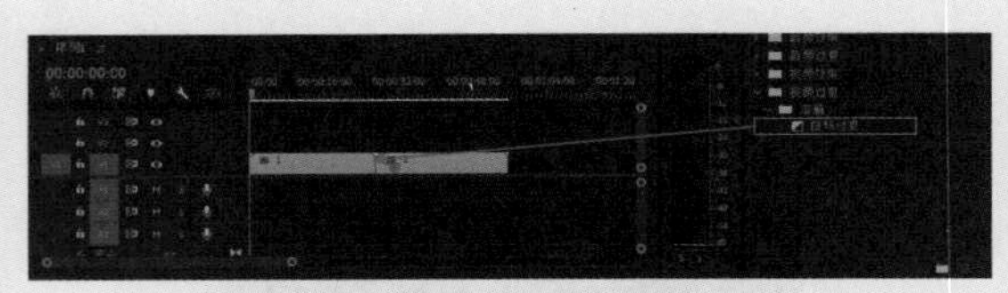

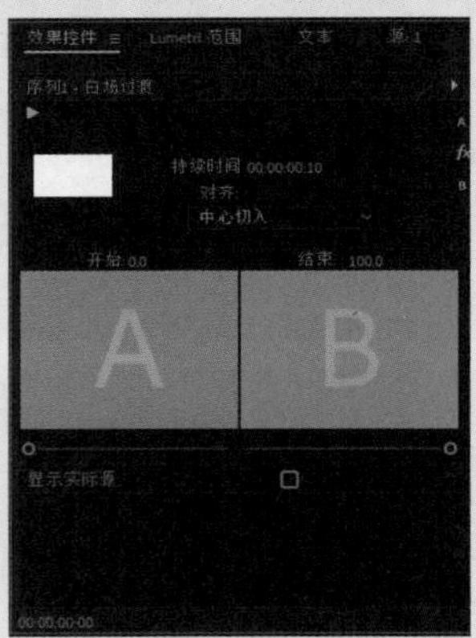


图4-81

### 4. 划像（二维）转场

划像可以分为划出与划入，前一画面从某一方向退出屏幕称为“划出”；下一个画面从某一方向进入屏幕称为“划入”。根据画面进出的方向不同，又可以分为横划、竖划、对角线划等，多用于两个内容意义差别较大的画面之间的转换。

### 5. 翻转（三维）转场

翻转是指画面以屏幕中线为轴进行转动，前一段为正面，画面消失，而背面画面转到正面开始另一段画面（类似书本翻页），多用于对比或对照性较强的画面转换。

### 6. 定格转场

定格是指将画面中的运动主体突然变为静止状态，使人产生瞬间的视觉停顿，接着出现下一个画面，常用于不同主题段落之间的转换。

### 7. 叠化转场

叠化是指前一个镜头的画面与后一个镜头的画面相互叠加，前一个镜头的画面逐渐隐去，而后一个镜头的画面逐渐显现的过程。叠化的主要作用有三种：用于时间的转换，表示时间流逝；用于空间的转换，表示空间发生变化；用于表现梦境、想象、回忆等插叙、回叙的场景。

### 8. 多画屏分割转场

多画屏也称为多画面、多画格或多荧幕，是把屏幕分为多个画面，可以是多重剧情并列发展，从而压缩时间，深化视频内涵。

## 4.3.4 实例：制作多屏分割转场

本例制作多屏分割转场效果，如图4-82所示。

图4-82

图4-82（续）

**01** 启动Premiere Pro 2023，按快捷键Ctrl+O，打开素材文件夹中的“多屏分割转场.prproj”项目文件，可以在“时间轴”面板中看到已经添加的素材。

**02** 打开“效果”面板，在音频末端添加“指数淡化”效果，如图4-83所示。

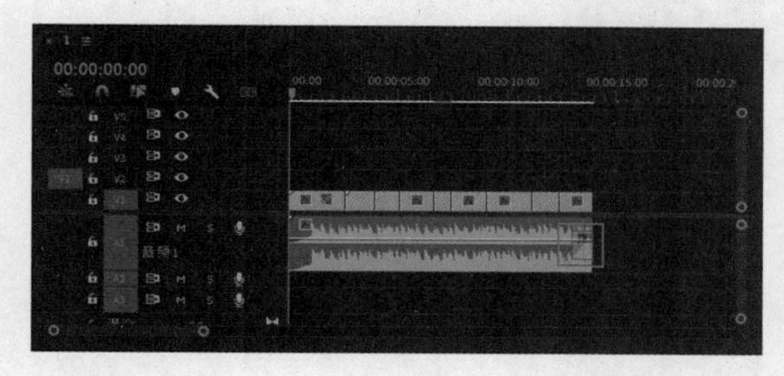


图4-83

**03** 将完整的视频画面分割成块。在“效果控件”面板中找到“视频”→“不透明度”选项，单击“创建四点多边形蒙版”按钮，如图4-84所示，在“节目”面板中拖动四边形蒙版的边缘进行调整，创建多个四边形蒙版做出如图4-85所示的破碎效果。

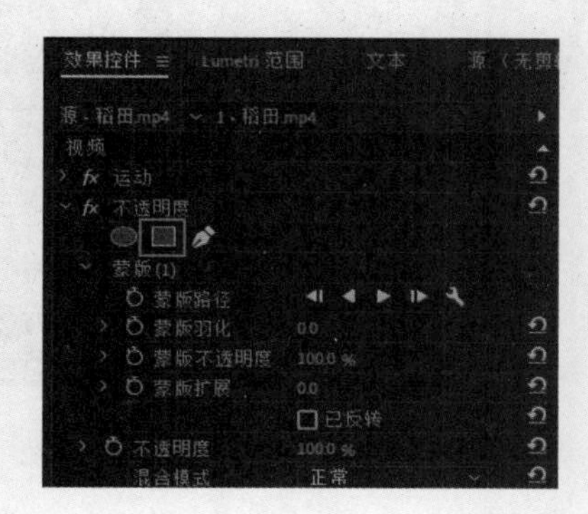


图4-84

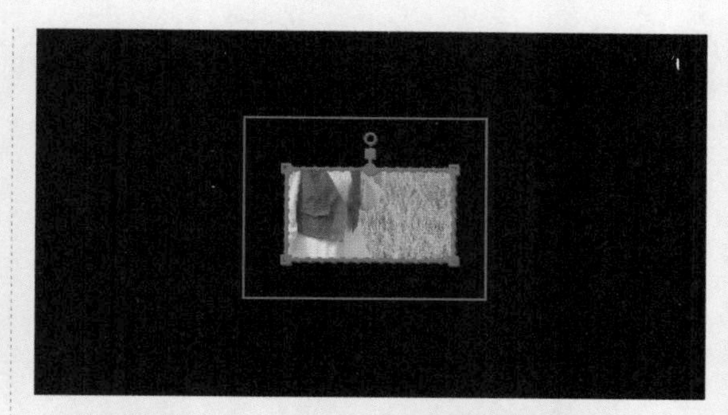

图4-85

**04** 为成块的视频画面添加外框。在工具箱中单击“矩形工具”按钮，在“节目”面板中拖动鼠标创建图形。在“效果控件”面板中调整外框的方向和外观，如图4-86所示。在创建了第一个外框后，可以直接在“节目”面板中复制粘贴，在“节目”面板中预览效果如图4-87所示。

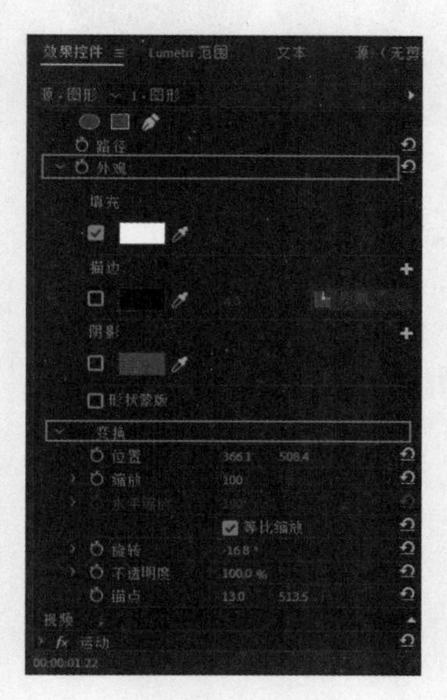


图4-86

图4-87

**05** 使用同样的方法创建所有外框，参数和最终效果如图4-88所示。

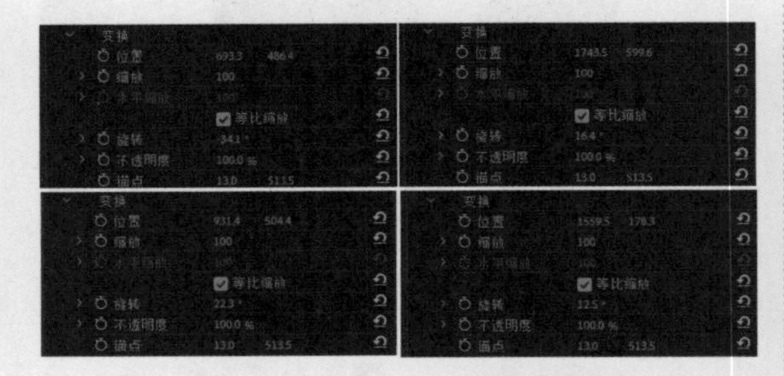

图4-88

**06** 选中“稻田.mp4”素材，在时间指示器为00:00:01:03时，在“效果控件”面板中单击“蒙版1”中“蒙版路径”的“切换动画”按钮创建一个关键帧，如图4-89所示。随后把时间指示器拖至开始处，在“节目”面板中拖动蒙版至可视范围外，以此制作分割画面切入的效果，如图4-90所示，为每一个切割画面都制作切入动画。为使制作出的效果更美观，每个分割画面的切入时间需要分离开。

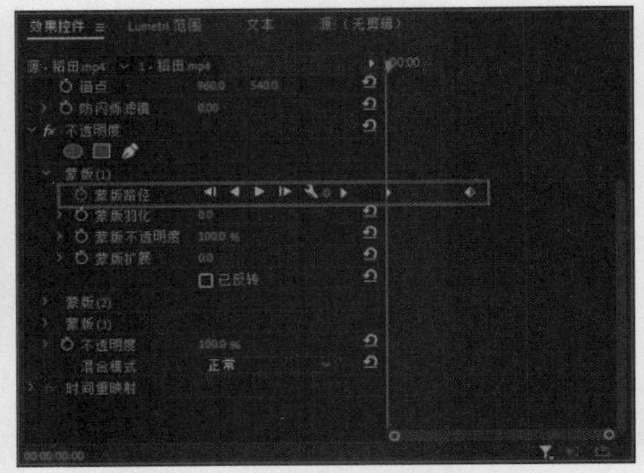


图4-89

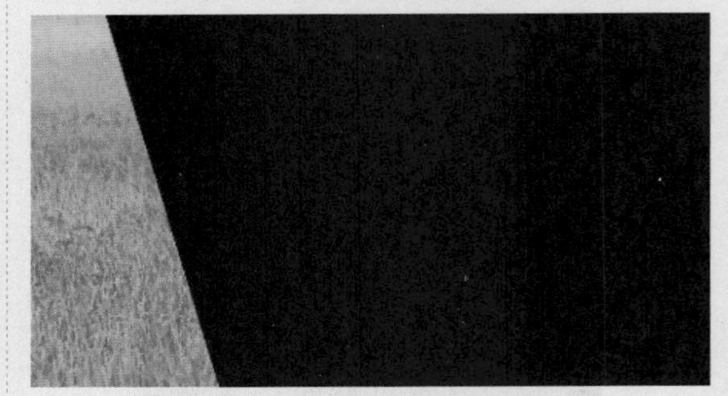

图4-90

**07** 为外框制作动态效果。按上一步的操作方法，在00:00:01:04处单击“位置”参数的

“切换动画”按钮，创建一个关键帧，再将时间指示器拖至开始处，调整“位置”下的“X轴”参数，将外框移出“节目”面板，效果如图4-91所示，其余外框采用相同的方法处理。

图4-91

**08** 在00:00:02:16处，按快捷键Ctrl+K将素材分为两段，第二段维持原素材效果，屏幕分割效果只存在于第一个片段内，方便制作分割画面拼凑整幅画面的效果，如图4-92所示。

**09** 为分割的画面添加淡入/淡出效果。在“效果”面板中搜索“交叉溶解”效果，为外框图层与上一步分割的两个“稻田.mp4”素材的中间都添加“交叉溶解”效果，如图4-93所示，到此操作完成。

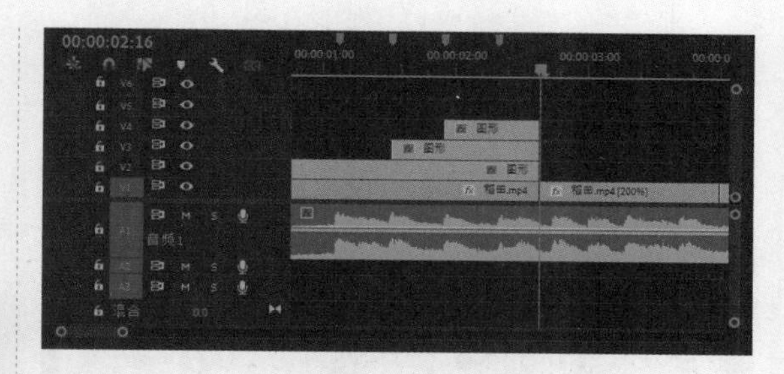


图4-92

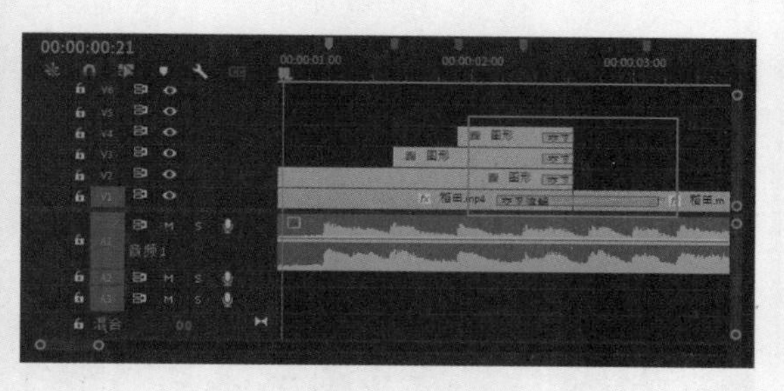


图4-93

## 4.4 综合实例：动感健身混剪

本例主要介绍两种转场效果（技巧性转场和视频效果转场）的制作方法，通过健身镜头的快速切换，营造动感视频效果，具体的操作方法如下。

### 1. 编辑素材

**01** 启动Premiere Pro 2023，按快捷键Ctrl+O，打开素材文件夹中的“动感混剪转场.prproj”项目文件。进入工作界面后，在“项目”面板中按照数字顺序将其拖入“时间轴”面板的V1轨道中。

**02** 将“音乐.mav”素材拖至“时间轴”面板的A1轨道中，修剪至视频素材结束处后，在“效果”面板中搜索“指数淡化”效果，将其拖至“音乐.mav”的尾部，如图4-94所示。

**03** 在“节目”面板中单击“添加标记”按钮，在音频素材上设置卡点标记，便于后续卡点转场，如图4-95所示。

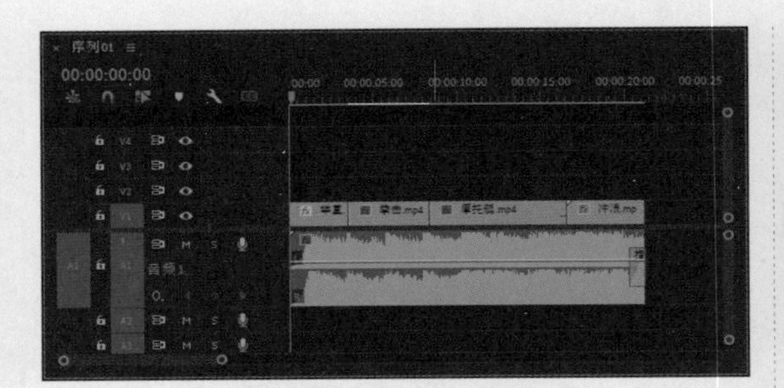

图4-94

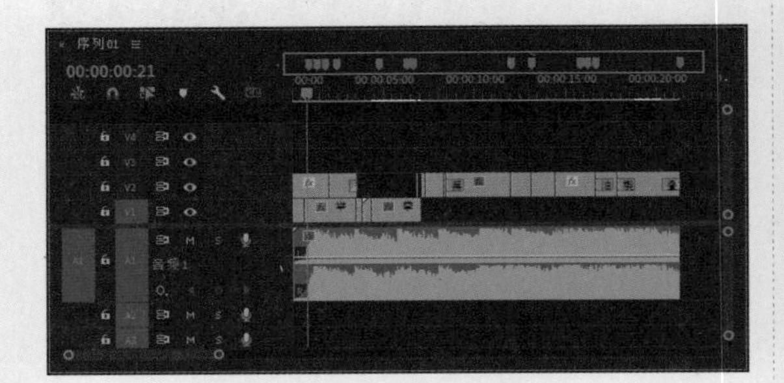

图4-95

**04** 根据标记，修改视频素材的时长（可以使用“剃刀工具”或者直接拖曳视频素材结尾部分），同时，按住Alt键将在V1轨道上的“举重.mp4”素材复制到V2轨道上，并按照音乐节奏分段，方便后续进行效果调整，如图4-96所示。

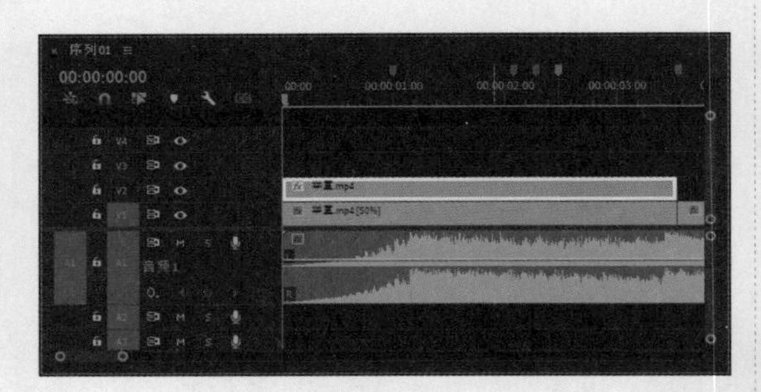

图4-96

### 2. 无技巧性转场

本小节介绍的是技巧性转场，利用设置视频速度与搭配运用关键帧来制作转场效果，如图 4-97所示。

**01** 在“效果”面板中搜索“黑白正常对比度”效果，并拖至V1轨道的“举重.mp4”素材上，如图4-98所示。

图4-97

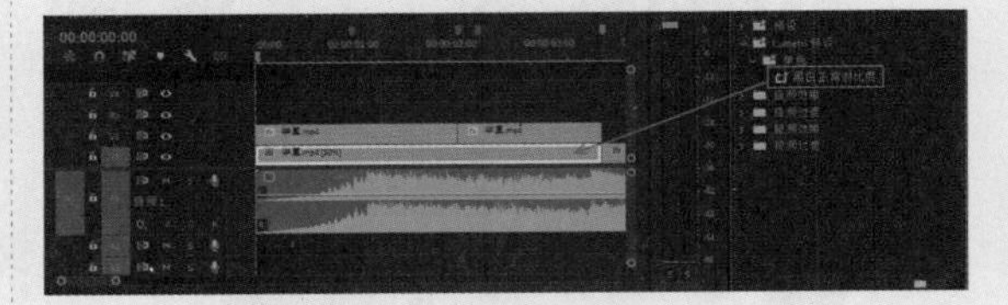

图4-98

**02** 为“时间轴”面板V2轨道上的“举重.mp4”素材创建蒙版。在“效果控件”面板的“视频”→“不透明度”→“创建四点多边形蒙版”处单击按钮创建蒙版，在“节目”面板中拖动蒙版边缘的点来调整蒙版范围，如图4-99所示。

图4-99

图4-99（续）

**03** 右击“时间轴”面板中V1轨道的“举重.mp4”素材，在弹出的快捷菜单中选择“速度/持续时间”选项，如图4-100所示，在弹出的“剪辑速度/持续时间”对话框中，调整“速度”值为50，如图4-101所示。这是为了让蒙版表现的彩色画面与黑白画面并不一致，产生延时感。

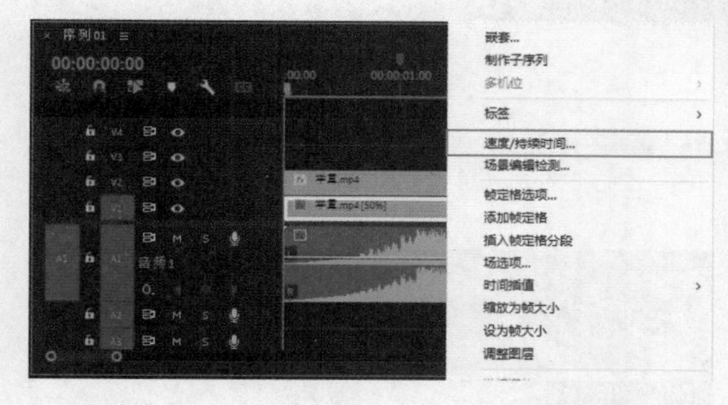


图4-100

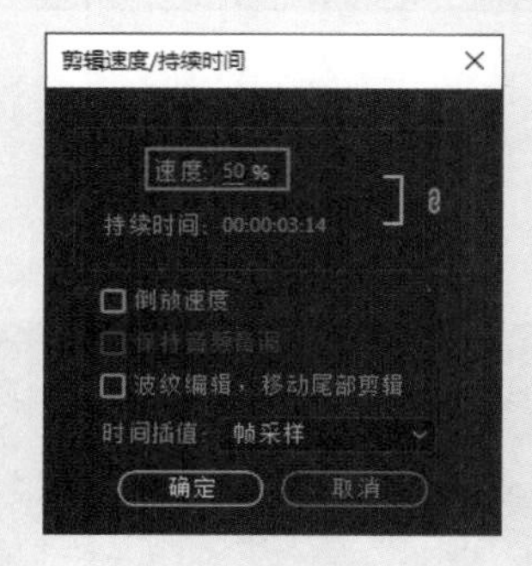


图4-101

**04** 为蒙版添加转场效果。单击“时间轴”面板中V2轨道上的“举重.mp4”素材，把时间指示器拖至00:00:00:16，在“效果控件”面板中单击“蒙版1”中“蒙版扩展”的“切换动画”按钮，添加关键帧，设置参数为-150.0，再将时间指示器移至00:00:00:23，单击按钮设置第二个关键帧，将“蒙版扩展”值调整至-15.0。再将时间指示器拖至00:00:02:07处，单击按钮，继续拖动时间指示器至00:00:02:12，将“蒙版扩展”值调整至450.0。“蒙版（2）”也按照以上思路设置，但要注意让两个蒙版的入画时间分隔开，使画面更有错落感，如图4-102所示。

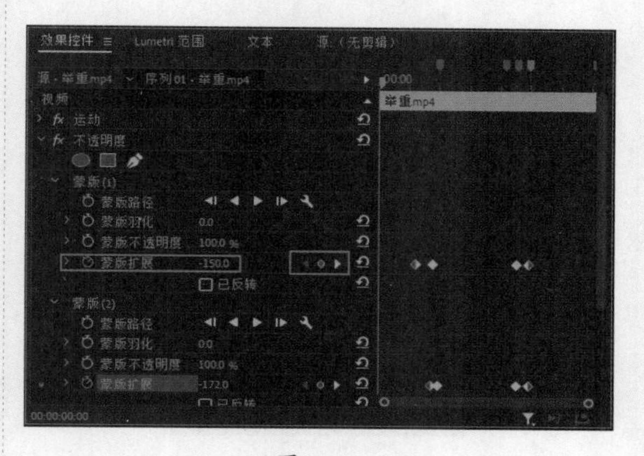


图4-102

**05** 右击“时间轴”面板中“举重.mp4”素材的最后一段，在弹出的快捷菜单中选择“速度/持续时间”选项，在弹出的“剪辑速度/持续时间”对话框中，将“速度”值调整至200，如图4-103所示。

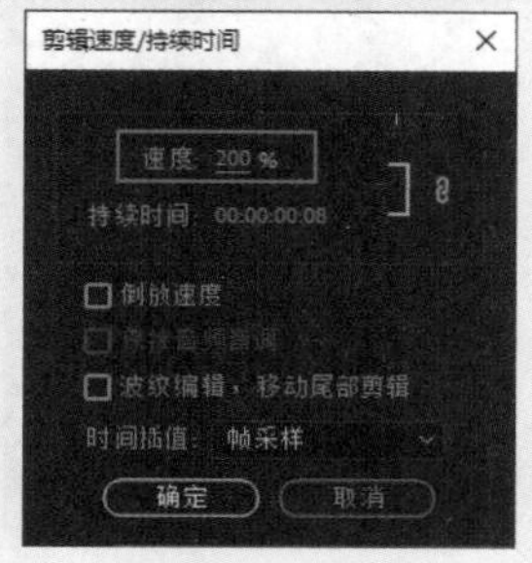


图4-103

### 3. 视频过渡转场效果

本小节将用到“黑场过渡”“油漆飞溅”“楔形擦除”“叠加溶解”转场效果，可以在“效果”面板中直接搜索相应的转场效果。

01 在“效果”面板中找到“视频过渡”→“黑场过渡”效果，将其拖至“拳击.mp4”与“摩托艇.mp4”素材之间。双击“黑场过渡”效果，弹出“设置过渡持续时间”对话框，调整“持续时间”值为00:00:00:19，如图4-104所示。

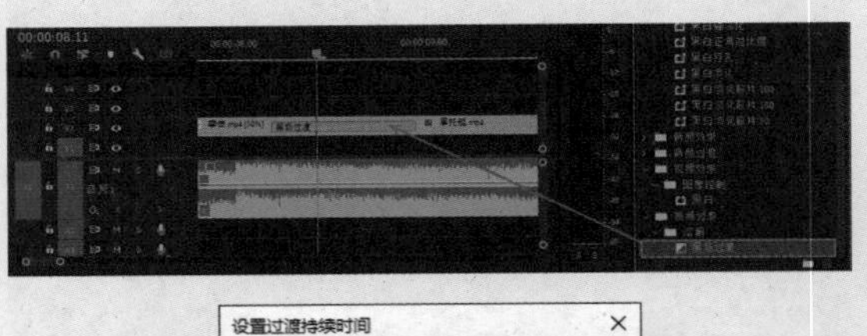

设置过渡持续时间

持续时间 00:00:00:19

确定

取消

图4-104

02 在“效果”面板中查找“视频过渡”→“油漆飞溅”效果，将其拖至“摩托艇.mp4”与“冲浪.mp4”素材之间，双击“油漆飞溅”效果，也可以单击“油漆飞溅”效果，在“效果控件”面板中调整持续时间为00:00:01:00，在“对齐”的下拉列表中选择“起点切入”选项，如图4-105所示。

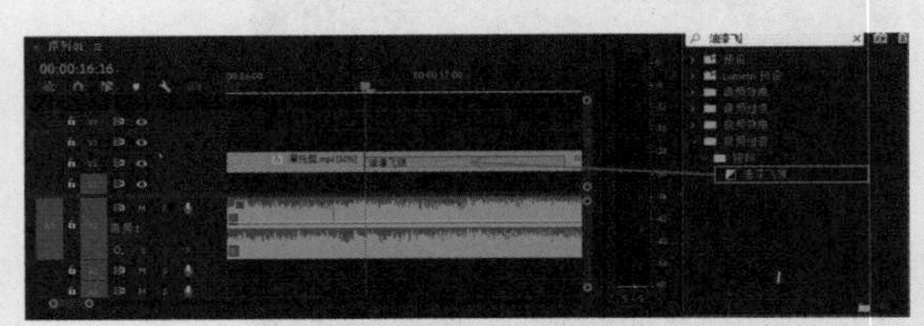

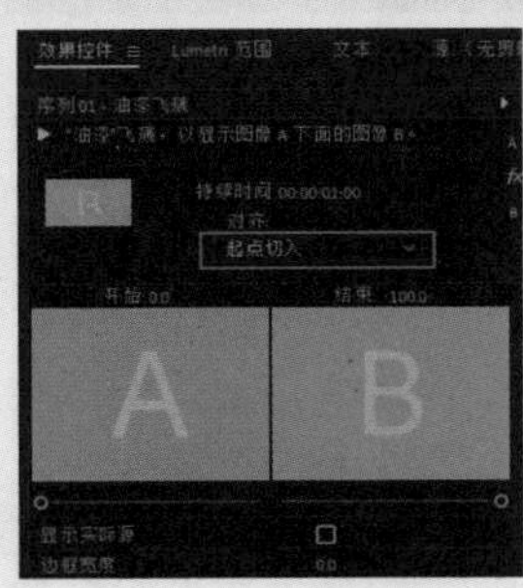


图4-105

03 在“效果”面板中查找“视频效果”→“风格化”→“画笔描边”效果，将其拖至“摩托艇.mp4”素材上，如图4-106所示。

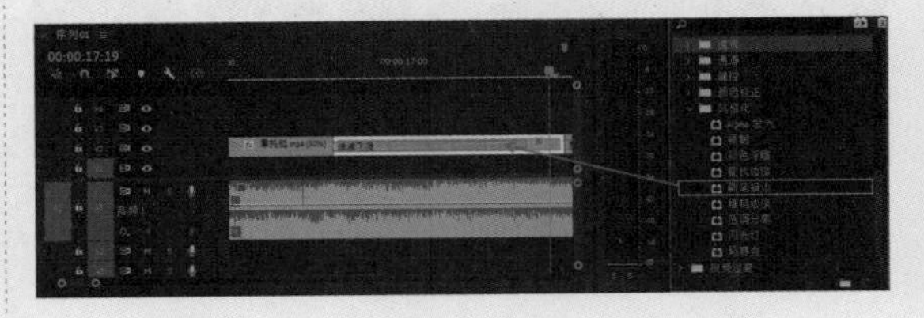

图4-106

04 在“冲浪.mp4”与“冲浪2.mp4”之间，添加“楔形擦除”转场效果，如图4-107所示。

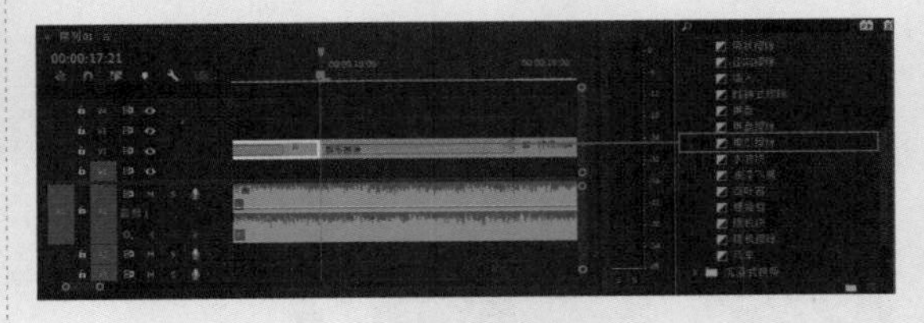

图4-107

05 在视频末尾处添加“叠加溶解”转场效果，如图4-108所示。

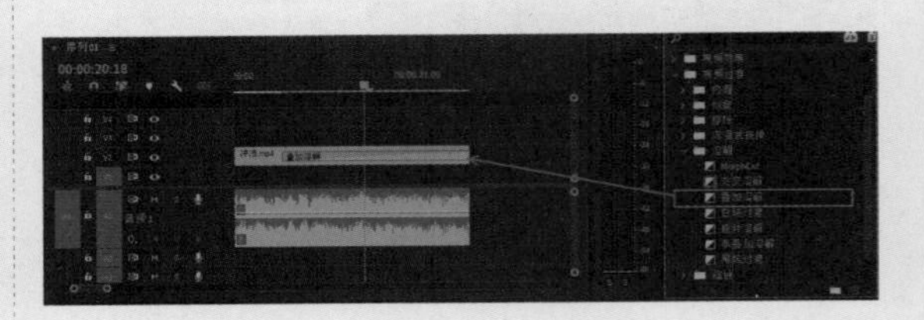

图4-108

06 在“节目”面板中预览最终画面效果，如图4-109所示。

图4-109

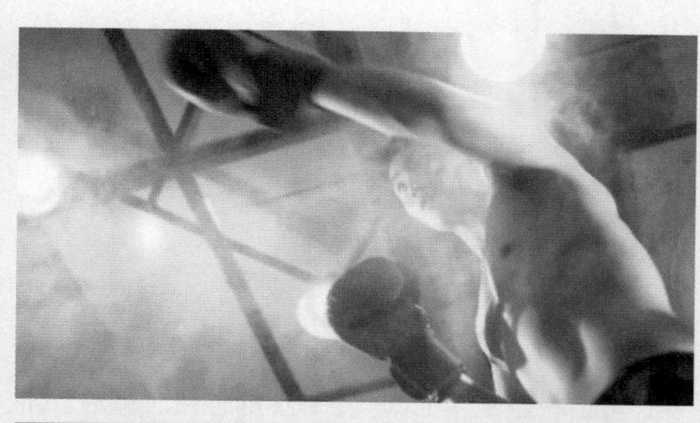

图4-109（续）

## 4.5 本章小结

本章主要介绍了视频转场效果的添加与应用方法，并说明和展示了各个转场效果的特点与应用效果。本章还通过多个实例，帮助读者熟练掌握转场效果的使用方法，通过这些特效，可以有效节省制作镜头转场效果的时间，提高工作效率。灵活运用 Premiere Pro 内置的各种转场效果，可以使影片衔接更自然、有趣，在一定程度上增加影视作品的艺术感染力。

第5章

# 关键帧动画

在 Premiere Pro 2023 中，通过为素材的运动参数添加关键帧，可以产生基本的位置、缩放、旋转和不透明度等动画效果，还可以为已经添加至素材的视频效果属性添加关键帧，从而营造丰富的视觉效果。

## 本章重点

- ※ 关键帧设置原则
- ※ 创建关键帧
- ※ 移动关键帧
- ※ 复制和粘贴关键帧

## 本章效果欣赏

## 5.1 关键帧

关键帧动画主要是通过为素材的不同时刻设置不同的属性，使视频产生变换效果。

### 5.1.1 认识关键帧

影片是由一张张连续的图像组成的，每一张图像代表一帧。帧是动画中的最小单位，相当于电影胶片上的每一格画面，在动画制作软件的时间轴上，帧表现为一格或一个标记。在影片编辑处理中，PAL 制每秒为 25 帧，NTSC 制每秒为 30 帧，而“关键帧”是指动画上关键的时刻，任何动画要表现运动或变化，至少要前后给出两个不同状态的关键帧，而中间的变化和衔接，由计算机自动完成，这些帧称为“过渡帧”或“中间帧”。

在 Premiere Pro 中，可以通过设置动作、效果、音频等多种属性参数，制作连贯的动画效果，如图 5-1 所示为在 Premiere Pro 中设置缩放动画后的图像效果。

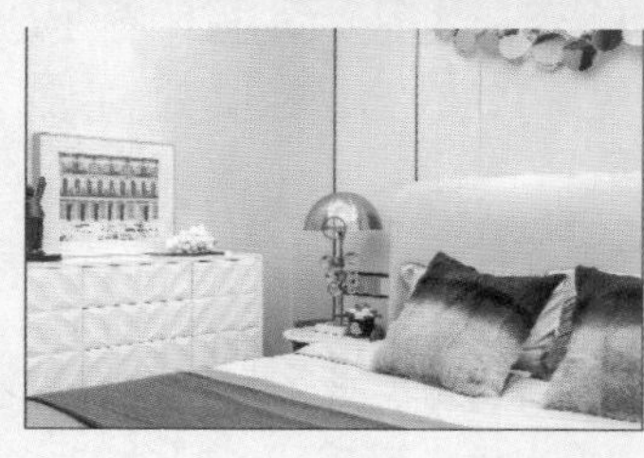

图5-1

### 5.1.2 关键帧设置原则

在 Premiere Pro 中设置关键帧时，遵循以下原则可以有效地提高工作效率。

※ 创建关键帧动画时，可以在“时间轴”面板或“效果控件”面板中查看并编辑关键帧的属性。在“时间轴”面板中编辑关键帧，适用于只具有一维数值的属性，如不透明度、音量等；而“效果控件”面板则更适合二维或多维数值的设置，如位置、缩放或旋转等。

※ 在“时间轴”面板中，关键帧数值的变化会以图像的形式展现，因此可以更直观地分析数值随时间变化的趋势。在“效果控件”面板中也可以以图像化显示关键帧，一旦某个属性的关键帧被激活，即可显示其数值及其速率图。

※ 在“效果控件”面板中可以一次显示多个属性的关键帧，但只能显示所选的素材片段；而“时间轴”面板则可以一次显示多个轨道、多个素材的关键帧，但每个轨道或素材仅显示一种属性。

※ 音频的关键帧可以在“时间轴”面板或“音频剪辑混合器”面板中调节属性。

### 5.1.3 默认效果控件

控制效果需要在“效果控件”面板中进行，在“效果控件”面板中默认的控件有三种，分别是运动、不透明度和时间重映射，下面介绍运动和不透明度控件的相关参数。

**1. 运动控件**

在 Premiere Pro 中，“运动”控件包括位置、缩放、旋转、锚点及防闪烁滤镜等，如图 5-2 所示。

图5-2

"运动"控件说明如下。

※ 位置：通过设置"位置"参数可以使素材图像在"节目"面板中移动，参数后的两个值分别表示帧的中心点在画面上的X和Y轴坐标值，如果两个值均为0，则表示帧图像的中心点在画面左上角的原点处。

※ 缩放："缩放"值为100时，代表图像为原大小。参数下方的"等比缩放"复选框，默认为选中状态，若取消选中，则可以分别对素材进行水平拉伸和垂直拉伸。在视频编辑中，设置的缩放动画效果可以作为视频的开场，或者实现素材中局部内容的特写，这是视频编辑中常用的运动效果之一。

※ 旋转：在设置"旋转"参数时，将素材的锚点设置在不同的位置，其旋转的中心也不同。对象在旋转时将以其锚点作为旋转中心，可以根据需要对锚点位置进行调整。

※ 锚点：即素材的中心点，素材的位置、旋转和缩放都是基于锚点来变换。通过调整"锚点"参数右侧的坐标数值，可以改变锚点的位置。此外，在"效果控件"面板中选中"运动"参数，即可在"节目"面板中看到锚点，如图5-3所示，并可以直接拖动改变锚点的位置。锚点是以帧图像左上角为原点得到的坐标值，所以在改变位置时，锚点坐标是相对不变的。

图5-3

※ 防闪烁滤镜：对处理的素材进行颜色的提取，以减轻或避免在素材中出现画面闪烁的问题。

**2. 不透明度控件**

"不透明度"控件包括不透明度和混合模式这两个选项，如图5-4所示。

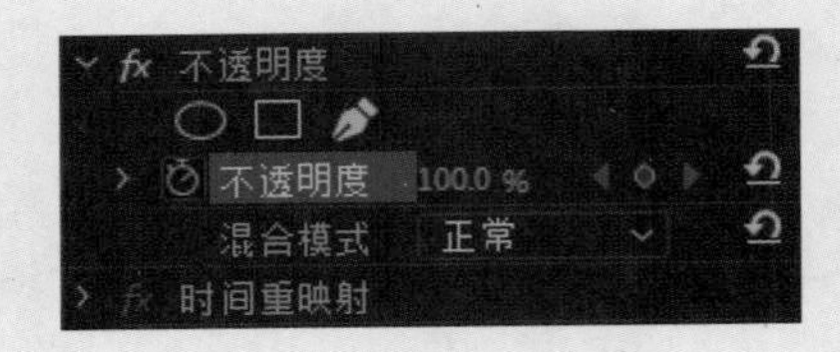


图5-4

"不透明度"控件说明如下。

※ 不透明度：该参数用来设置画面的显示透明度，数值越小，画面越透明。通过设置"不透明度"关键帧，可以实现剪辑在序列中显示、消失、渐隐渐现等动画效果，常用于创建淡入/淡出效果，使画面过渡更自然。

※ 混合模式：用于设置当前剪辑与其他剪辑混合的方式，与Photoshop中的图层混合模式类似。混合模式分为普通模式组、变暗模式组、变亮模式组、对比模式组、比较模式组和颜色模式组，共27种模式。

## 5.2 创建关键帧

本节介绍在Premiere Pro中创建关键帧的几种操作方法。

### 5.2.1 单击"切换动画"按钮激活关键帧

在"效果控件"面板中，每个属性前都有一个"切换动画"按钮，如图5-5所示，单击该按钮可以激活关键帧，此时按钮图标会由灰色变为蓝色，再次单击该按钮，则会关闭该属性的关键帧，此时按钮图标变回灰色。

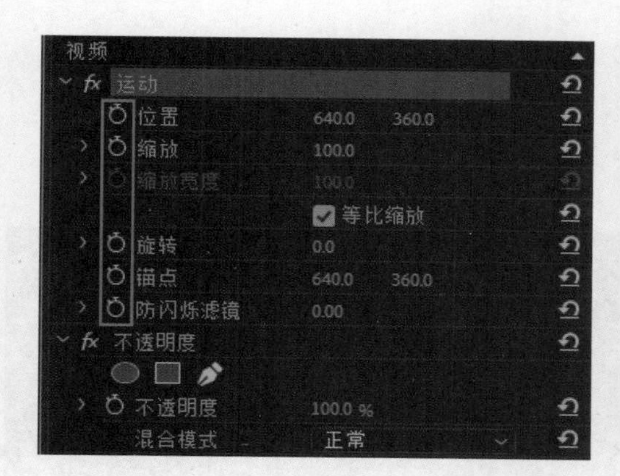


图5-5

## 5.2.2 实例：为图像设置缩放动画

在将素材添加到“时间轴”面板后，选择需要设置关键帧动画的素材，然后在“效果控件”面板中通过调整时间指示器的位置确定需要插入关键帧的时间点，并通过更改所选属性的参数来生成关键帧动画，具体的操作方法如下。

**01** 启动Premiere Pro 2023，按快捷键Ctrl+O，打开素材文件夹中的“缩放动画.prproj”项目文件。进入工作界面后，可以看到“时间轴”面板中已经添加的素材，如图5-6所示。

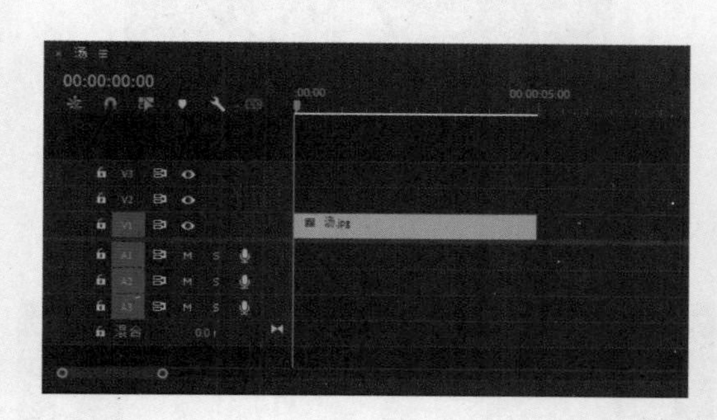

图5-6

**02** 在“时间轴”面板中选择“汤.jpg”素材，进入“效果控件”面板，单击“缩放”属性前的“切换动画”按钮，在当前时间点创建第一个关键帧，如图5-7所示。

**03** 将当前时间设置为00:00:02:00，修改“缩放”值为220.0，此时会自动创建第二个关键帧，如图5-8所示。

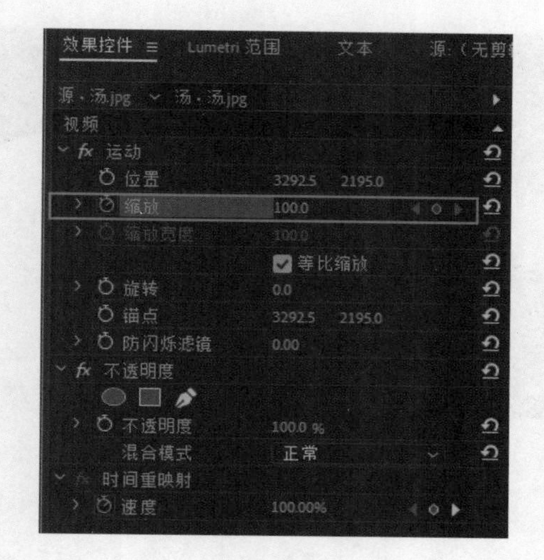


图5-7

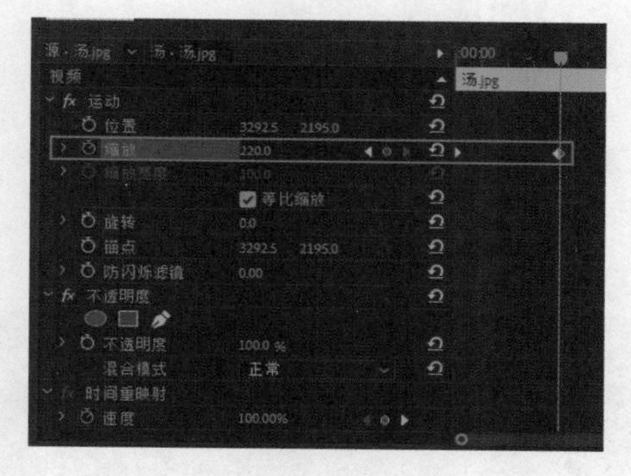

图5-8

**04** 完成上述操作后，在“节目”面板中预览缩放动画效果，如图5-9所示。

图5-9

提示：在创建关键帧时，需要在同一个属性中至少添加两个关键帧才能产生动画效果。

图5-9（续）

## 5.2.3 使用“添加 / 移除关键帧”按钮添加关键帧

在“效果控件”面板中，使用“切换动画”按钮为某一属性添加关键帧后（激活关键帧），属性右侧将出现“添加 / 移除关键帧”按钮，如图 5-10 所示。

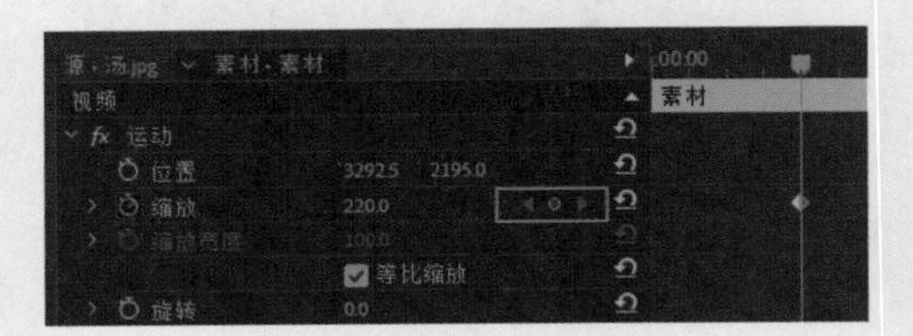


图5-10

当时间指示器处于有关键帧的位置时，“添加 / 移除关键帧”按钮为蓝色，此时单击该按钮可以移除该位置的关键帧；当时间指示器所处位置没有关键帧时，“添加 / 移除关键帧”按钮为灰色，此时单击该按钮可以在当前时间点添加一个关键帧。

## 5.2.4 实例：在“节目”面板中添加关键帧

在选中素材并在“效果控件”面板中激活关键帧后，即可选择在“节目”面板中调整素材，从而创建之后的关键帧。下面介绍在“节目”面板中添加关键帧的操作方法。

**01** 启动Premiere Pro 2023，按快捷键Ctrl+O，打开素材文件夹中的“关键帧.prproj”项目文件。进入工作界面后，可以看到“时间轴”面板中已经添加的素材，如图5-11所示。

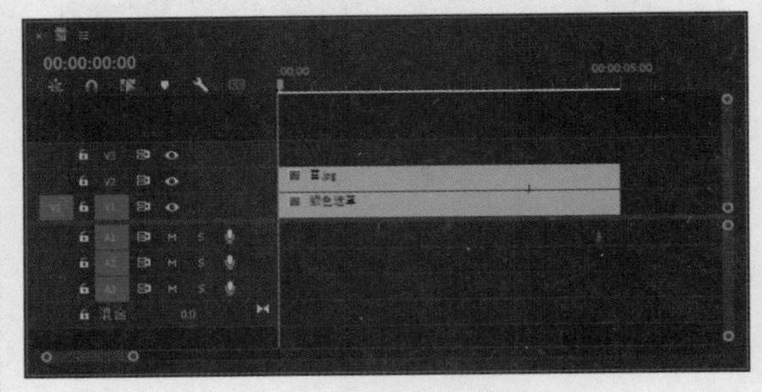


图5-11

**02** 在“时间轴”面板中选择“雪.jpg”素材，进入“效果控件”面板，在当前时间点（00:00:00:00）单击“缩放”属性前的“切换动画”按钮，创建第一个关键帧，设置“缩放”值为50.0，如图5-12所示，当前图像效果如图5-13所示。

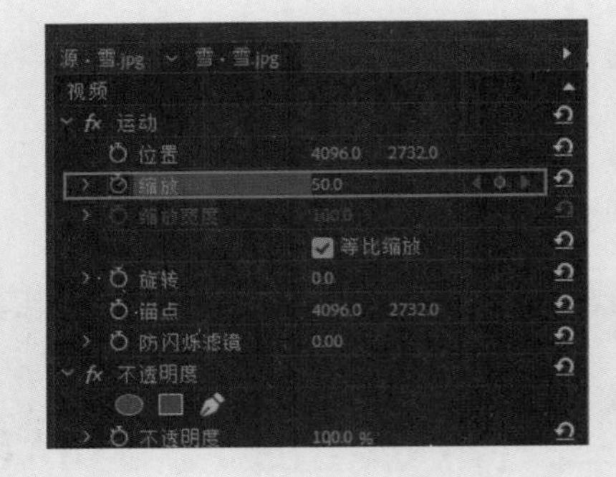


图5-12

图5-13

**03** 将当前时间设置为00:00:02:00，在“节目”面板中双击“雪.jpg”素材，此时素材周围出现控制点，如图5-14所示。

图5-14

**04** 将鼠标指针放置在控制点上，单击拖曳将图像放大，如图5-15所示。

图5-15

**05** 此时在“效果控件”面板中，当前所处的00:00:02:00位置会自动创建一个关键帧，如图5-16所示。

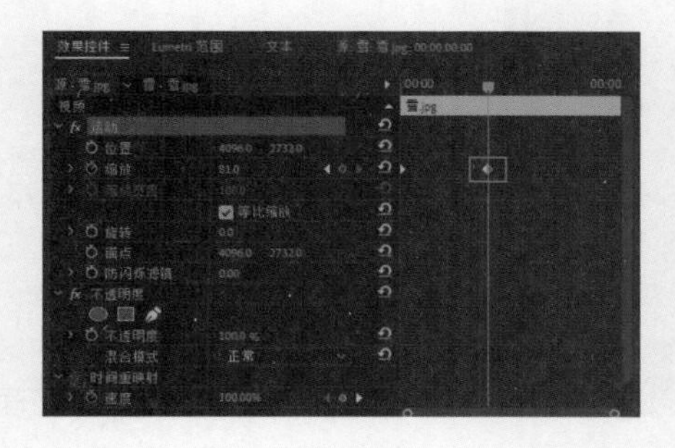

图5-16

**06** 完成上述操作后，在“节目”面板中预览最终的动画效果，如图5-17所示。

图5-17

### 5.2.5 实例：在“时间轴”面板中添加关键帧

在“时间轴”面板中添加关键帧，有助于更直观地分析和调整变换参数。下面讲解在“时间轴”面板中添加关键帧的操作方法。

**01** 启动Premiere Pro 2023，按快捷键Ctrl+O，打开素材文件夹中的“在‘时间轴’面板中添加关键帧.prproj”项目文件。进入工作界面后，可以看到“时间轴”面板中已经添加的素材，如图5-18所示。

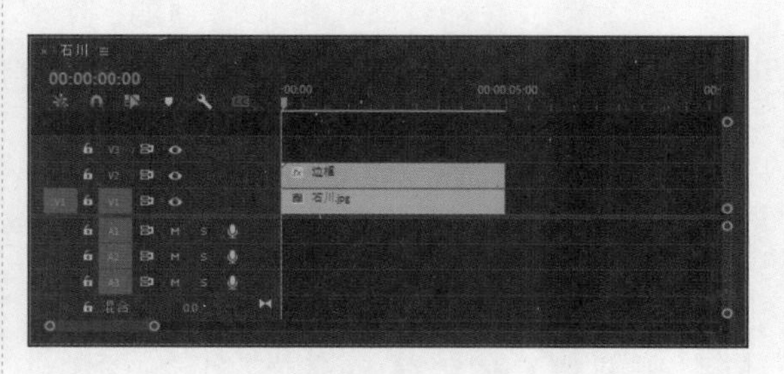

图5-18

**02** 在“时间轴”面板的V1轨道的“石川.jpg”素材前的空白位置双击，将素材展开，如图5-19所示。

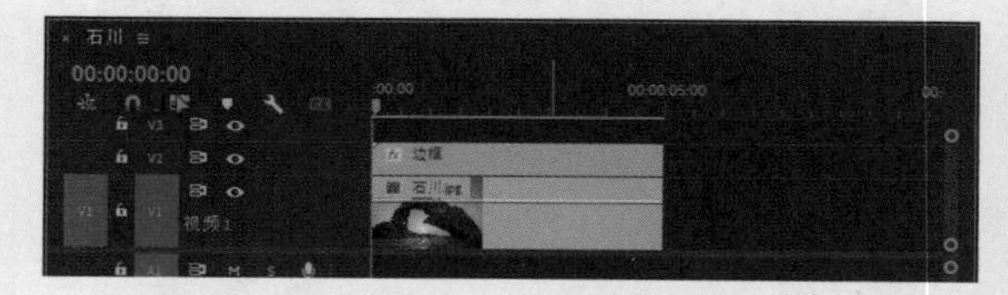

图5-19

**03** 右击V1轨道上的“石川.jpg”素材，在弹出的快捷菜单中选择“显示剪辑关键帧”→“不透明度”→“不透明度”选项，如图5-20所示。

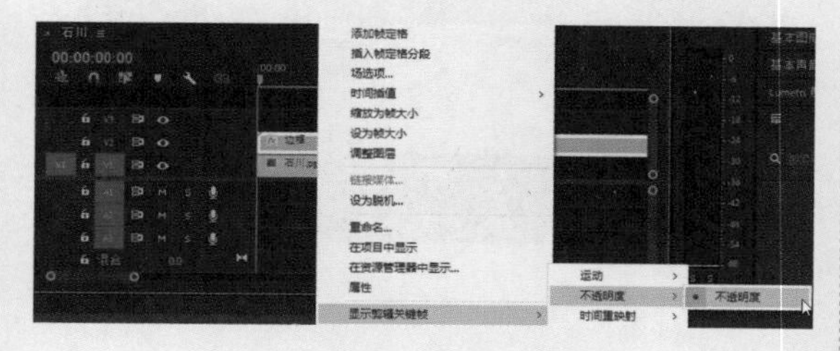

图5-20

**04** 将时间指示器移至起始帧的位置，单击V2轨道前的“添加/移除关键帧”按钮◆，此时添加了一个关键帧，如图5-21所示。

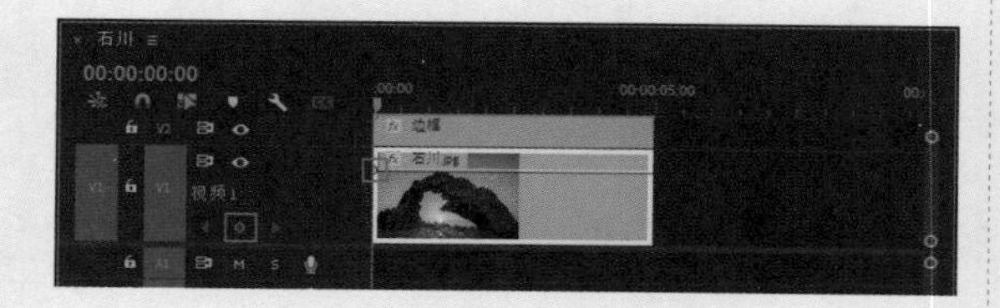

图5-21

**05** 将时间指示器移至00:00:02:00，继续单击V2轨道前的“添加/移除关键帧”按钮◆，为素材添加第二个关键帧，如图5-22所示。

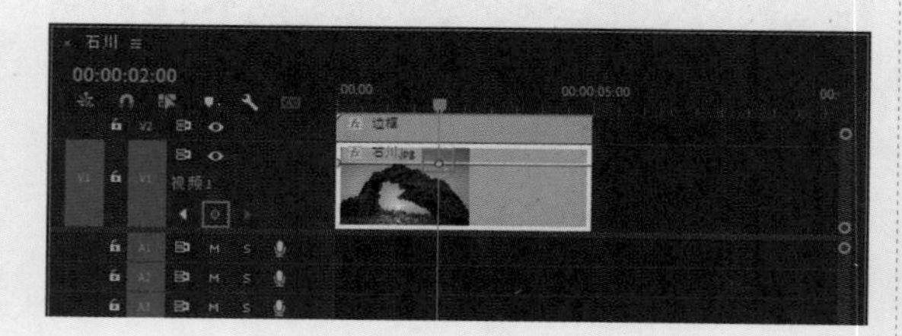

图5-22

**06** 选择第一个关键帧，将该关键帧向下拖动（向下拖动“不透明度”值减小），如图5-23所示。

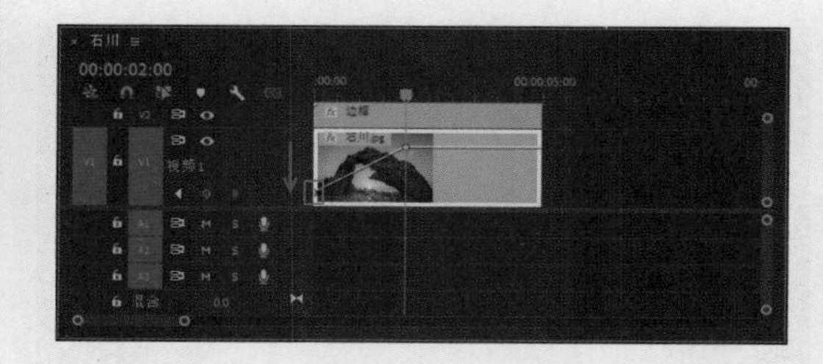

图5-23

**07** 完成上述操作后，在“节目”面板中预览最终的动画效果，可以看到图片从暗到亮的动画效果，如图5-24所示。

图5-24

## 5.3 移动关键帧

移动关键帧的位置可以控制动画的节奏，例如两个关键帧间隔越远，最终动画所呈现的节奏就越慢；两个关键帧距离越近，最终动画所呈现的节奏就越快。

## 5.3.1 移动单个关键帧

在“效果控件”面板中，展开已经制作完成的关键帧，单击工具箱中的“移动工具”按钮▶，将鼠标指针放在需要移动的关键帧上，单击拖曳，当移至合适的位置时，释放鼠标左键，即可完成移动操作，如图 5-25 所示。

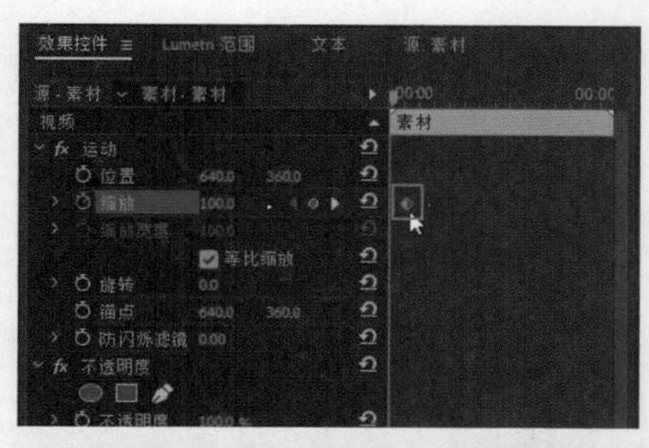

图5-25

## 5.3.2 移动多个关键帧

单击工具箱中的“移动工具”按钮▶，单击拖曳，将需要移动的关键帧框选，接着将选中的关键帧向左或向右拖曳，即可完成多个关键帧的移动操作，如图 5-26 所示。

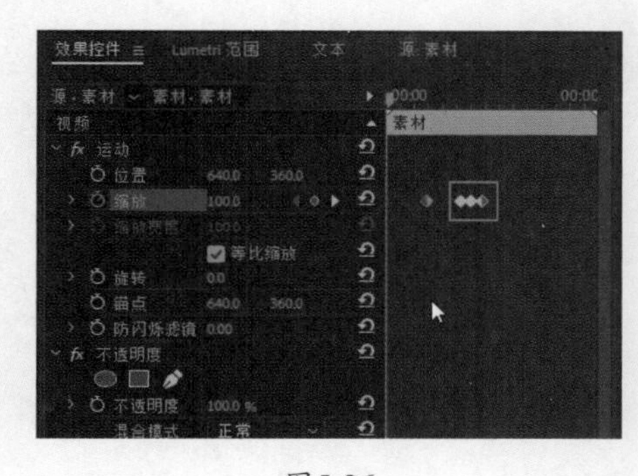

图5-26

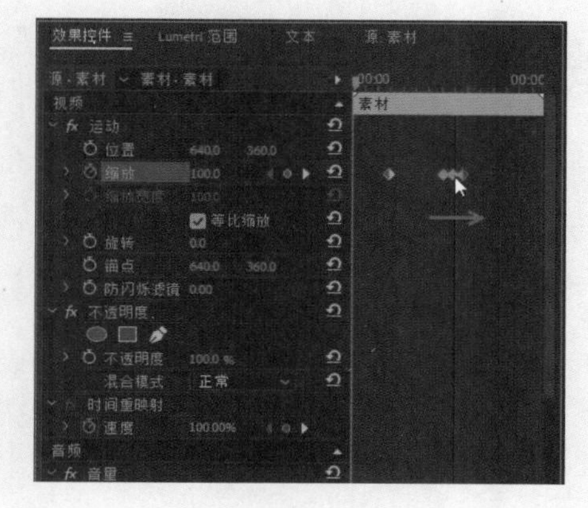

图5-26（续）

当要同时移动的关键帧不相邻时，单击工具箱中的“移动工具”按钮▶，按住 Ctrl 键或 Shift 键，选中需要移动的关键帧并进行拖曳即可，如图 5-27 所示。

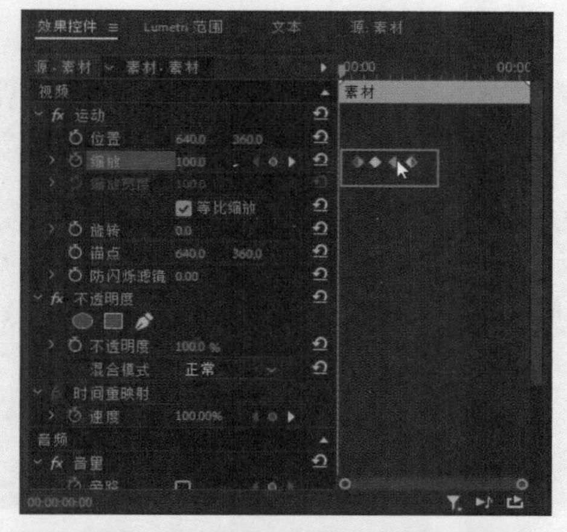

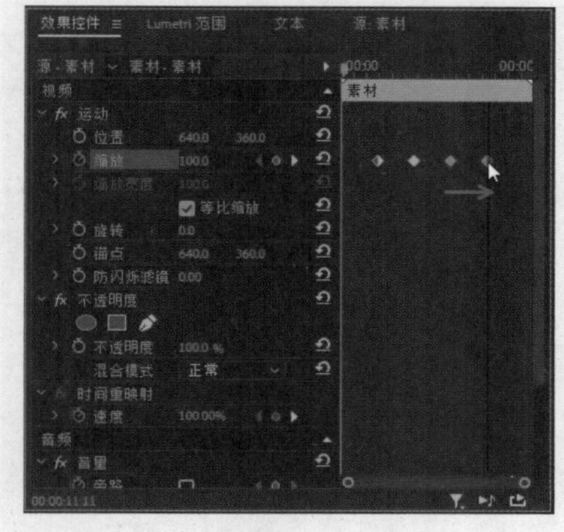

图5-27

提示：关键帧按钮为蓝色时，代表关键帧为选中状态。

## 5.4 删除关键帧

在实际操作中，有时会在素材中添加多余的关键帧，这些关键帧既无实质用途，又会使动画变得复杂，此时需要将多余的关键帧删除。本节介绍删除关键帧的几种常用方法。

### 5.4.1 使用快捷键删除关键帧

单击工具箱中的“移动工具”按钮，在“效果控件”面板中选择需要删除的关键帧，按Delete键即可将其删除，如图5-28所示。

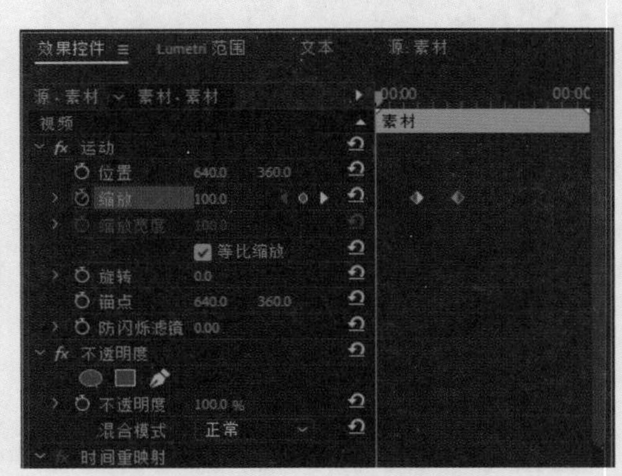


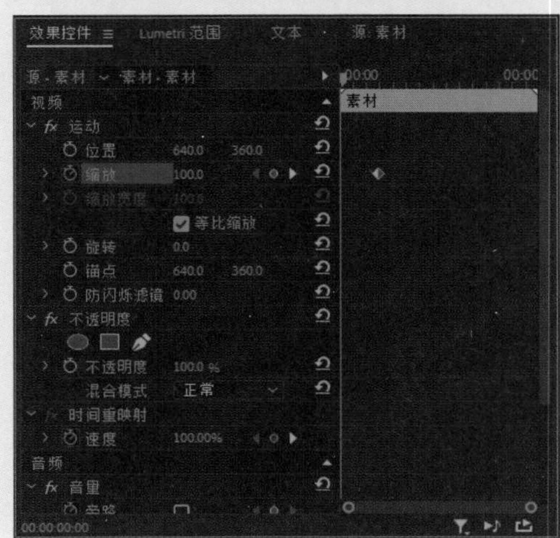


图5-28

### 5.4.2 单击“添加 / 移除关键帧”按钮删除关键帧

在“效果控件”面板中，将时间指示器拖至需要删除的关键帧上，此时单击已启用的“添加 / 移除关键帧”按钮，即可删除关键帧，如图5-29所示。

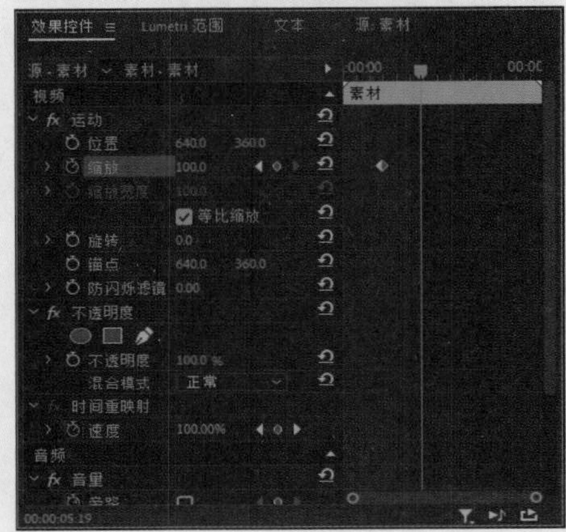


图5-29

### 5.4.3 在快捷菜单中清除关键帧

单击工具箱中的“移动工具”按钮，右击需要删除的关键帧，在弹出的快捷菜单中选择“清除”选项，即可删除所选关键帧，如图5-30所示。

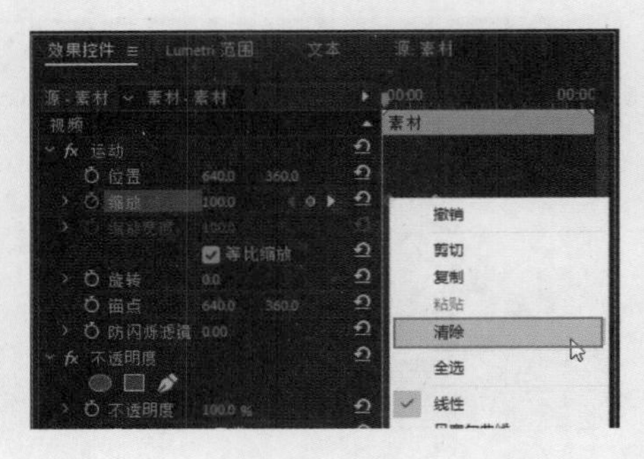


图5-30

# 5.5 复制关键帧

在剪辑影片时，经常会遇到不同素材使用同一效果的情况，这就需要设置相同的关键帧。在Premiere Pro中，选中制作完成的关键帧，通过复制、粘贴命令，可以以更快捷的方式完成其他素材的效果制作。下面就介绍几种复制关键帧的操作方法。

## 5.5.1 使用Alt键复制

单击工具箱中的“移动工具”按钮，在“效果控件”面板中选中需要复制的关键帧，然后按住Alt键将其向左或向右拖曳进行复制，如图5-31所示。

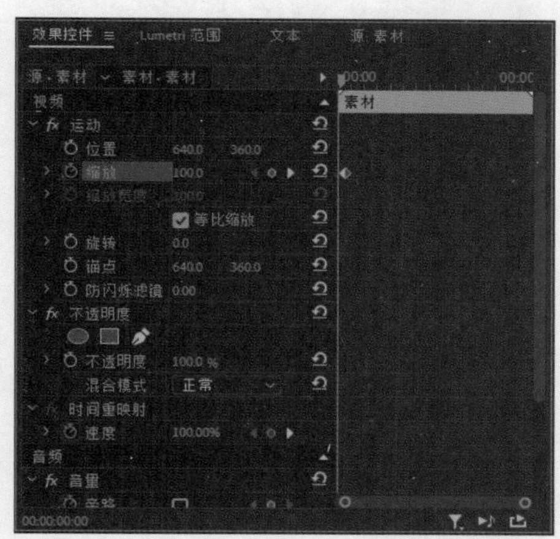

图5-31

## 5.5.2 通过快捷菜单复制

单击工具箱中的“移动工具”按钮，在“效果控件”面板中右击需要复制的关键帧，在弹出的快捷菜单中选择“复制”选项，如图5-32所示。

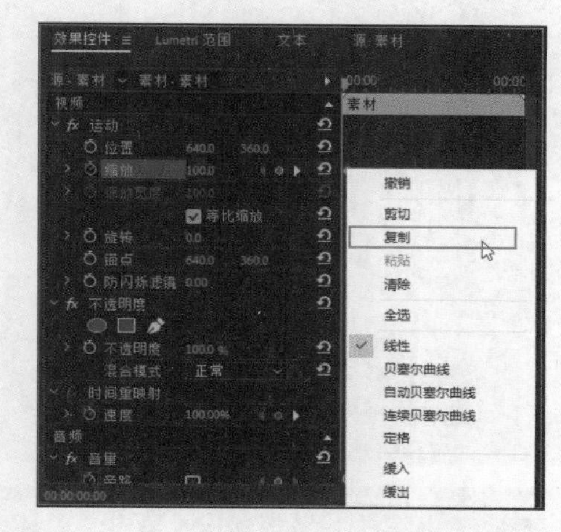


图5-32

将时间指示器移至相应位置并右击，在弹出的快捷菜单中选择“粘贴”选项，此时复制的关键帧会出现在时间指示器所处的位置，如图5-33所示。

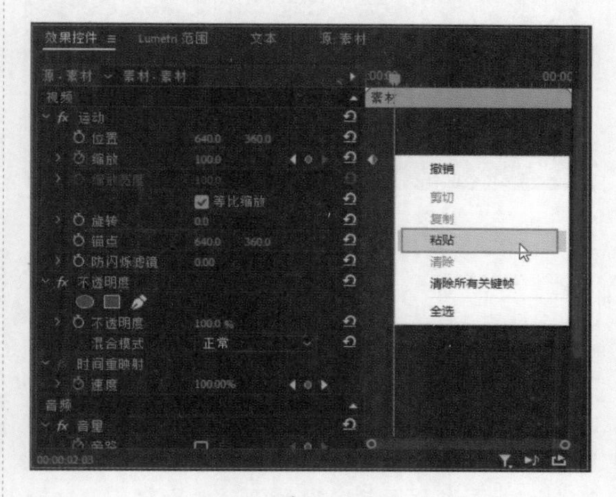


图5-33

## 5.5.3 使用快捷键复制

单击工具箱中的“移动工具”按钮，单击选中需要复制的关键帧，然后按快捷键Ctrl+C复制。接着将时间指示器移至相应位置，按快捷键Ctrl+V粘贴，如图5-34所示。该方法在制作剪辑效果时操作简单且节约时间，是一种比较常用的方法。

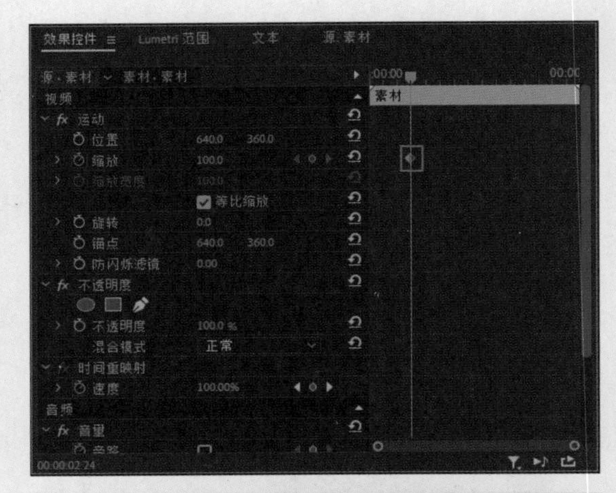

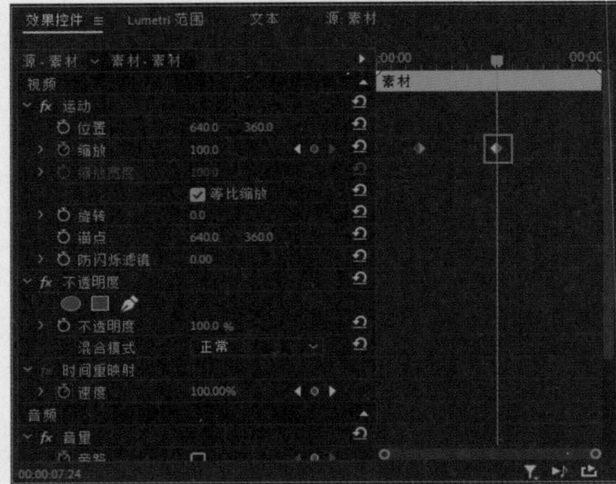

图5-34

## 5.5.4 实例：复制关键帧到其他素材

在Premiere中，除了可以在同一素材中复制和粘贴关键帧，还可以将关键帧复制到其他素材上。下面讲解复制关键帧到其他素材的具体操作方法。

**01** 启动Premiere Pro 2023，按快捷键Ctrl+O，打开素材文件夹中的“复制关键帧到其他素材.prproj”项目文件。进入工作界面后，可以看到“时间轴”面板中已经添加的素材，如图5-35所示。

图5-35

**02** 将当前时间设置为00:00:00:00，在“时间轴”面板中选择“贺卡.jpg”素材，进入“效果控件”面板，单击“缩放”属性前的“切换动画”按钮，在当前时间点创建第一个关键帧，如图5-36所示。

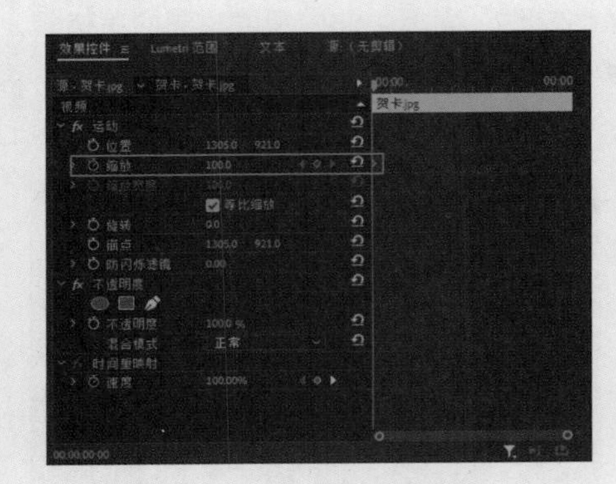

图5-36

**03** 将当前时间设置为00:00:02:20，设置“缩放”值为0.0，系统将自动创建一个关键帧，如图5-37所示。

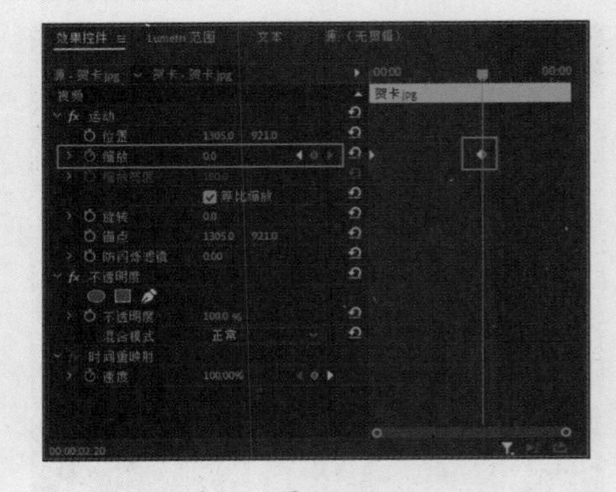

图5-37

**04** 在“效果控件”面板中，按住Ctrl键，分别单击两个“缩放”关键帧，将其同时选中，如图5-38所示，按快捷键Ctrl+C复制。

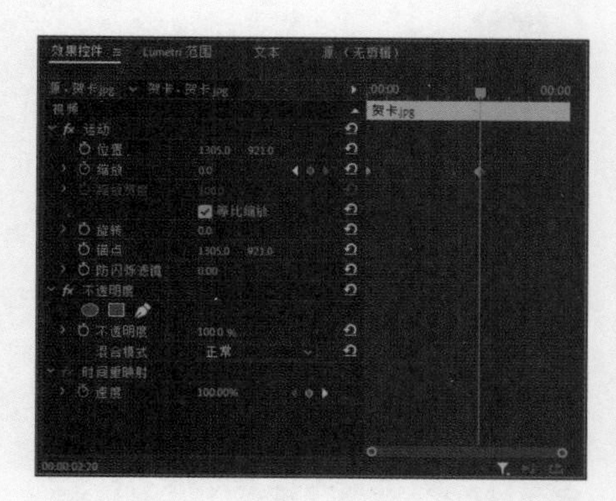

图5-38

**05** 在“时间轴”面板中选择“蛋糕.jpg”素材，并将时间指示器移至00:00:05:00（时间指示器需要在“蛋糕.jpg”素材的前方），如图5-39所示。

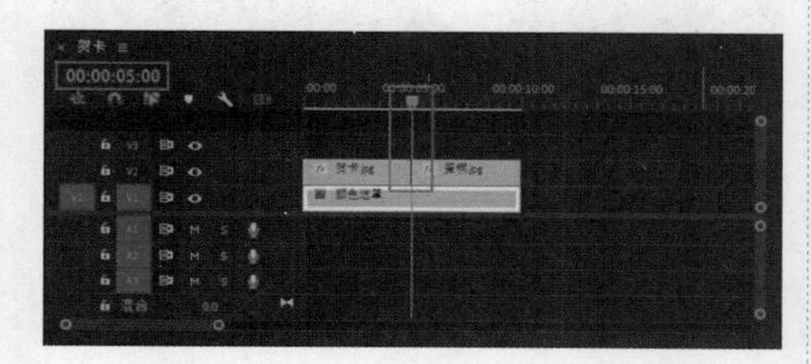

图5-39

**06** 在“效果控件”面板中选择“缩放”属性，按快捷键Ctrl+V粘贴关键帧，如图5-40所示。

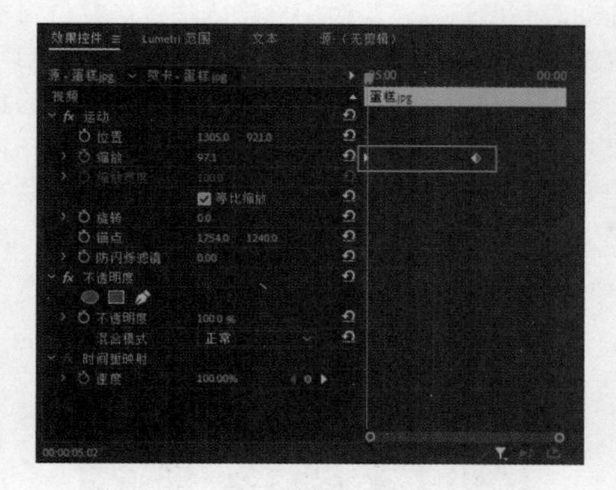

图5-40

**07** 完成上述操作后，在“节目”面板中可以预览最终的视频效果，如图5-41所示。

图5-41

## 5.6 关键帧插值

插值是指在两个已知值之间填充未知数据的过程。在Premiere Pro中，关键帧插值可以控制关键帧的速度变化状态，主要分为“临时插值”和“空间插值”两种。一般情况下，系统默认使用线性插值，若想要更改插值类型，可以右击关键帧，在弹出的快捷菜单中更改类型，如图 5-42 所示。

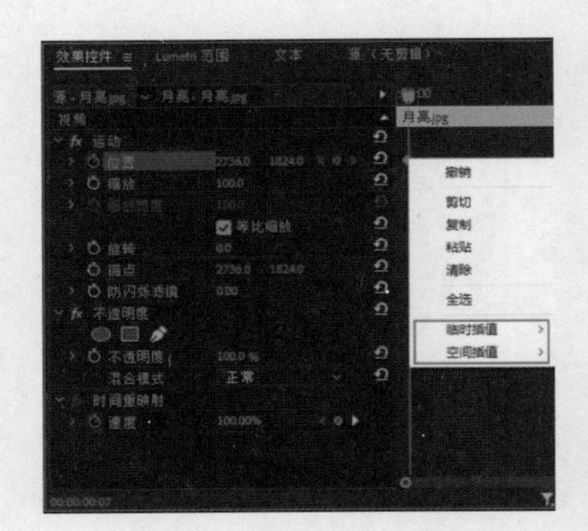


图5-42

## 5.6.1 临时插值

临时插值可以控制关键帧在播放时的速度变化状态。临时插值快捷菜单如图 5-43 所示，下面对其中的各个选项进行具体介绍。

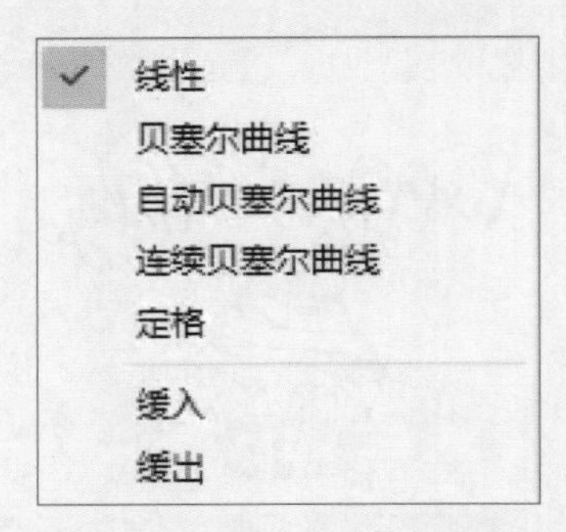


图5-43

### 1. 线性

“线性”插值可以创建关键帧之间的匀速变化。首先在“效果控件”面板中针对某一属性添加两个或两个以上的关键帧，然后右击添加的关键帧，在弹出的快捷菜单中选择“临时插值”→“线性”选项，拖动时间指示器，当时间指示器与关键帧位置重合时，该关键帧图标由灰色变为蓝色，此时的动画效果更为匀速、平缓，如图 5-44 所示。

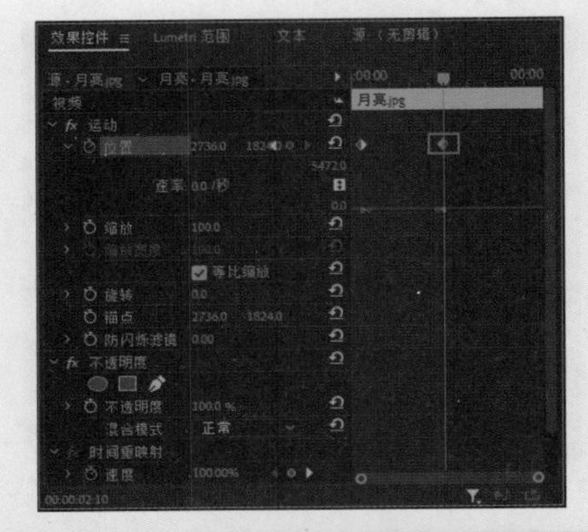

图5-44

### 2. 贝塞尔曲线

“贝塞尔曲线”插值可以在关键帧的任意一侧手动调整图表的形状和变化速率。在快捷菜单中选择“临时插值”→“贝塞尔曲线”选项时，拖动时间指示器，当时间指示器与关键帧位置重合时，该关键帧图标变为，并且可以在“节目”面板中通过拖动曲线控制柄来调节曲线两侧的状态，从而改变动画的运动速度。在调节过程中，单独调节其中一个控制柄，另一个控制柄不会发生变化，如图 5-45 所示。

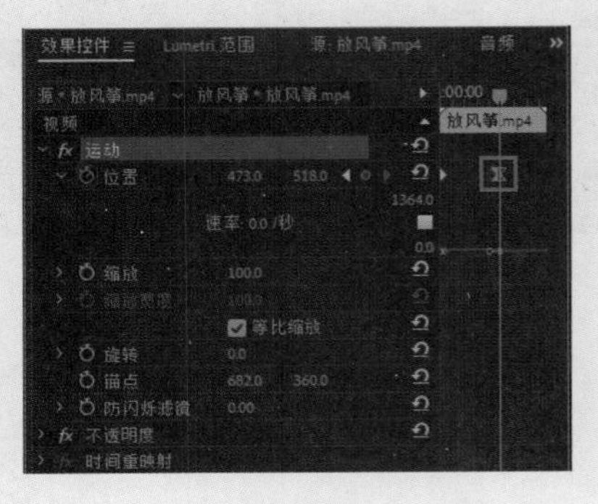

图5-45

图5-45（续）

### 3．自动贝塞尔曲线

“自动贝塞尔曲线”插值可以调整关键帧的平滑变化速率。在快捷菜单中选择“临时插值”→“自动贝塞尔曲线”选项时，拖动时间指示器，当时间指示器与关键帧位置重合时，该关键帧图标为 。在曲线节点的两侧会出现两个没有控制线的控制点，拖动控制点可以将自动曲线转换为弯曲的贝塞尔曲线，如图5-46所示。

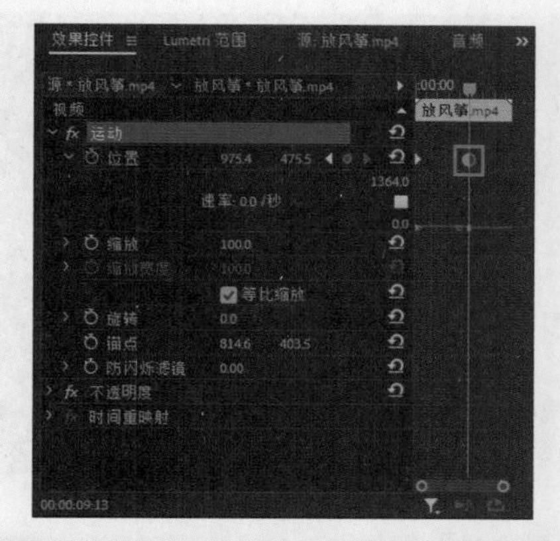

图5-46

### 4．连续贝塞尔曲线

“连续贝塞尔曲线”插值可以创建通过关键帧的平滑变化速率。在快捷菜单中选择“临时插值”→“连接贝塞尔曲线”选项，拖动时间指示器，当时间指示器与关键帧位置重合时，该关键帧图标为 。双击“节目”面板中的画面，此时会出现两个控制柄，通过拖动控制柄来改变两侧的曲线弯曲程度，从而调整动画效果，如图5-47所示。

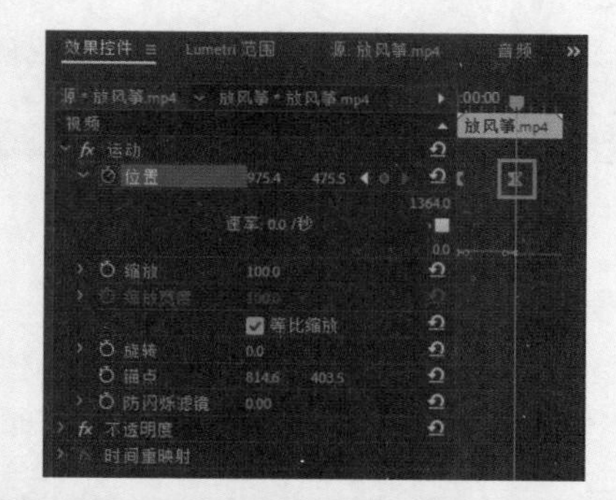

图5-47

### 5．定格

“定格”插值可以更改属性值且不产生渐变过渡效果。在快捷菜单中选择“临时插值”→“定格”选项，拖动时间指示器，当时间指示器与关键帧位置重合时，该关键帧图标为 ，两个速率曲线节点将根据节点的运动状态自动调节速率曲线的弯曲程度。当动画播放到该关键帧时，将出现保持前一关键帧画面的效果，如图5-48所示。

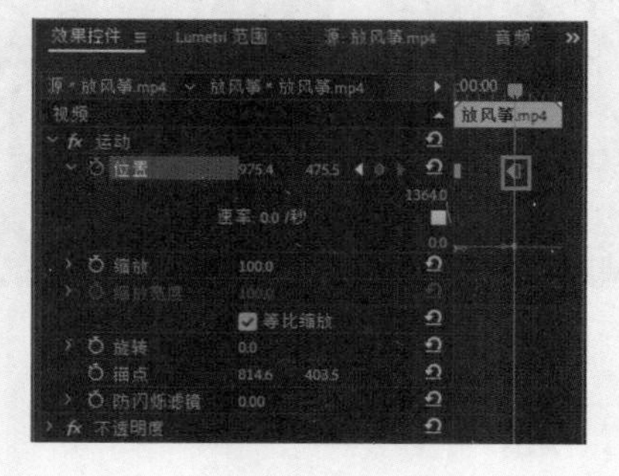


图5-48

图5-48（续）

**6．缓入**

“缓入”插值可以减慢进入关键帧的值的变化。在快捷菜单中选择“临时插值”→“缓入”选项时，拖动时间指示器，当时间指示器与关键帧位置重合时，该关键帧图标变为▣，速率曲线节点前面将变成缓入的曲线效果。当拖动时间指示器播放视频时，动画效果在进入该关键帧时速度减缓，消除因速度波动大而产生的画面不稳定感，如图5-49所示。

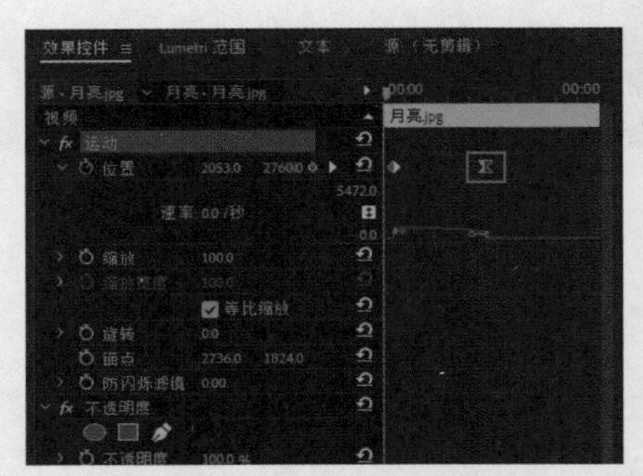

图5-49

**7．缓出**

“缓出”插值可以逐渐加快离开关键帧的值的变化。在快捷菜单中选择“临时插值”→“缓出”选项，拖动时间指示器，当时间指示器与关键帧位置重合时，该关键帧图标为▣。速率曲线节点后面将变成缓出的曲线效果。当播放视频时，可以使动画效果在离开该关键帧时速率减缓，同样可以消除因速度波动大而产生的画面不稳定感，与缓入是相同的道理，如图5-50所示。

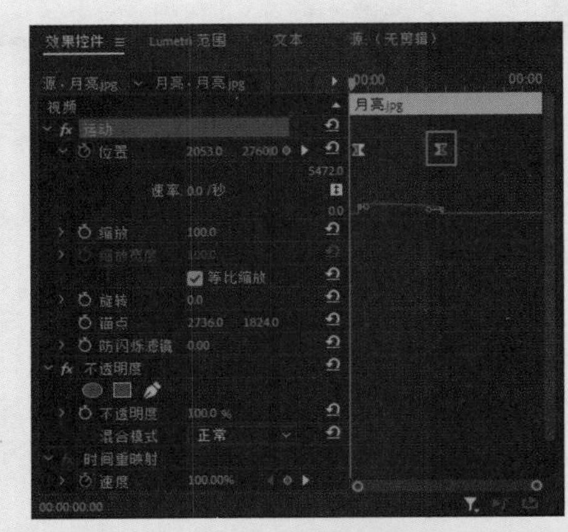

图5-50

## 5.6.2 空间插值

“空间插值”可以设置关键帧的过渡效果，如转折强烈的线性方式、过渡柔和的贝塞尔曲线方式等，如图5-51所示。下面对快捷菜单中的各个选项进行具体介绍。

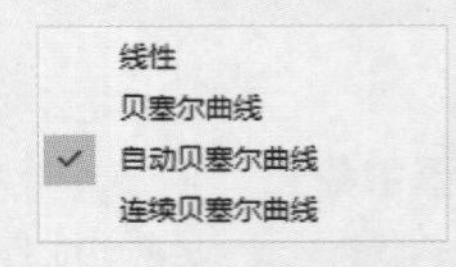


图5-51

### 1. 线性

在选择"空间插值"→"空间插值线性"选项时，关键帧两侧的线段为直线，角度转折较明显，如图5-52所示。播放动画时会产生位置突变的效果。

图5-52

### 2. 贝塞尔曲线

在选择"空间插值"→"贝塞尔曲线"选项时，可以在"节目"面板中手动调节控制点两侧的控制柄，从而调节曲线形状和动画效果，如图5-53所示。

图5-53

### 3. 自动贝塞尔曲线

在选择"空间插值"→"自动贝塞尔曲线"选项时，更改自动贝塞尔关键帧的数值，控制点两侧的手柄位置会自动调整，以保持关键帧之间的平滑速率。如果手动调整自动贝塞尔曲线的方向手柄，则可以将其转换为连续贝塞尔曲线的关键帧，如图5-54所示。

图5-54

### 4. 连续贝塞尔曲线

在选择"空间插值"→"连续贝塞尔曲线"选项时，可以手动设置控制点两侧的控制柄来调整曲线方向，与"自动贝塞尔曲线"操作相同，如图5-55所示。

图5-55

## 5.7 综合实例：眨眼效果

本例将介绍眨眼效果的制作过程，将会涉及关键帧的设置以及效果的运用方法，预览效果如图5-56所示。

**01** 启动Premiere Pro 2023，按快捷键Ctrl+O，打开素材文件夹中的"眨眼效果.prproj"项目文件。进入工作界面后，可以看到"时间轴"面板中已经添加的素材，如图5-57所示。

图5-56

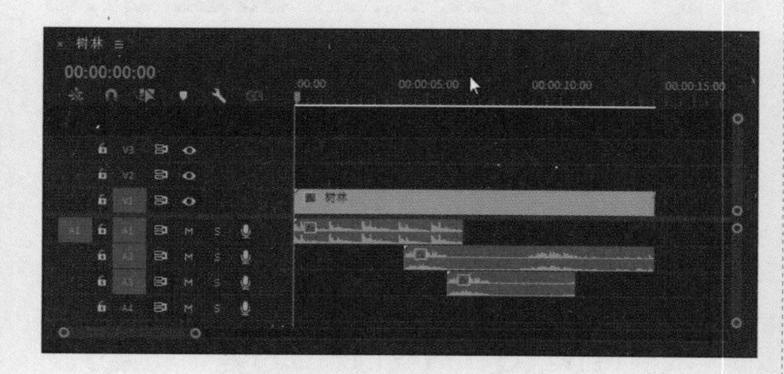


图5-57

**02** 在“项目”面板中单击V1轨道上的“树林.jpg”素材，在“效果”面板中选择“视频效果”→“高斯模糊”效果，并将其拖至V1轨道的“树林.jpg”素材上，如图5-58所示。

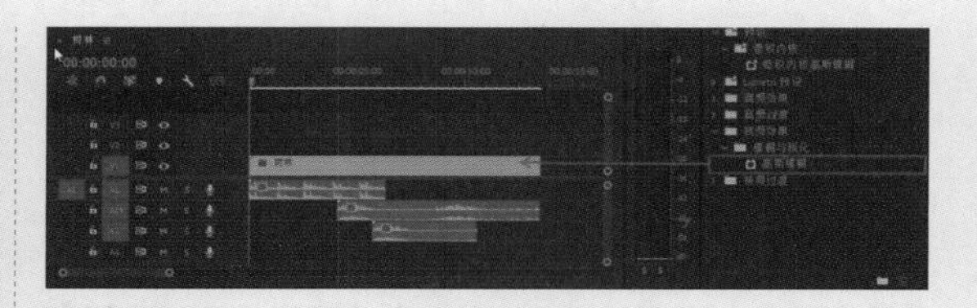

图5-58

**03** 制作眨眼动画。在“效果控件”面板中展开“不透明度”属性，单击“创建椭圆形蒙版”按钮，在“节目”面板中拖动圆形蒙版节点，创建闭眼形状的蒙版，如图5-59所示。单击“蒙版路径”左侧的“切换动画”按钮⏱，将时间指示器移至开始位置创建第一个关键帧，再将时间指示器移至00:00:00:15，在“节目”面板中拖动蒙版的节点，如图5-60所示，并设置第二个关键帧。

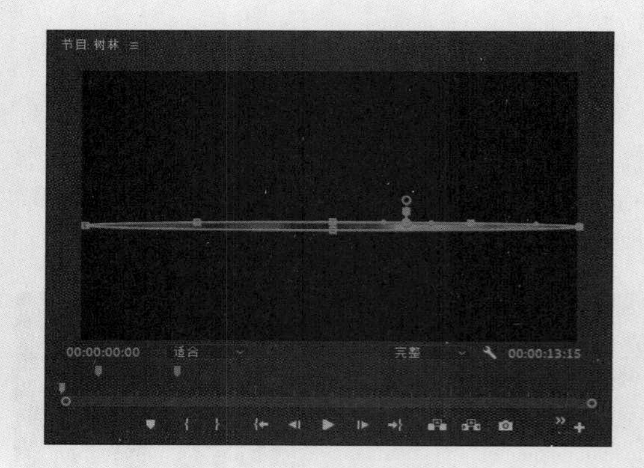


图5-59

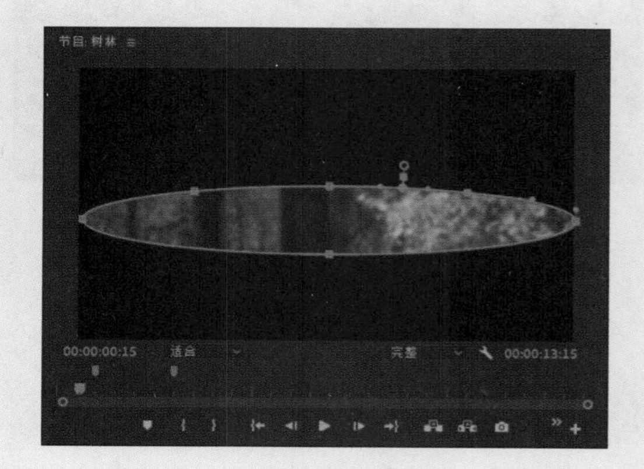


图5-60

**04** 将时间指示器移至00:00:01:00，在“节目”面板中拖动蒙版节点，设置第三个关键帧，如图5-61所示。

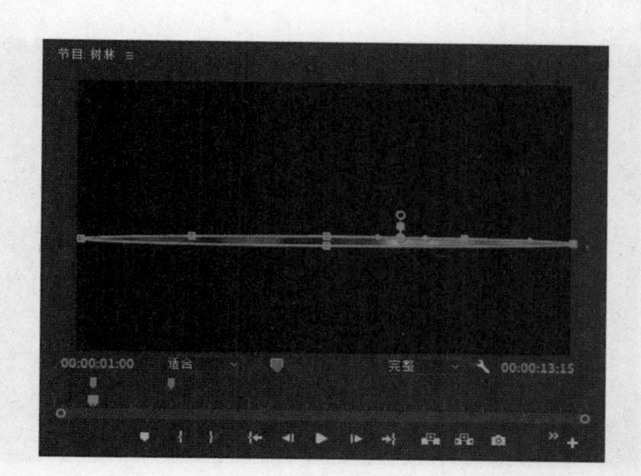

图5-61

**05** 调整眨眼动画。在“效果控件”面板中，按住鼠标左键框选以上步骤创建的三个关键帧，右击关键帧，在弹出的快捷菜单中选择“复制”选项，将时间指示器移至00:00:01:19，按快捷键Ctrl+V，将三个关键帧粘贴到时间轴上，如图5-62所示。在“节目”面板中对粘贴的关键帧进行微调，使画面尽量不重复，如图5-63所示。

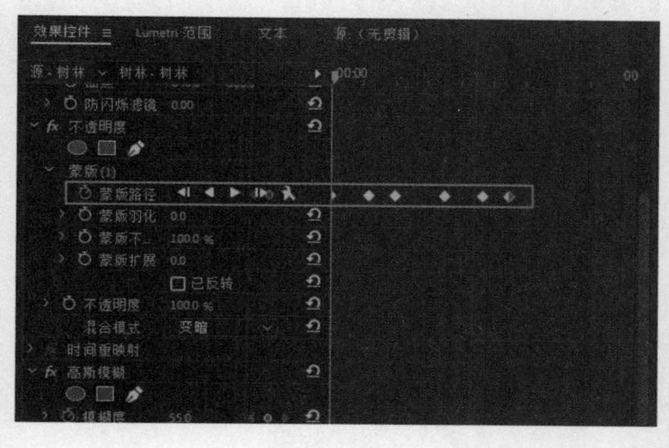

图5-62

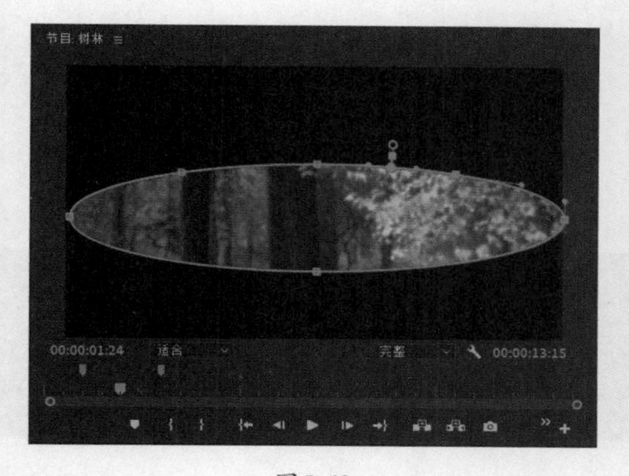

图5-63

**06** 为“高斯模糊”效果制作关键帧。在“效果控件”面板中找到“高斯模糊”→“模糊度”属性，在“模糊度”左侧找到“切换动画”按钮，将时间指示器调整到蒙版路径的关键帧处，如图5-64所示。在闭眼时将“模糊度”值调大，睁眼时将“模糊度”值调小，如图5-65所示。

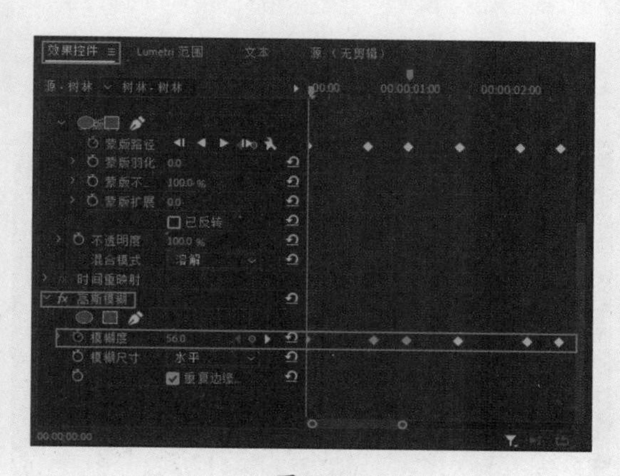

图5-64

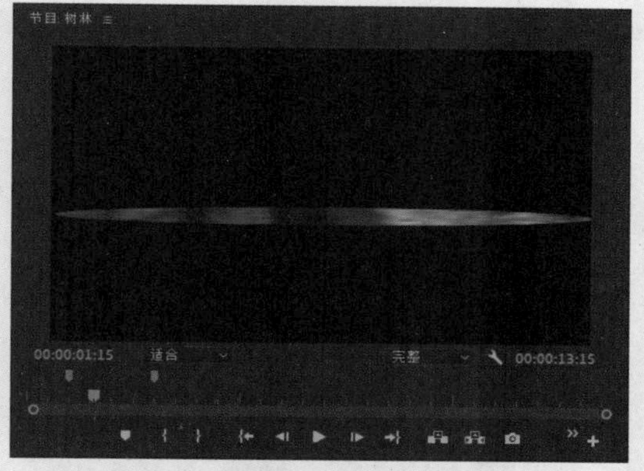

图5-65

**07** 制作睁眼动画。在“效果控件”面板中找到“不透明度”属性的蒙版，可以看到之前制作的眨眼动画。现在需要让它睁眼了，将时间指示器移至00:00:04:11，在“节目”面板中调整蒙版的节点，如图5-66所示。此时需要设置完全睁眼的效果，去除黑幕的关键帧，将时间指示器调整到00:00:05:00，再在“节目”面板中调整“选择缩放级别”值为25%，这样可以更方便地调整蒙版，将蒙版的节点拖至画面之外，如图5-67所示。

图5-66

图5-67

**08** 制作张望的效果。在“效果控件”面板中找到“运动”→“缩放”属性，在“缩放”的左侧找到“切换动画”按钮，在00:00:05:23时设置第一个关键帧，如图5-68所示，将时间指示器调整至00:00:09:21，将“缩放”值调整为164。

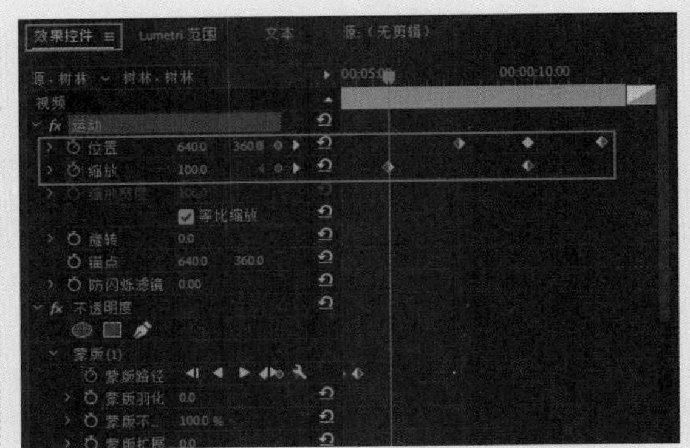

图5-68

**09** 找到“位置”属性，在时间指示器为00:00:07:23时设置第一个关键帧，在时间指示器为00:00:09:21时，将X轴参数调整至406.0，在时间指示器为00:00:11:23时，将X轴参数调整至860.0，即可得到向前走动与左右张望的效果，如图5-69所示。

图5-69

**10** 为音频添加淡入淡出的效果。素材文件中三段音效已经添加好，在“效果”面板中找到“指数淡化”效果，将其添加到A1、A2、A3轨道上的音频尾部，如图5-70所示，这样眨眼动画就制作完成了。

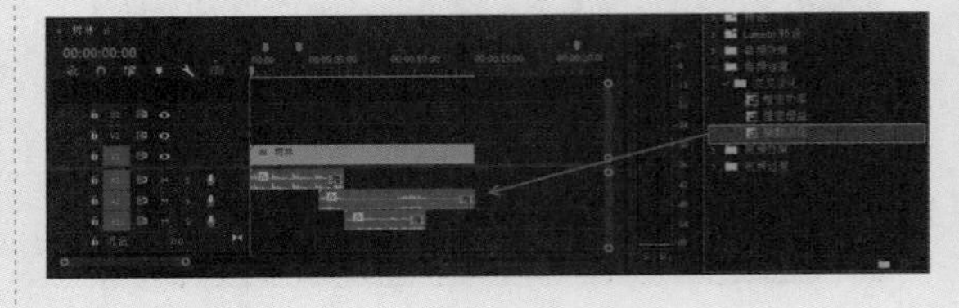

图5-70

## 5.8 本章小结

本章介绍了关键帧的相关理论，以及关键帧动画的创建、编辑等方法，如创建关键帧、移动关键帧、删除关键帧、复制和粘贴关键帧等。在 Premiere Pro 2023 中，素材可以设置的基本运动参数主要有 5 种，分别是位置、缩放、旋转、锚点和防闪烁滤镜。此外，用户也可以为添加到素材中的各类特效属性设置关键帧，从而创建更多丰富且细腻的动画效果。

第6章

# 视频叠加与抠像

抠像作为一种实用且有效的特效制作手段，被广泛运用在影视处理的诸多领域。通过抠像，可以使多种图像或视频素材产生完美的画面合成效果；而叠加则是将多个素材混合在一起，从而产生各种特殊效果，两者有着必然的联系，因此，本章将叠加与抠像技术放在一起讲解。

## 本章重点

※ 叠加与抠像效果的应用方法

※ 色度抠像

※ 亮度抠像

## 本章效果欣赏

## 6.1 叠加与抠像概述

抠像是运用虚拟的方式，将背景进行特殊透明叠加处理的一种技术，抠像又是影视合成中常用的去背景方法，通过去除指定区域的颜色使其透明化，实现和其他素材的合成效果。叠加方式与抠像技术是紧密相连的，在 Premiere Pro 2023 中，叠加类特效主要用于抠像处理，以及对素材进行动态跟踪和叠加各种不同的素材，是影视编辑与制作中常用的视频特效。

### 6.1.1 叠加

在编辑视频时，有时需要让两个或多个画面同时出现，此时就可以使用叠加技术。在“效果”面板的“键控”文件夹中提供了多种特效，可以轻松实现素材的叠加效果，如图 6-1 所示。

图6-1

### 6.1.2 抠像

说到抠像，大家就会想起 Photoshop，但是 Photoshop 的抠像技术主要针对的是静态图像。对于视频素材来说，如果要求不是非常精细，Premiere Pro 也能满足大部分需求。在 Premiere Pro 中抠像，主要是将不同的对象合成到一个场景中，可以对动态的视频进行抠像处理，也可以对静止的图片素材进行抠像处理，如图 6-2 所示。

图6-2

提示：在进行抠像和叠加合成处理时，需要在抠像层和背景层（两个轨道）中放置素材，并且抠像层要放在背景层的上面。当对上层的轨道中素材进行抠像后，下层的背景才会显示出来。

## 6.2 叠加与抠像效果的应用

选择抠像素材，在“效果”面板的“键控”文件夹中可以选择不同的抠像效果，如图 6-3 所示，本节将详细介绍叠加与抠像的具体应用方法。

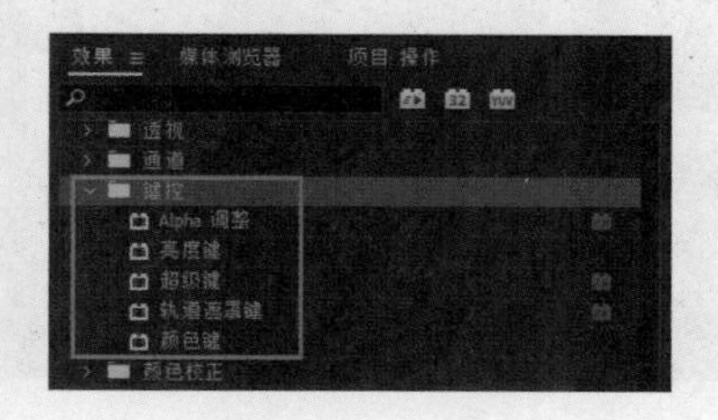


图6-3

## 6.2.1 显示键控效果

在 Premiere Pro 2023 中，显示键控效果的操作很简单：打开项目，执行“窗口”→“效果”命令，如图 6-4 所示，弹出“效果”面板。在“效果”面板中单击“视频效果”文件夹前的展开按钮，再展开“键控”文件夹，即可显示键控效果。

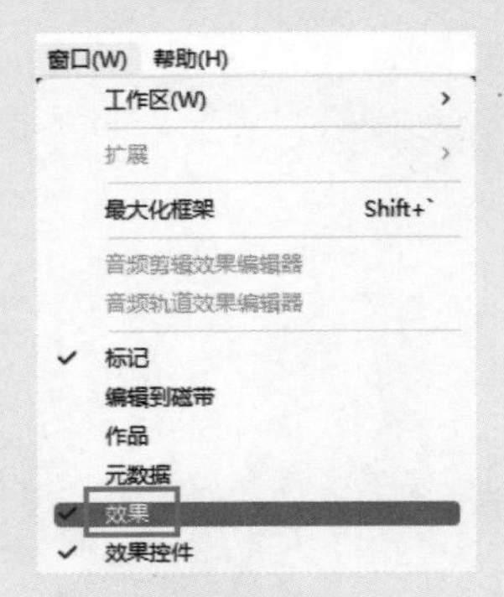


图6-4

## 6.2.2 实例：应用键控特效

在 Premiere Pro 2023 中，不仅可以将键控效果添加到轨道素材上，还可以在“时间轴”面板或者“效果控件”面板中为键控效果添加关键帧，具体的操作方法如下。

**01** 启动Premiere Pro 2023，按快捷键Ctrl+O，打开素材文件夹中的“键控效果应用.prproj”项目文件。进入工作界面后，可以看到“时间轴”面板中已经添加的素材，如图6-5所示。在“节目”面板中可以预览当前素材的效果，如图6-6所示。

图6-5

图6-6

**02** 在“效果”面板中展开“视频效果”→“键控”文件夹，在其中选择“Alpha调整”效果，将其添加到“时间轴”面板中的1.psd素材中，如图6-7所示。

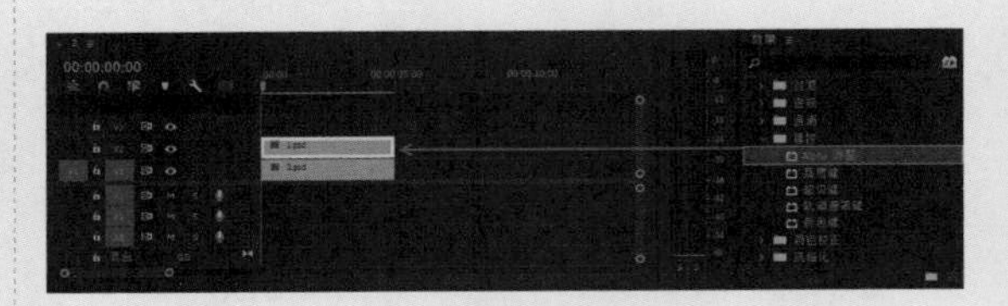

图6-7

**03** 将当前时间设置为00:00:00:00，在“效果控件”面板中，单击“Alpha调整”效果中“不透明度”参数前的“切换动画”按钮，在当前时间点创建第一个关键帧，如图6-8所示。

图6-8

**04** 将当前时间设置为00:00:02:00，修改“不透明度”值为0.0%，自动创建一个关键帧，如图6-9所示。

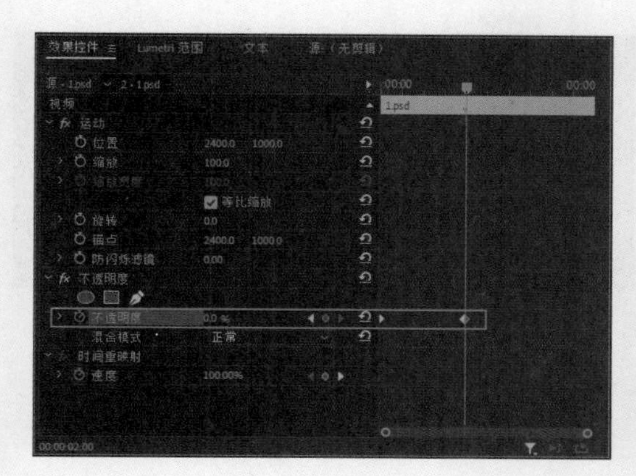


图6-9

**05** 完成上述操作后，在“节目”面板中预览应用键控特效后的画面效果，如图6-10所示。

图6-10

## 6.3 叠加与抠像效果介绍

下面详细介绍 Premiere Pro 2023 中的各类叠加和抠像效果的使用方法。

### 6.3.1 Alpha 调整

“Alpha 调整”效果可以为包含 Alpha 通道的图像创建透明区域，效果如图 6-11 所示。

图6-11

Alpha 通道是指图像的透明和半透明区域。Premiere Pro 2023 能够读取来自 Photoshop 和 3D 图形软件等制作的 Alpha 通道，还能够将 Illustrator 文件中的不透明区域转换成 Alpha 通道。下面简单介绍“Alpha 调整”效果的各项属性参数，如图 6-12 所示。

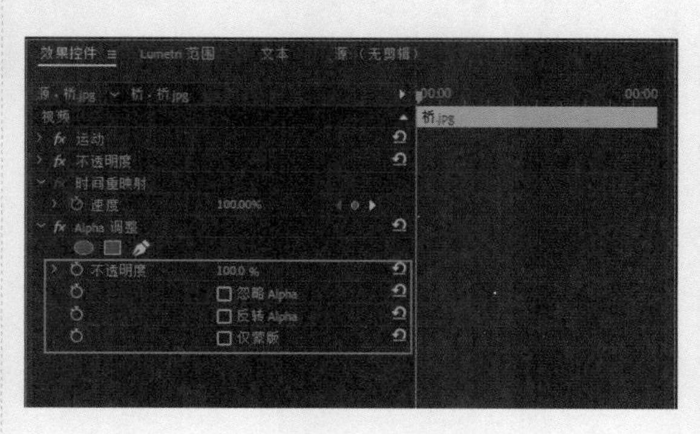


图6-12

※ 不透明度：数值越小，图像越透明。

※ 忽略 Alpha：选中该复选框后，软件会忽略 Alpha 通道。

※ 反转 Alpha：选中该复选框后，Alpha 通道会反转。

※ 仅蒙版：选中该复选框，将只显示 Alpha 通道的蒙版，而不显示其中的图像。

## 6.3.2 亮度键

使用“亮度键”效果可以去除素材中较暗的图像区域，通过调整“阈值”和“屏蔽度”参数，可以微调效果。“亮度键”效果应用前后的效果如图 6-13 所示。

图6-13

在添加了“亮度键”效果后，可以在“效果控件”面板中对其相关参数进行调整，如图 6-14 所示。

“亮度键”的参数介绍如下。

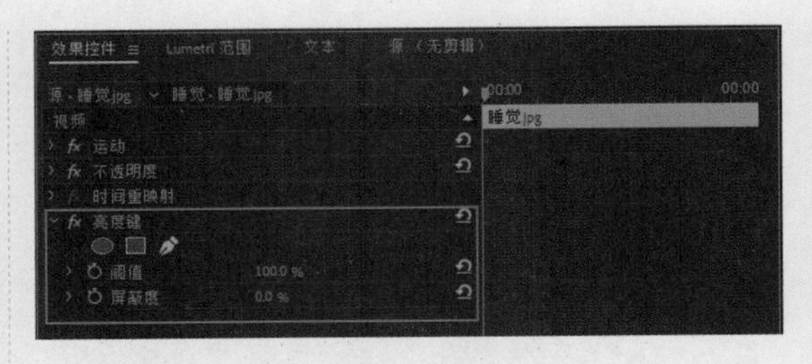


图6-14

※ 阈值：增大数值时，可以增加被去除的暗色值范围。

※ 屏蔽度：用于设置素材的屏蔽程度，数值越大，图像越透明。

## 6.3.3 超级键

“超级键”又称为“极致键”，该效果可以使用指定颜色或相似颜色，调整图像的容差值来显示图像透明度，也可以使用它来修改图像的色彩。“超级键”效果应用前后的效果如图 6-15 所示。

图6-15

在添加了“超级键”效果后，可以在“效果控件”面板中对其相关参数进行调整，如图 6-16 所示。

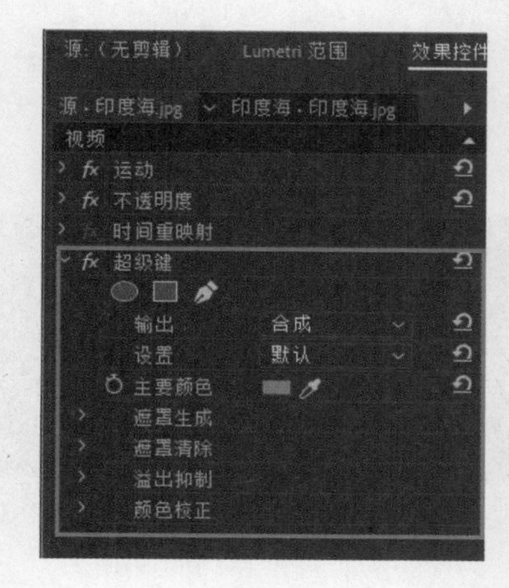


图6-16

“超级键”的主要参数介绍如下。

※ 主要颜色：用于吸取需要被键出的颜色。

※ 遮罩生成：展开该属性，可以自行设置遮罩层的各类参数。

## 6.3.4 轨道遮罩键

“轨道遮罩键”效果可以创建移动或滑动蒙版效果。通常，蒙版是一幅黑白图像，能在屏幕上移动，与蒙版上黑色对应的图像区域为透明区域，与白色对应的图像区域为不透明区域，灰色区域为混合效果，呈半透明效果。

在添加了“轨道遮罩键”效果后，可以在“效果控件”面板中对其相关参数进行调整，如图 6-17 所示。

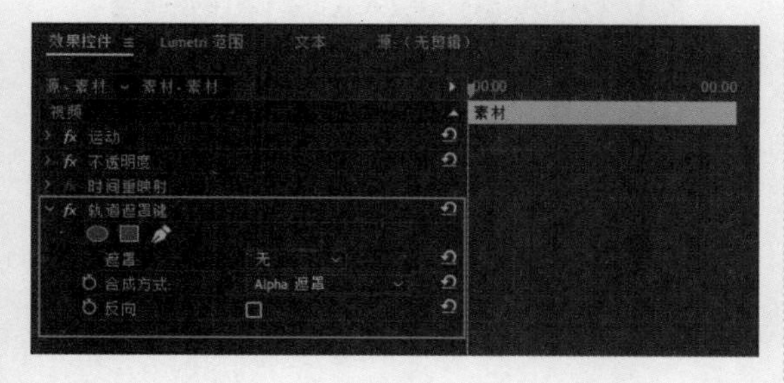


图6-17

“轨道遮罩键”的参数介绍如下。

※ 遮罩：在右侧的下拉列表中，可以为素材指定一个遮罩。

※ 合成方式：用来指定应用遮罩的方式，在右侧的下拉列表中可以选择“Alpha 遮罩”和“亮度遮罩”选项。

※ 反向：选中该复选框，可以使遮罩的颜色翻转。

## 6.3.5 颜色键

“颜色键”效果可以去掉素材图像中指定颜色的像素，该效果只会影响素材的 Alpha 通道，其应用前后的效果如图 6-18 所示。

图6-18

在添加了“颜色键”效果后，可以在“效果控件”面板中对其相关参数进行调整，如图 6-19 所示。

“颜色键”的参数介绍如下。

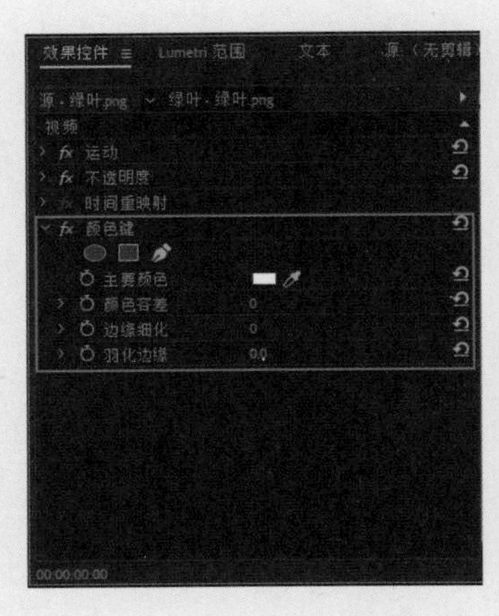


图6-19

※ 主要颜色：用于吸取需要被键出的颜色。

※ 颜色容差：用于设置素材的容差度，容差度越大，被键出的颜色区域越透明。

※ 边缘细化：用于设置键出边缘的细化程度，数值越小边缘越粗糙。

※ 羽化边缘：用于设置键出边缘的柔化程度，数值越大，边缘越柔和。

## 6.3.6 实例：画面亮度抠像

本节通过实例的形式，讲解如何使用Premiere Pro 中的“亮度键”功能进行抠像。

**01** 启动Premiere Pro 2023，按快捷键Ctrl+O，打开素材文件夹中的“亮度键抠像.prproj”项目文件。进入工作界面后，将“项目”面板中的“圣诞节背景素材.jpg”素材添加至V1轨道中。将“项目”面板中的“圣诞树.jpg”素材添加至V2轨道，如图6-20所示。

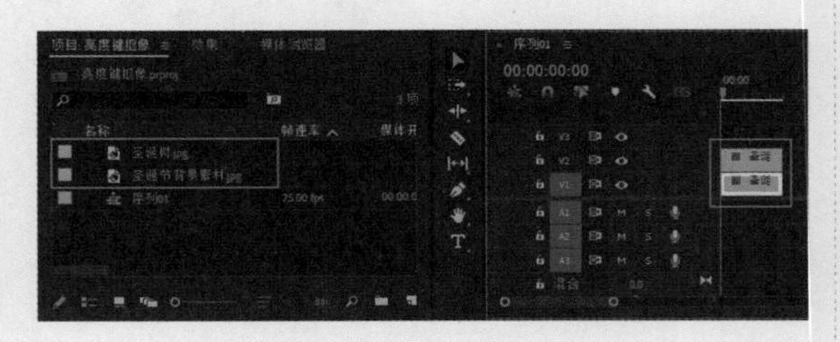

图6-20

提示：这里素材的默认持续时间为5s。

**02** 在“效果”面板中找到“视频效果”→“键控”→“亮度键”效果，将其拖曳至“时间轴”面板中的“圣诞树.jpg”素材上，如图6-21所示。

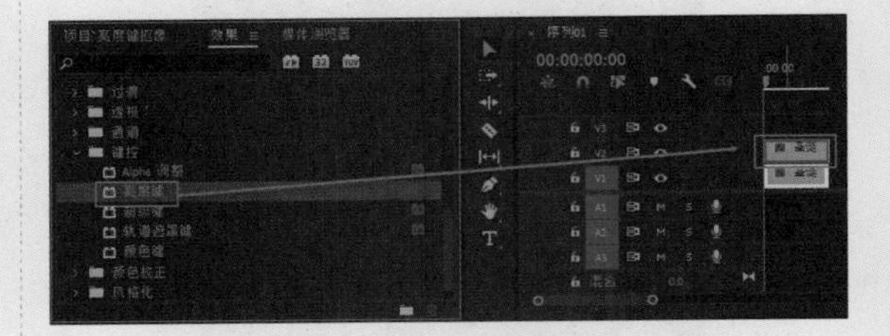

图6-21

**03** 在“时间轴”面板中选择“圣诞树.jpg”素材，在“效果控件”面板中展开“亮度键”属性，在00:00:00:00，单击“阈值”属性前的“切换动画”按钮，在当前时间点创建第一个关键帧，并将“阈值”设置为100.0%；将当前时间设置为00:00:01:00，修改“阈值”为40.0%，创建第二个关键帧；将当前时间设置为00:00:02:00，修改“阈值”为100.0%，创建第三个关键帧；将当前时间设置为00:00:03:00，修改“阈值”为60.0%，创建第四个关键帧；将当前时间设置为00:00:04:00，修改“阈值”为100.0%，创建第五个关键帧；将当前时间设置为00:00:04:24，修改“阈值”为50.0%，创建第六个关键帧，如图6-22所示。

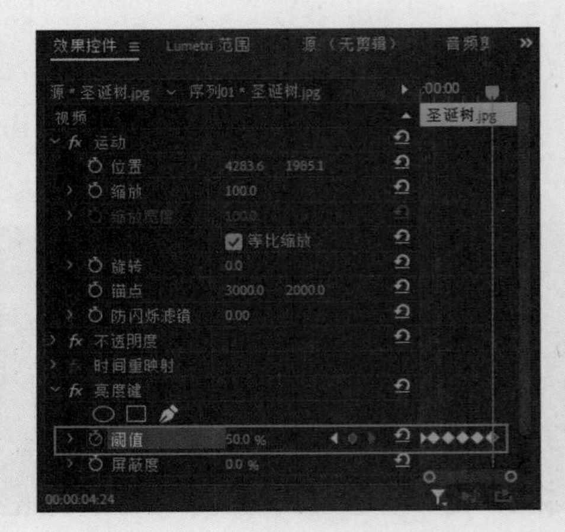


图6-22

**04** 选中刚刚创建的6个关键帧并右击，在弹出的快捷菜单中选择“贝塞尔曲线”选项，改变关键帧的状态，使运动效果更平滑，如图6-23所示。

图6-23

**05** 完成上述操作后，在“节目”面板中预览最终效果，如图6-24所示。

图6-24

## 6.4 综合实例：唯美 Vlog 片头

下面将制作唯美 Vlog 片头，练习通过素材的色度来抠像的操作方法。

### 6.4.1 制作定格画面

本小节使用“颜色键”功能对素材进行抠像，使用“油漆桶”效果对素材进行描边，将人物从背景中分离出来，以突出人物形象，效果如图6-25所示。

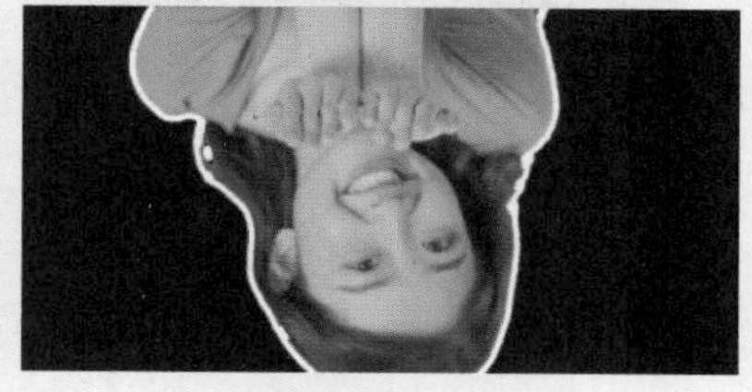

图6-25

**01** 启动Premiere Pro 2023，按快捷键Ctrl+O，打开素材文件夹中的“唯美.prproj”项目文件。进入工作界面后，将“项目”面板中的“吹花.mp4”素材添加至V1轨道，将“音乐.wav”素材添加到A1轨道上，如图6-26所示。

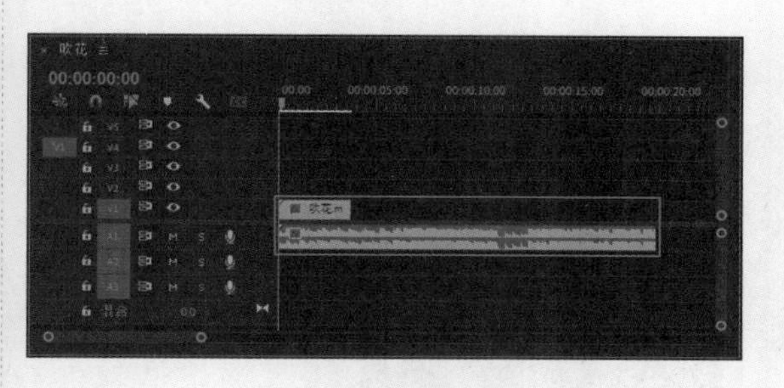


图6-26

**02** 在“时间轴”面板中选择“吹花.mp4”素材

后并右击，在弹出的快捷菜单中选择“速度/持续时间”选项，弹出“剪辑速度/持续时间”对话框，设置“速度”值为300，单击“确定”按钮，如图6-27所示。

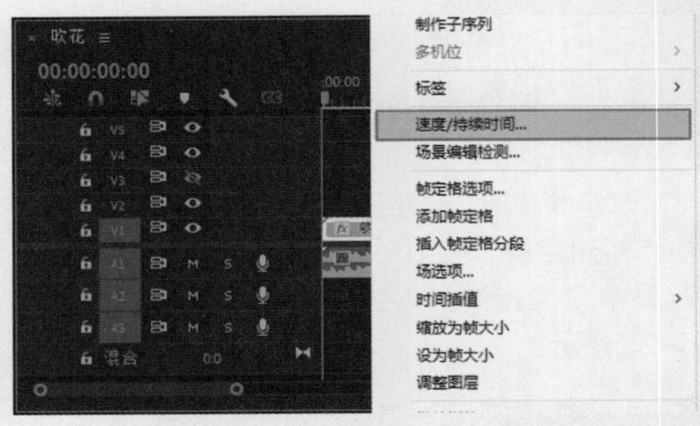

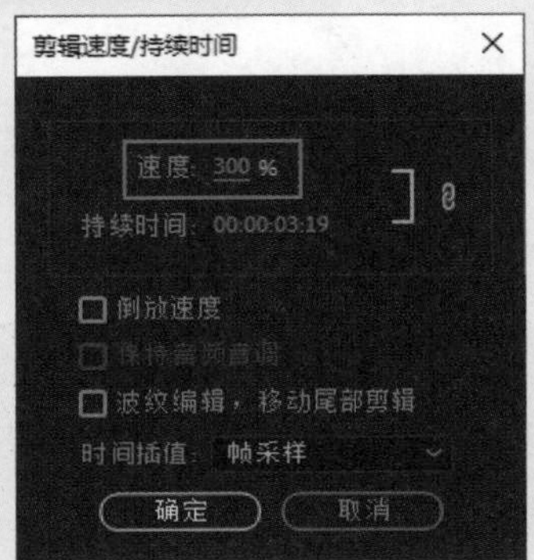

图6-27

**03** 在“时间轴”面板中将时间指示器移至00:00:03:17，右击素材，在弹出的快捷菜单中选择“添加帧定格”选项，将“吹花.mp4”素材分为两段，第二段画面为定格画面。选中“吹花.mp4”素材向上拖至V2轨道上，并将其延长至00:00:08:12，如图6-28所示。

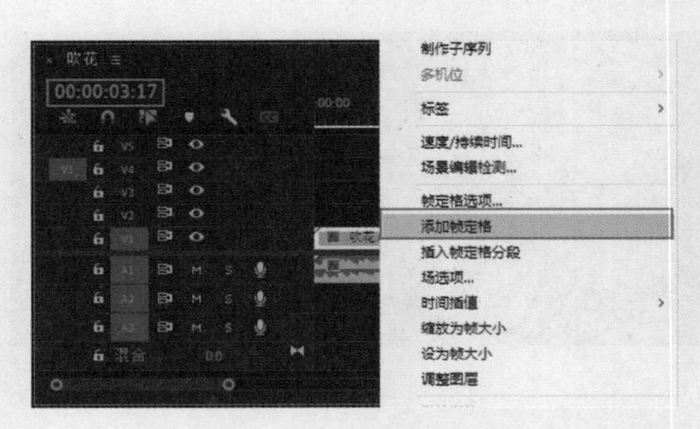

图6-28

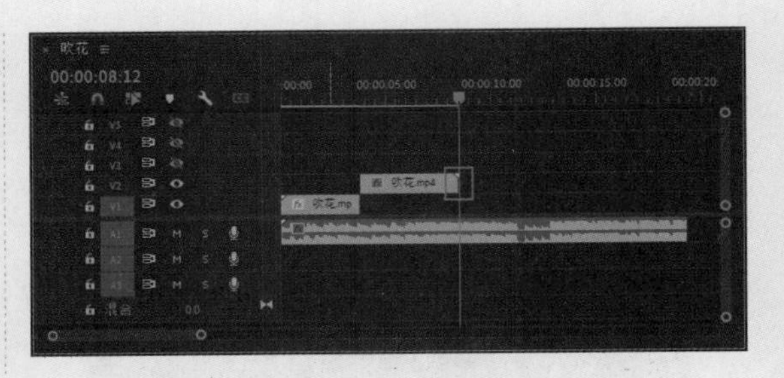

图6-28（续）

**04** 在“效果”面板中找到“视频效果”→“键控”→“颜色键”效果，并将其拖至V2轨道的“吹花.mp4”素材上，如图6-29所示。

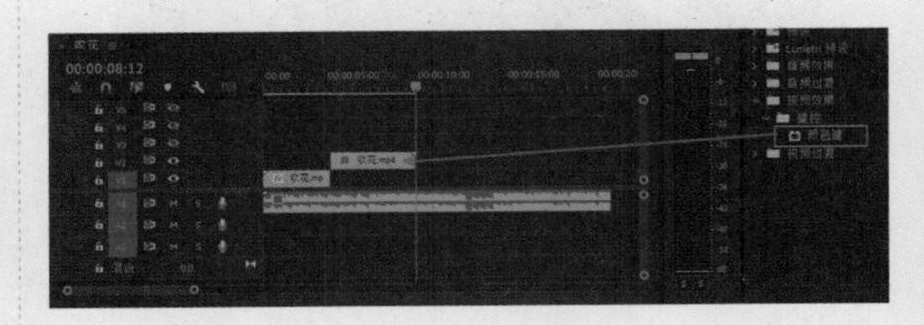

图6-29

**05** 在“效果控件”面板中展开“颜色键”属性，单击“主要颜色”的“吸管工具”按钮，吸取“节目”面板中的背景颜色，再设置“颜色容差”值为32，“边缘细化”值为−5，“羽化边缘”值为4.9，如图6-30所示。

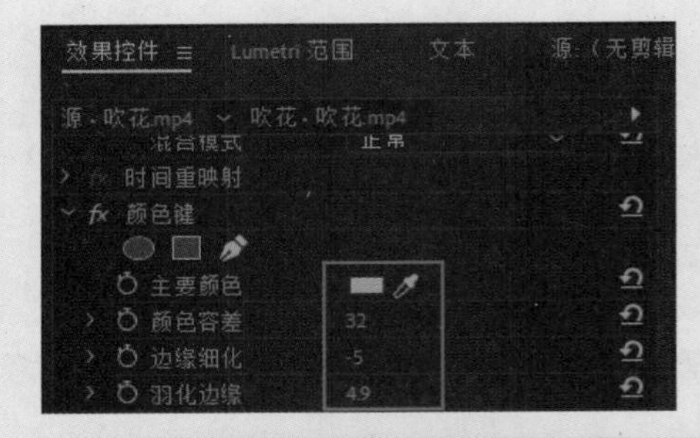

图6-30

**06** 此时人物抠像的结果并不精确，再添加一个

“颜色键”效果，设置“颜色容差”值为27，“边缘细化”值为-3。继续添加“颜色键”效果，直至人物边缘清晰，且人物画面没有缺失为止，如图6-31所示。

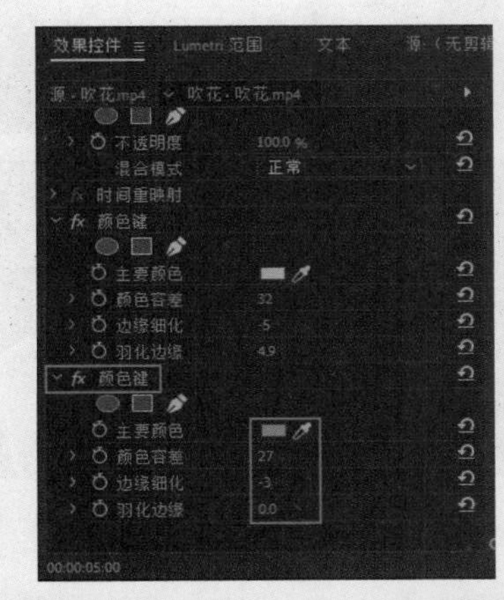

图6-31

**07** 在“效果”面板中找到“视频效果”→“过时”→“油漆桶”特效，并将其拖至V2轨道的“吹花.mp4”素材上，如图6-32所示。

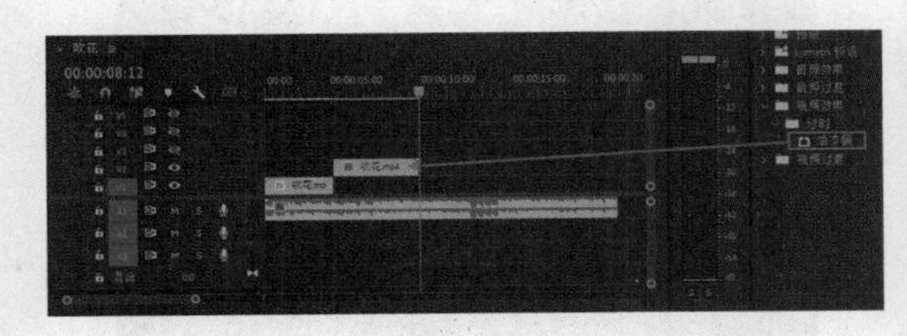

图6-32

**08** 在“效果控件”面板中展开“油漆桶”属性，在“填充选择器”下拉列表中选择“Alpha 通道”选项，在“描边”下拉列表中选择“描边”选项，如图6-33所示。

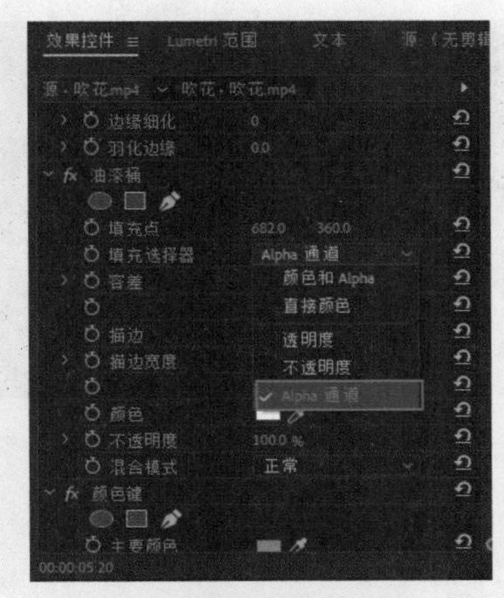


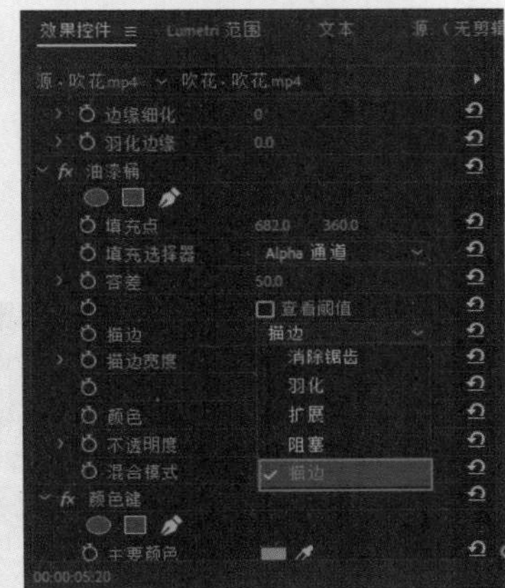


图6-33

**09** 设置“描边宽度”值为5.7，单击“颜色”颜色框，在弹出的“拾色器”对话框中选取白色，单击“确定”按钮，如图6-34所示。

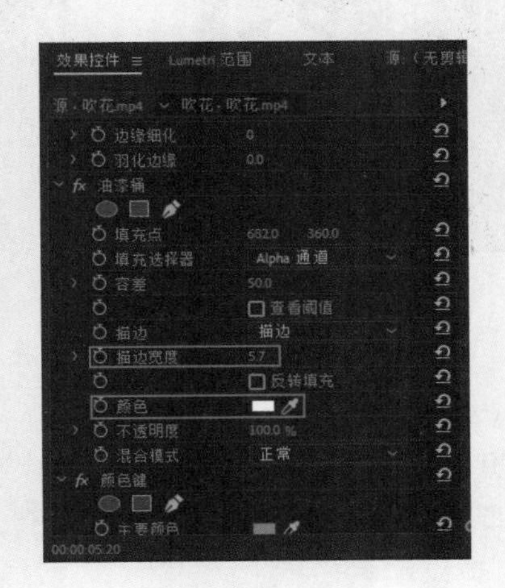


图6-34

图6-34（续）

**10** 将"项目"面板中的"爱心.mp4"素材添加至V3轨道的00:00:10:14处，在"时间轴"面板中的00:00:11:16位置制作"爱心.mp4"的定格画面。制作好定格画面后，删除视频画面并将定格画面的末端延长至00:00:19:09，再添加"颜色键"与"油漆桶"效果，如图6-35所示。

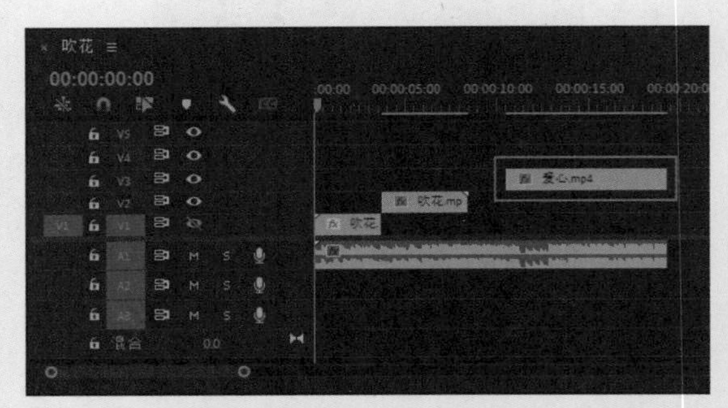

图6-35

**11** 重复上一步的操作，将"爱心.mp4"素材拖至V4视频轨道的00:00:10:14，在00:00:16:08制作新的定格画面，将定格动画的时长延长至和上一步制作的效果一致后，添加同样的效果，如图6-36所示。

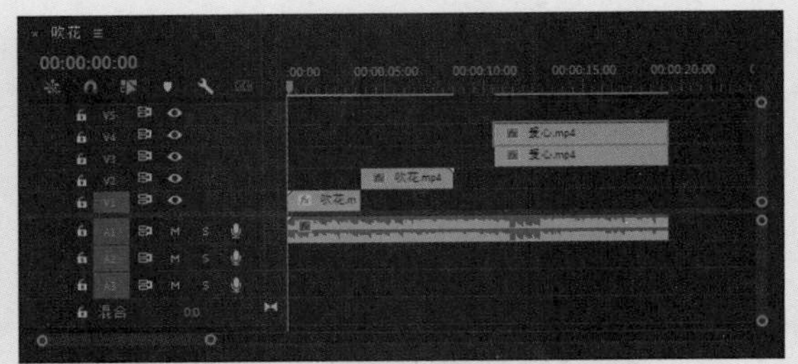

图6-36

## 6.4.2 制作人物的动画效果

本小节制作人物的动画效果，如图6-37所示。

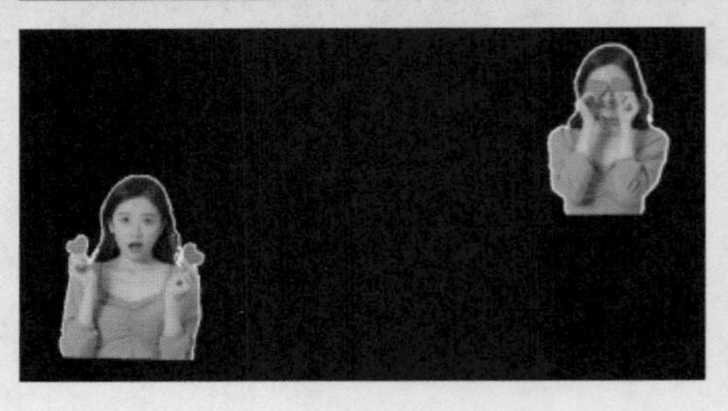

图6-37

**01** 将时间指示器移至00:00:10:22，单击V3轨道上的“爱心.mp4”素材，在“效果控件”面板中展开“运动”属性，将“位置”的X轴值改为223.2，Y轴值改成508.7，下方的“缩放”值改为40.6，“旋转”值改为11.0°，然后单击“缩放”与“旋转”属性前的“切换动画”按钮⏱，在当前时间创建第一个关键帧，再将时间指示器移至00:00:11:09，设置“缩放”值改为38.0，“旋转”值为−14.0°，随着数值变化会自动添加第二个关键帧，如图6-38所示。

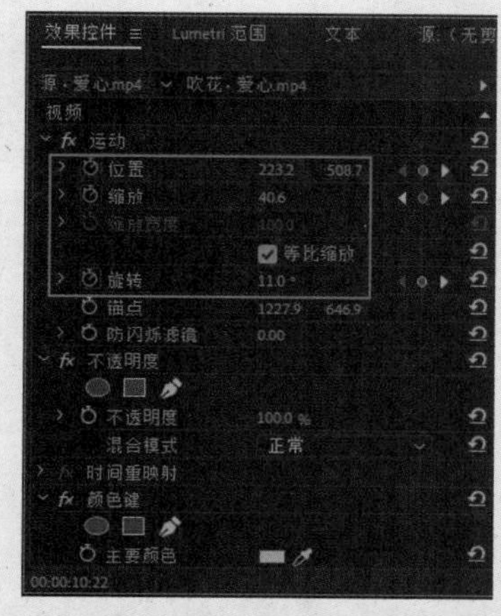


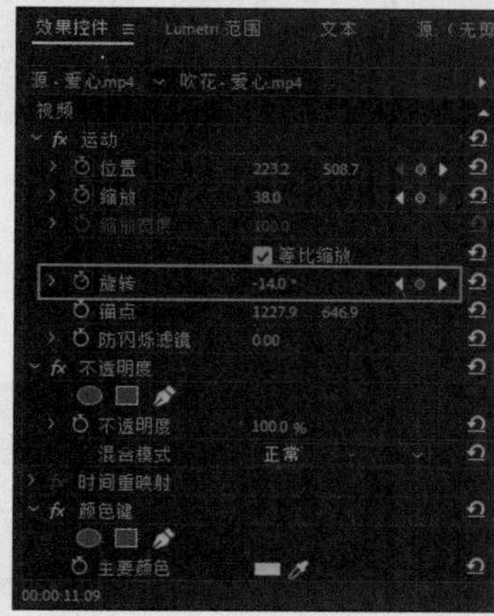


图6-38

**02** 在“效果控件”面板中选中两个关键帧并右击，在弹出的快捷菜单中选择“复制”选项，将时间指示器移至00:00:11:19。按快捷键Ctrl+V，粘贴关键帧，使素材持续匀速旋转，如图6-39所示。

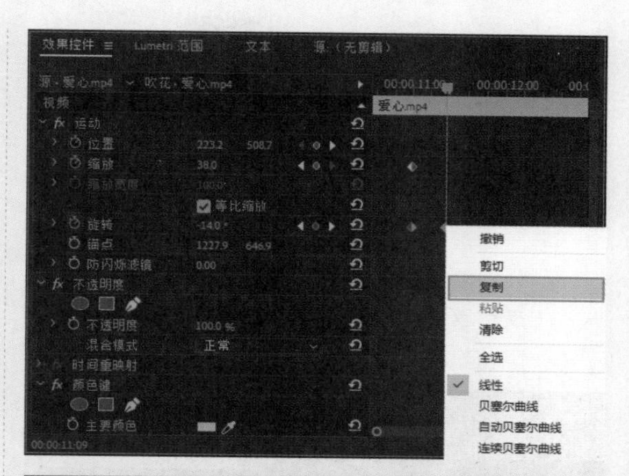


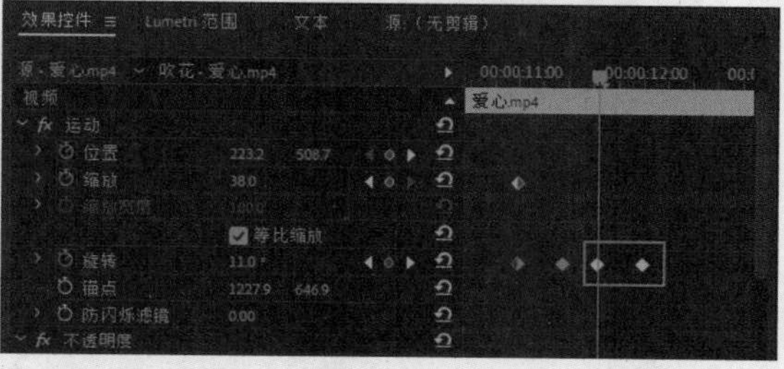


图6-39

**03** 采用同样的方法为“爱心.mp4”素材制作持续匀速旋转动画效果，再为两个素材制作进入画面与退出的动画效果。在“爱心.mp4”的起始时间点单击“缩放”属性前的“切换动画”按钮⏱，创建第一个关键帧，将“缩放”值调整为0.0，而后将时间指示器移至00:00:10:22，将“缩放”值调整为38.0，添加第二个关键帧，再将时间指示器移至00:00:11:00，将“缩放”值调整为36.0，添加第三个关键帧，两个“爱心.mp4”素材要进行相同的操作，如图6-40所示。

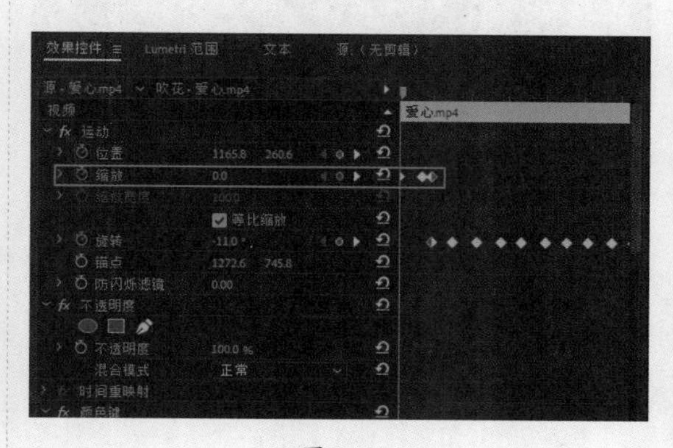


图6-40

**04** 制作素材的退出动画，将时间指示器调至00:00:16:21，在两个素材的“效果控件”面板中，单击“位置”属性前的“切换动画”按钮，在当前时间点创建第一个关键帧，而后将时间指示器调至00:00:16:21，调整“位置”参数的Y轴值，创建第二个关键帧，如图6-41所示，使“节目”面板上的素材向上或向下退出画面，以此为动画效果。

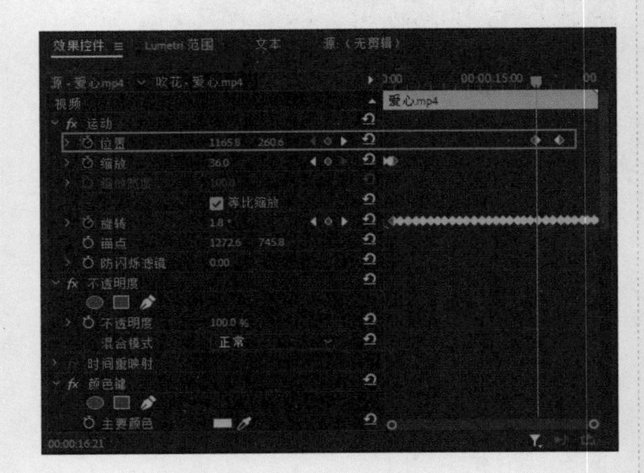

图6-41

**05** 将“元素1.png”与“元素2.png”素材从“项目”面板中分别拖入“时间轴”面板中的V3与V4轨道上，时间长度与“吹花.mp4”素材一致，如图6-42所示。

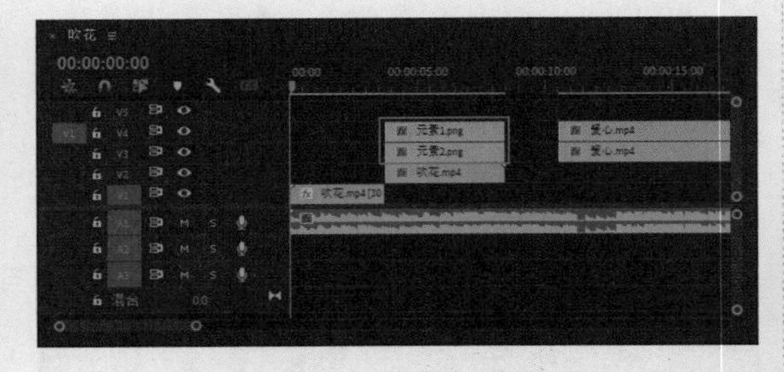

图6-42

**06** 在“元素1.png”素材的“效果控件”面板中，将“位置”属性中的X轴值调整为1134.0，Y轴值调整为165.0，“缩放”值为12.0，“旋转”值为-17.0°，然后单击“旋转”属性前的“切换动画”按钮，在当前时间点创建第一个关键帧，再将时间指示器移至00:00:05:14，添加第二个关键帧，设置“旋转”值为-21.0，而后按照上一步的方式，将“元素1.png”的旋转运动变为持续匀速旋转运动，如图6-43所示。

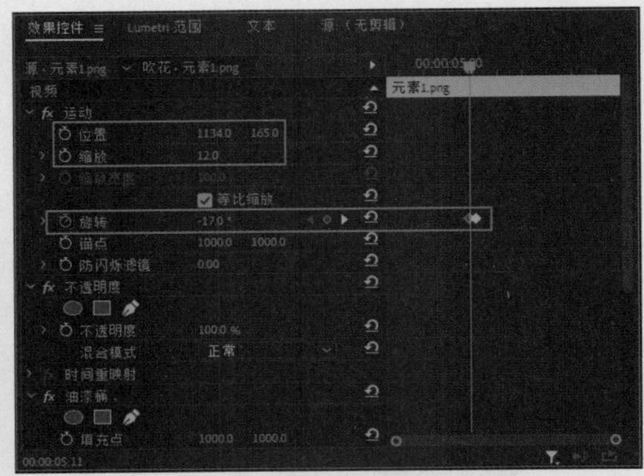

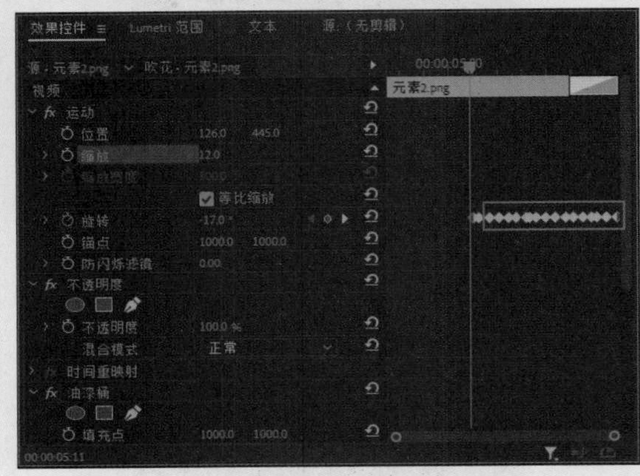

图6-43

**07** 将上一步的操作套用到“元素2.png”素材中，如图6-44所示，完成实例制作。

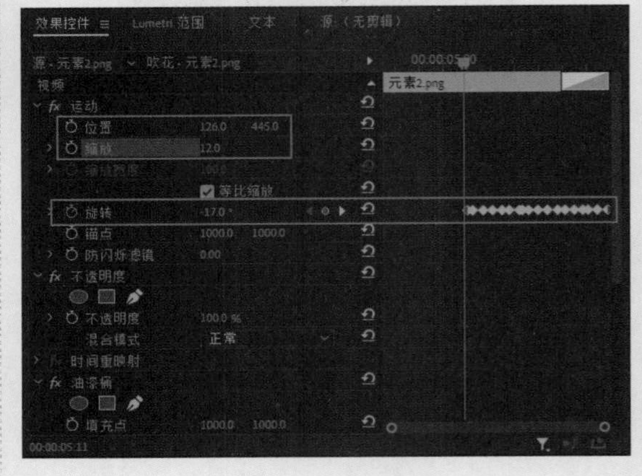

图6-44

图6-44（续）

## 6.4.3 添加背景和文字

本小节添加纯色与唯美背景，效果如图 6-45 所示。

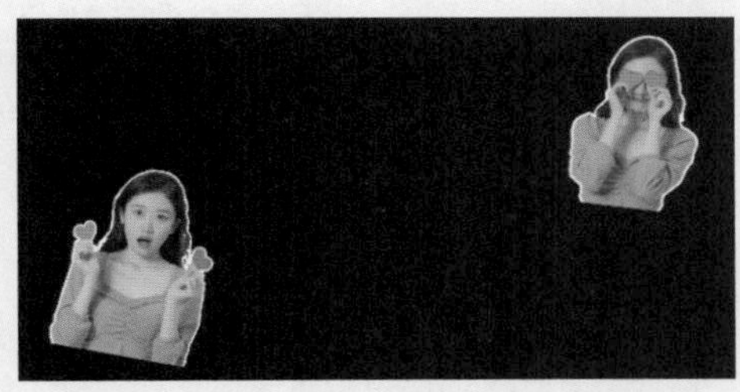

图6-45

**01** 在“项目”面板的空白处右击，在弹出的快捷菜单中选择“新建项目”→“颜色遮罩”选项，创建一个颜色与“吹花.mp4”素材底色近似的遮罩，将其作为“吹花.mp4”素材定格画面的背景。将颜色遮罩从“项目”面板拖至“时间轴”面板的V1轨道上，并调整为与“吹花.mp4”素材一致的时间长度，如图6-46所示。

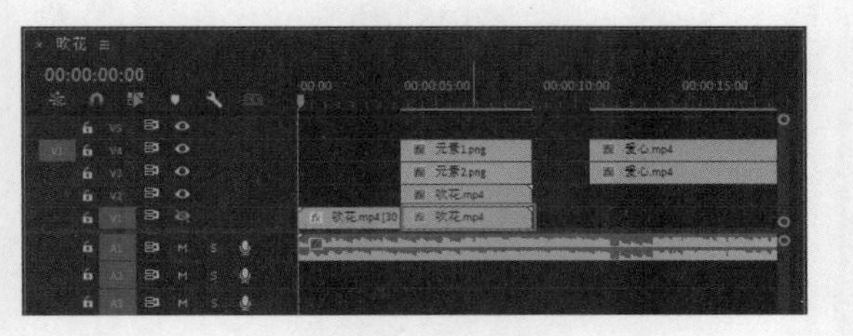

图6-46

**02** 创建一个任意颜色的遮罩，将其作为“爱心.mp4”素材的背景，放置在00:00:13:08的位置，素材末尾与视频末尾一致，再将“背景.mp4”拖至“时间轴”面板的V1轨道上，起始连接颜色遮罩的末尾，末尾与片尾对齐，如图6-47所示。

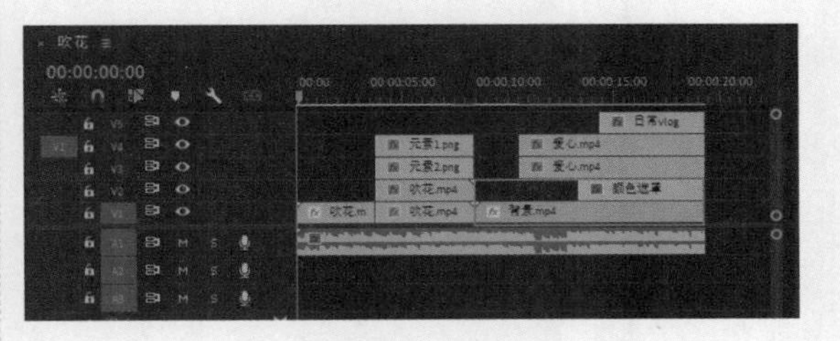

图6-47

**03** 添加标题文字，增强画面感，最终效果如图6-48所示。

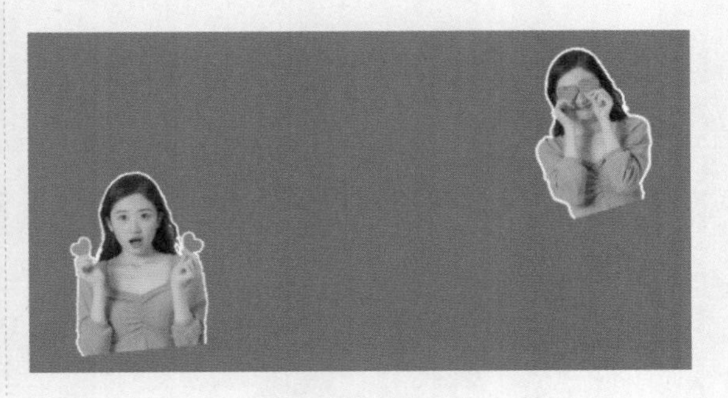

图6-48

图6-48（续）

## 6.5 本章小结

本章主要学习了叠加与抠像效果的应用原理及技巧。Premiere Pro 2023 为用户提供了 5 种抠像效果，分别是 Alpha 调整、亮度键、超级键、轨道遮罩键、颜色键，熟练掌握每种抠像效果的运用及效果调整方法，可以帮助大家在日常项目制作中，轻松应对各类素材的抠像处理操作。

第7章

# 颜色的校正与调整

画面的颜色与校正，通俗地讲就是“调色”，调色是后期处理的重要组成部分。通过调色，不仅能使画面的各个元素变得更漂亮，更重要的是通过调色能使元素更好地融入画面，使元素不再显得突兀，画面整体氛围更统一。

## 本章重点

※ 设置图像控制类效果

※ 设置颜色校正类效果

## 本章效果欣赏

## 7.1 视频调色工具

在 Premiere Pro 2023 界面右上角单击“工作区”按钮，在下拉列表中选择“颜色”选项，以显示各类调色面板与工具，方便进行调色工作，如图 7-1 所示。

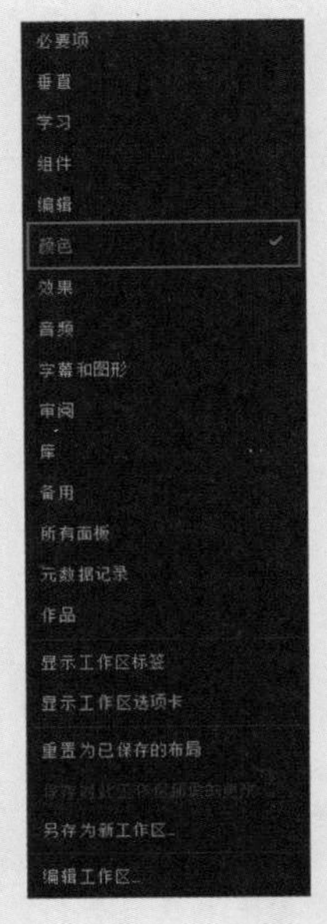

图7-1

### 7.1.1 “Lumetri 颜色”面板

“Lumetri 颜色”面板是 Premiere Pro 的调色工具，其中包含“基本校正”“创意”“曲线”“色轮和匹配”“HSL 辅助”“晕影”六部分，如图 7-2 所示。

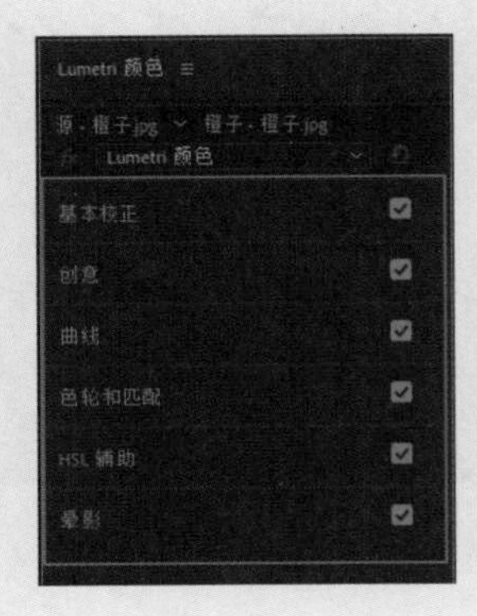

图7-2

### 7.1.2 Lumetri 范围

“Lumetri 范围”面板能显示素材的颜色范围，右击面板，在弹出的快捷菜单中选择显示的 Lumetri 范围。“波形（RGB）”模式下的颜色情况如图 7-3 所示。

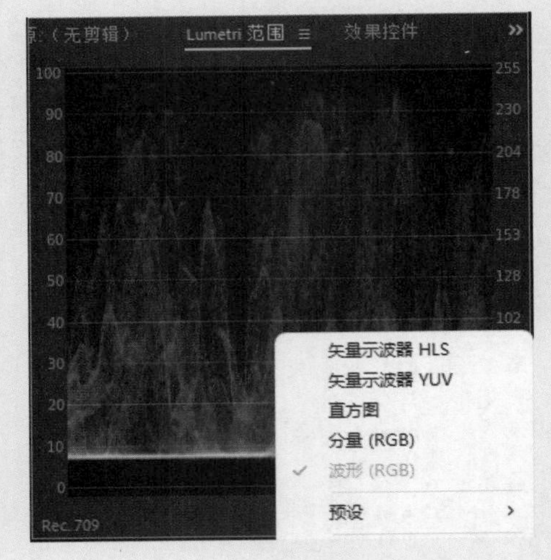

图7-3

“Lumetri 范围”面板的主要选项介绍如下。

※ 矢量示波器 YUV：以圆形的方式显示视频的色度信息，如图 7-4 所示。

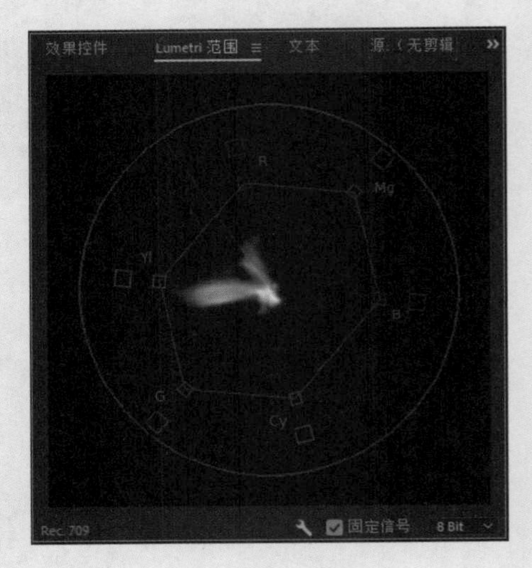

图7-4

※ 直方图：显示每个颜色的强度级别上像素的密集程度，有利于评估阴影、中间

调和高光，从而整体调整图像的色调，如图 7-5 所示。

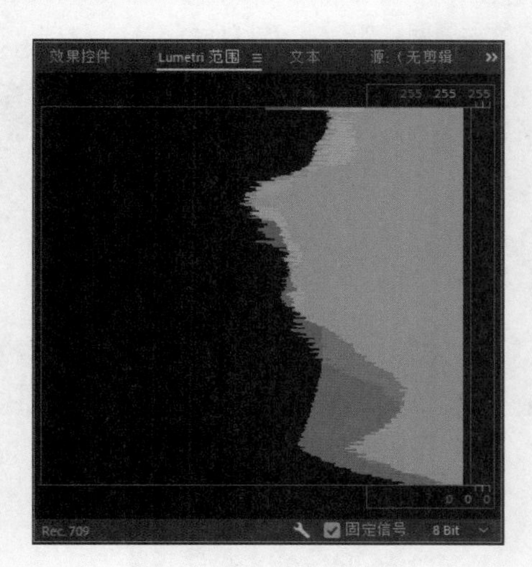


图7-5

※ 分量（RGB）：显示数字视频信号中的明亮度和色差通道级别的波形。可以在“分量类型”中选择 RGB、YUV、RGB 白色、YUV 白色，如图 7-6 所示。

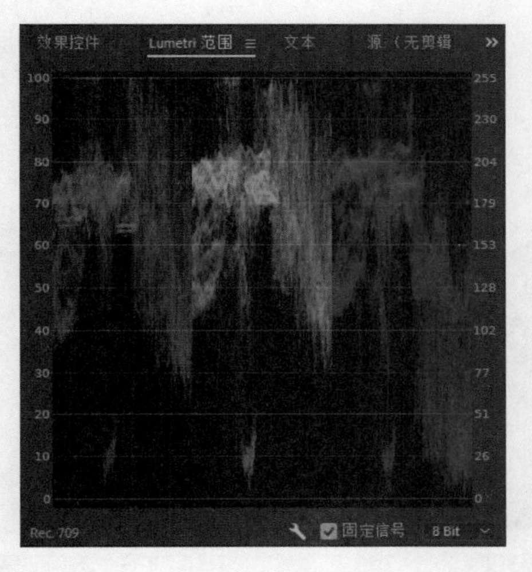


图7-6

### 7.1.3 基本校正

“Lumetri 颜色”面板的“基本校正”下的参数可以调整视频素材的色相（颜色和色度）和明亮度（曝光度和对比度），从而修正过暗或过亮的素材。

#### 1. 输入 LUT

LUT 调色预设和我们经常使用的滤镜相似，但运作原理不同，LUT 本质上是一个函数，每个像素的色彩信息经过 LUT 的重新定位后，就能得到一个新的色彩值。使用 LUT 预设作为起点对素材进行分类，后续还可以使用其他颜色控件进一步分级。打开“输入 LUT”下拉列表可以选择不同的 LUT 预设选项，如图 7–7 所示。

图7-7

#### 2. 白平衡

通过“色温”“色彩”和“白平衡选择器”控件可以调整白平衡，从而改进素材的环境色。

“白平衡”属性的主要参数介绍如下。

※ 白平衡选择器：选择“吸管工具”，单击画面中本身应该为白色的区域，从而自动调整白平衡，使画面呈现正确的白平衡关系，如图 7-8 所示。

图7-8

※ 色温：将该滑块向左（负值）拖曳，可以使素材画面偏冷，向右（正值）拖曳则可以使素材画面偏暖，如图 7-9 所示。

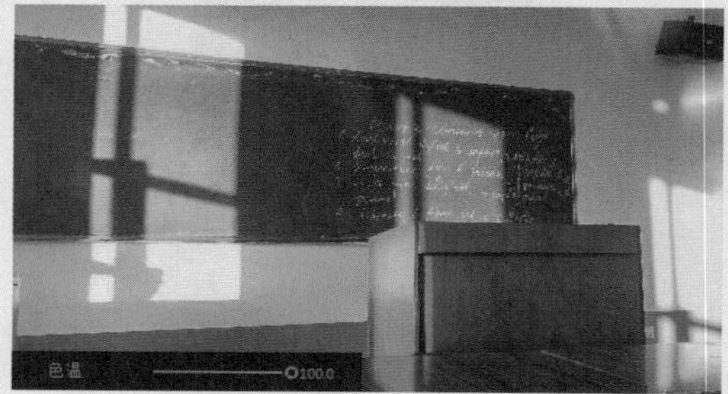


图7-9

※ 色彩：将该滑块向左（负值）拖曳，可以为素材画面添加绿色；向右（正值）拖曳则可以为素材画面添加洋红色，如图 7-10 所示。

图7-10

**3．色调**

“色调”属性中的参数用于调整素材画面的大体色彩倾向，如图 7-11 所示。

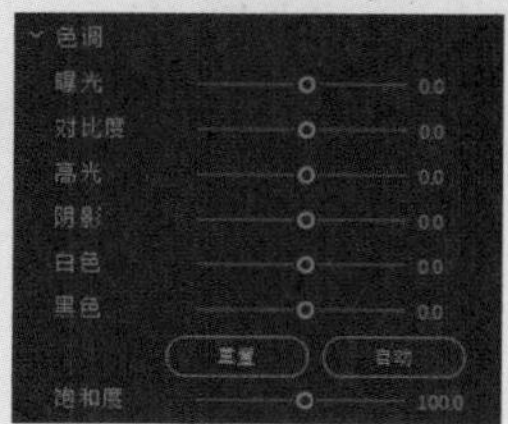


图7-11

“色调”属性的主要参数介绍如下。

※ 曝光：将该滑块向右（正值）拖曳，可以增加亮度并扩展高光；向左（负值）拖曳可以降低亮度并扩展阴影，如图 7-12 所示。

图7-12

※ 对比度：将该滑块向右（正值）拖曳，可以使中间调到暗区变得更暗；向左（负值）拖曳则可以使中间调到亮区变得更亮，如图 7-13 所示。

图7-13

※ 高光：将该滑块向左（负值）拖曳，可以使高光变暗；向右（正值）拖曳，则可以在最小化修剪的同时使高光变亮，如图 7-14 所示。

图7-14

※ 阴影：将该滑块向左（负值）拖曳，可以使阴影变暗并降低阴影细节；向右（正值）拖曳，则可以使阴影变亮并恢复阴影细节，如图 7-15 所示。

图7-15

※ 白色：将该滑块向左（负值）拖曳，可以减少高光；向右（正值）拖曳，可以增加高光，如图 7-16 所示。

图7-16

※ 黑色：将该滑块向左（负值）拖曳，可以增加黑色范围，使阴影更偏向于纯黑；向右（正值）拖曳，可以减小阴影范围，如图 7-17 所示。

图7-17

※ 重置：单击该按钮，可以使所有参数还原为初始值，如图 7-18 所示。

图7-18

※ 自动；单击该按钮，可以自动设置素材图像为最大化色调等级，即最小化高光和阴影，如图 7-19 所示。

**4．饱和度**

通过调整“饱和度”值，可以均匀调整素材图像中所有颜色的饱和度。向左（0~100）拖曳该滑块，可以降低整体的饱和度；向右（100~200）拖曳该滑块，则可以提高整体的饱和度，如图 7−20 所示。

图7-19

图7-20

## 7.1.4　创意

“创意”选项可以进一步拓展调色功能，如图 7−21 所示。另外，还可以使用 Look 预设对素材图像进行快速调色。

图7-21

## 1. Look

用户可以快速调用Look预设，如图7-22所示，其效果类似添加滤镜后的效果。单击Look预览窗口的左、右箭头可以快速切换Look预设进行效果预览，如图7-23所示。

图7-22

图7-23

单击预览窗口中的Look预设名称可以加载Look预设，如图7-24所示，调整“强度”值只在加载Look预设后才有效果，针对Look预设的整体影响程度进行调整，如图7-25所示。

图7-24

图7-25

## 2. 调整

进入“调整”选项卡，显示相关参数，如图7-26所示。

图7-26

“调整”中的主要参数介绍如下。

※ 淡化胶片：使素材图像呈现淡化的效果，可以调出怀旧的风格，如图7-27所示。

图7-27

※ 锐化：调整素材图像边缘的清晰度，向左（负值）拖曳滑块可以降低素材图像边缘的清晰度；向右（正值）拖曳滑块可以提高素材图像边缘的清晰度，如图7-28所示。

图7-28

## 7.1.5 实例：通过 LUT 为照片调色

通过 LUT 调色的效果，如图 7-29 所示，具体的操作步骤如下。

图7-29

**01** 启动Premiere Pro 2023，按快捷键Ctrl+O，打开素材文件夹中的“照片调色.prproj”项目文件。进入工作界面后，可以看到“时间轴”面板中已经添加的素材，进入“基本校正”选项组，如图7-30所示。

图7-30

**02** 打开“输入LUT”下拉列表，可以自由选择Premiere Pro自带的LUT预设选项，也可以从计算机中导入预设，这里选择ARRL_Universal_DCL选项，如图7-31所示。

图7-31

## 7.1.6 曲线

“曲线”功能用于对视频素材进行颜色调整，包含许多更高级的控件，可以对图像的亮度以及红、绿、蓝色的像素进行调整，如图 7-32 所示。

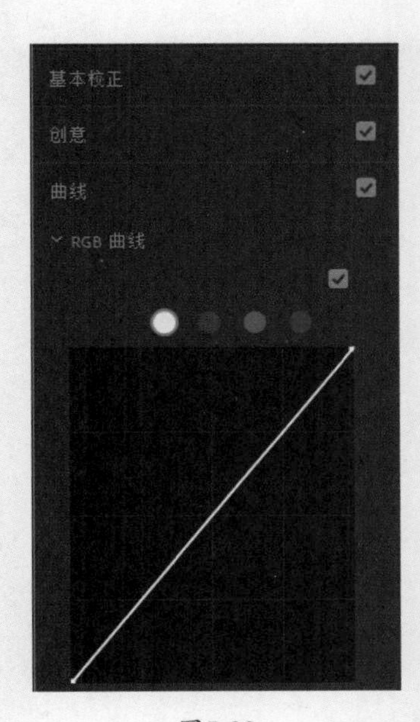


图7-32

除了“RGB 曲线”控件，还包括“色相饱和度曲线”功能，可以精确控制颜色的饱和度，同时不会产生太大的色彩偏差，如图 7-33 所示。

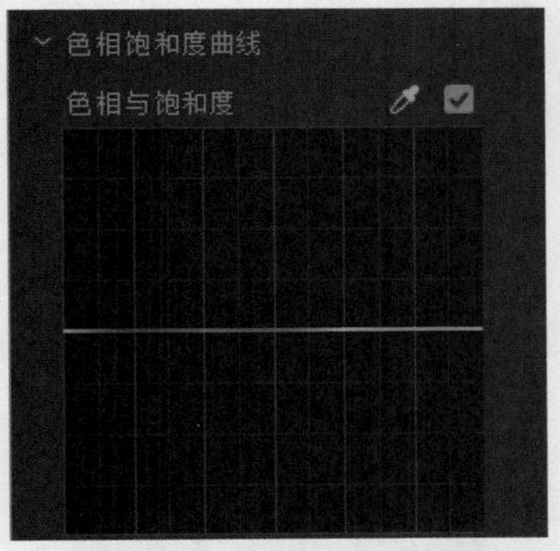


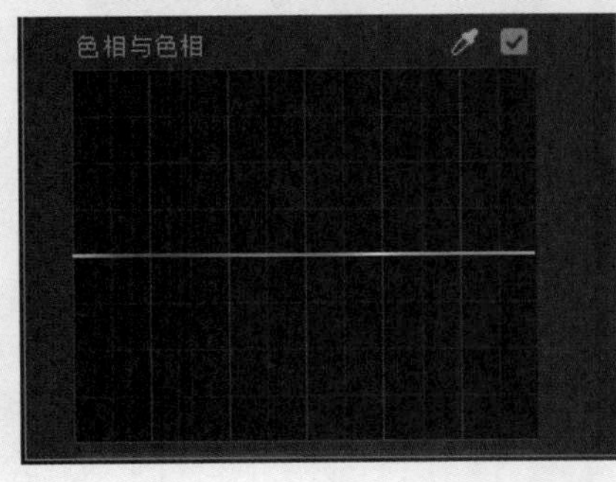


图7-33

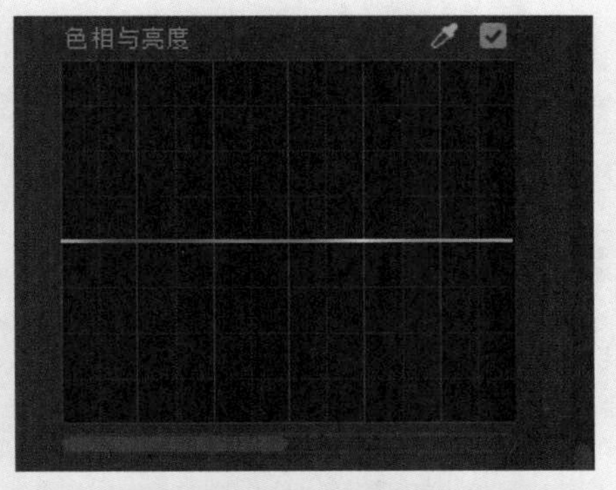


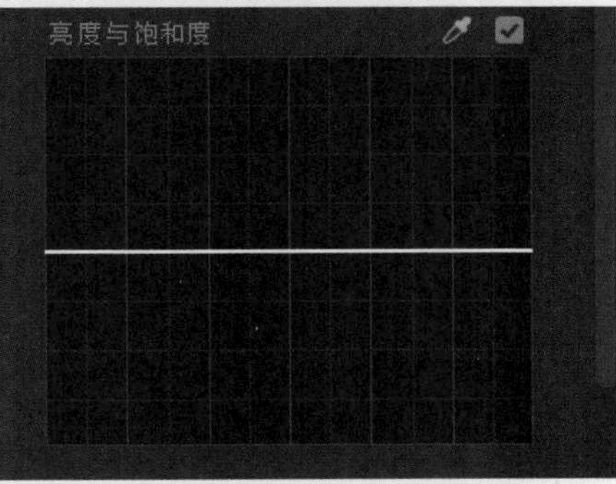


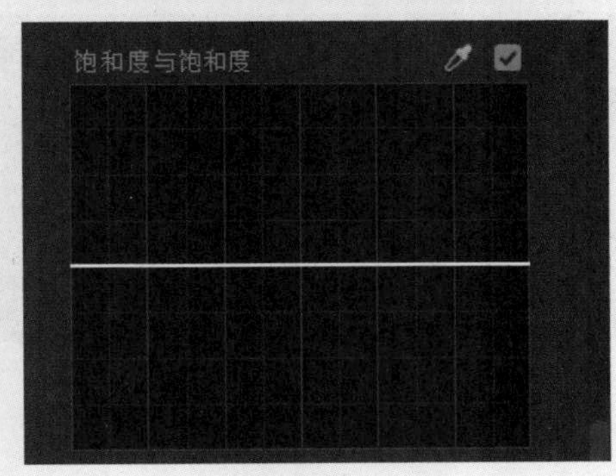


图7-33（续）

技巧提示：双击空白区域可以重置“Lumetri 颜色”面板中的大部分控件参数。

## 7.1.7 实例：用曲线工具调色

用曲线工具调色的效果对比如图 7-34 所示，具体的操作方法如下。

**01** 启动Premiere Pro 2023，按快捷键Ctrl+O，打开素材文件夹中的“曲线工具调色.prproj”项目文件。进入工作界面后，可以看到“时间轴”面板中已经添加的素材，如图7-35所示。

图7-34

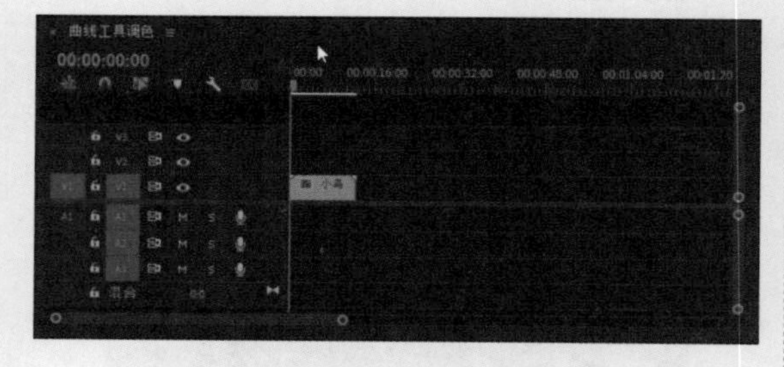


图7-35

**02** 切换至“颜色”选项组，展开“曲线”控件，观察视频素材，此时会发现画面整体亮度偏低。在“RGB曲线”中单击白色曲线中间的点并向上拖曳，同时观察“节目”面板中的画面，调整到最佳亮度，如图7-36所示。

图7-36

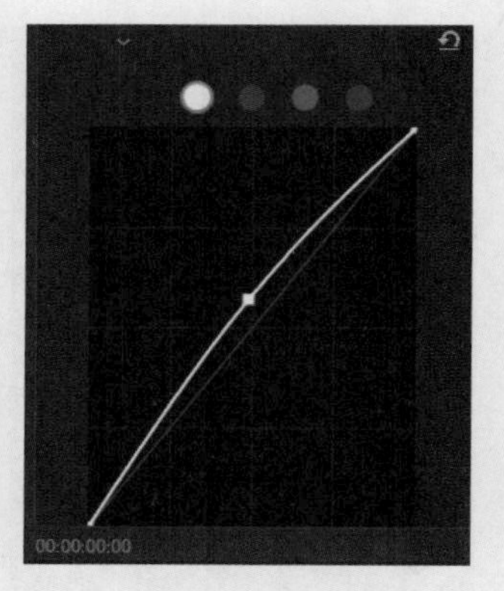


图7-36（续）

**03** 为了调节花朵的鲜艳度，切换至红色曲线，单击红色曲线中间的点并向上拖曳，同时观察“节目”面板中的画面，适当增加画面的红色，如图7-37所示。

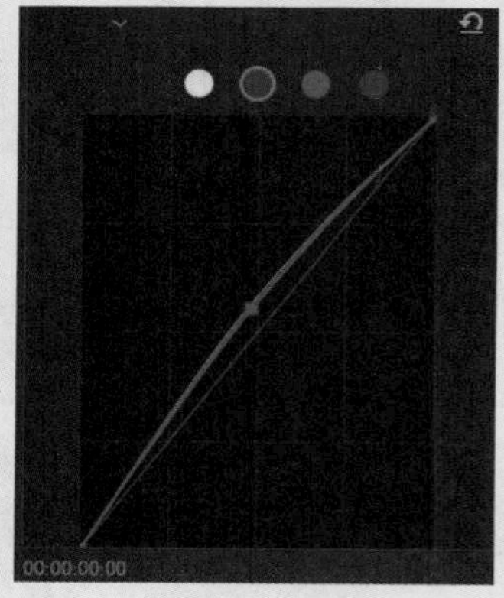


图7-37

**04** 提高小鸟羽毛颜色的饱和度，使画面更加生动。在“色相与饱和度曲线”属性下单击“色相（与饱和度）选择器”按钮，在“节目”面板中单击画面中的小鸟，在“色相与饱和度”控件中会自动创建三个可以移动的锚点，如图7-38所示。

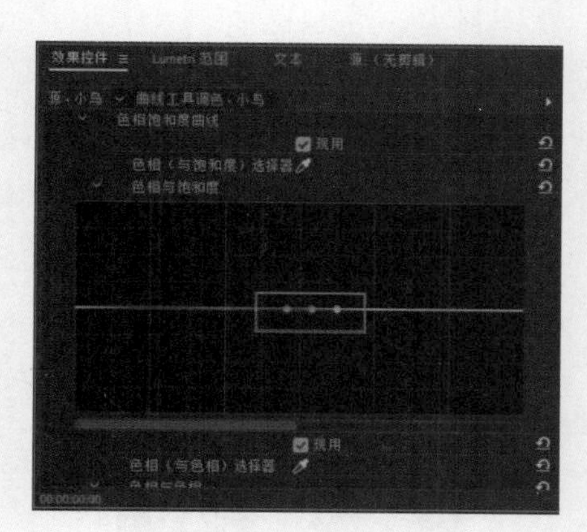


图7-38

**05** 单击拖曳中间的锚点，提高小鸟颜色的饱和度，如图7-39所示。

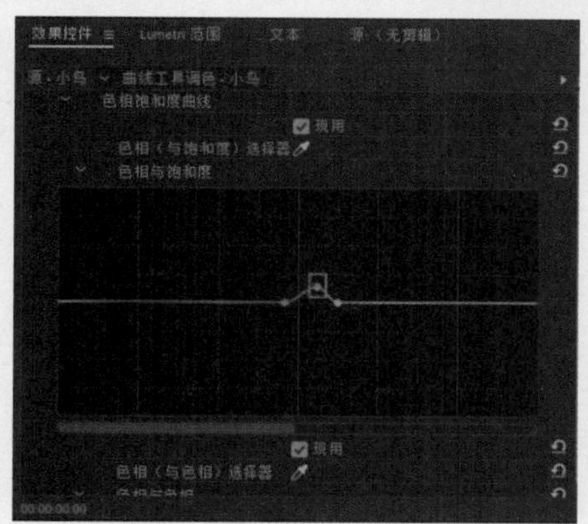


图7-39

## 7.1.8 快速颜色矫正器/RGB颜色校正器

下面介绍颜色校正的两种工具，分别是快速颜色校正器和RGB颜色校正器(包含RGB曲线)。

### 1. 快速颜色校正器

执行“窗口”→“效果”命令，弹出“效果”面板，如图7-40所示。

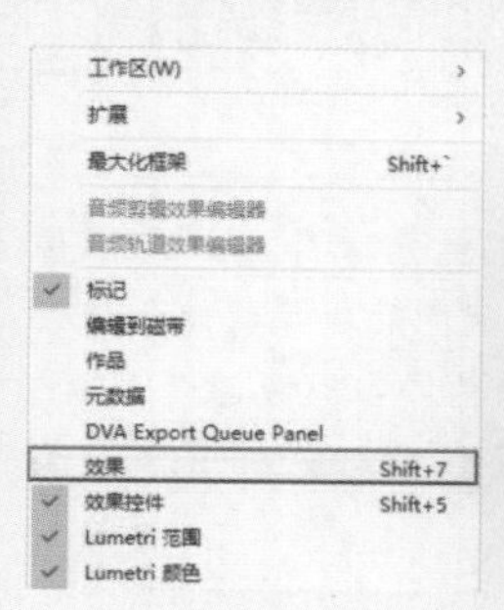


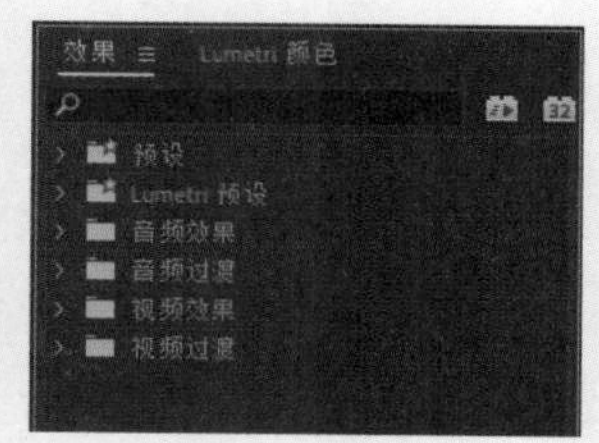


图7-40

在“效果”面板中找到“过时”→“快速颜色校正器”效果，将其拖至素材上，如图7-41所示。

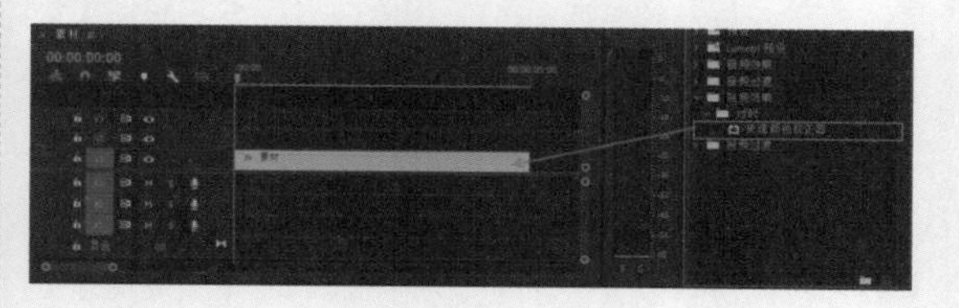

图7-41

在“效果控件”面板中找到“快速颜色校正器”属性，如图7-42所示。

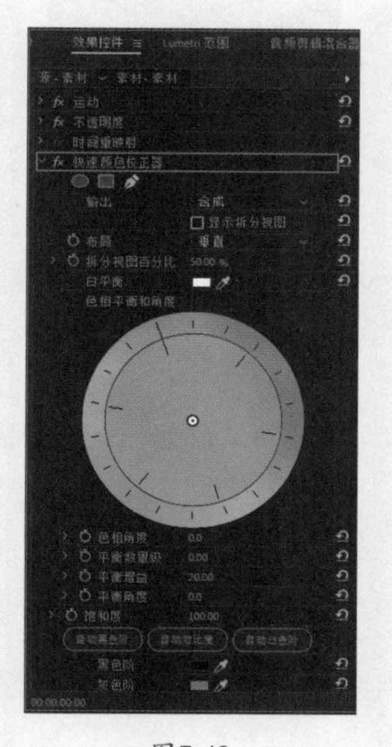


图7-42

“快速颜色校正器”属性中的主要参数介绍如下。

※ 白平衡：使用“吸管工具”调节白平衡，按住Ctrl键单击可以选取5×5像素范围内的平均颜色。

※ 色相角度：可以拖曳色环外圈改变图像色相，也可以单击蓝色的数字修改数值，还可以将鼠标指针悬停在蓝色数字附近，待出现箭头时，按住鼠标左键并左、右拖曳调整数值。

※ 平衡数量级：将色环中心处的圆圈拖至色环上的某一颜色区域，即可改变图像的色相和色调。

※ 平衡增益：可以控制平衡数量级。将黄色方块向色环外圈拖曳，可以提高平衡数量级的强度。越靠近色环外圈，效果越明显。

※ 平衡角度：将色环划分为若干份，如图7-43所示。

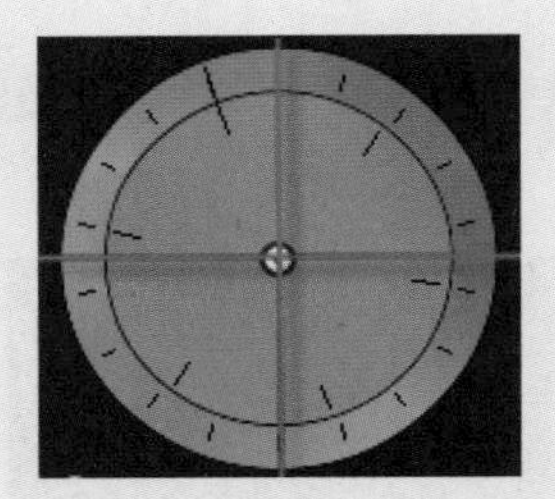

图7-43

※ 饱和度：色彩的鲜艳程度。饱和度值为0时，图像为灰色。

※ 主要：若选中“主要”复选框，阴影、中间调与高光的数据将同步调整；若取消选中“主要”复选框，可以对单独的控件进行调整。

※ 输入色阶/输出色阶：控制输入/输出的范围。输入色阶是图像原本的亮度范围。将左侧的“黑场”滑块向右移动，则阴影部分被压暗；将右侧的“白场”滑块向左移动则将高光部分提亮；中间的滑块则针对中间调进行调整。输入色阶与输出色阶的极值是相对应的。在输出色阶中，由于计算机屏幕上显示的是RGB图像，所以数值为0~255。若输出的为YUV图像，则数值为16~235。

## 2. RGB颜色校正器

使用“RGB颜色校正器”时，要注意以下三个参数，这三个参数的含义如图7-44所示。

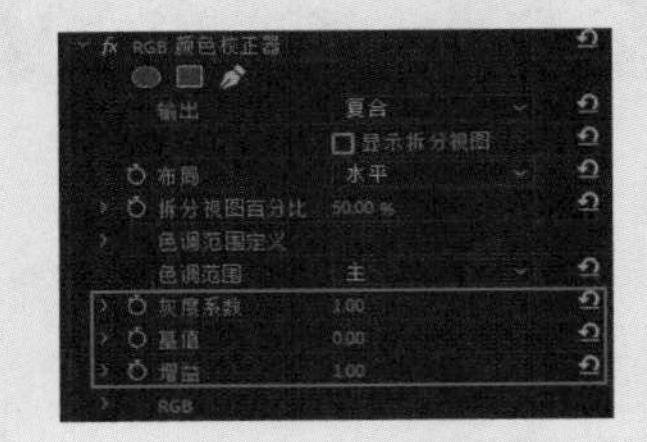


图7-44

※ 灰度系数：即图像灰度。灰度系数越大，则图像黑白差别越低，对比度越低，图像呈现灰色；灰度系数越小，则图像黑白差别越大，对比度越高，图像明暗对比强烈。

※ 基值：指视频剪辑中RGB的基本值。

※ 增益：指基值的增量。例如，在蓝色调的剪辑中蓝色的基值是100，增益是10，最后的结果为110。

为了在调整RGB颜色校正器的同时也能看到RGB分量，可以右击“Lumetri范围”面板，在弹出的快捷菜单中选择“分量类型”→RGB选项，然后将“Lumetri范围”面板拖至下方窗口进行合并，如图7-45所示。

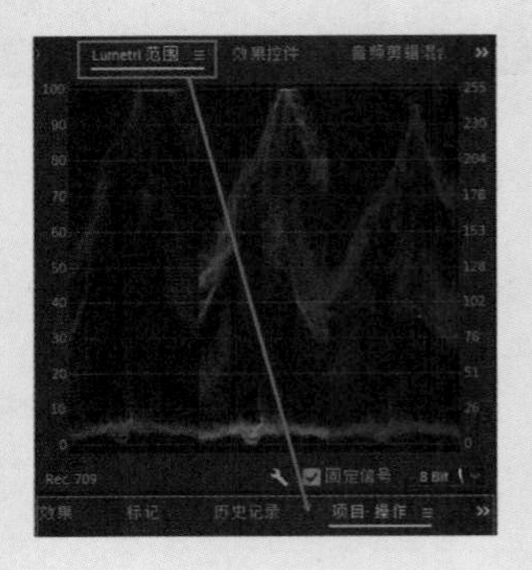


图7-45

### 3．RGB 曲线

以“主要”曲线为例，曲线左下方代表暗场，将端点向上移动可以使图像暗部变亮；曲线右上方代表亮场，将端点向下移动可以使图像亮部变暗。可以在曲线上的任意一处（除两端处）单击以添加锚点，进行分段调整，如图 7-46 所示，红色、绿色、蓝色曲线的调整方法相同。

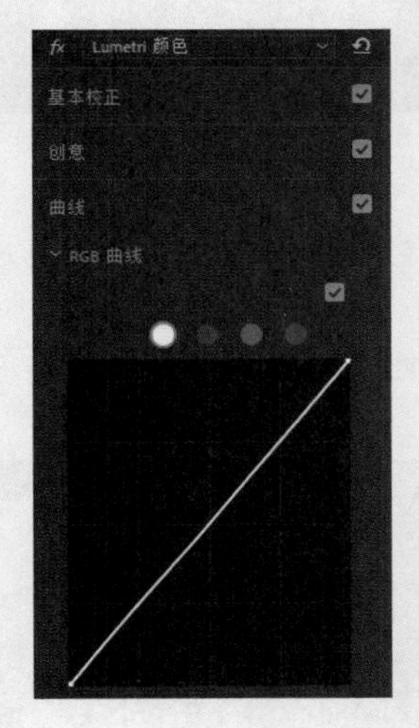


图7-46

技巧提示：若想重置参数，可以单击右上角的“重置”按钮进行重置。

## 7.2 视频的调色插件

在影视后期制作过程中，为了追求更好的视觉效果，经常需要为画面中的人物进行磨皮美肤处理。美化人物面部皮肤的暗斑、毛孔粗大、痘痕等问题，Beauty Box 插件都可以快速修复；随着手机拍摄技术的提升，人们用手机拍摄视频来记录生活的点点滴滴越来越普遍，但在晚上或者光线微弱的环境中拍摄，视频就会出现噪点，此时即可用 Neat Video 插件来消除这些噪点；Mojo Ⅱ是一个非常实用的视频调色插件，可以在视频后期处理中让画面呈现好莱坞影片的效果，该插件最大的特点就是可以实现快速预览，也就是说，可以快速调出好莱坞风格的色调。下面将详细介绍这些插件的使用方法。

### 7.2.1 Beauty Box

Beauty Box 是一个用面部检测技术自动识别皮肤颜色并创建遮罩的插件，可以同时安装到 Premiere 和 After Effects 中。下载安装 Beauty Box插件后，即可在“效果”面板中找到“视频效果”→Digital Anarchy→Beauty Box效果，并将其拖至视频素材上，Beauty Box 插件将自动识别视频素材中的人物皮肤，并进行磨皮处理，如图 7-47 所示。

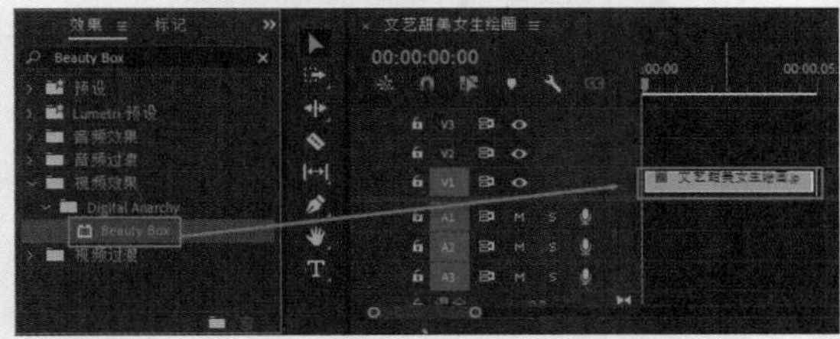


图7-47

若想对皮肤细节进行更精细调节，则可以在“效果控件”面板中找到 Beauty Box 属性详细调节参数。“平滑精度”参数可以控制磨皮的程度；“皮肤细节平滑”参数可以调节皮肤细节的平滑度，如图 7-48 所示。

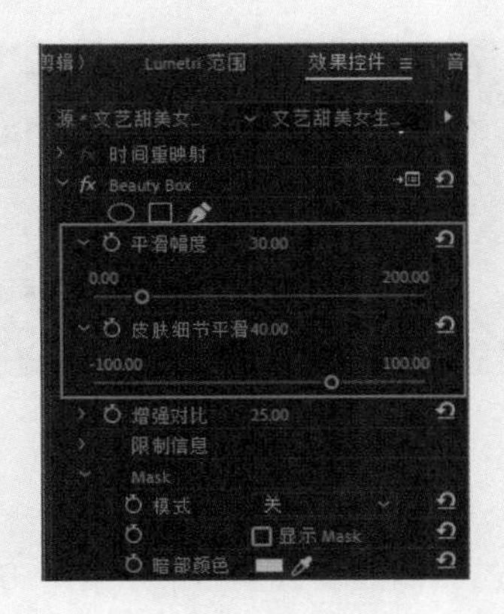


图7-48

"增强对比"参数可以微调皮肤的质感，也可以使用"吸管工具"吸取皮肤的暗部和亮部来精准调节。通常采用默认的参数即可，只有在特殊的光线环境下，人物肤色发生较大偏色时才会用到"吸管工具"和"色相范围"参数等来选取人物肤色的范围，如图 7-49 所示。

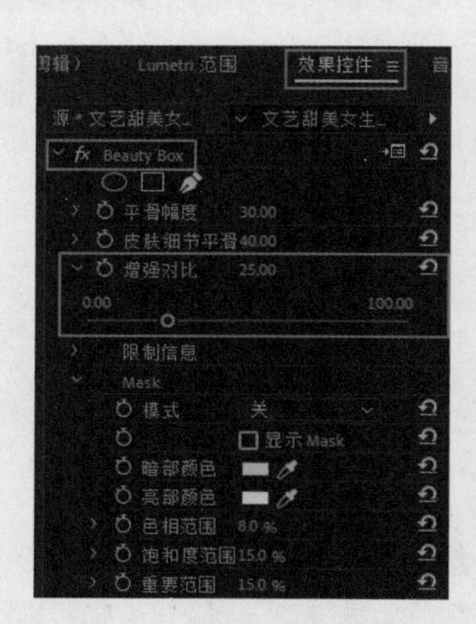

图7-49

## 7.2.2 Neat Video

Neat Video 插件拥有优异的降噪技术和高效率的渲染能力，支持多个 GPU 和 CPU 协同工作，降噪效果和处理速度都非常优秀，可以快速减少视频中的噪点。

在"效果"面板中找到"视频效果"→ Neat Video →"视频降噪处理"效果，并拖至视频素材上，如图 7-50 所示。

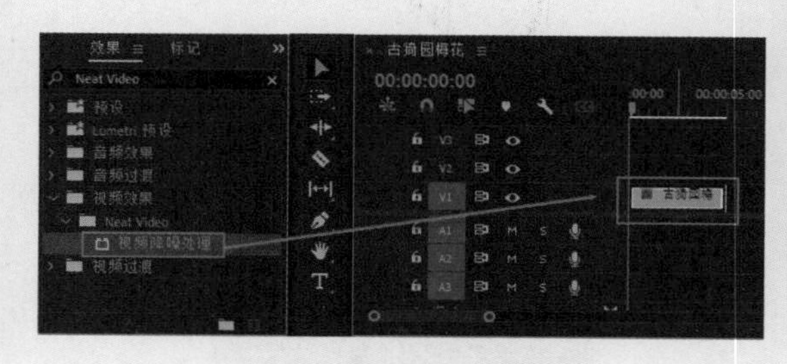

图7-50

在"效果控件"面板中找到"视频降噪处理"属性并单击右侧的设置按钮，如图 7-51 所示，打开设置窗口。

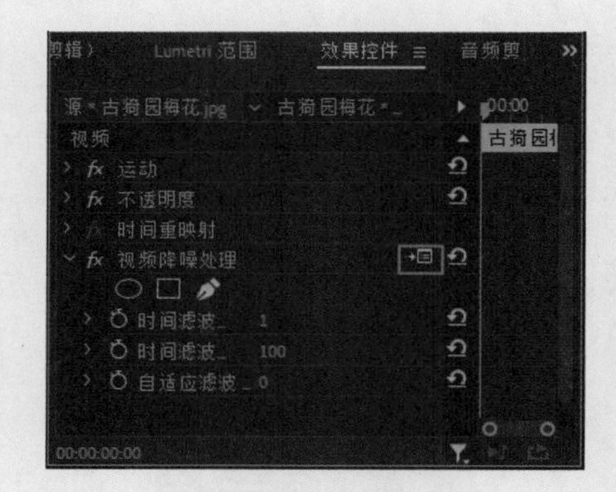

图7-51

单击左上角的 Auto Profile 选项卡，如图 7-52 所示。插件将自动框选噪点，单击 Apply 按钮，即可消除噪点，如图 7-53 所示。

图7-52

图7-53

## 7.2.3 Mojo II

Mojo II 插件会自动调整颜色，让视频剪辑呈现青绿色的色调。用户可以在“效果控件”面板中展开 Mojo Ⅱ属性，进行更加精细的调整。

打开序列，并添加素材到“时间轴”面板中，如图 7–54 所示。

图7-54

切换至“效果”面板，找到“视频效果”→ RG Magic Bullet → Mojo Ⅱ 效果，并将其拖至视频素材上，如图 7–55 所示。

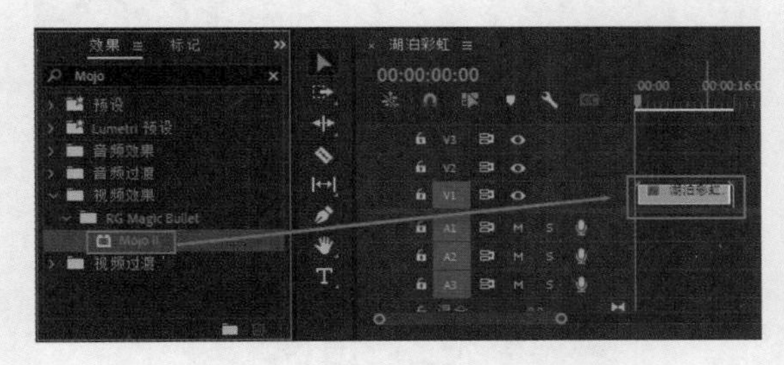


图7-55

此时，“节目”面板中的画面色调立即发生变化。下面讲解几个重要的参数。在“效果控件”面板中找到 Mojo Ⅱ属性并将其展开，其中的“素材格式”是指当前素材的类型，不同素材类型的色调各不相同，默认状态下为 Flat，如图 7–56 所示。

图7-56

图7-56（续）

预设：可以自由选择预设，选择不同的预设，下方的参数也会发生变化，默认状态为 Mojo。

Mojo：指色调对比。将 Mojo 值调至最大时，画面的色调对比更加强烈。当然，在参数值变更后，“预设”将自动变为 None，如图 7–57 所示。

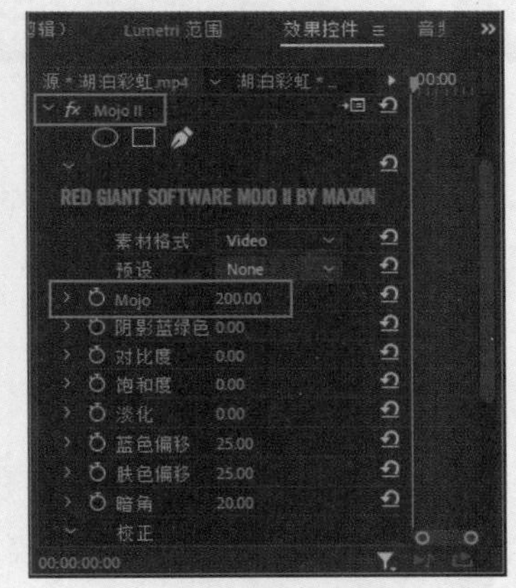

图7-57

阴影蓝绿色：将该值调至最大时，画面染色效果更加明显，如图 7–58 所示。

图7-58

对比度：“对比度”值越大，画面颜色越深；值越小，画面颜色越浅，如图 7-59 所示。

图7-59

饱和度：“饱和度”值越大，画面饱和度越低；值越小，画面饱和度越高，如图 7-60 所示。

图7-60

曝光度：“曝光度”值越大，画面曝光度越强；值越小，画面曝光度越弱，如图 7-61 所示。

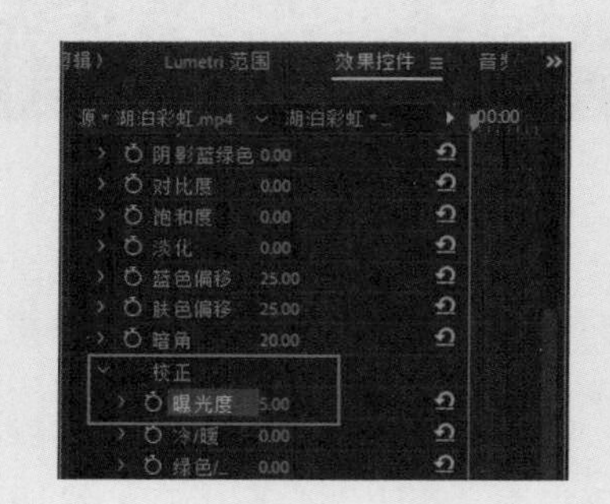

图7-61

冷 / 暖：“冷 / 暖”值增大，画面偏暖；值减小，画面偏冷，如图 7-62 所示。

图7-62

强度：可以自由调整插件强度，默认状态为100，如图7-63所示。

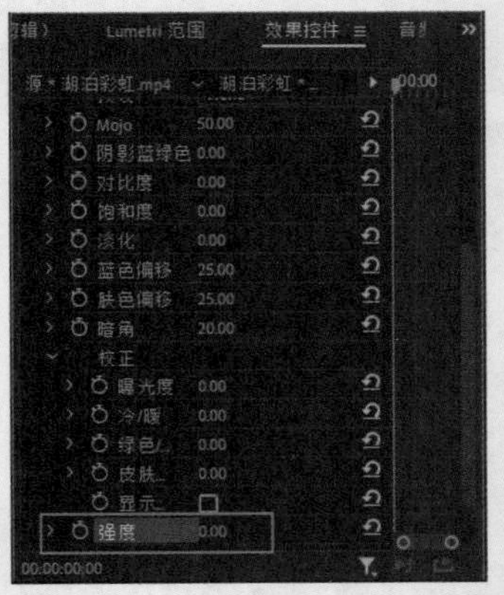

图7-63

## 7.3 视频调色技巧

本节主要介绍 Premiere Pro 的视频调色技巧，包含曝光处理、匹配色调、强调校色、环境光调色、关键帧调色等。

### 7.3.1 实例：解决曝光问题

曝光问题通常有两种情况：曝光不足和曝光过度，具体的操作方法如下。

#### 1. 曝光不足

**01** 启动Premiere Pro 2023，按快捷键Ctrl+O，打开素材文件夹中的“解决曝光问题.prproj”项目文件，如图7-64所示。

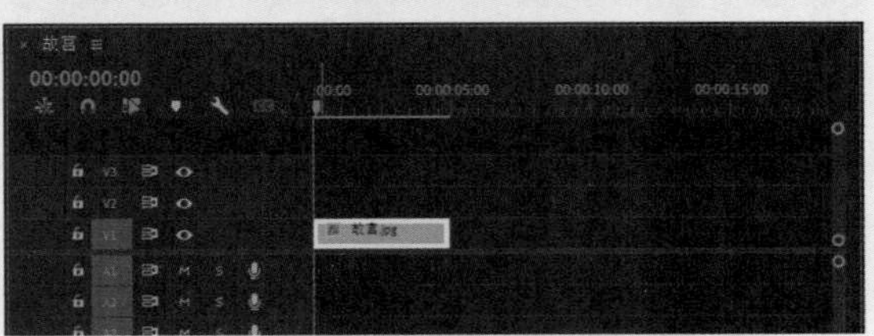


图7-64

**02** 单击界面右上角的“工作区”按钮，切换至“颜色”工作区，在“Lumetri范围”面板中右击，在弹出的快捷菜单中选择“波形类型”→YC选项，如图7-65所示。

**03** 观察图像发现，在曝光不足的图像中，像素更多地聚集在阴影区，波形位置普遍较低，甚至有些已经接近0，如图7-66所示。

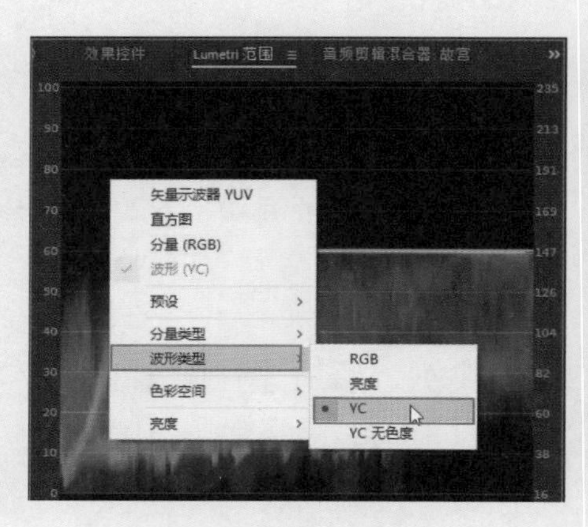


图7-65

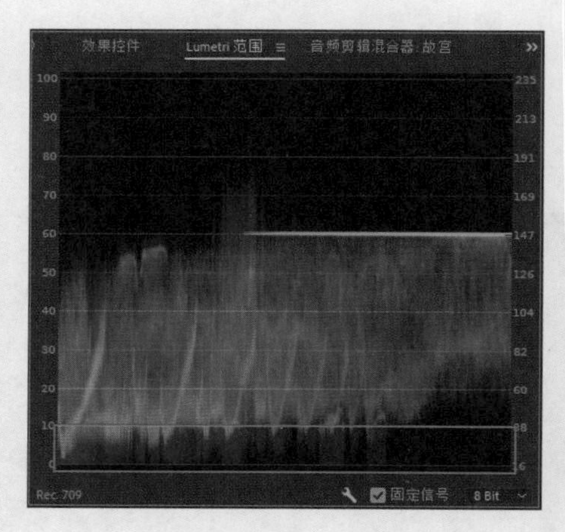


图7-66

**04** 在"Lumetri颜色"面板中展开"灯光"属性，调整"曝光"和"对比度"参数，同时检查YC波形，确保像素在全区域分布，如图7-67所示。

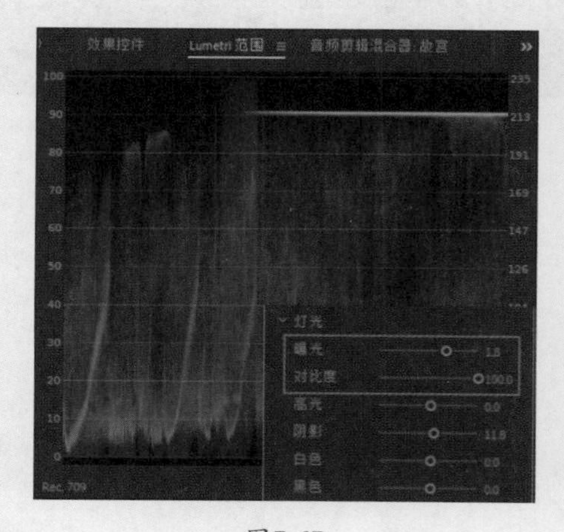


图7-67

图7-67（续）

**05** 观察原图和修改后的图像效果，如图7-68所示。

图7-68

### 2．曝光过度

曝光过度的图片或视频素材，除了使用"Lumetri 颜色"面板的"灯光"属性进行亮度调节，还可以利用"曲线"中的"RGB 曲线"属性调整高光、中间调和阴影，如图 7-69 所示。

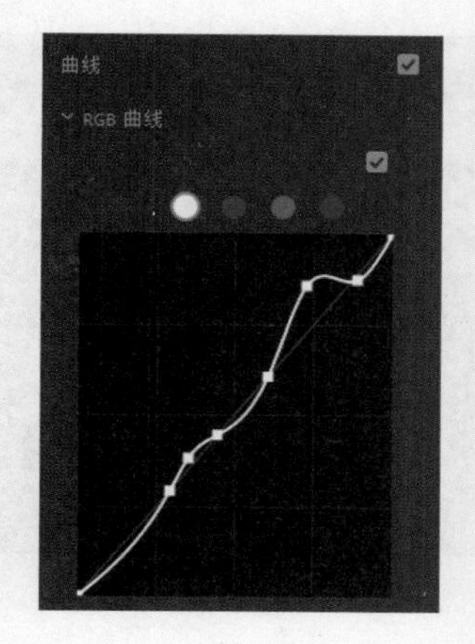


图7-69

## 7.3.2 实例：调整过曝的素材

调整过曝的素材的前后效果如图7-70所示。

图7-70

**01** 启动Premiere Pro 2023，按快捷键Ctrl+O，打开素材文件夹中的“调整过曝.prproj”项目文件。进入工作界面后，可以看到“时间轴”面板中已经添加的素材，如图7-71所示。

图7-71

**02** 在“Lumetri范围”面板中右击，在弹出的快捷菜单中选择“波形类型”→YC选项，如图7-72所示。

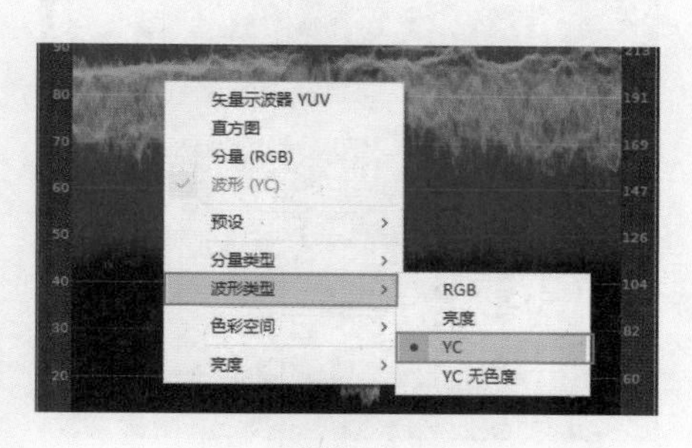


图7-72

**03** 观察图像，在曝光过度的图像中，YC波形顶部有许多亮像素，有些已经达到100，如图7-73所示。

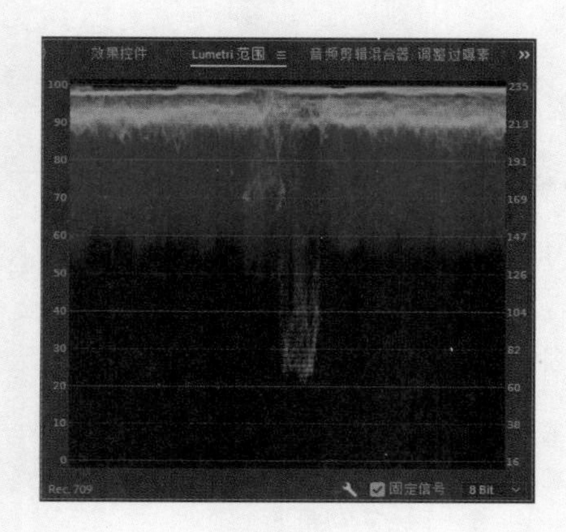


图7-73

**04** 在“Lumetri颜色”面板中展开“RGB曲线”属性，单击曲线右上角，添加一个锚点并向下拖曳，同时观察YC波形，将图像的高光部分降至80~90，如图7-74所示。

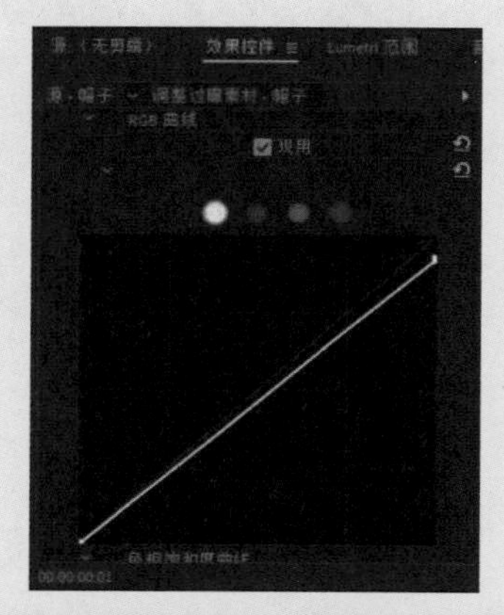

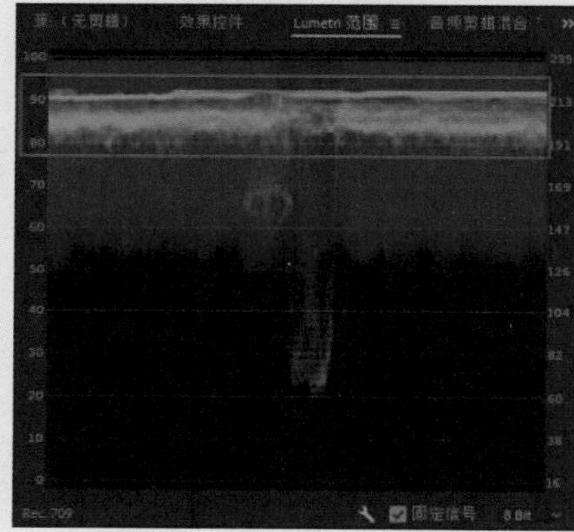

图7-74

**05** 观察图像，在曝光过度的图像中，YC波形底部缺乏暗像素，如图7-75所示。

**06** 单击曲线左下角，添加一个锚点并向右拖曳，同时观察YC波形，将图像的暗像素降至10左右，如图7-76所示。

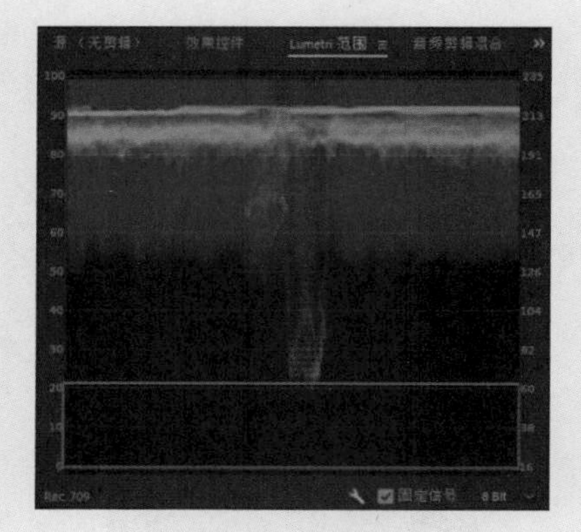

图7-75

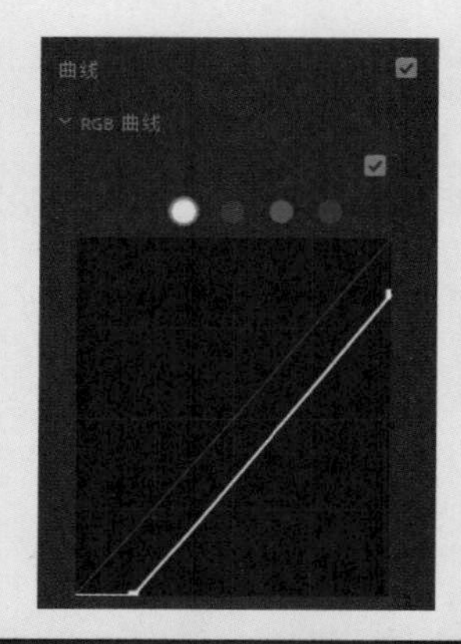

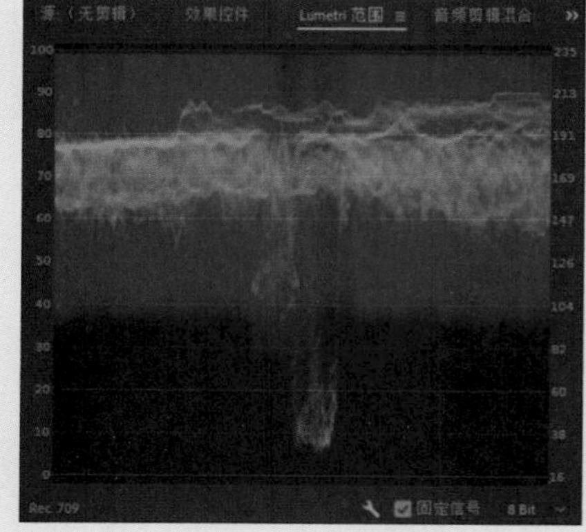

图7-76

## 7.3.3 实例：匹配色调

在视频剪辑中，一些视频的颜色与色调也许会不同，为了保持视频整体画面的和谐统一，需要对视频进行色调匹配处理，具体的操作方法如下。

**01** 打开项目文件，将“湖水.mp4”拖至V1轨道上，将“桥.jpg”拖至V2轨道上，如图7-77所示。

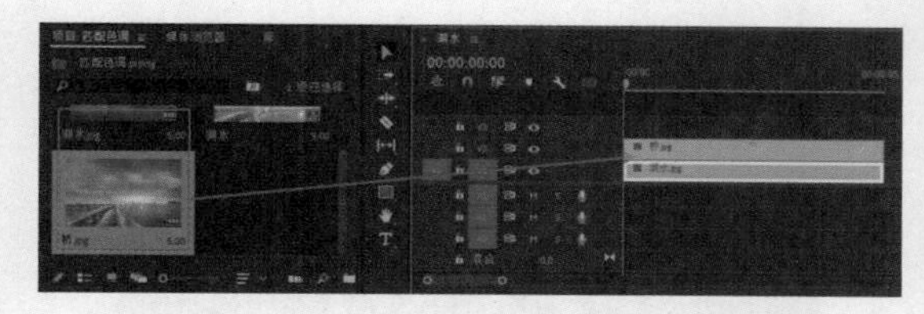

图7-77

**02** 切换至“效果”工作区，单击激活“桥.jpg”素材，在“效果控件”面板的“运动”属性中，设置“位置”的X轴坐标值为822.0，“缩放”值为23.0，如图7-78所示。

图7-78

**03** 单击激活“湖水.jpg”，在“效果控件”面板的“运动”属性中，设置“位置”的X轴坐标值为2198.0，“缩放”值为43.0，如图7-79所示。

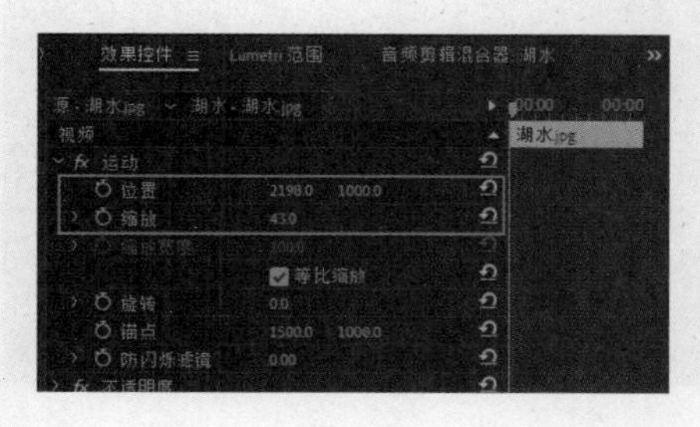


图7-79

图7-79（续）

**04** 在“Lumetri范围”面板中右击，在弹出的快捷菜单中选择“预设”→“分量RGB”选项，如图7-80所示。

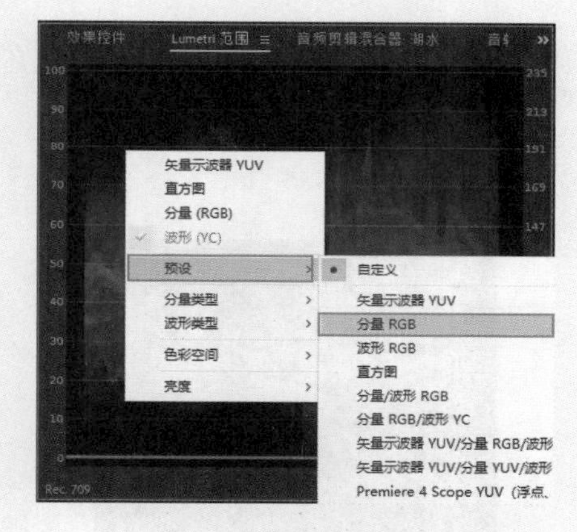


图7-80

**05** 在“效果”面板中找到“视频效果”→“过时”→“RGB曲线”效果，并将其拖至“湖水.jpg”上，如图7-81所示。

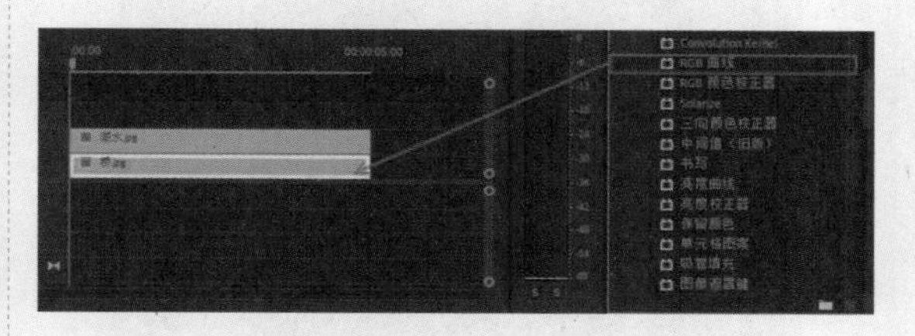

图7-81

**06** 观察“Lumetri范围”面板中分量RGB的红色区域，左半部分属于“桥.jpg”，右半部分属于“湖水.jpg”，两者不太一致，如图7-82所示。

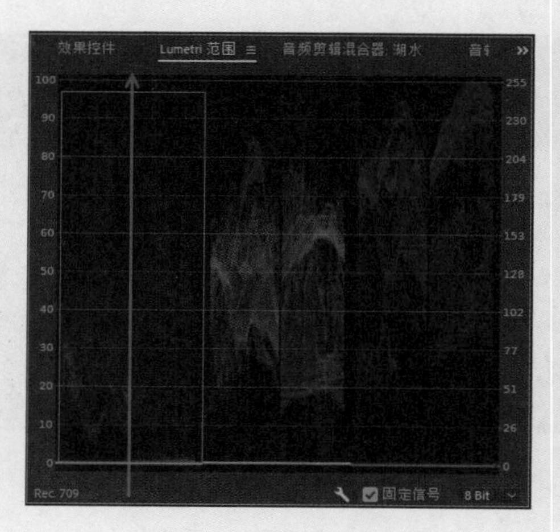


图7-82

**07** 展开“效果控件”面板中的“RGB曲线”属性，单击红色曲线的右上角，添加一个锚点并向左拖曳，提亮“桥.jpg”的红色高光部分，同时查看“Lumetri范围”面板中的分量RGB的红色区域，尽可能使右半部分与左半部分匹配，如图7-83所示。

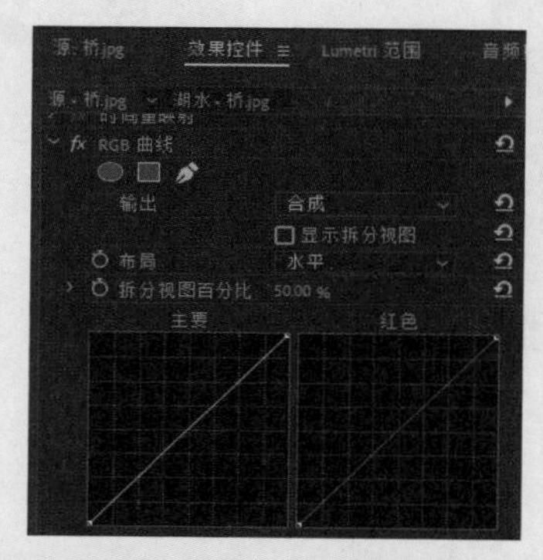


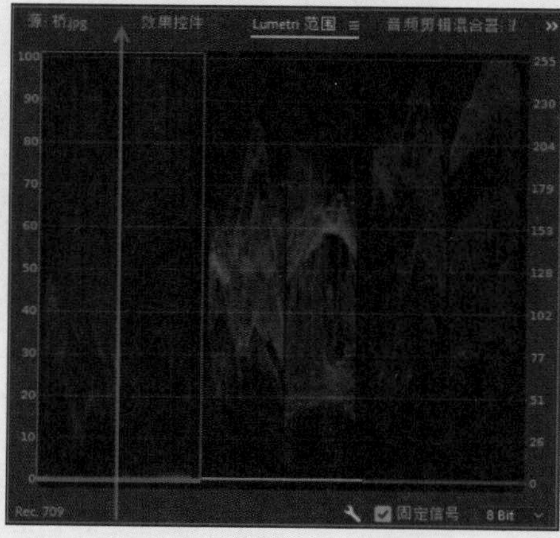


图7-83

图7-83（续）

**08** 观察“Lumetri范围”面板中分量RGB的绿色区域。左半部分属于“桥.jpg”，右半部分属于“湖水.jpg”，两者大致相同，因此不做调整，如图7-84所示。

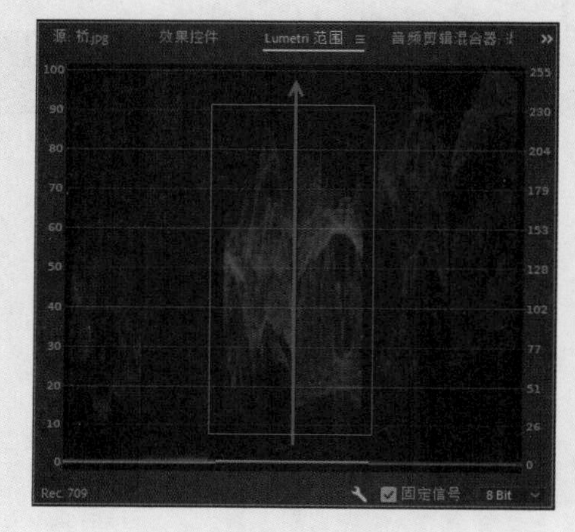


图7-84

**09** 观察“Lumetri范围”面板中分量RGB的蓝色区域。左半部分属于“桥.jpg”，右半部分属于“湖水.jpg”两者大致相同，因此不做调整，如图7-85所示。

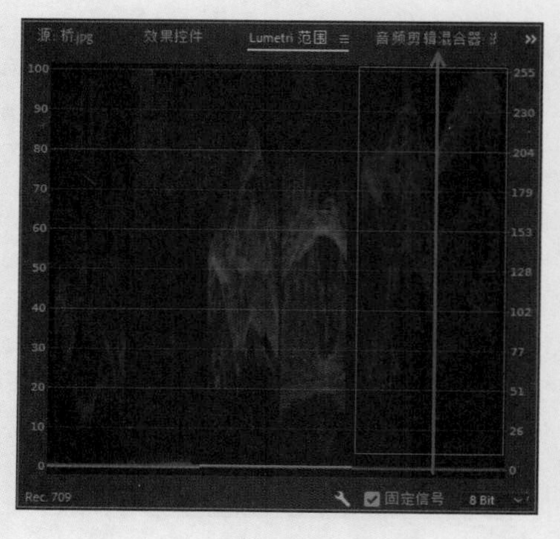


图7-85

图7-85（续）

## 7.3.4 实例：关键帧调色

关键帧调色的具体操作方法如下。

**01** 打开项目文件，切换至“效果”工作区，在“效果”面板中找到“视频效果”→“过时”→“快速颜色校正器”效果，并将其拖至视频素材上，如图7-86所示。

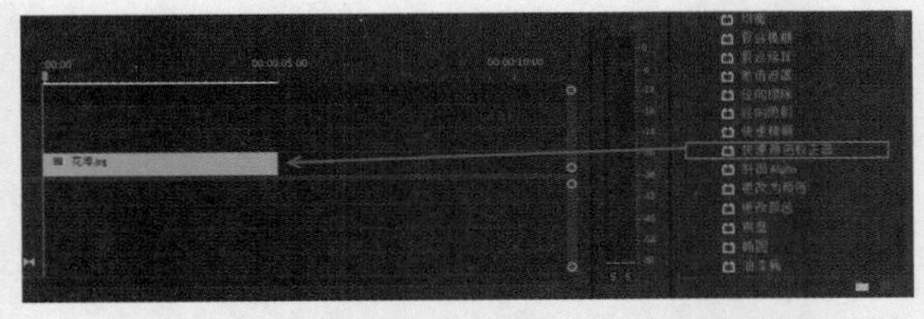

图7-86

**02** 在“效果控件”面板中找到并展开“快速颜色校正器”属性，如图7-87所示。

**03** 单击想要进行调整的参数前的“切换动画”按钮，调色需要一个或多个关键帧，如图7-88所示。

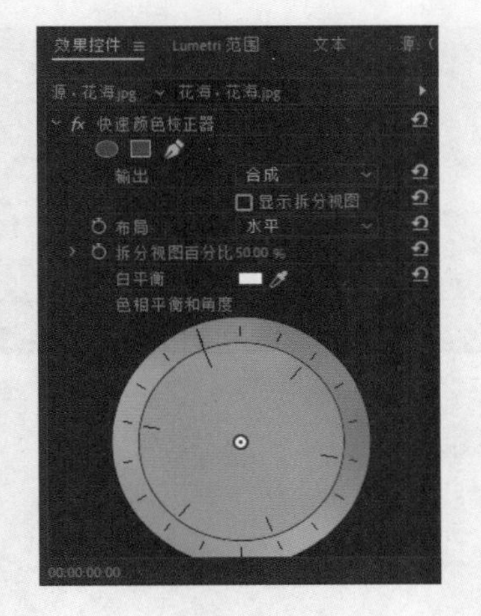


图7-87

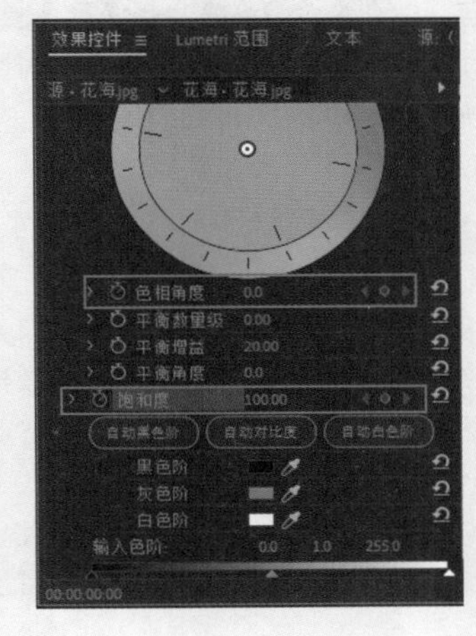


图7-88

**04** 拖曳“效果控件”面板中的时间指示器，移至要调色的位置，直接在“效果控件”面板中的“快速颜色校正器”属性中调色即可，如图7-89和图7-90所示。

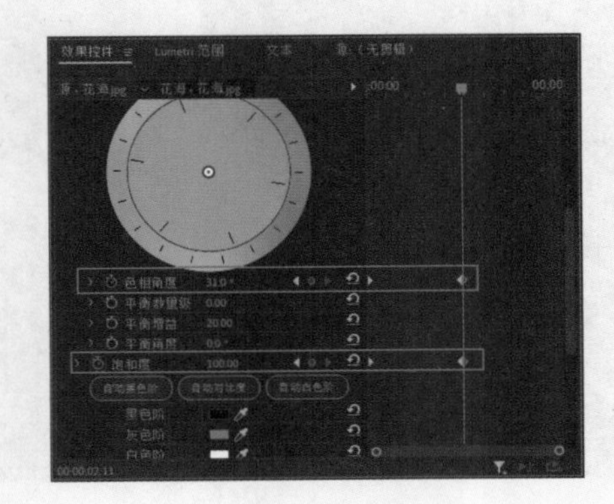


图7-89

图7-90

## 7.3.5　混合模式调色

混合模式的主要作用是可以用不同的方法将上方图像的颜色值与下方图像的颜色值混合。当将一种混合模式应用于某一图层时，在此图层或下方的任何图层上都可以看到混合模式的效果。Premiere Pro 中的色彩混合模式和 Photoshop 中的色彩混合模式基本相同，如图 7–91 所示。

混合模式的具体选项及效果可以分为如下几类，如图 7–92 所示。

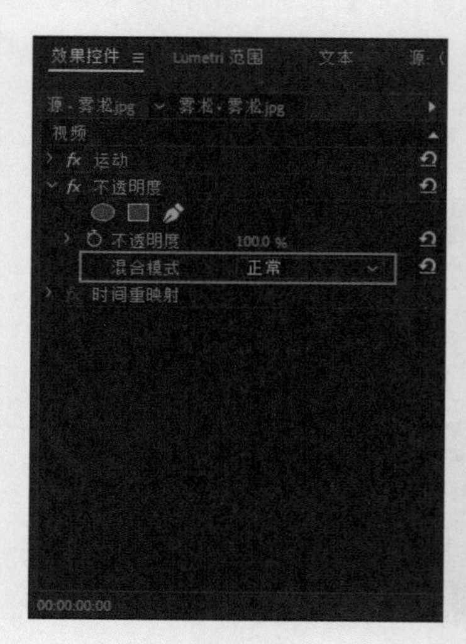


图7-91

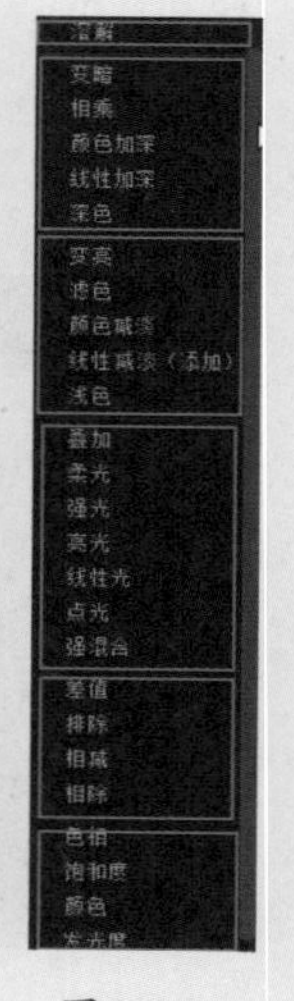


图7-92

### 1．“颗粒”模式类

使用“溶解”可以通过调整不透明度，使素材具有一定密度的颗粒感（不透明度越高，颗粒密度越大），如图 7–93 所示。

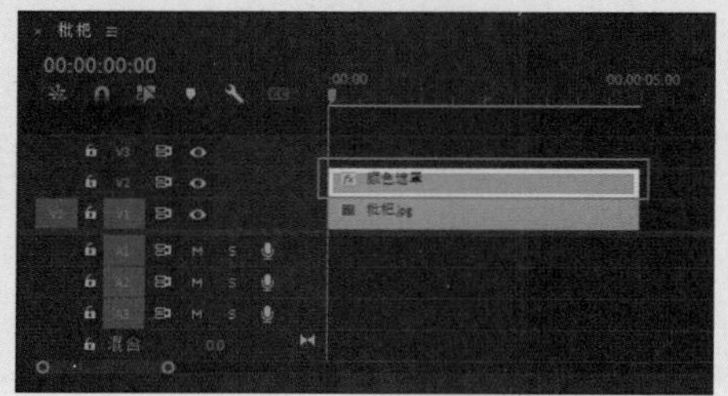

图7-93

### 2．“变暗”模式类

“变暗”模式不会将两个图层完全混合，准确地说，该模式会对两个图层的像素进行对比，然后显示两者中更暗的像素。为了方便说明此问题，这里提供了一张白灰黑色卡，如图 7–94 所示。

图7-94

将此色卡放置在混合图层中，并将混合模式调整为“变暗”模式，会发现色卡白色部分比基色图层的像素亮度高，所以该区域经过“变暗”处理，将显示色卡下方基色图层的像素，色卡黑色部分比其下方基色图层的像素亮度低，所以色卡黑色区域经过“变暗”处理将显示为色卡的黑色内容，灰色部分的内容则介于两者之间，如图 7–95 所示。

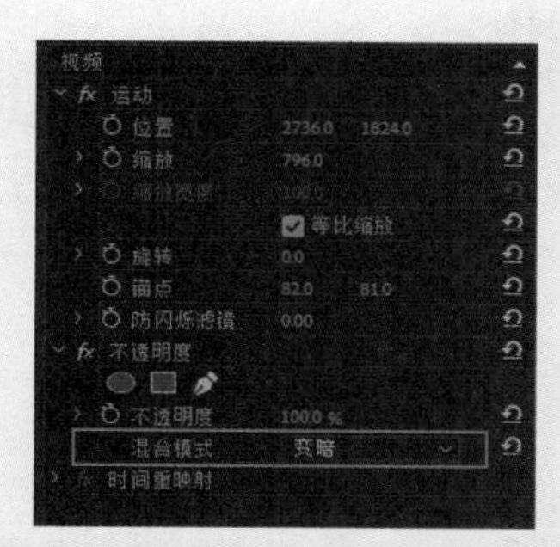

图7-95

“相乘”属于变暗模式，其公式为“基色 × 混合色 = 结果色”，所以即使上下图层内容调换后采用“相乘”模式，其混合结果相同。该效果的结果色就是一个比基色和混合色更深的叠加色。当基色为黑色时，无论混合色为什么颜色，其结果都是黑色；当混合色为黑色时，无论基色为什么颜色，其结果也都是黑色。因为相乘的结果就是得到一个比基色与混合色都深的颜色，而没有比黑色更深的颜色了，所以其结果永远是黑色，如图 7–96 和图 7–97 所示（注意基色与混合色的图层关系）。

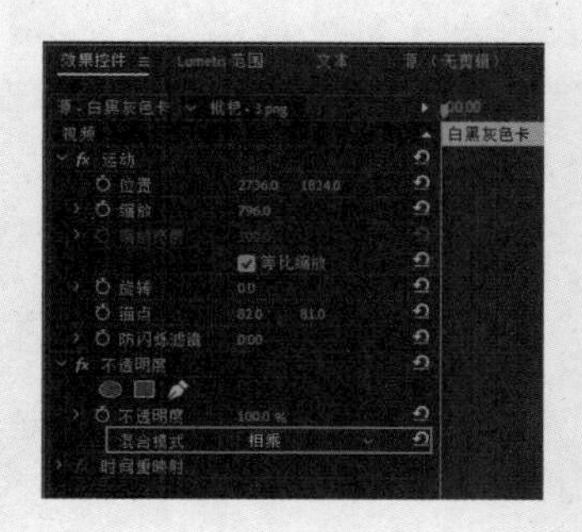


图7-96

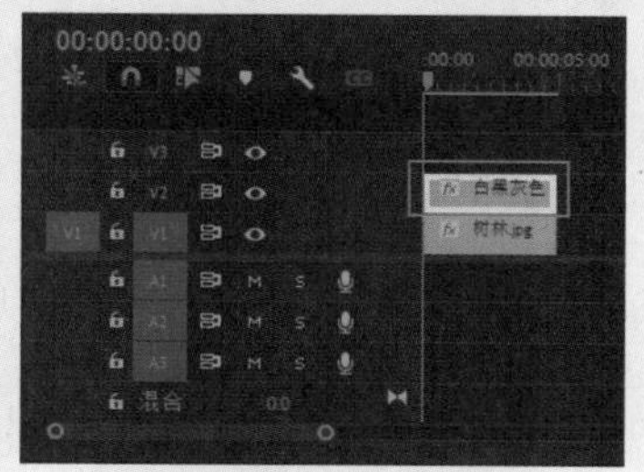


图7-96（续）

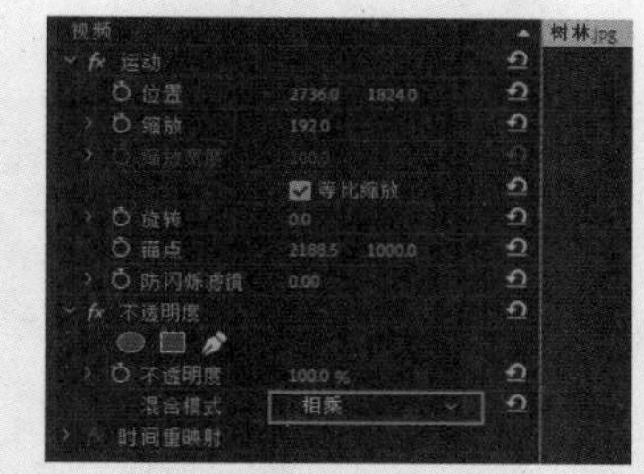

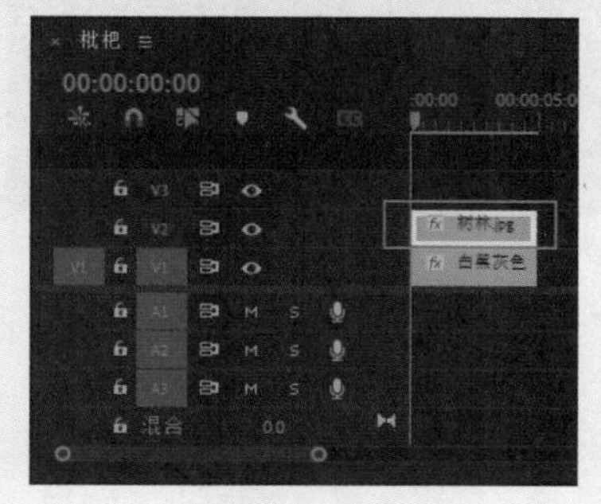


图7-97

> 技巧提示：对比“变暗”与“相乘”模式，可以这样总结其区别：“变暗”不生成新的颜色，而“相乘”则会生成新的颜色。

“颜色加深”模式通常用于解决曝光过度的问题，即在保留白色的情况下，通过计算每个通道中的颜色信息，以提高对比度的方式（除白、黑外，其他每一种暗度都提高对比度），使基色图层变暗，再与混合图层混合，效果如图 7-98 所示。

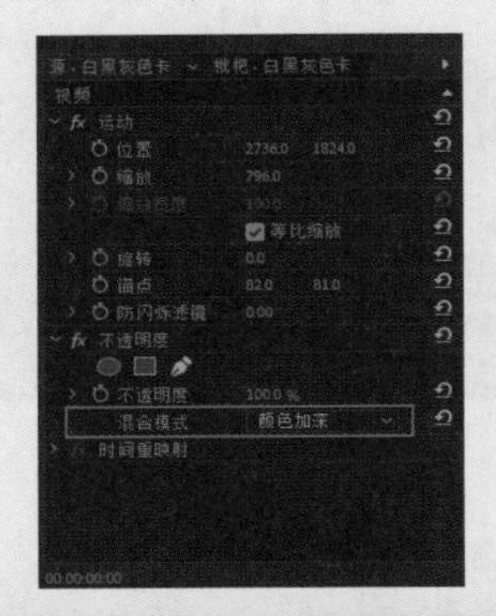

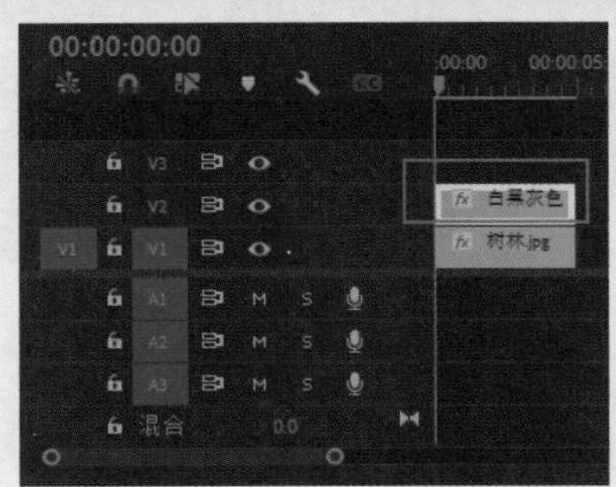


图7-98

**3．“变亮”模式类**

“变亮”模式的效果与“变暗”模式相反；“滤色”效果与“相乘”模式相反；“颜色减淡”模式的效果与“颜色加深”模式相反；“线性减淡（添加）”模式的效果与“颜色减淡”模式相近，但是较亮的素材会变得更亮，而对比度和饱和度则会有所下降；“浅色”模式的效果与“深色”模式相反。

**4．“对比度”模式类**

“叠加”属于“对比度”模式，即除 50% 灰外的所有图层叠加区域都提高对比度，且色相会根据叠加的颜色而发生改变，如图 7-99 所示。

图7-99

“柔光”是“叠加”模式的弱化效果版本，即叠加效果相对较弱，如图 7-100 所示。

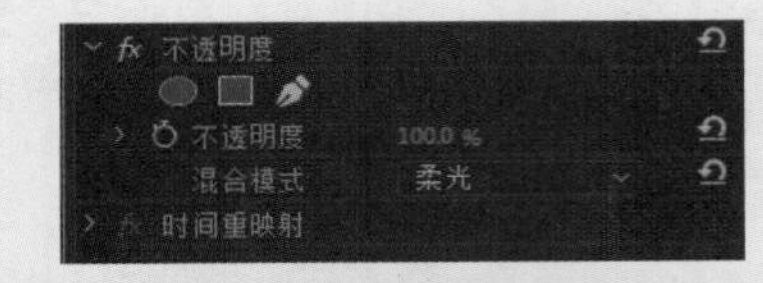

图7-100

使用“强光”模式，50% 灰色将不被影响，亮度高于 50% 灰色的图像将采用接近“滤色”的效果（变亮），反之，将采用接近“相乘”模式的效果（变暗），如图 7-101 所示（本色卡为纯白、50% 灰、纯黑，所以白色、黑色都被保留，而灰色将被去掉）。

图7-101

“亮光”模式可以理解为“叠加”模式的增强版本，如图 7-102 所示。

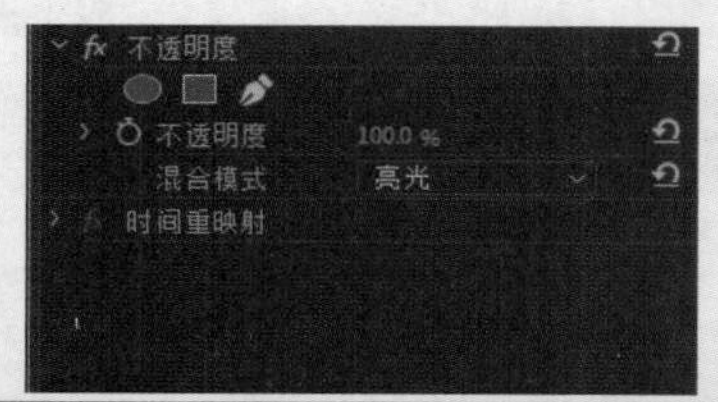

图7-102

“线性光”模式是“线性加深”和“线性减淡（添加）”模式的效果组合，即 50% 的灰色将被剔除，亮度低于 50% 灰色的区域才有“线性加深（变暗）”模式的效果，反之将采用“线性减淡（添加）”模式的效果（变亮），如图 7-103 所示。

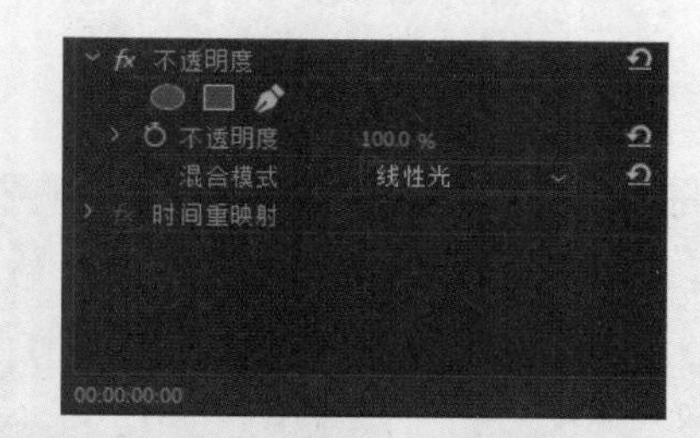

图7-103

“点光”模式是“变暗”模式和“变亮”模式的效果组合，如图 7-104 所示。

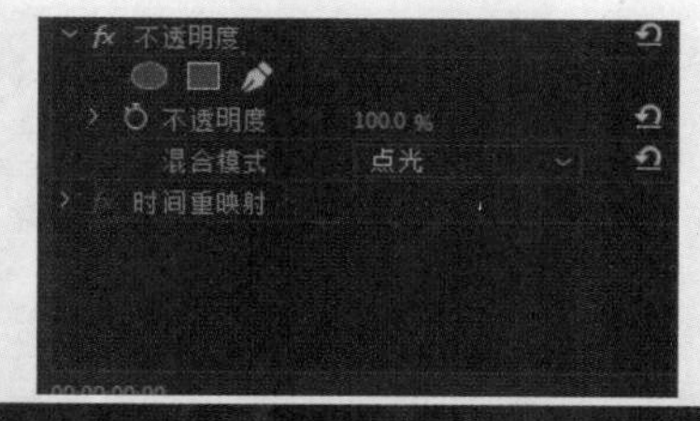

图7-104

“强混合”模式是将混合色的 RGB 通道数值添加到基色的 RGB 数值中（增大数值），其结果往往导致画面的颜色更纯，如图 7-105 所示。

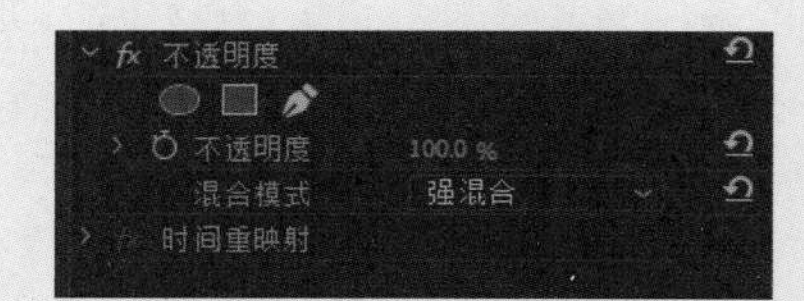

图7-105

### 5. “差值”模式类

“差值”模式的原理是对两个图层中的 RGB 通道数值分别进行比较，将基色的 RGB 值与混合色的 RGB 值（每个通道一一对应）相减，作为结果色（结果取正值）。为方便理解，在软件中创建了亮光色块，参数值如图 7-106 所示。

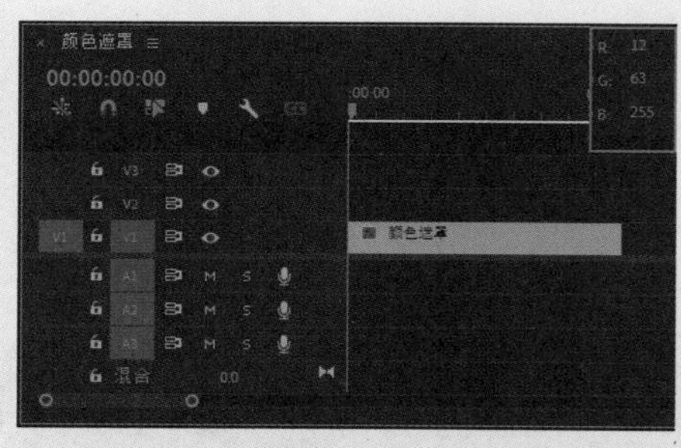

图7-106

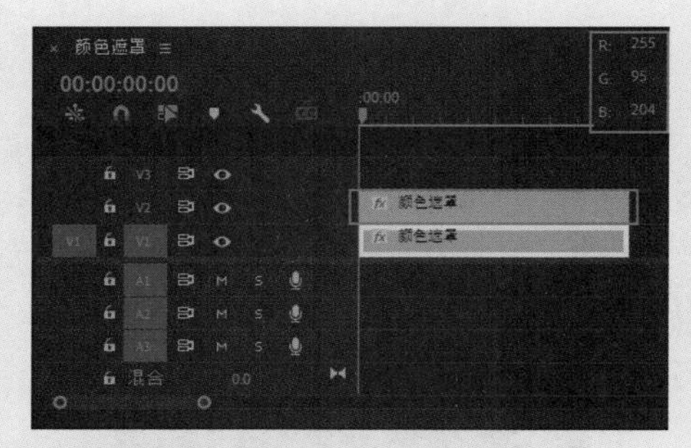

图7-106（续）

对混合色的图层(色块)进行“差值”模式混合，结果如图 7-107 所示。

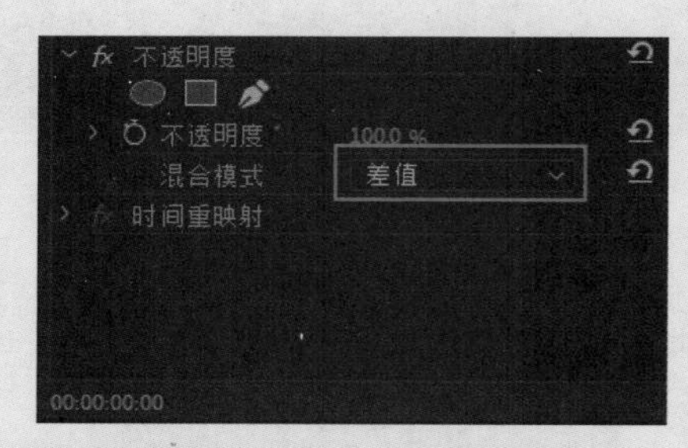

图7-107

为方便对颜色进行对比，在结果色旁放置一个色块。其 R 值为 12-255=-243（取 243），G 值为 63-95=-32（取 32），B 值为 255-204=51（取 51），结果如图 7-108 所示。

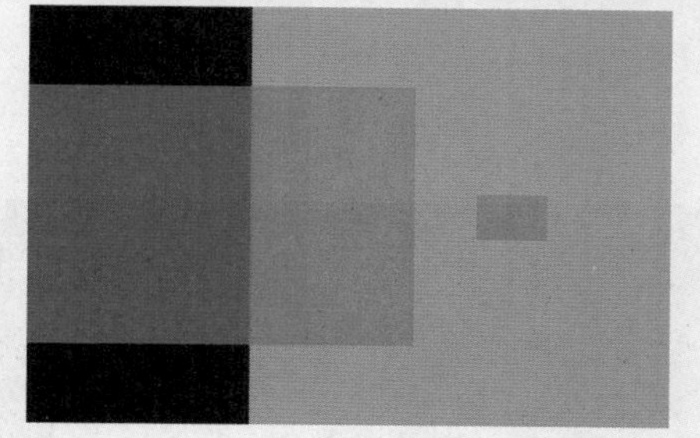

图7-108

“排除”模式的效果与“差值”模式的效果接近，但算法不同。总的来说“排除”模式具有高对比度和低饱和度的特点，其结果使颜色更柔和、明亮。

“相减”模式的原理是对两个图层中的 RGB 通道数值进行分别对比，用基色的 RGB 值减去混合色的 RGB 值（每个通道一一对应），作为结果色（相减的最小结果为 0，即减法结果为负数则取 0），可以参考“差值”模式理解。

“相除”的原理是将两个图层中的 RGB 通道数值进行分别比较，用基色的 RGB 值除去混合色的 RGB 值（每个通道一一对应），其结果取整再乘以 255 作为结果色（最终单个颜色通道最大数值为 255）。为方便理解在软件中创建了两个色块，如图 7-109 所示。

图7-109

对 V2 轨道的混合色的图层（色块）进行“相除”混合，结果如图 7-110 所示。

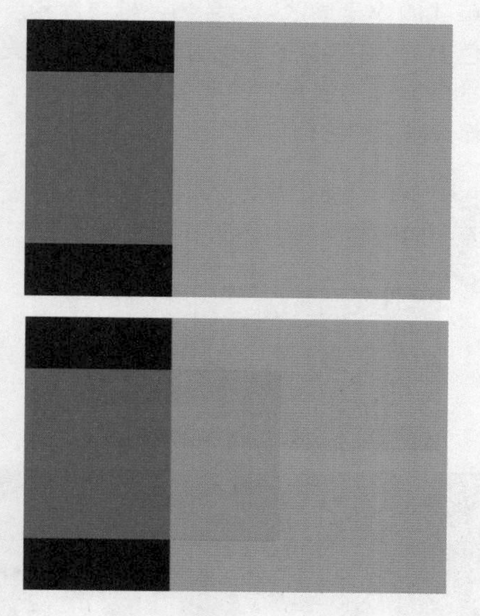

图7-110

为方便对颜色进行对比，结果如图 7-111 所示。

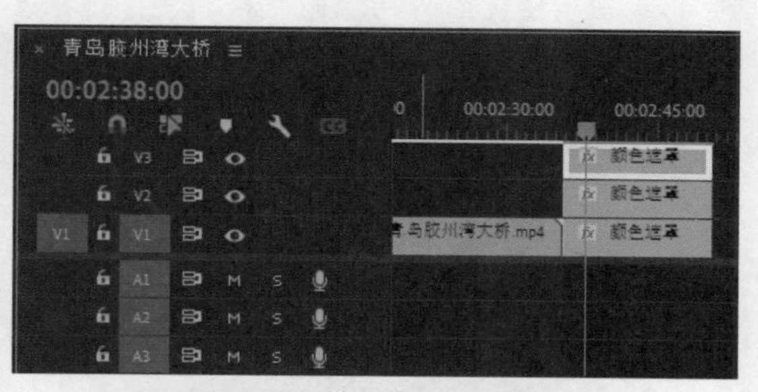

图7-111

### 6．“颜色”模式类

“色相”模式的效果是将混合色的色相应用到基色上（并不会修改基色的饱和度与亮度）；“饱和度”模式的效果是将混合色的饱和度应用

到基色上（并不会修改基色的色相与亮度）；“颜色”模式的效果是将混合色的色相与饱和度应用到基色上（并不会修改基色的亮度）；“发光度”模式的效果是将混合色的亮度应用到基色上（并不会修改基色的色相与饱和度）。

将“小狗 .jpg”素材导入“项目”面板并将其拖至“时间轴”面板中，如图 7-112 所示。

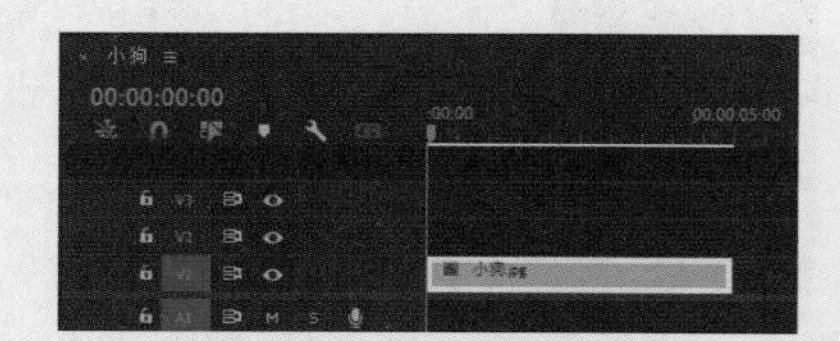

图7-112

新建一个“颜色遮罩”图层，设置保持默认，如图 7-113 所示，具体颜色如图 7-114 所示。

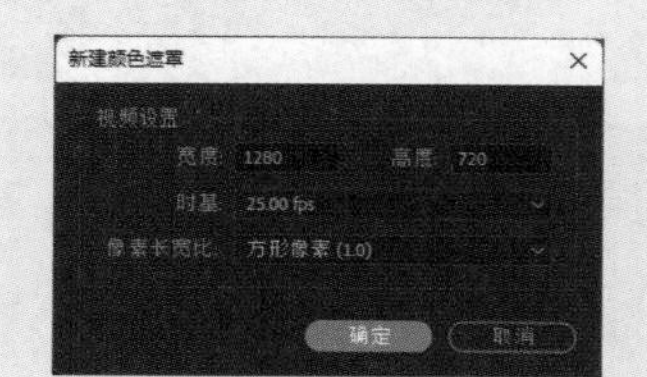


图7-113

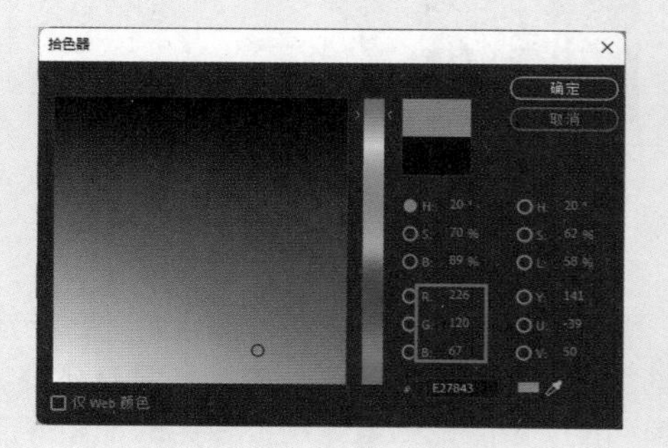


图7-114

将颜色遮罩拖至“时间轴”面板的 V2 轨道上，并将其持续时间延长至与“小狗 .jpg”素材一致，如图 7-115 所示。

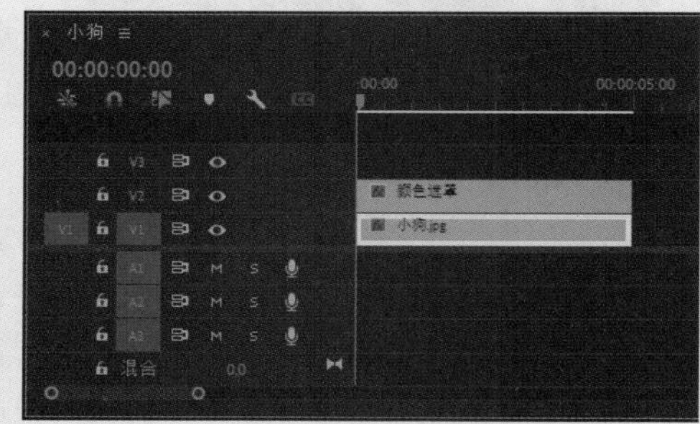


图7-115

在“混合模式”下拉列表中选择“柔光”选项，如图 7-116 所示。

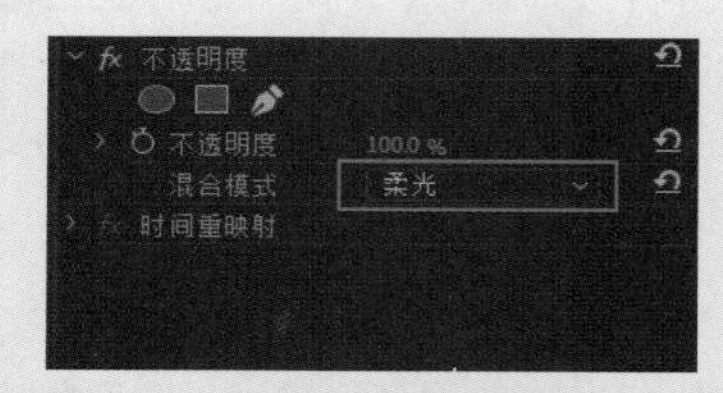

图7-116

## 7.3.6 实例：黄昏效果调色

本例调整前后的效果对比如图 7-117 所示。

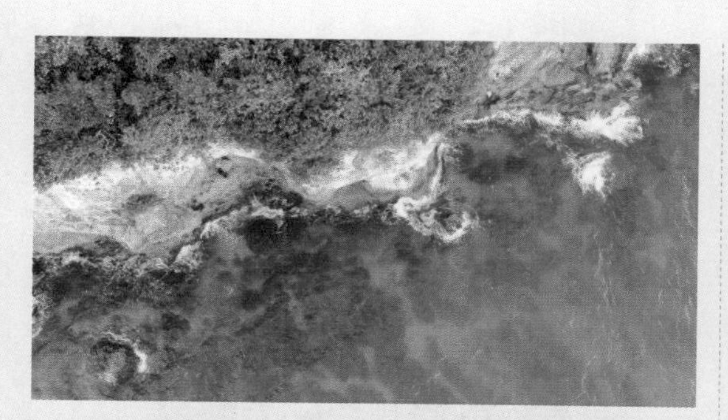

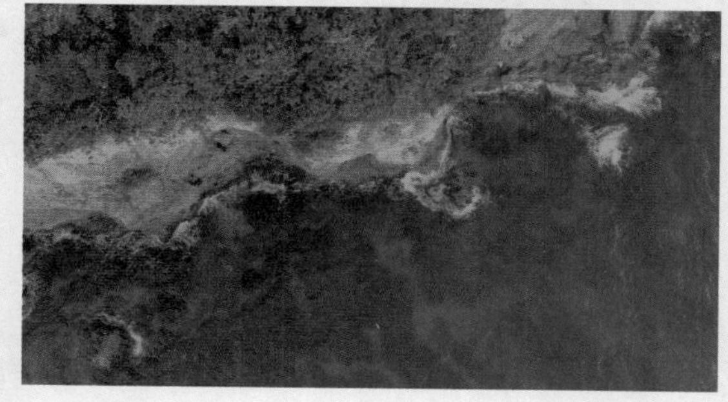

图7-117

**01** 启动Premiere Pro 2023，按快捷键Ctrl+O，打开素材文件夹中的“黄昏效果调色.prproj”项目文件。进入工作界面后，可以看到“时间轴”面板中已经添加的素材，如图7-118所示。

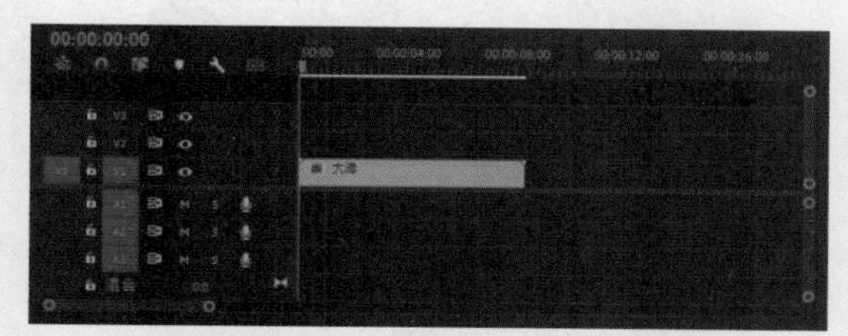


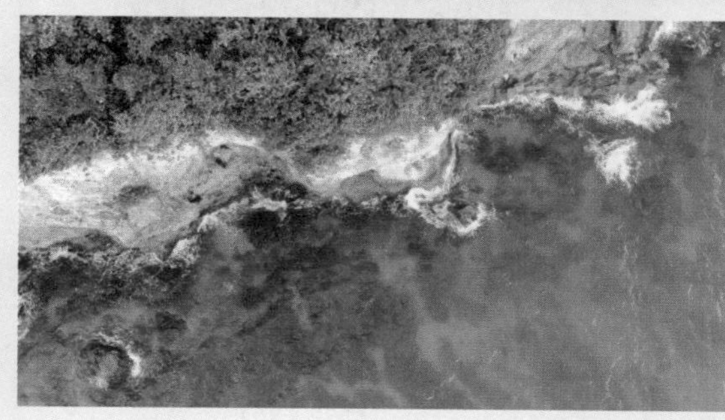

图7-118

**02** 新建一个“颜色遮罩”图层，具体颜色如图7-119所示。

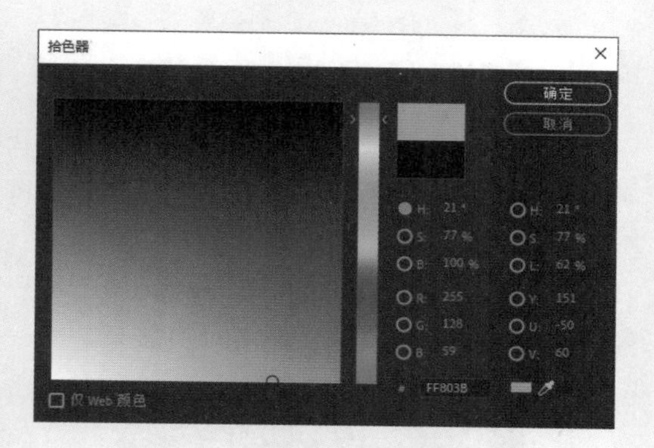


图7-119

**03** 将颜色遮罩拖至V2轨道上，并将“混合模式”设置为“相乘”，如图7-120所示。将“不透明度”值设置为83.0%，单击“切换动画”按钮记录关键帧，再将时间指示器放在素材开始处，将“不透明度”值调为0.0%，建立第二个关键帧，操作完成。

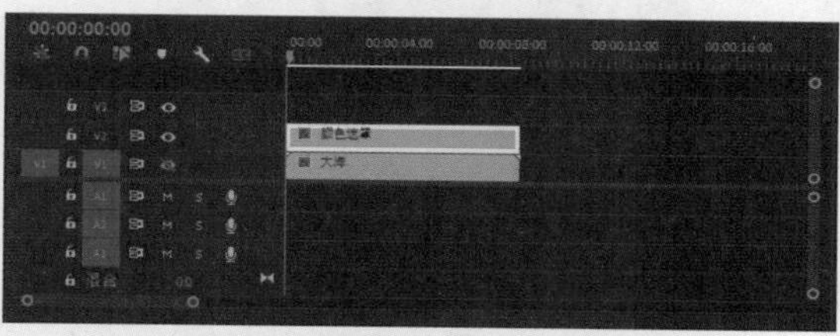


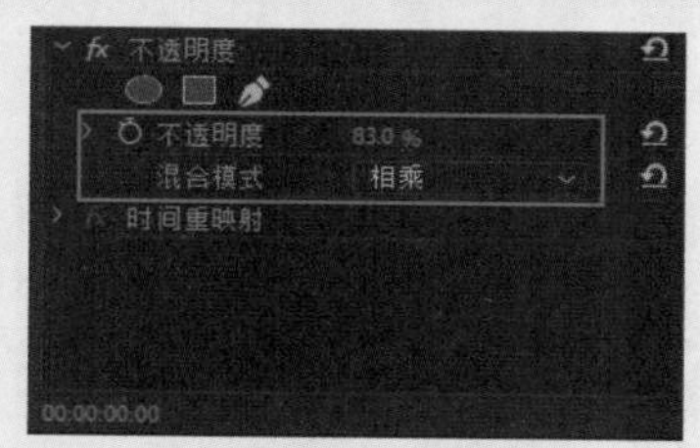


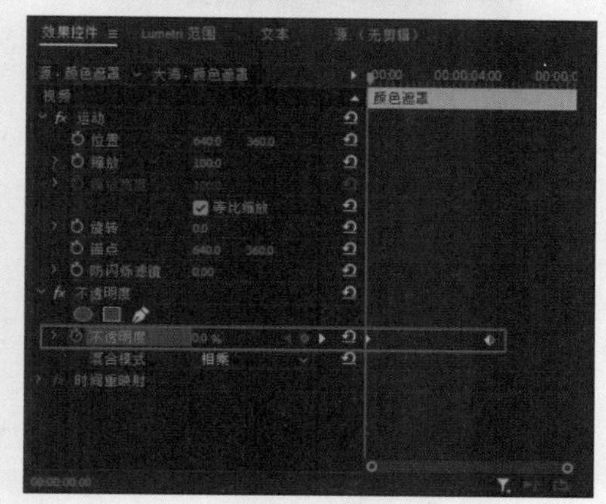


图7-120

## 7.3.7 颜色校正

在 Premiere Pro 中可以用“RGB 颜色校正器”效果中的“色调范围”选项对画面进行局部调整。

在“效果”面板中找到“RGB 颜色校正器”效果，将其拖至素材上，如图 7-121 所示。

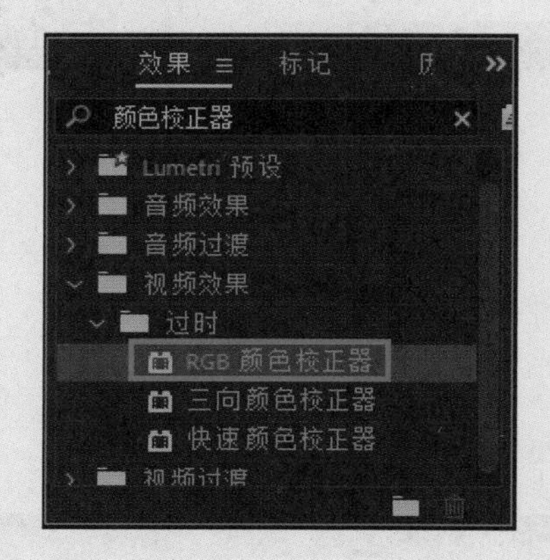


图7-121

在“效果控件”面板中找到“RGB 颜色校正器”属性中的“输出”下拉列表，选择“色调范围”选项，如图 7-122 所示。此时，图像变为灰度图像，白色表示高光部分，黑色表示阴影部分，灰色表示中间调部分。

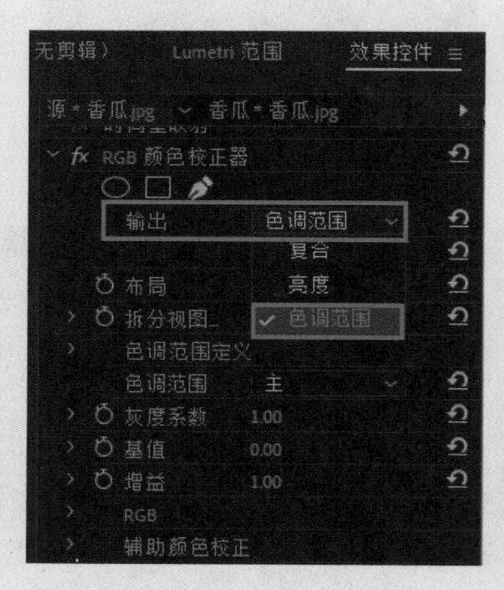


图7-122

展开“色调范围定义”选项，其中的白色正方形滑块定义高光范围，黑色正方形滑块定义阴影范围，中间灰色部分定义中间调范围，三角形滑块则用于调整中间调到阴影和高光的衰减过程。可以拖曳滑块进行调整，也可以对下方的阈值与柔和度进行调整，如图 7-123 所示。

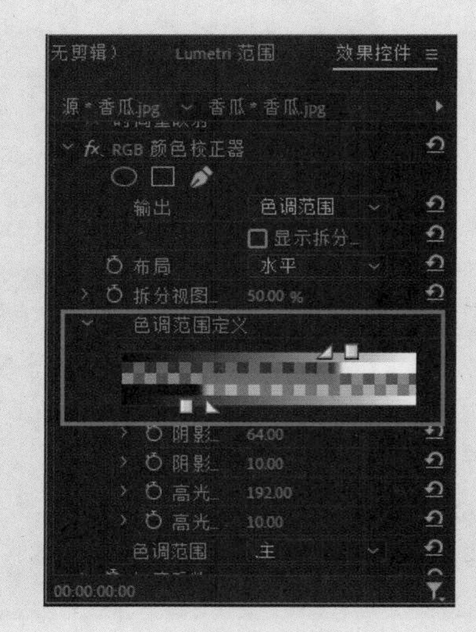


图7-123

在调整色调范围定义滑块后，可以在“色调范围”下拉列表中选择“高光”“阴影”或“中间调”选项，随后在下方调整“增益”值，进行更精确的调整，如图 7-124 所示。

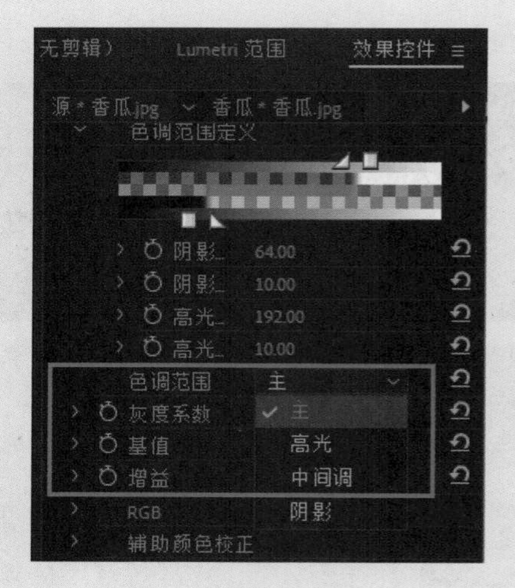


图7-124

## 7.3.8 局部调整

局部调整分为二次校色和遮罩校色，下面依次说明。

### 1．二次校色

二次校色调整的是画面的选定区域，也就是局部校色。

在“效果”面板中找到“三向颜色校色器”效果并将其拖至素材上，如图 7–125 所示。

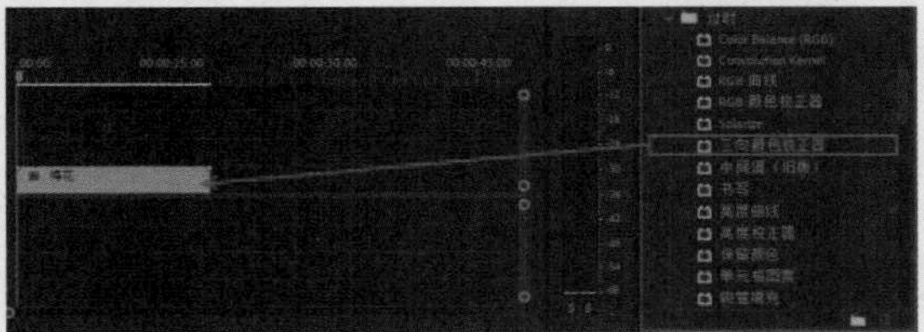

图7-125

在“效果控件”面板中，找到“三向颜色校色器”属性，展开“辅助颜色校正”参数，使用“吸管工具”吸取想要调整的颜色，此时可以单击“吸管 + 工具”按钮增加类似色，如图 7–126 所示。

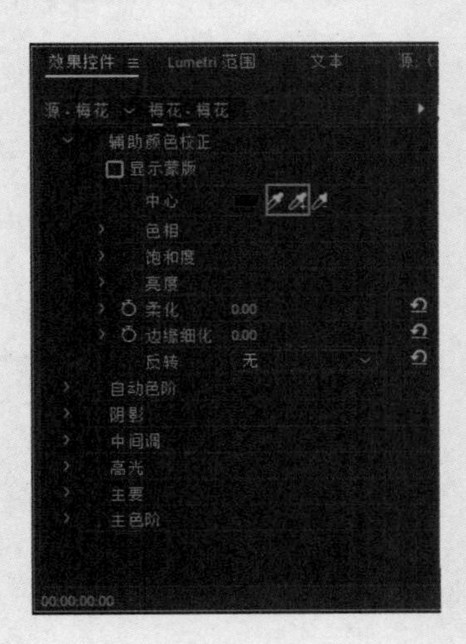


图7-126

在“辅助颜色校正”中取消选中“显示蒙版”复选框，随后展开“色相”选项，调整“起始阈值”和“结尾阈值”值以更加精确地选取范围，并根据需要调整柔和度，如图 7–127 所示。

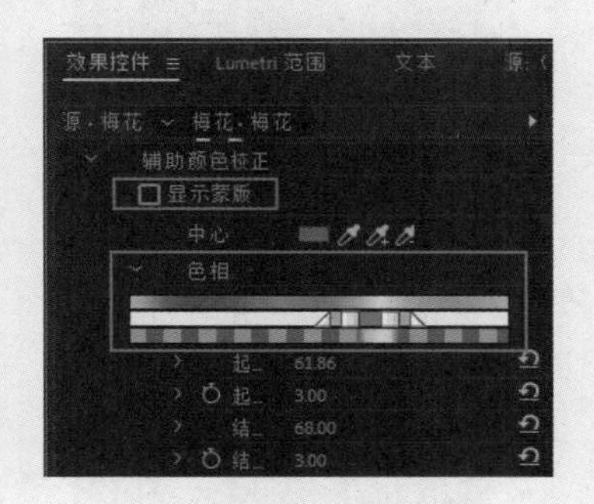


图7-127

展开“饱和度”选项，调整阈值和柔和度，如图 7–128 所示。

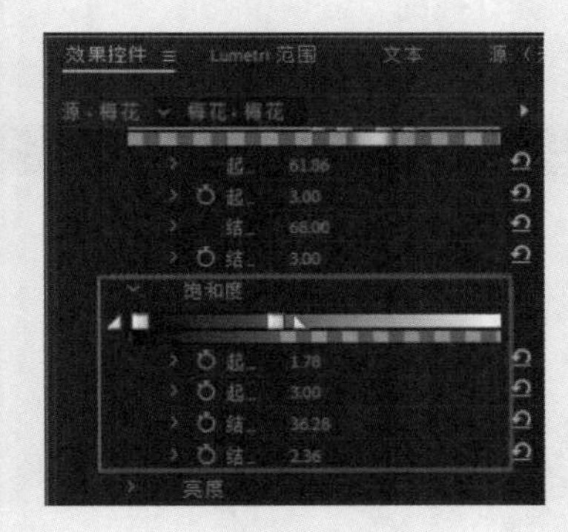


图7-128

展开“亮度”选项，调整阈值和柔和度，如图 7–129 所示。

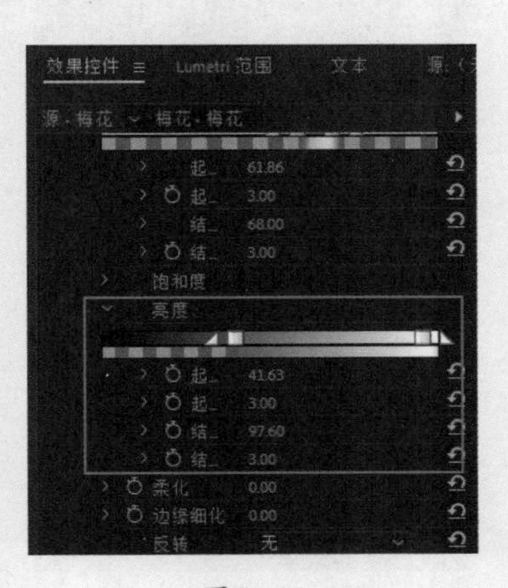


图7-129

展开“柔化”选项调整参数。随后展开“边缘细化”选项，调整参数，强化柔化结果，如图7-130所示。

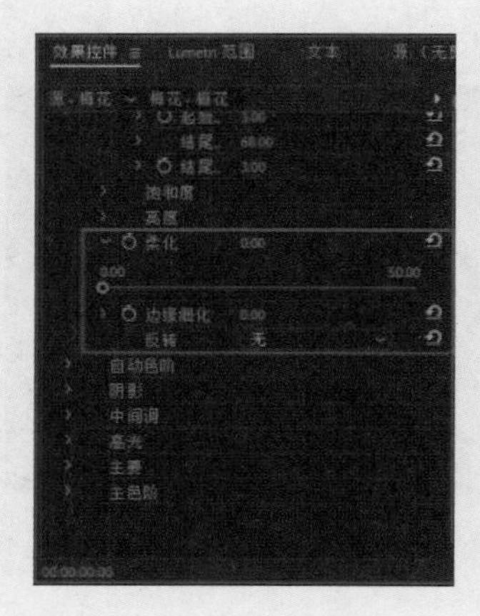


图7-130

在“拆分视图”选项中调整中间调、高光和阴影的色轮，如图7-131所示。

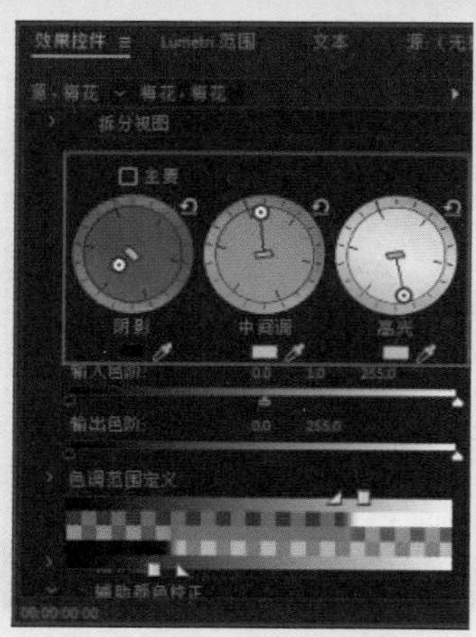


图7-131

**2．遮罩调色**

可以使用遮罩进行局部颜色调整。

在“效果”面板中找到“Lumetri 颜色”效果并将其拖至素材上，如图7-132所示。

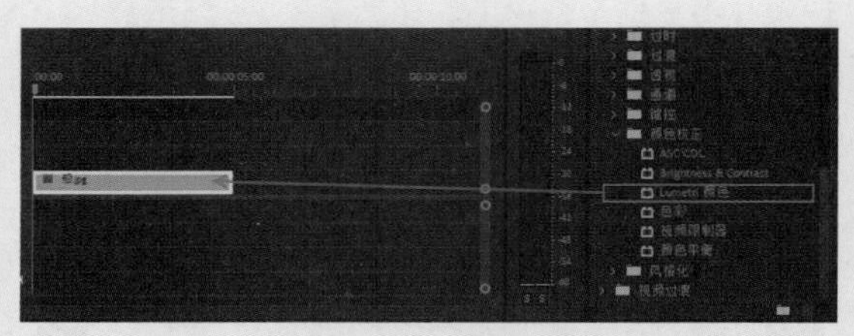

图7-132

在“效果控件”面板中，找到“Lumetri 颜色”属性，将想要调整颜色的局部选取出来，如图7-133所示。

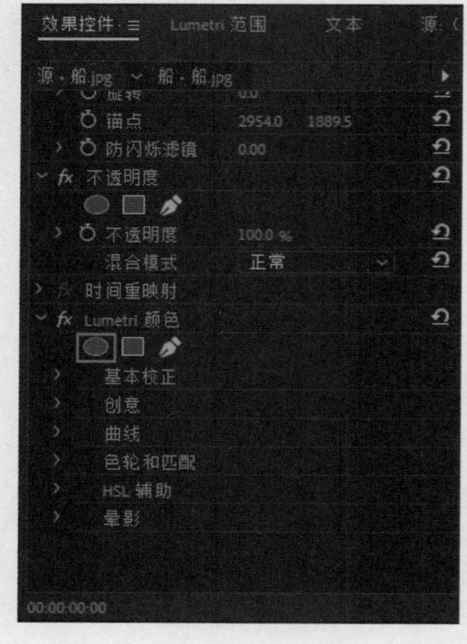


图7-133

图7-133（续）

展开“色轮和匹配”选项，调整“中间调”，如图 7-134 所示。

图7-134

## 7.4 综合实例：人像调色

这节讲解在 Premiere Pro 2023 中如何快速创作出适合人像的万用颜色，效果对比如图 7-135 所示。

图7-135

**01** 启动Premiere Pro 2023，按快捷键Ctrl+O，打开素材文件夹中的“人像调色.prproj”项目文件。进入工作界面后，可以看到“时间轴”面板中已经添加的素材，在“节目”面板中可以预览当前素材的效果，如图7-136所示。

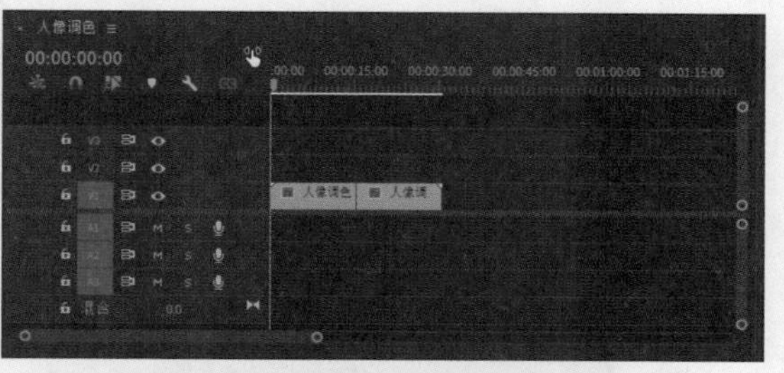

图7-136

**02** 为视频添加过渡效果。在“效果”面板找到“视频过渡”→“溶解”→“叠加溶解”效果，将此效果拖至两段素材的中间，如图7-137所示。

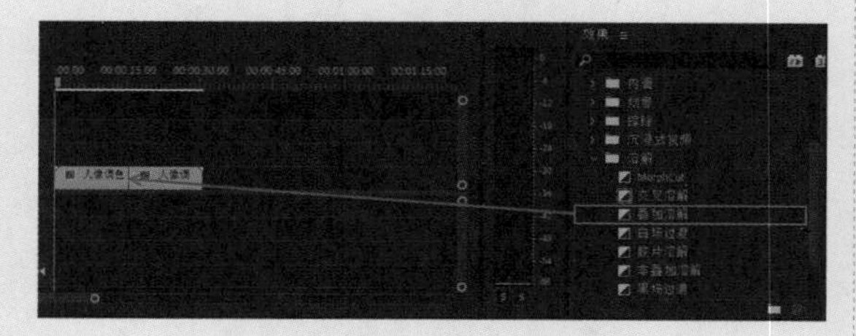

图7-137

**03** 为素材调色。选中“女孩.mp4”素材的后段，在“效果”面板中找到“Lumetri颜色”效果，并将其拖至选中的片段中，如图7-138所示。

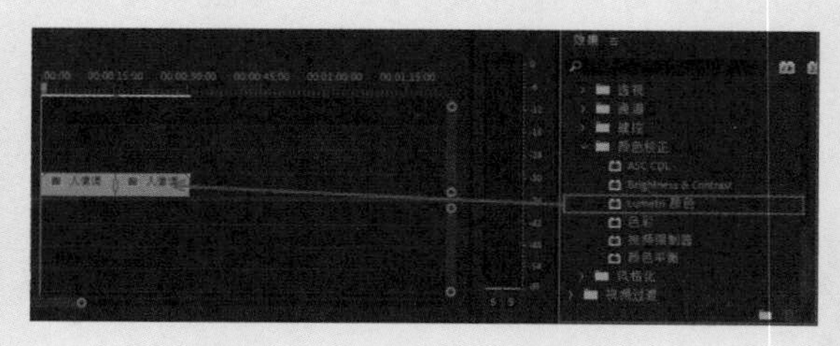

图7-138

**04** 在“效果控件”中找到“Lumetri颜色”→“基本校正”→“颜色”选项，将“色温”值调整为30.0，“色彩”值调整为17.0。再找到同级别的“灯光”参数，将“白色”值调整为100.0，如图7-139所示。

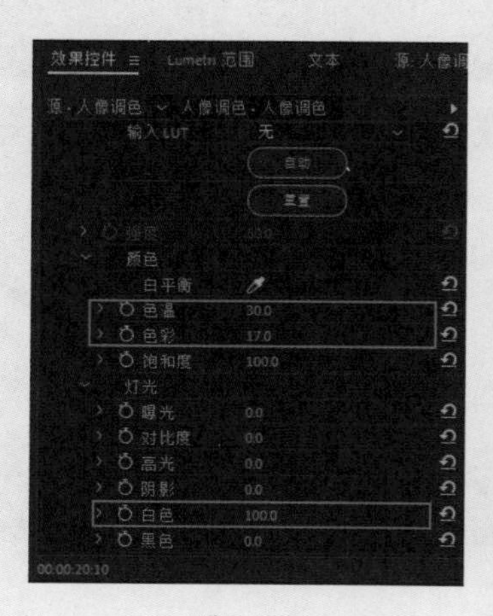


图7-139

**05** 找到“Lumetri颜色”→“创意”→“调整”选项，设置“淡化胶片”值为30.0，“锐化”值为50.0，“自然饱和度”值为20.0，如图7-140所示，最终效果如图7-141所示。

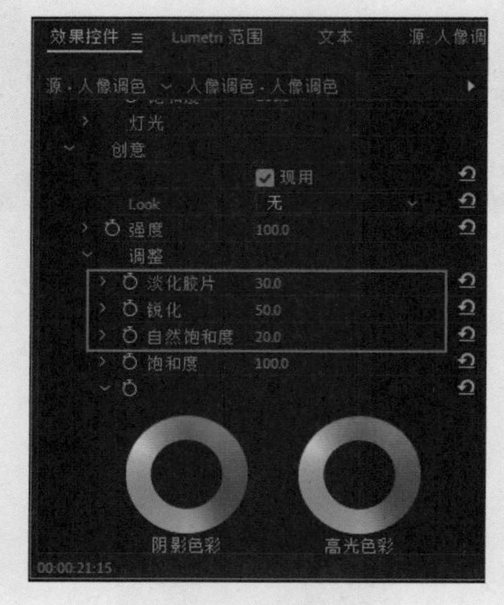


图7-140

图7-141

## 7.5 本章小结

本章介绍了视频颜色校正与调整的基础知识，以及Premiere Pro 2023中的图像控制效果、过时类效果、颜色校正类效果的具体应用方法。熟练掌握Premiere Pro中的各类调色效果的具体使用方法及应用效果，可以帮助我们在进行视频处理时，游刃有余地将画面处理为想要的色调和效果，实现作品风格的多样化。

第8章

# 创建与编辑字幕

创建与编辑字幕是影视编辑处理软件中的一项基本功能，字幕除了可以帮助影片更好地展现相关内容信息，还可以起到美化画面、表现创意的作用。Premiere Pro 2023 提供了制作影视作品所需的大部分字幕功能，在无须脱离 Premiere Pro 工作环境的情况下，能够制作不同类型的字幕。

## 本章重点

※ 创建字幕的方法

※ 在“字幕”面板中编辑字幕

※ 制作滚动字幕

※ 为字幕添加样式

## 本章效果欣赏

## 8.1 创建字幕

在 Premiere Pro 2023 中，可以通过创建字幕剪辑，来制作需要添加到影片画面中的文字信息。

### 8.1.1 “基本图形”面板概述

在“效果”工作区中找到“基本图形”面板，该面板拥有两个选项卡——“浏览”和“编辑”，如图 8-1 所示。

图8-1

“基本图形”面板的两个选项卡介绍如下。

※ 浏览：用于浏览内置的字幕模板，其中许多模板还包含了动画效果。

※ 编辑：修改添加到序列中的字幕或在序列中创建的字幕。

用户可以使用模板，也可以使用“文字工具”▣，在“节目”面板中创建字幕，还可以用“钢笔工具”▣在“节目”面板中绘制图形。长按“文字工具”按钮后，还可以选择“垂直文字工具”▣；长按“钢笔工具”后可以选择“矩形工具”▣或“椭圆形工具”▣。创建形状或文字元素后，可以使用“选择工具”▣调整其位置与大小。

技巧提示：在选中“选择工具”的前提下，在“节目”面板中选择形状后，即可通过调整控制手柄改变其形状。随后切换至“钢笔工具”，即可以看到锚点，调整锚点即可重塑形状。切换回“选择工具”，单击形状之外的区域，隐藏控制手柄，则可以更加清晰地看到结果。

选择“选择工具”▣，单击“节目”面板中的文字，会在“基本图形”面板的“编辑”选项卡中出现文字的“对齐并变换”“外观”和其他控件，将鼠标指针悬停在控件按钮上，即可显示该控件的名称，如图 8-2 所示。

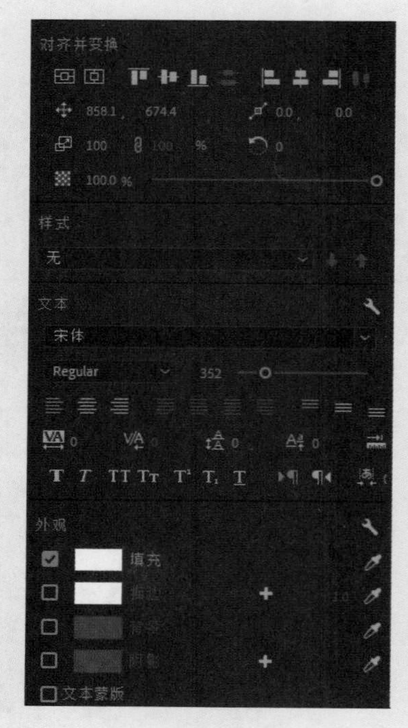


图8-2

另外，用户可以自由使用不同的字体，如图 8-3 所示。每个系统载入的字体都是不同的，若想添加更多的字体，可以自行在操作系统的 Fonts（字体）文件夹中安装。

图8-3

## 8.1.2　字幕的创建方法

Premiere Pro 提供了两种创建文字的方法，即点文字和段落文字，且这两种创建文字的方法都提供了水平方向文字和竖直方向文字的选项。

**1. 点文字**

使用点文字创建方式，在输入时建立一个文字框，文字排成一行，直至按下 Enter 键换行。在改变文字框的大小和形状的同时，会改变文字的尺寸和比例，具体的操作方法如下。

**01** 启动Premiere Pro 2023，按快捷键Ctrl+O，打开素材文件夹中的“字幕.prproj”项目文件。进入工作界面后，可以看到“时间轴”面板中已经添加好的背景图像素材。选择“文字工具”T，在“节目”面板中单击，输入文字“极光”，如图8-4所示。注意，最后一次在“基本图形”面板中所做的设置将被应用到新创建的字幕上。

图8-4

**02** 选中“选择工具”，文字外围将出现带有控制手柄的文字框，如图8-5所示。

图8-5

**03** 拖曳文字框的边角控制手柄进行缩放。在默认情况下，文字的高度和宽度将保持相同的缩放比。在“基本图形”面板的“编辑”选项卡中，单击“设置缩放锁定”按钮，取消等比缩放，即可分别调整高度与宽度，如图8-6所示。

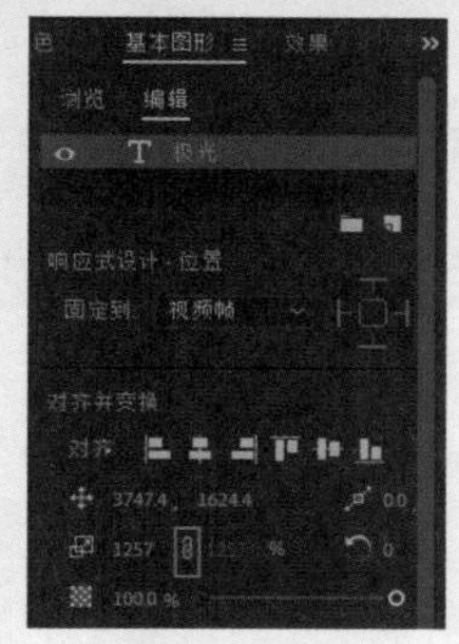

图8-6

04 将鼠标指针悬停在文字框的任意一角外，鼠标指针将变成弯曲的双箭头状态，单击拖曳可以旋转文字。锚点的默认位置在文本的左下角，文字将绕着锚点旋转，如图8-7所示。

图8-7

05 单击V1轨道前的“切换轨道输出”按钮，禁用V1轨道内容输出，如图8-8所示。

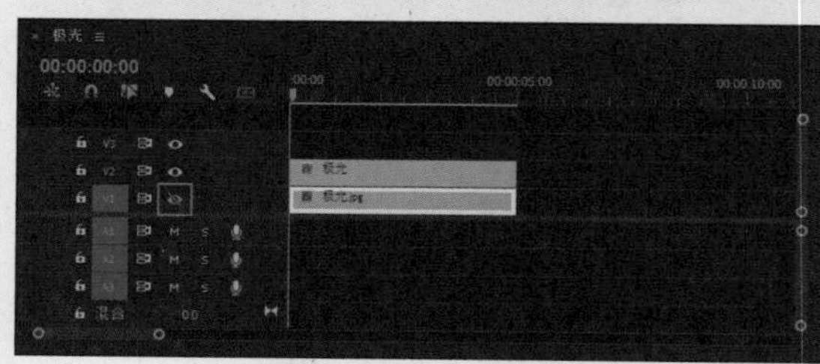


图8-8

06 单击“节目”面板中的“设置”按钮，在弹出的菜单中选择“透明网格”选项，在透明网格背景中字幕不容易被看清楚，如图8-9所示。

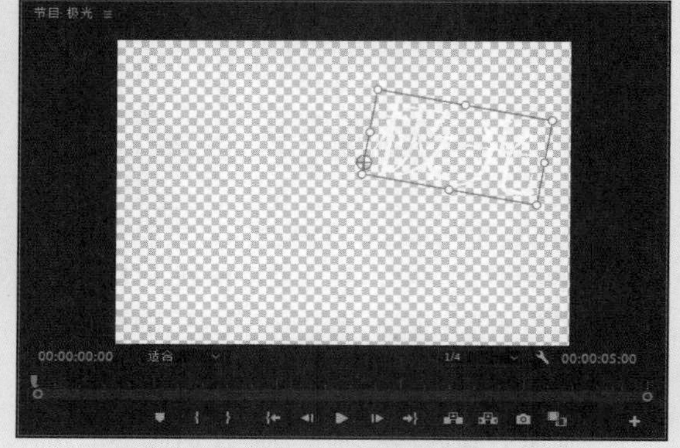


图8-9

07 单击“节目”面板上的文字素材，在“效果控件”面板中，选中“描边”复选框，并单击色块，在弹出的“拾色器”对话框中选取黑色，如图8-10所示。

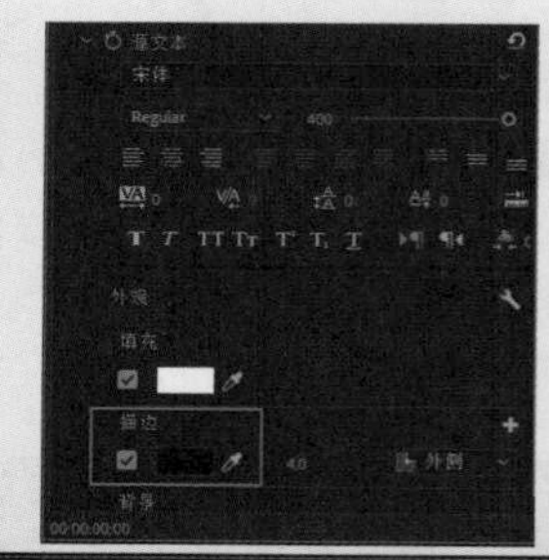

图8-10

08 将“描边宽度”值设置为5.0，即可清晰地看到文字，并且在背景颜色变化时依然能够保持可读性，如图8-11所示。

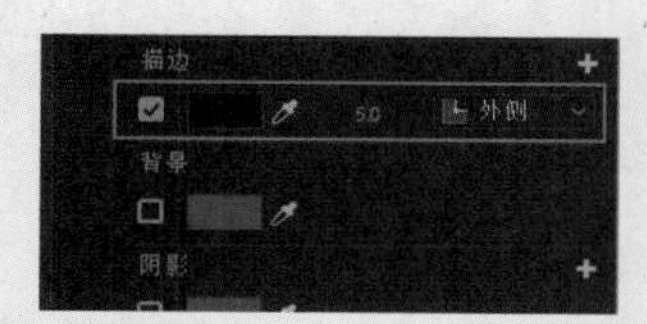

图8-11

### 2．段落文字

使用段落文字创建方式，在输入文字创建文字素材时，文字框的大小和形状就已经固定了。调整文字框的大小和形状，可以显示更多或更少的文字，但文字的缩放比例保持不变，具体的操作方法如下。

01 选择“文字工具”T，在“节目”面板中单击拖曳创建文本框后输入文字。若需要换行，则按Enter键。段落文字会将文字限定在文本框内，并当文本排列到边缘后自动换行，如图8-12所示。

图8-12

02 选择“选择工具”，单击拖曳文字框可以改变文字框的大小和形状。注意，调整文字框的大小不会改变文字的大小，如图8-13所示。

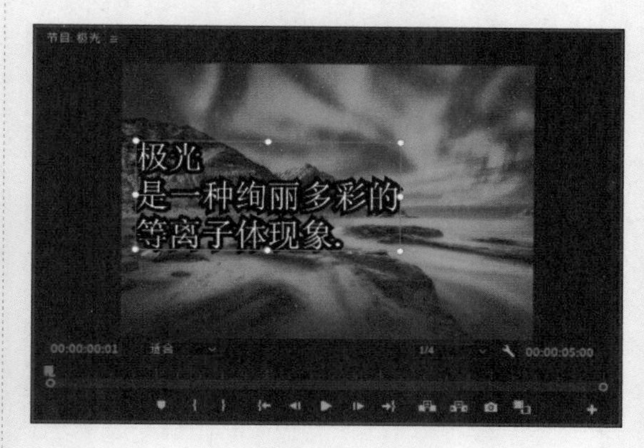


图8-13

## 8.1.3 实例：创建并添加字幕

下面将以实例的形式，演示如何在项目中创建并添加字幕。

01 启动Premiere Pro 2023，按快捷键Ctrl+O，打开素材文件夹中的“添加字幕.prproj”项目文件。进入工作界面后，可以看到“时间轴”面板中已经添加的背景图像素材，如图8-14所示。在“节目”面板中可以预览当前素材的效果，如图8-15所示。

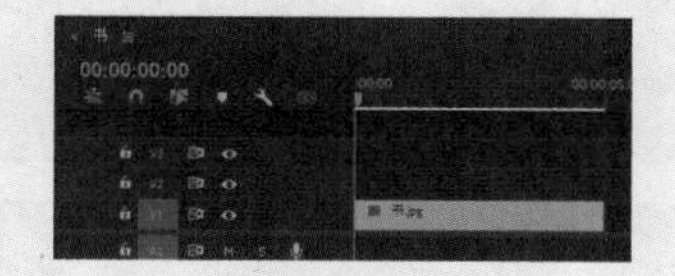

图8-14

图8-15

**02** 选择"文字工具"T，在"节目"面板中的左下角单击并输入"茶香四溢"文字，如图8-16所示。

图8-16

**03** 在"基本图形"面板中设置"字体样式"为"宋体"，"文字大小"值为41，设置"位置"参数为202.7、2709.1，如图8-17所示。

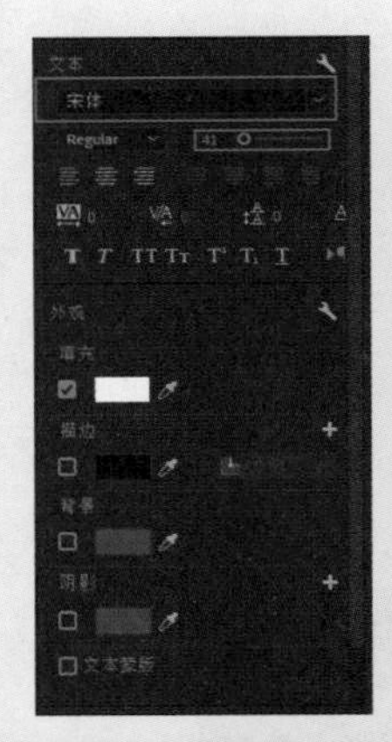

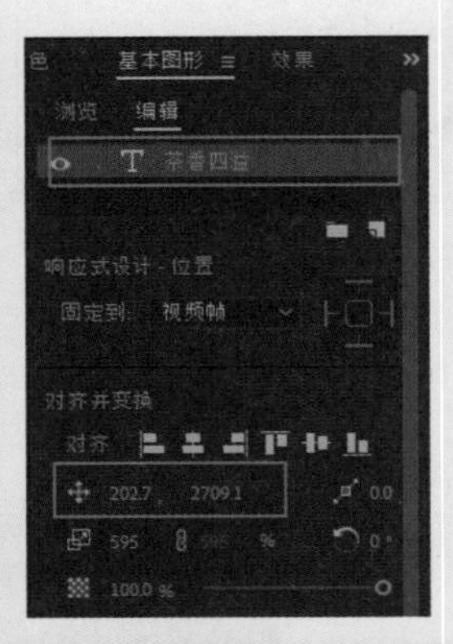

图8-17

至此，就完成了字幕的创建和添加工作。添加字幕前后的画面效果，如图8-18所示。

图8-18

提示：在创建字幕素材后，若想对字幕参数进行调整，可以在"项目"面板中双击字幕素材，再次打开"字幕"面板进行参数调整。

## 8.2 字幕的处理

### 8.2.1 风格化

"基本图形"面板可以对文字的字体、位置、缩放、旋转和颜色等属性进行修改，如图8-19所示。在"基本图形"面板中对字幕做出的修改和在"效果控件"面板中对字幕做出的修改效果是相同的。

**1．更改字幕外观**

在"基本图形"面板的"外观"区域可以更改字幕外观，增强文字的易读性，主要参数解释如下。

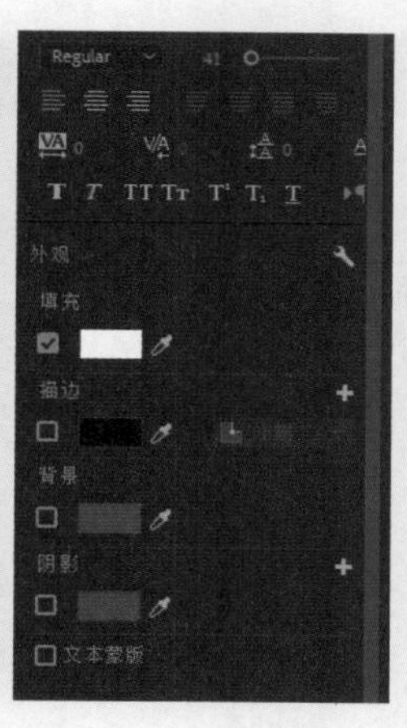


图8-19

※　填充：为文字确定一个主色，有利于使文字与背景形成对比，保持文字的易读性。

※　描边：为文字外部添加边缘，有利于保持文字在复杂背景上的易读性。

※　阴影：为文字添加阴影。通常选择一个颜色较暗的阴影会令效果更明显，还可以调整阴影的柔和度，同时也需要保证该文字的阴影角度和项目中其他文字的阴影角度一致。

用户可以自由更改“填充”“描边”“阴影”的颜色，方法为通过单击色块调出“拾色器”对话框，在其中选取颜色。有时，在选取颜色后，预览颜色旁会出现一个警告图标（叹号），如图8-20所示，这是Premiere Pro在提醒该颜色不是广播安全色，这意味着将视频信号投入广播电视时很可能会出现问题。单击警告图标即可自动选择最接近该颜色的广播安全色。

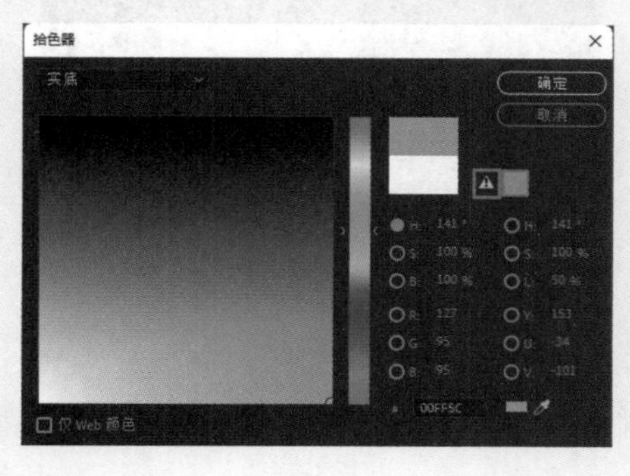


图8-20

### 2. 保留自定义样式

如果设置了自己喜欢的文字外观，则可以将其保存为文字样式，方便下次使用。文字样式包含文字的颜色等属性，可以应用文字样式来快速更改文字属性，下面演示保存与应用文字样式的方法。

**01** 启动Premiere Pro 2023，按快捷键Ctrl+O，打开素材文件夹中的“保留自定义样式.prproj”项目文件。进入工作界面后，可以看到“时间轴”面板中已经添加的背景图像素材，在“节目”面板可以预览画面，然后选择“圣诞树”文本，如图8-21所示。

图8-21

**02** 在“节目”面板中选中“圣诞树”文字，在“基本图形”面板的“样式”下拉列表中选择“创建样式”选项，在弹出的“新建文本样式”对话框中，将该文字样式命名为“填黄描白”，如图8-22所示。

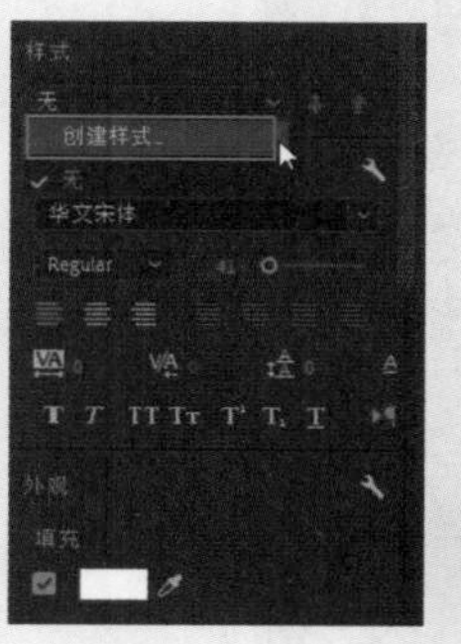


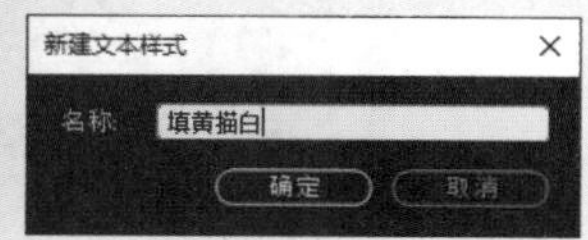


图8-22

**03** 将该文字将添加到样式列表中，如图8-23所示。

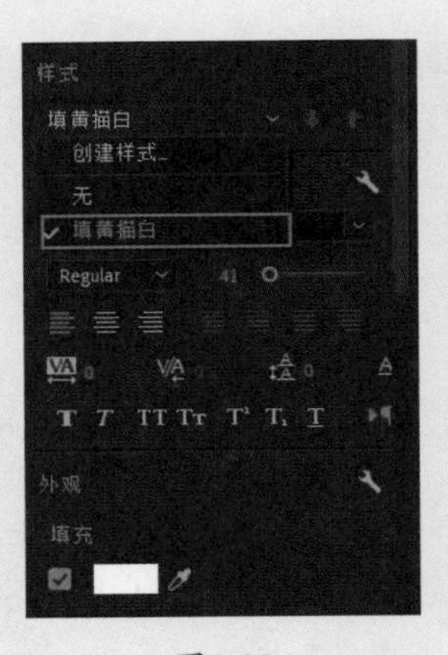


图8-23

**04** 切换至“组件”工作区，这个新的文字样式也将被自动添加到“项目”面板中，以便在剪辑项目之间共享该文字样式，如图8-24所示。

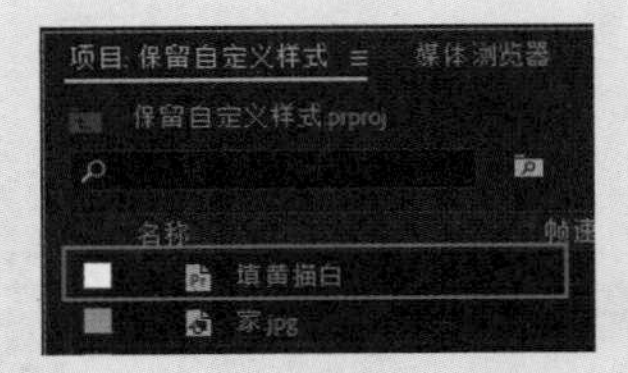


图8-24

**05** 单击“节目”面板中的“地毯”文字，在“基本图形”面板中选中“填黄描白”样式，将“填黄描白”样式应用到“地毯”文字上，如图8-25所示。

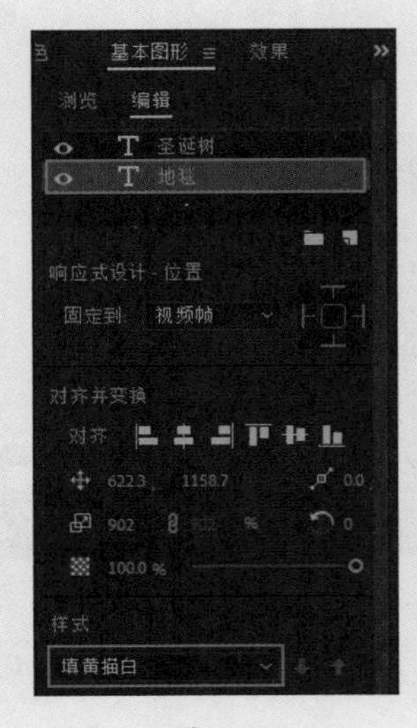


图8-25

图8-25（续）

## 8.2.2 滚动效果

用户可以为视频的片头和片尾字幕制作滚动、游动效果，滚动效果的设置如图 8-26 所示，游动效果的设置如图 8-27 所示。

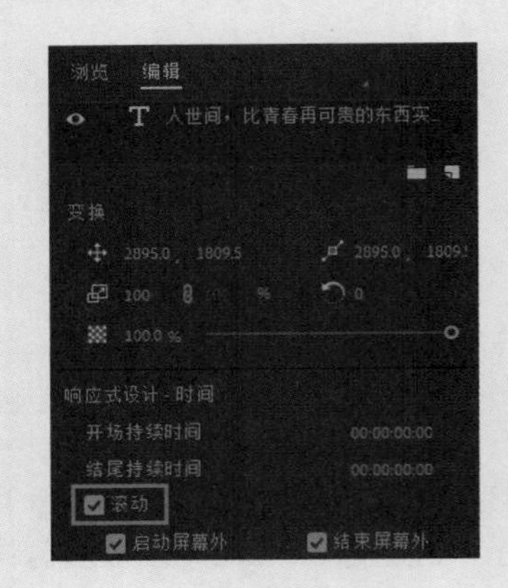


图8-26

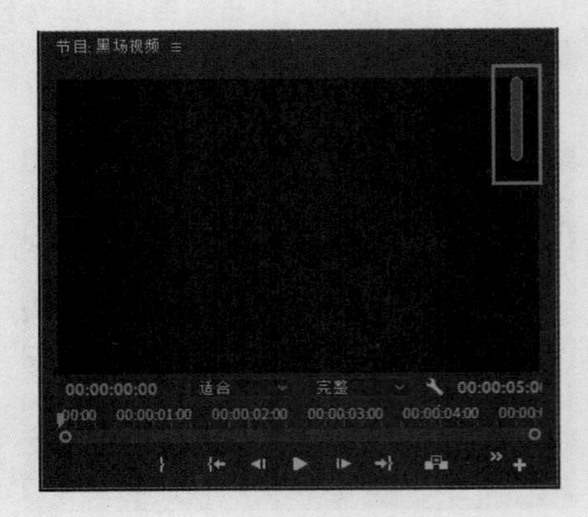


图8-27

“滚动”的主要参数介绍如下。

※ 启动屏幕外：将字幕设置为开始时完全从屏幕外滚进。

※ 结束屏幕外：将字幕设置为结束时完全滚动出屏幕。

※ 预卷：设置第一个文本在屏幕上显示之前要延迟的帧数。

※ 过卷：设置字幕结束后播放的帧数。

※ 缓入：设置在开始的位置，将滚动或游动的速度从0逐渐增大到最快速度的帧数。

※ 缓出：设置在末尾的位置放慢滚动或游动字幕速度的帧数。

播放速度是由时间轴上滚动或游动字幕的长度决定的。较短字幕的滚动或游动速度比较长字幕的滚动或游动速度快。

## 8.2.3 实例：影视片尾滚动文字

本小节介绍影视片尾滚动文字的制作方法。

**01** 启动Premiere Pro 2023，按快捷键Ctrl+O，打开素材文件夹中的“滚动字幕.prproj”项目文件。进入工作界面后，可以看到“时间轴”面板中已经添加的背景图像素材，如图8-28所示。在“节目”面板中可以预览当前素材的效果，如图8-29所示。

图8-28

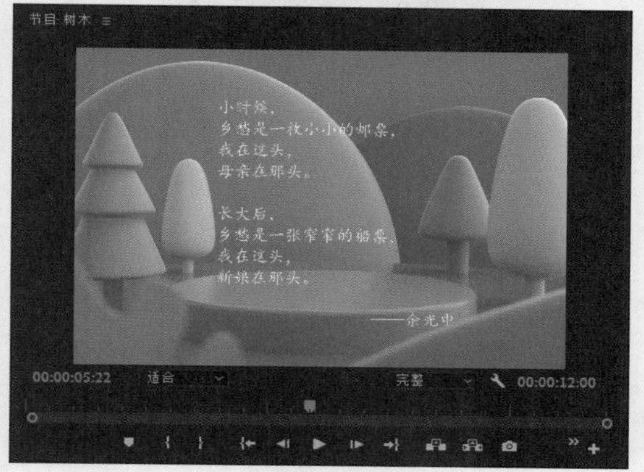


图8-29

**02** 打开素材文件夹中的文档，复制文本内容，单击“文字工具”按钮T，进入“节目”面板，然后按快捷键Ctrl+V粘贴复制的文本，如图8-30所示。

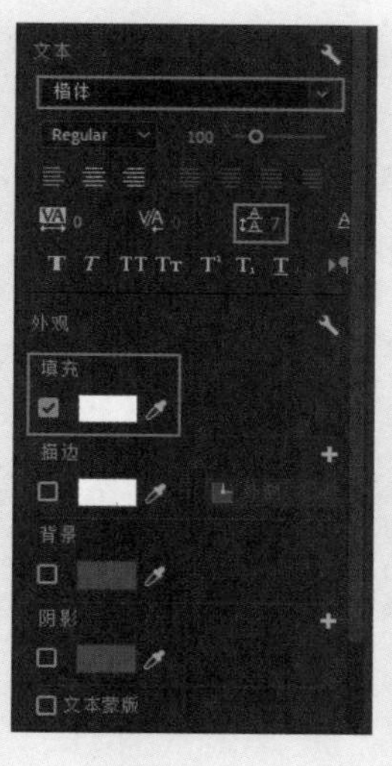


图8-30

提示：若部分创建的文字不能正常显示，是由于当前的字体类型不支持该文字的显示，替换合适的字体后即可正常显示。

**03** 选择“选择工具”并选择文本，在“基本图形”面板中设置字体、行距和填充颜色等参数，并将文字摆放至合适位置，如图8-31所示。

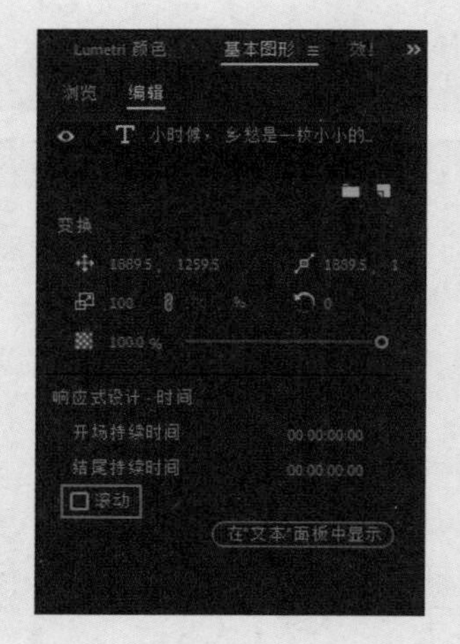


图8-31

**04** 单击“节目”面板的空白处，在“基本图形”面板中，选中“滚动”复选框，“节目”面板中会出现一个滚动条，根据需求可以设置“滚动”参数来控制播放速度，如图8-32所示。

图8-32

**05** 在“时间轴”面板中右击V2轨道上的字幕，在弹出的快捷菜单中选择“速度/持续时间”选项，弹出“剪辑速度/持续时间”对话框，修改“持续时间”为00:00:12:00，如图8-33所示，单击“确定”按钮。

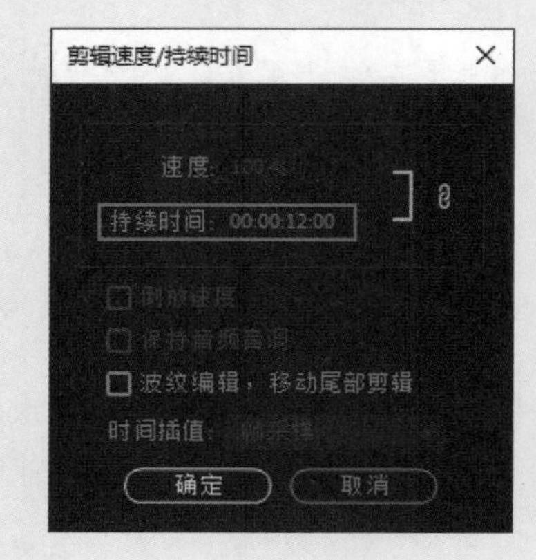


图8-33

**06** 完成上述操作后，“时间轴”面板中的字幕素材的时长将与V1轨道的“树木jpg”素材一致，如图8-34所示。

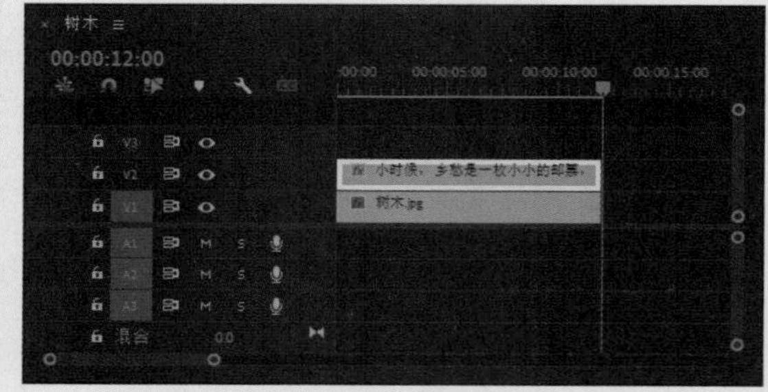


图8-34

**07** 在“节目”面板中预览最终的字幕效果，如图8-35所示。

图 8-35



Premiere Pro 2023从新手到高手

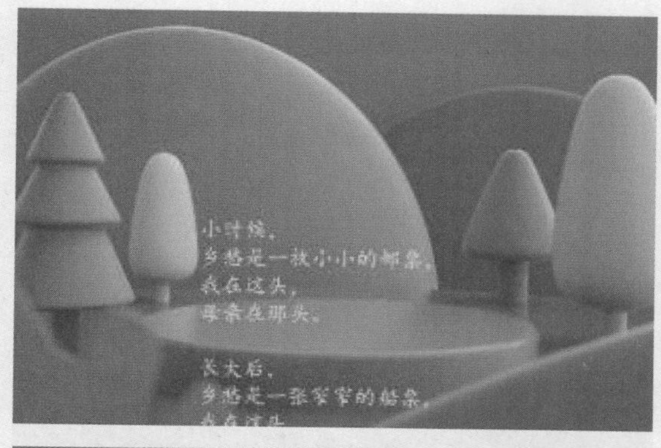


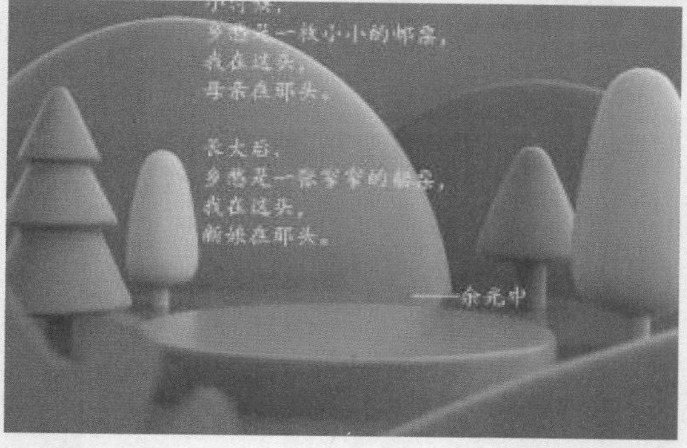


图8-35（续）

## 8.2.4 使用字幕模板

“基本图形”面板中的“浏览”选项卡中包含了许多字幕模板，可以将想要使用的字幕模板拖至序列上并对其进行修改，如图8-36所示。

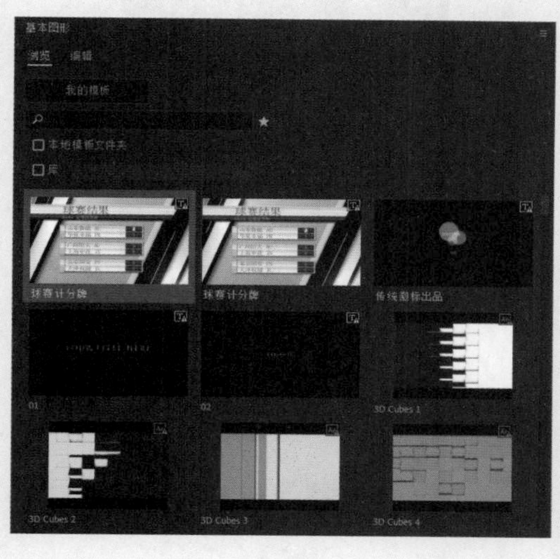

图8-36

许多字幕模板都包含了动态图形，所以它们也被称为“动态图形模板”。有些字幕模板的右上角可能会有一个“警告”标志，说明该字幕模板中的字体在当前的系统中并没有安装。若在序列中添加这样的字幕模板，将弹出解析字体对话框，选中缺失字体的复选框，将自动安装相应的字体以供用户使用。

## 8.2.5 创建自定义的字幕模板

用户可以创建自定义的字幕模板，只需选中想要导出的字幕，然后在菜单栏中执行“图形和标题”→“导出为动态图形模板”命令，如图8-37所示。

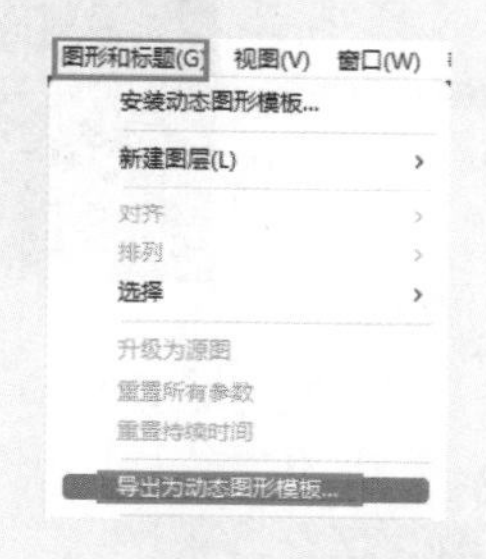


图8-37

用户可以为自定义的字幕模板命名，并为其选择一个存储位置，如图8-38所示。

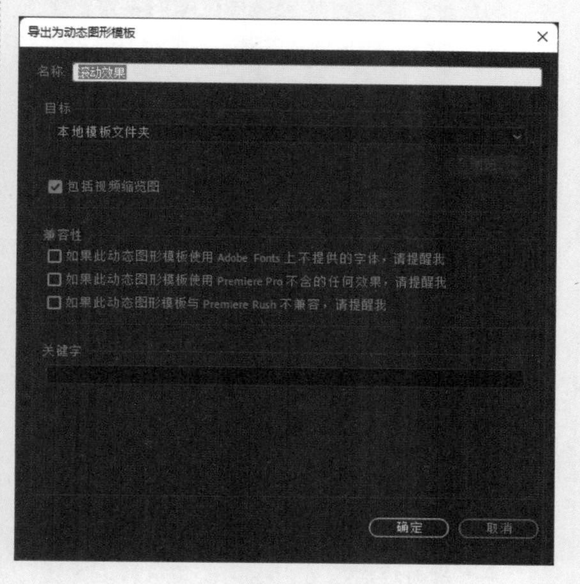


图8-38

若将自定义的字幕模板存储在本地硬盘中，则可以在任何项目中导入该字幕模板，具体方法为：在菜单栏中执行"图形和标题"→"安装动态图形模板"命令，如图 8-39 所示，或者在"基本图形"面板中的"浏览"选项卡中单击"安装动态图形模板"按钮，如图 8-40 所示。

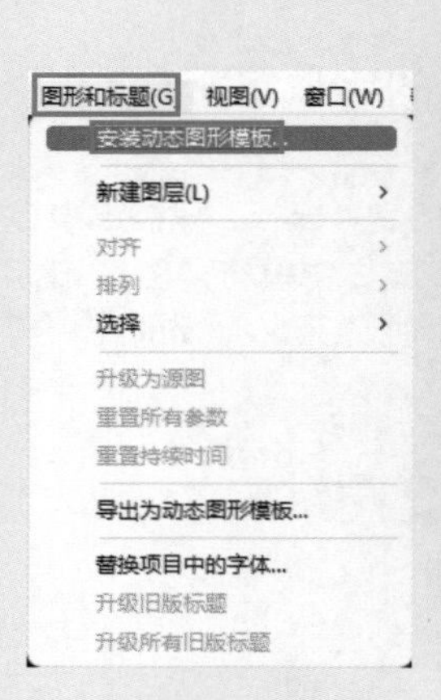


图8-39

图8-40

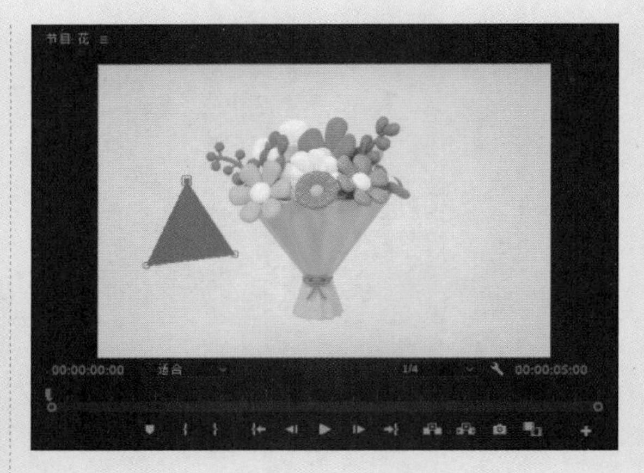

图8-41

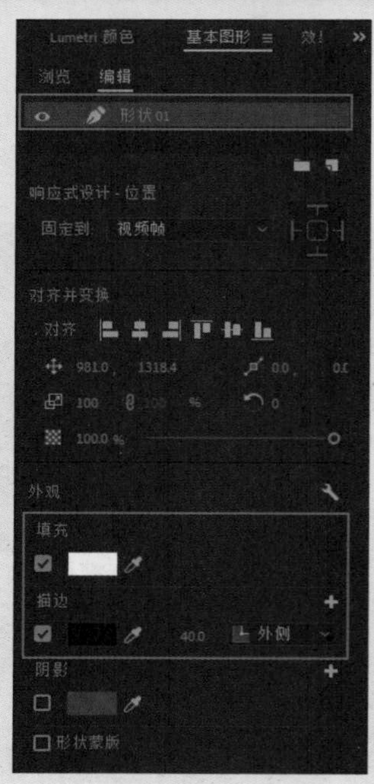


图8-42

## 8.2.6 绘制图形

在创建字幕时，还可以创建非文字内容的图形。Premiere Pro 提供了创建矢量形状作为图形元素的功能，还可以从本地导入图形元素，具体的操作方法如下。

### 1. 创建形状

**01** 启动Premiere Pro 2023，按快捷键Ctrl+O，打开素材文件夹中的"创建形状.prproj"项目文件。进入工作界面后，可以看到"时间轴"面板中已经添加的背景图像素材。打开序列，选择"钢笔工具"，在"节目"面板中单击多个锚点，创建形状。在每次单击时，Premiere Pro都会自动添加一个锚点，最后单击第一个锚点即可完成绘制，如图8-41所示。

**02** 在"基本图形"面板的"外观"选项组更改"填充"颜色为白色，选中"描边"复选框并更改描边颜色为黑色，设置"描边宽度"为40.0，如图8-42所示。

**03** 再次选择“钢笔工具”，在“节目”面板中创建一个新形状，但这次不是单击，而是在每次单击时拖曳。在拖曳时Premiere Pro将创建带有贝塞尔手柄的锚点，可以更加精确地控制创建的形状，如图8-43所示。

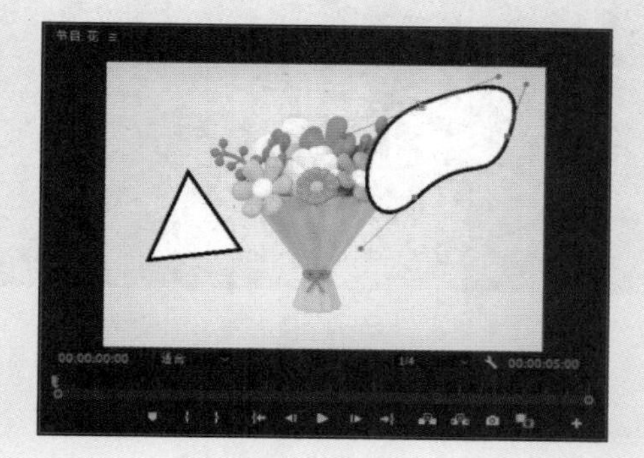

图8-43

**04** 长按“钢笔工具”按钮，选择“矩形工具”，创建矩形。在绘制的同时按住Shift键创建正方形，如图8-44所示。

图8-44

**05** 选择“椭圆工具”，创建椭圆，同时按住Shift键可以创建正圆形，如图8-45所示。

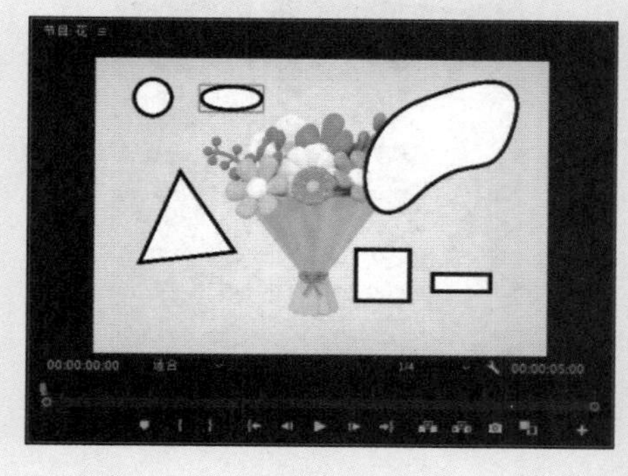

图8-45

### 2. 添加图形

**01** 打开序列，在“基本图形”面板的“编辑”选项卡中单击“新建图形”按钮，在弹出的菜单中选择“来自文件”选项，如图8-46所示。

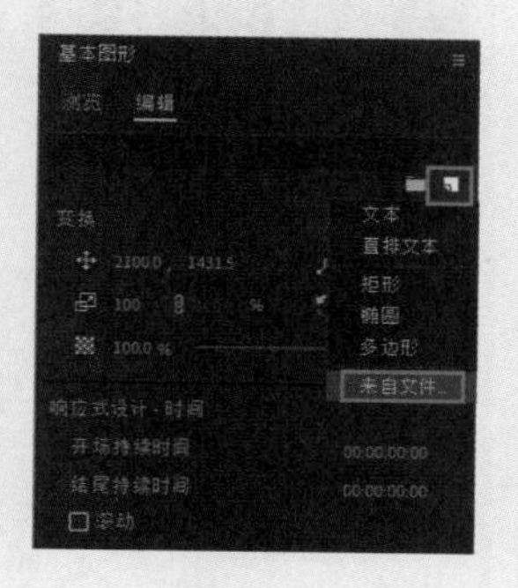


图8-46

**02** 在弹出的“导入”对话框中，找到想要导入的图形文件，单击“打开”按钮，如图8-47所示。

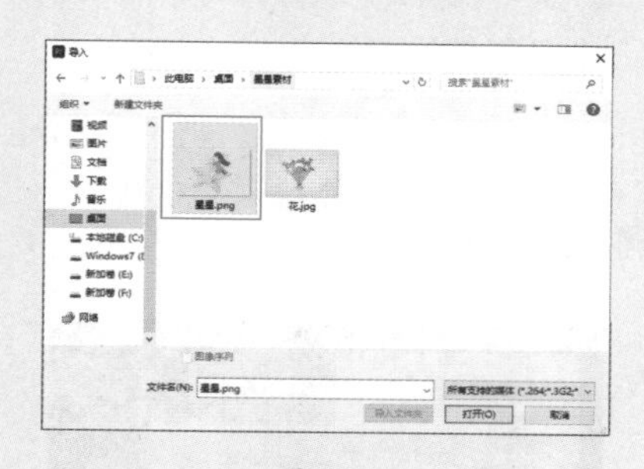

图8-47

**03** 选中图形，即可在“基本图形”面板中调整图形的位置、大小、旋转、缩放与不透明度等参数，如图8-48所示。

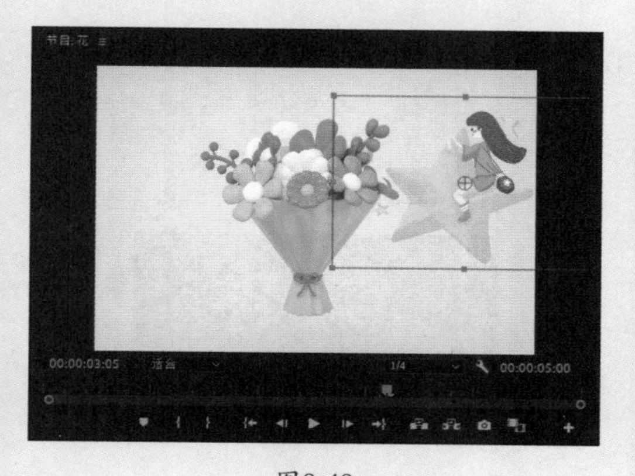

图8-48

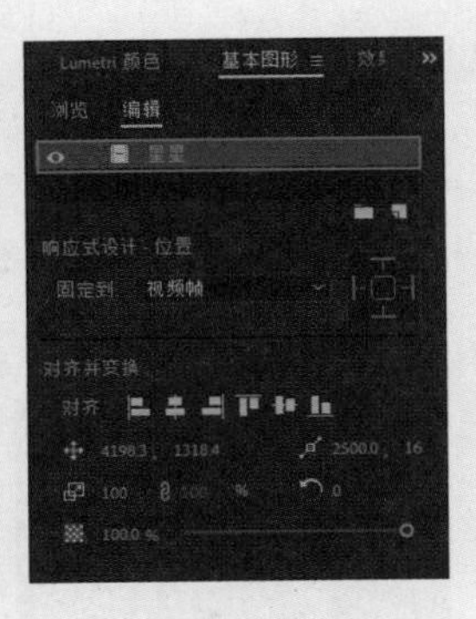

图8-48（续）

## 8.3 变形字幕效果

用户可以在Premiere Pro中打造更加个性化的字幕。例如，可以从“效果”面板中为字幕添加变形效果，也可以调整“效果控件”面板的“运动”选项为字幕制作运动效果等。本节讲解如何为字幕制作变形效果的方法。

**01** 新建项目。在“项目”面板空白处右击，在弹出的快捷菜单中选择“新建项目”→“黑场视频”选项，如图8-49所示。

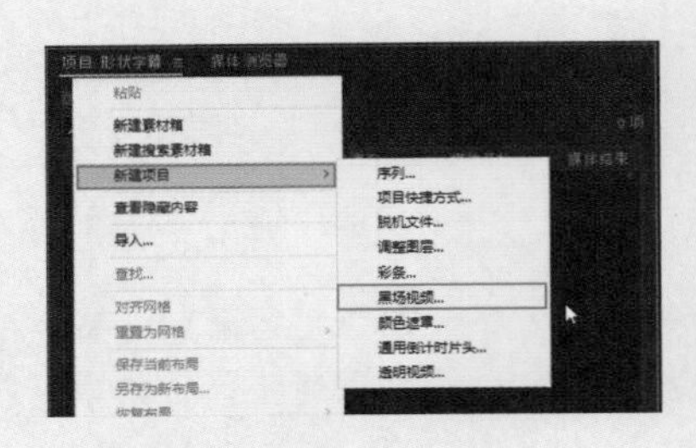

图8-49

**02** 在弹出的“新建黑场视频”对话框中，建立一个5000×3333的黑场视频，具体参数如图8-50所示。

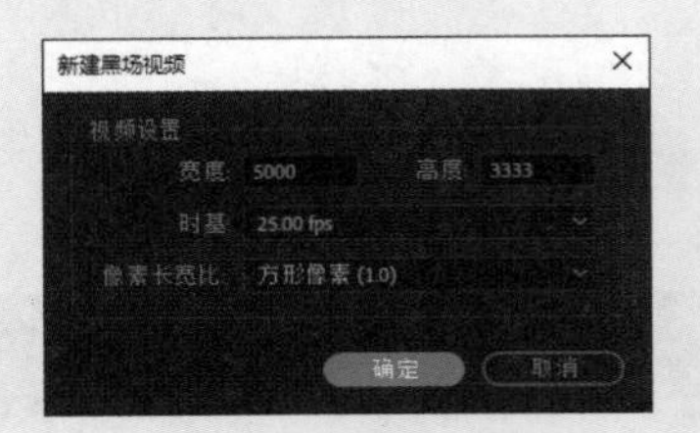

图8-50

**03** 将黑场视频拖至“时间轴”面板中，如图8-51所示。

图8-51

**04** 在“节目”面板中单击并输入“黑场视频”文本，如图8-52所示。

图8-52

**05** 切换至“效果”工作区。在“基本图形”面板的“编辑”选项卡中单击“水平居中对齐”按钮，如图8-53所示。

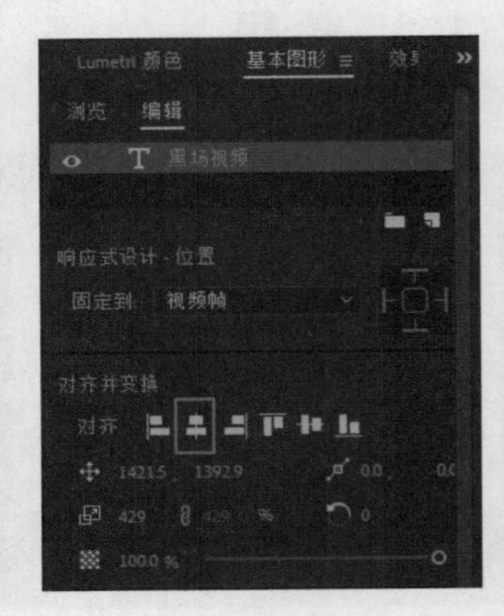

图8-53

图8-53（续）

06 在“效果”面板中找到“视频效果”→“扭曲”→“旋转扭曲”效果，并将其拖至字幕素材上，如图8-54所示。

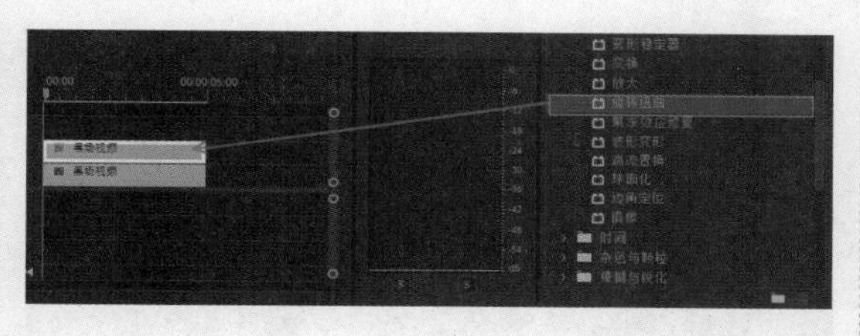

图8-54

07 在“效果控件”面板中找到“旋转扭曲”效果，根据需要调整参数，如图8-55所示。

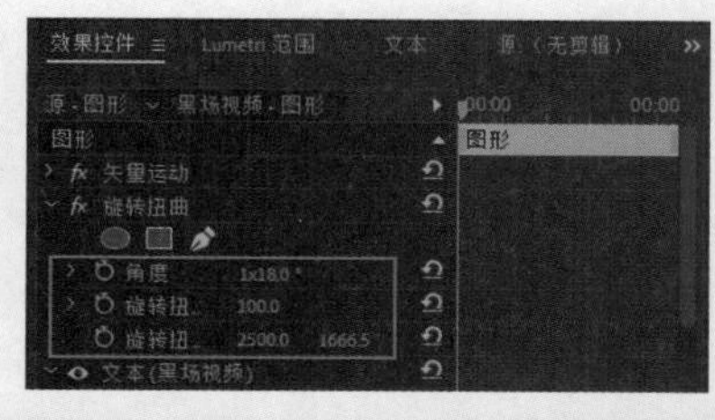

图8-55

### 1．运用位置、旋转、缩放等参数修改字幕

01 新建项目。在“项目”面板的空白区域右击，在弹出的快捷菜单中选择“新建项目”→“黑场视频”选项，如图8-56所示。

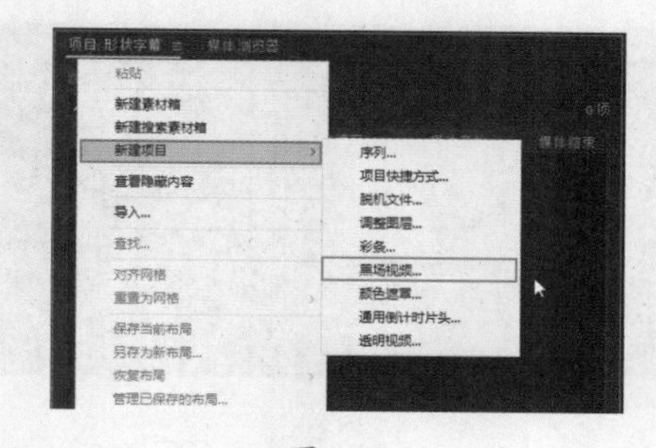


图8-56

02 建立一个5000×3333的黑场视频，将黑场视频拖至“时间轴”面板中（操作方法与上一个实例相同就不重复讲解）。

03 在“节目”面板中单击并输入“黑场视频”文字，切换至“效果”工作区面板，在“基本图形”面板的“编辑”选项卡中将文字垂直居中对齐和水平居中对齐，如图8-57所示。

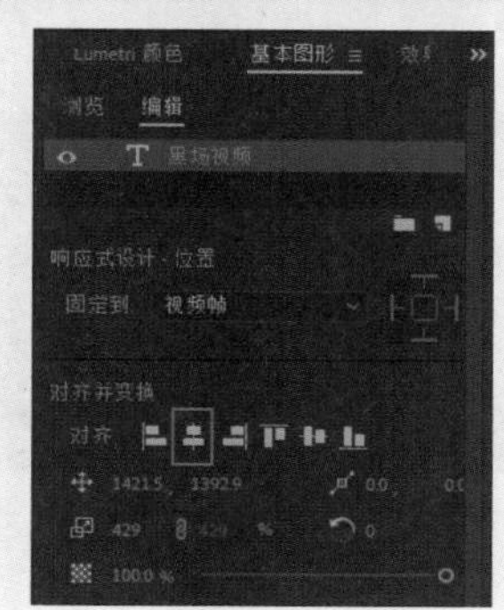


图8-57

**04** 在“效果控件”面板的“变换”属性中将“位置”的X坐标修改为204.0，使文字位于画面左侧。随后单击“位置”前的“切换动画”按钮添加一个关键帧，如图8-58所示。

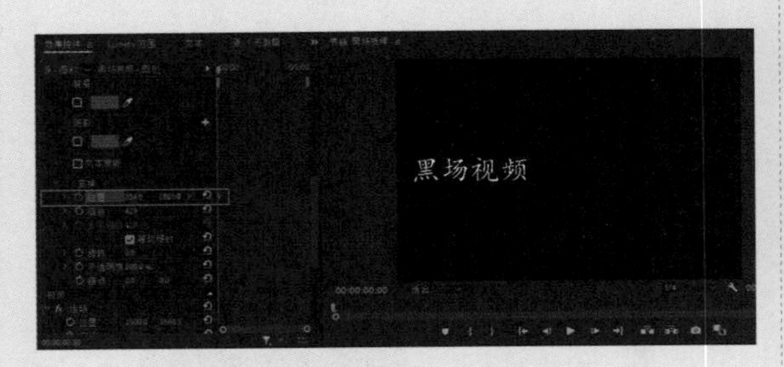


图8-58

**05** 拖曳时间指示器至字幕的结尾处，随后将“位置”的X轴坐标值修改为3182.0，使文字位于画面右侧，Premiere Pro将自动添加一个关键帧，如图8-59所示。将时间指示器移至字幕图层开头处，按空格键播放视频即可看到字幕的移动效果。

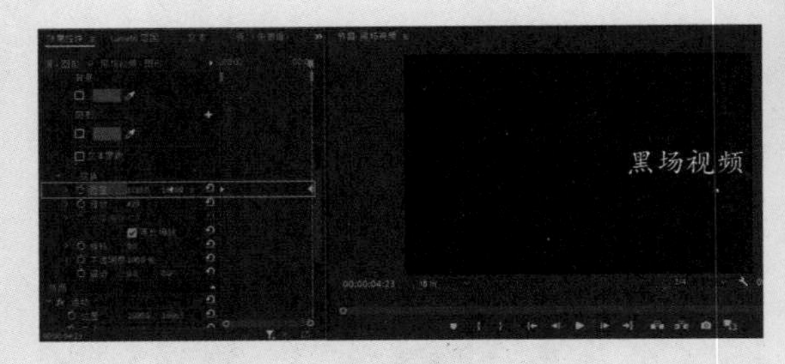


图8-59

**06** 在确保时间指示器位于字幕图层开头处的前提下，在“效果控件”面板的“运动”属性中单击“缩放”前的“切换动画”按钮，添加一个关键帧，如图8-60所示。

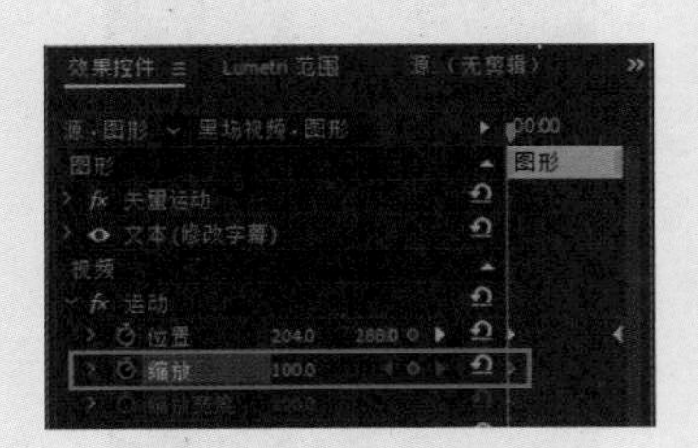


图8-60

**07** 拖曳时间指示器至画面中文字位于正中心的位置后，将“缩放”值修改为140.0，将文字放大，Premiere Pro将自动添加一个关键帧，如图8-61所示。

图8-61

**08** 拖曳时间指示器至字幕结尾处，将“缩放”值修改100.0，使文字为原来的大小，软件将自动添加一个关键帧，如图8-62所示。

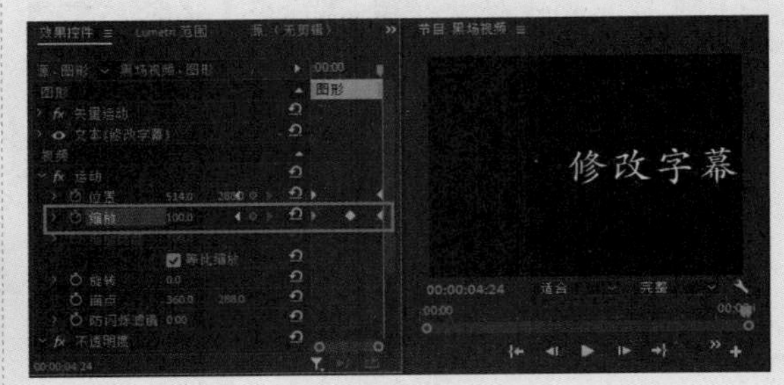


图8-62

**09** 在确保时间指示器位于字幕图层开头处的前提下，在“效果控件”面板的“运动”属性中单击“旋转”前的“切换动画”按钮，添加一个关键帧，拖曳时间指示器至画面中文字位于正中心的位置，将“旋转”值修改为0.0°，将文字旋转一周，Premiere Pro将自动添加一个关键帧，如图8-63所示。

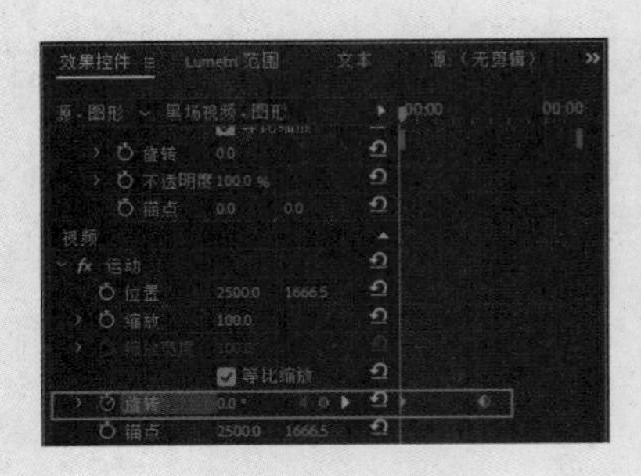


图8-63

**10** 拖曳时间指示器至字幕结尾处，将“旋转”

值修改为0.0°，将文字再旋转一周，软件将自动添加一个关键帧，如图8-64所示。

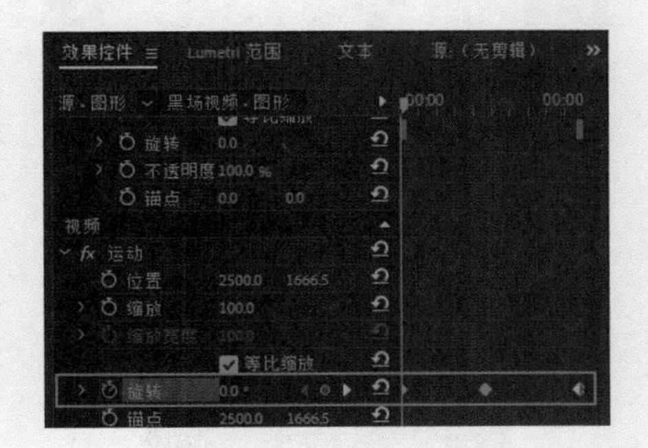

图8-64

## 8.4 语音转文本

### 8.4.1 语音转文本功能介绍

在制作一些解说、谈话类的视频时，经常会有大段的台词，在后期视频处理时需要为每句话都添加上相应的字幕。在影视传统的后期制作中，字幕制作需要创作者反复聆听视频中的语音，然后根据语音卡准时间点，将文字输入其中，并制作为字幕，这样的做法势必会花费大量的时间。

为了提高视频后期制作的效率，可以使用Premiere Pro 2023提供的语音转文本功能，可以有效节省大量的制作时间。下面就介绍该功能的使用方法。

打开“文本”面板，如图8-65所示，各功能按钮的使用方法介绍如下。

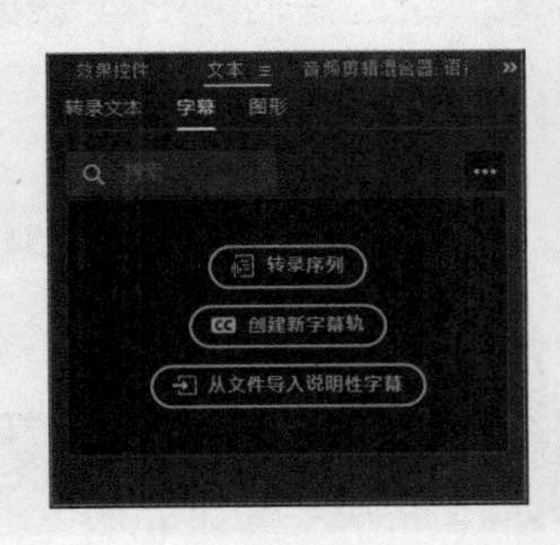


图8-65

※ 转录序列：单击该按钮，将“时间轴”面板中的视频或音频转换为文本，并自动生成字幕。

※ 创建新字幕轨：单击该按钮，将在“时间轴”面板中创建C（字幕）轨道。

※ 从文件导入说明性字幕：单击该按钮，在文件夹中选择视频或音频进行转录说明性字幕。

### 8.4.2 实例：使用语音转文本功能创建字幕

01 启动Premiere Pro 2023，按快捷键Ctrl+O，打开素材文件夹中的“语音转文字.prproj”项目文件。进入工作界面后，可以看到“时间轴”面板中已经添加的素材，如图8-66所示。

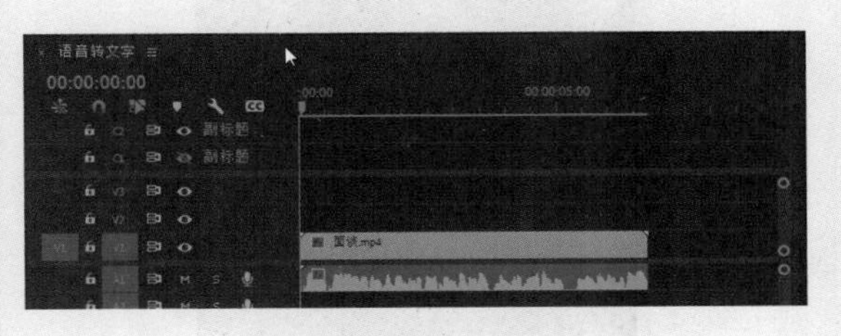


图8-66

02 在“时间轴”面板中选择“语音.wav”素材，打开“文本”面板，单击“转录序列”按钮，弹出“创建转录文本”对话框，转录语言可以设置13种语言，此外也可以设置仅转录从入点到出点的部分，设置好后单击“转录”按钮，如图8-67所示。

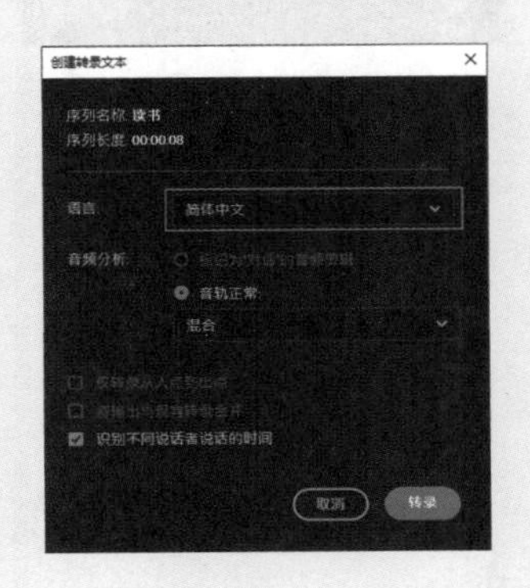


图8-67

**03** 如果在转录完成后，识别的文本中有错别字，可以双击文本区域，对文字进行修改，如图8-68所示。单击文本中的文字时，“节目”面板中的画面也会发生相应的变化。

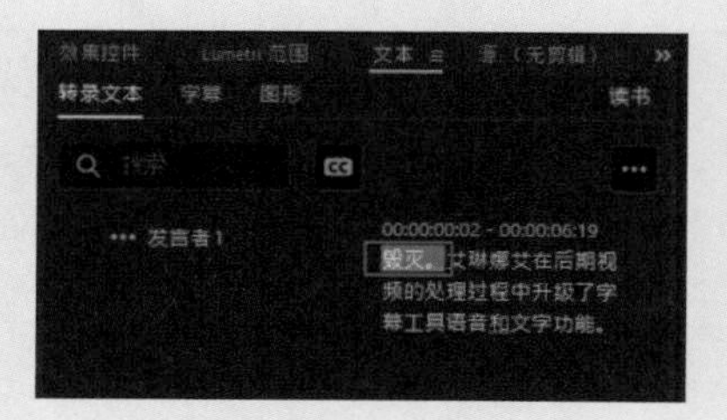


图8-68

**04** 转录完成后单击“创建说明性字幕”按钮，弹出“创建字幕”对话框，设置字幕预设、格式、样式等选项后，单击“创建”按钮，如图8-69所示。

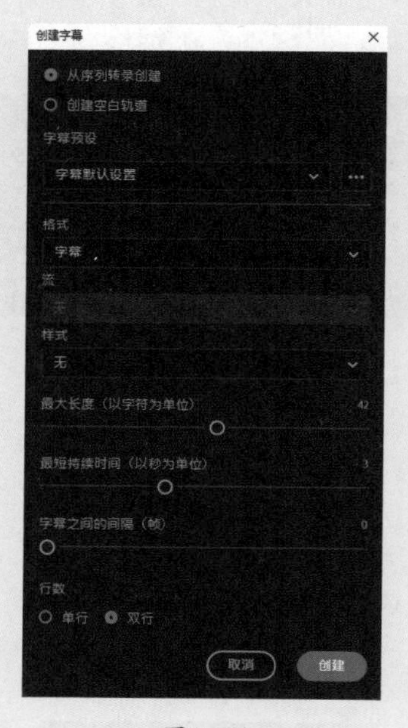


图8-69

**05** 在“时间轴”面板中自动形成字幕轨道，在“节目”面板中也会自动显示字幕，如图8-70所示。

**06** 此时自动生成的字幕并不清晰，在右侧的“基本图形”面板中调整字幕字体、外观等选项，使画面中的字幕显示得更清楚，如图8-71所示。

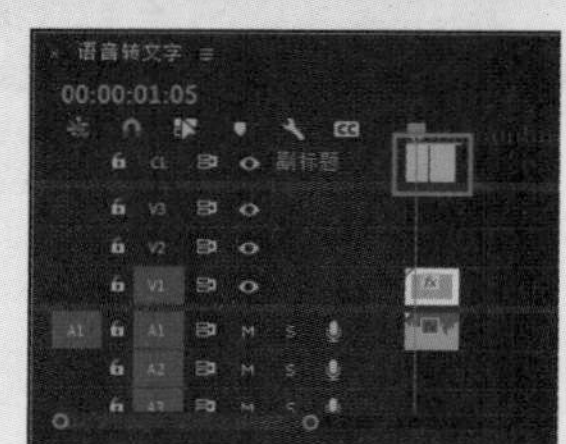


图8-70

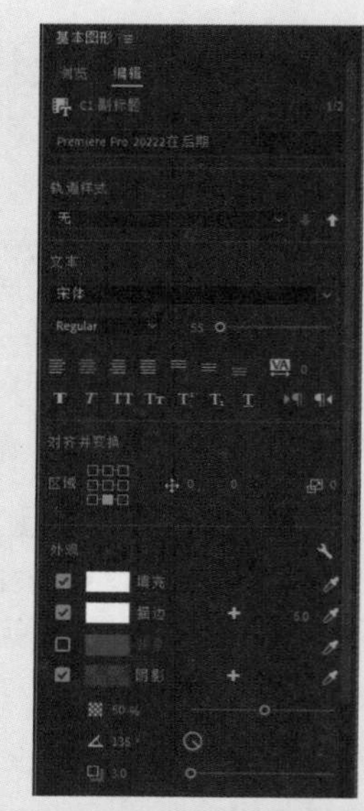

图8-71

## 8.5 综合实例：春联小知识

千百年来，春联以工整、对仗、简洁、精巧的文字描绘生活、抒发愿望，成为一种独特的民俗文学和重要的文化表达形式。本例制作一个春联小知识视频，重点学习字幕的制作方法。

**01** 启动Premiere Pro 2023，按快捷键Ctrl+O，打开素材文件夹中的“春联小知识.prproj”项目文件。进入工作界面后，可以看到“时间轴”面板中已经添加的视频素材，如图8-72所示。在“节目”面板中可以预览当前素材的效果，如图8-73所示。

图8-72

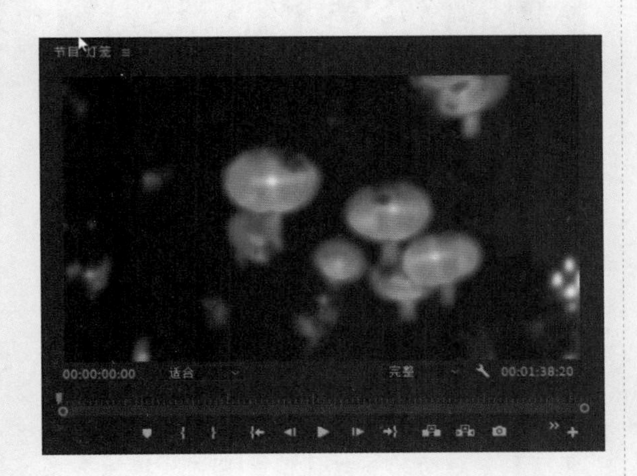

图8-73

**02** 选择“文字工具”T，在“节目”面板上单击输入“春联趣识”文字，如图8-74所示。在“基本图形”面板的“文本”选项组中选择字体和颜色，在“基本图形”面板的“对齐与变换”选项组中单击“水平居中对齐”与“垂直居中对齐”按钮，如图8-75所示。

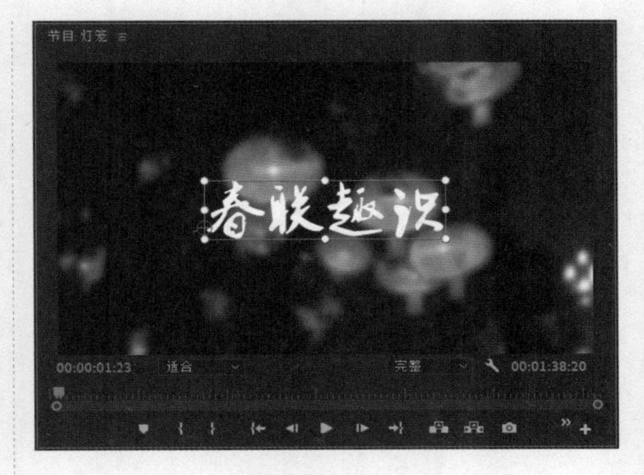


图8-74

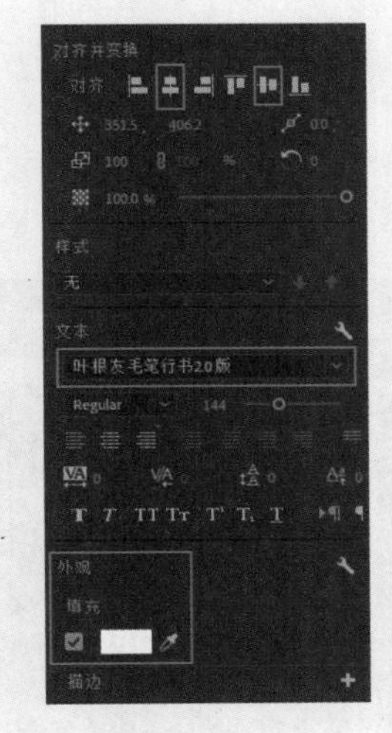

图8-75

**03** 制作文字阴影。按住Alt键拖动文字素材，将文字素材复制到V3与V4轨道上，如图8-76所示。将V2轨道与V4轨道上的文字调成对比明显的颜色，完成后将V2轨道上的文字素材向右移动一点儿，制作出文字的有色阴影效果，如图8-77所示。

图8-76

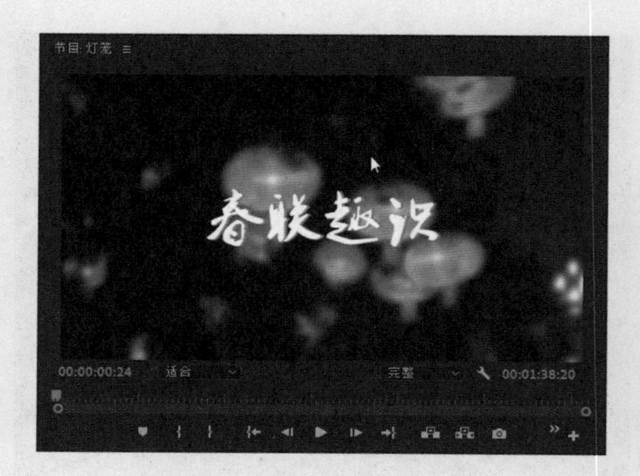

图8-77

**04** 制作片头动画。单击V2轨道的文字素材，将时间指示器调整为00:00:00:20，再找到“效果控件”面板中的“位置”参数，单击其“切换动画”按钮，设置第一个关键帧，如图8-78所示。

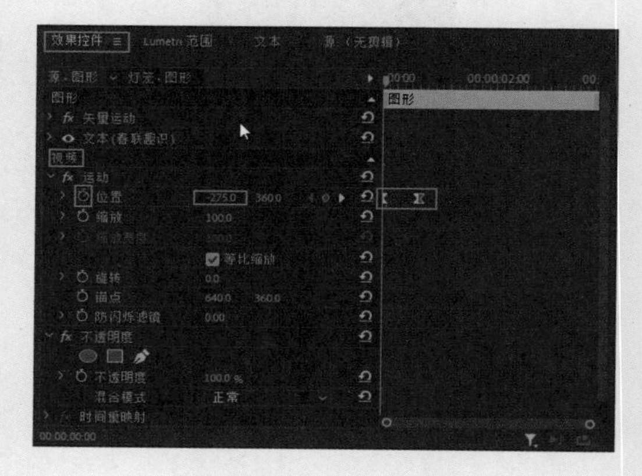

图8-78

**05** 将时间指示器移至起始位置，向左拖动“位置”的X轴参数，直到文字全部移至画面外，系统自动生成第二个关键帧。右击关键帧，在弹出的快捷菜单中选择“临时插值”→“自动贝塞尔曲线”选项，如图8-79所示。

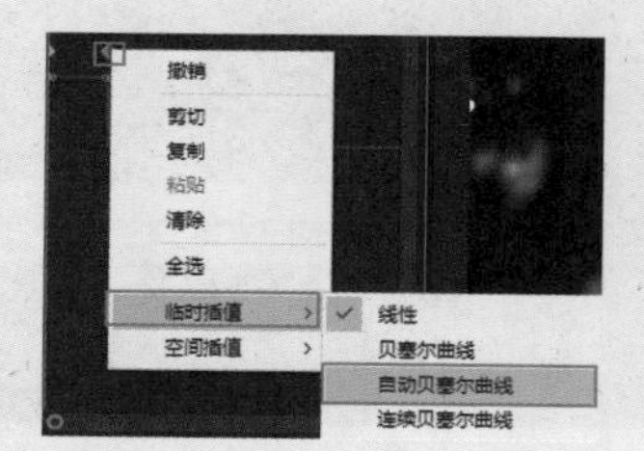


图8-79

**06** 单击左侧的按钮，发现关键帧旁出现了速率曲线，拖动蓝色的点调整关键帧的速度，如图8-80所示。

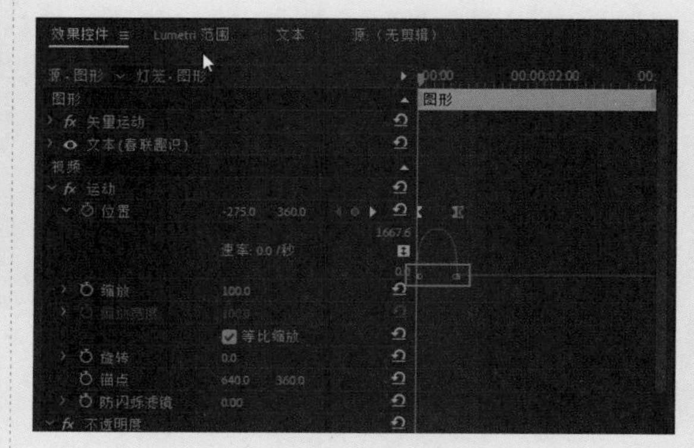

图8-80

**07** 采用同样的方法，为V3轨道上的文字制作移动动画，但注意拖动的位置，让两个文字素材出现的方向相反，效果如图8-81所示。

图8-81

**08** 制作颜色渐变效果。选中V4轨道上的文字素材，在“效果控件”面板中单击“不透明度”下方的“创建椭圆形蒙版”按钮，在“节目”面板调整蒙版的形状，框住“联”和“趣”字1/4的面积。再将时间指示器移至00:00:02:25，单击“蒙版路径”左侧的“切换动画”按钮，设置第一个关键帧，再将时间指示器移至00:00:03:23，在“节目”面板中将蒙版拖至完全包含“春联趣识”四个字的状态，如图8-82所示。

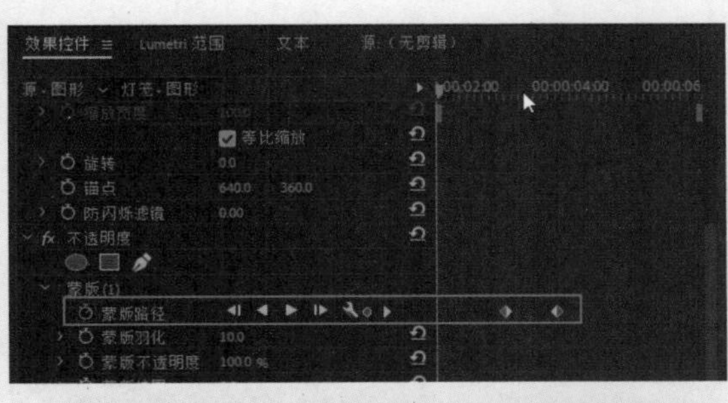

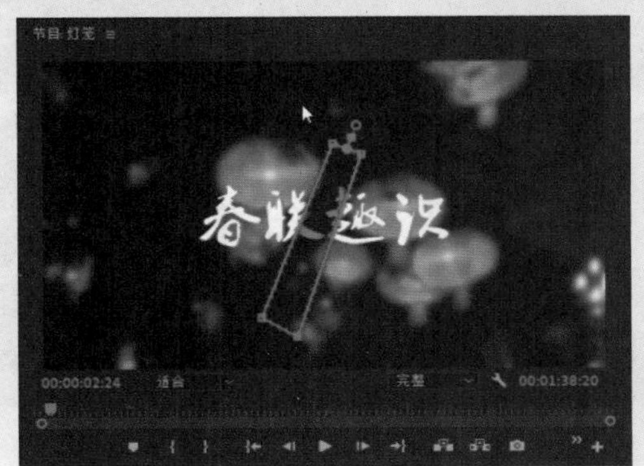


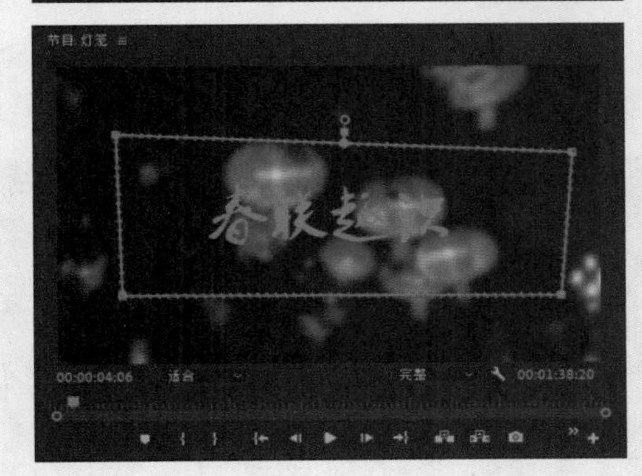

图8-82

**09** 在素材文件夹中找到“春联科普文本.txt”文件，使用“文字工具”根据视频素材内容与音频素材将文本排列，每句台词出现的时间应该在2~3s，如图8-83所示。

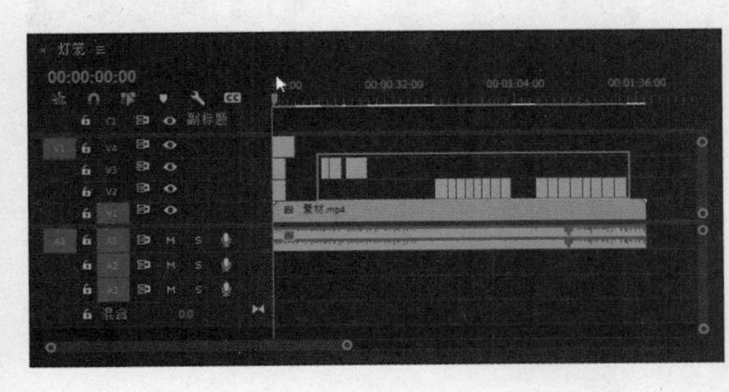

图8-83

**10** 制作副标题背景。在“项目”面板中将“背景.jpg”素材拖入“时间轴”面板的V1轨道中，在“效果控件”面板中对素材进行调整，将“缩放”值调整为21.0，“位置”的X轴参数调整为95.0，Y轴参数调整为177.0，本视频有三个小节，所以需要设置三个副标题背景，三个副标题背景的起始时间分别为00:00:07:17、00:00:32:27与00:01:04:29，持续时间为4s左右，如图8-84所示。

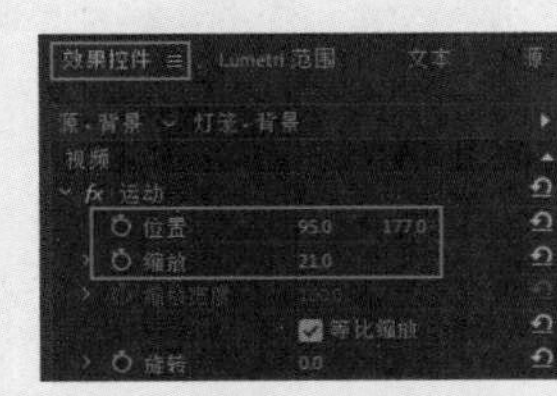

图8-84

**11** 制作副标题。在上一步设置的副标题背景处的V2轨道上使用“文字工具”输入副标题文字，按照文本输入文字后，在“基本图形”面板中调整其字体与颜色，其中X轴参数为268，Y轴参数为218，文字大小为52，单击“仿粗体”按钮，如图8-85所示。

图8-85

图8-85（续）

**12** 添加效果。打开“效果”面板，将“交叉溶解”效果添加至如图8-86所示的位置。将鼠标指针移至素材左侧和右侧边缘处并右击，在弹出的快捷菜单中选择“应用默认过渡”选项，此方法可以快速应用“交叉溶解”效果。

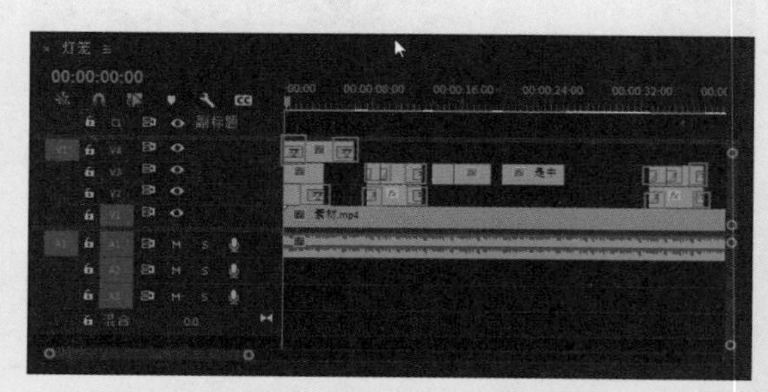


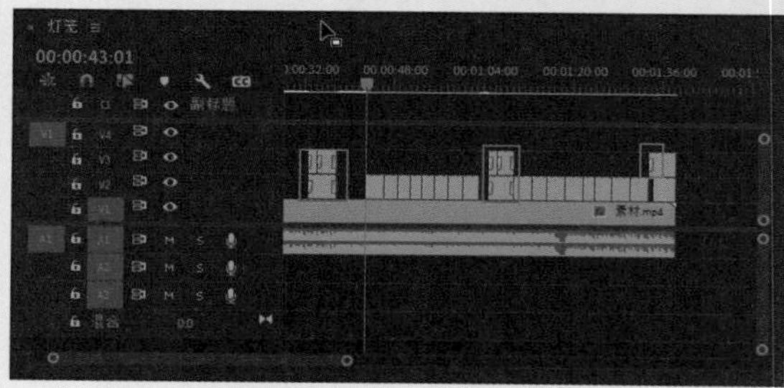


图8-86

**13** 添加片尾。将“项目”面板中的“谢谢欣赏.jpg”拖入“时间轴”面板的00:01:33:21处，如图8-87所示。

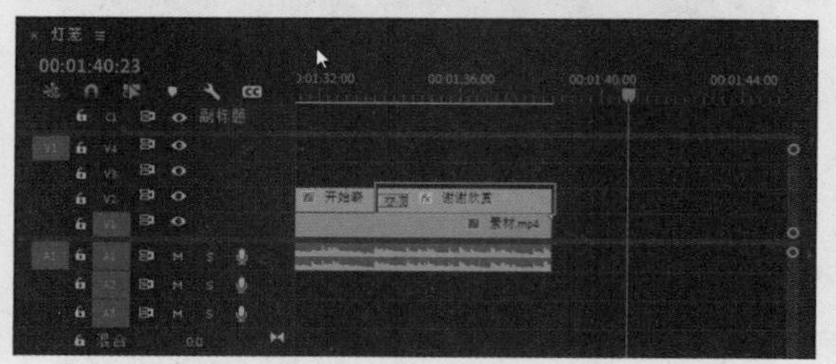


图8-87

到此制作完成，春联小知识视频的最终效果如图8-88所示。

图8-88

图8-88（续）

## 8.6 本章小结

本章介绍了字幕的创建与应用方法，内容包括创建字幕素材的多种方法，以及“基本图形”面板中样式、文本、外观等参数的使用方法。在各类电视节目和影视创作中，字幕是不可缺少的元素，它不仅可以快速传递作品信息，同时也能起到美化画面的作用，使传达的信息更加直观、深刻。希望大家能熟练掌握字幕处理的各项技能，在日后创作出更多优质的影视作品。

第9章

# 音频效果

一部完整的影视作品通常包括图像和声音，声音在影视作品中可以起到烘托、渲染气氛和感染力，增强影片表现力等作用。前面的章节为大家讲解的都是影视作品中影像方面的处理方法，本章将讲解 Premiere Pro 2023 中音频效果的编辑与应用方法。

## 本章重点

- ※ 调整音频的持续时间
- ※ 使用“音频剪辑混合器”
- ※ 应用音频效果
- ※ 应用音频过渡效果

## 本章效果欣赏

## 9.1 关于音频效果与基本调节

Premiere Pro 2023 具有强大的音频编辑处理能力，通过“音频剪辑混合器”面板，如图 9-1 所示，可以方便地编辑与控制声音。其中具备的声道处理能力，以及实时录音功能、音频素材和音频轨道的分离功能，使在 Premiere Pro 2023 中的音效编辑工作更轻松、便捷。

图9-1

## 9.1.1 音频效果的处理方式

首先简要介绍 Premiere Pro 2023 对音频效果的处理方式。在“音频剪辑混合器”面板中可以看到音频轨道分为两个通道，即左（L）声道和右（R）声道，如果音频素材的声音所使用的是单声道，即可在 Premiere Pro 2023 中改变声道效果；如果音频素材使用的是双声道，则可以在两个声道之间实现音频特有的效果。另外，在声音的效果处理上，Premiere Pro 2023 提供了多种处理音频的特殊效果，这些效果跟视频效果一样，可以很方便地添加到音频素材上，并能转化成帧，方便对其进行编辑与设置。

## 9.1.2 音频轨道

Premiere Pro 2023 的“时间轴”面板中有两种类型的轨道，即视频轨道和音频轨道，音频轨道位于视频轨道的下方，如图 9-2 所示。

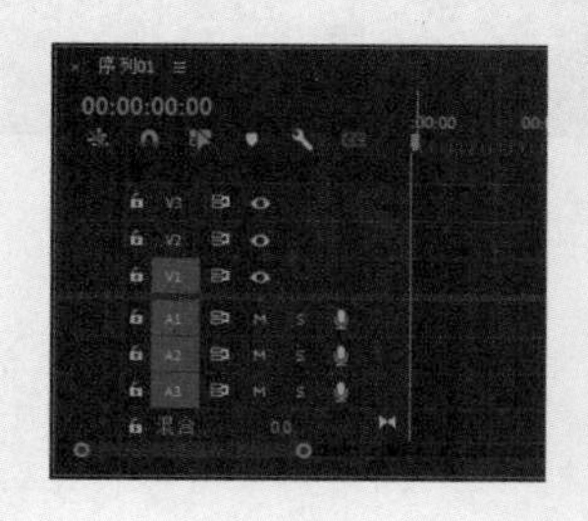

图9-2

将带有音频的视频素材从“项目”面板中拖入“时间轴”面板时，Premiere Pro 2023 会自动将素材中的音频放到相应的音频轨道上，如果把视频剪辑放在 V1 视频轨道上，则剪辑中的音频会被自动放置在 A1 音频轨道上，如图 9-3 所示。

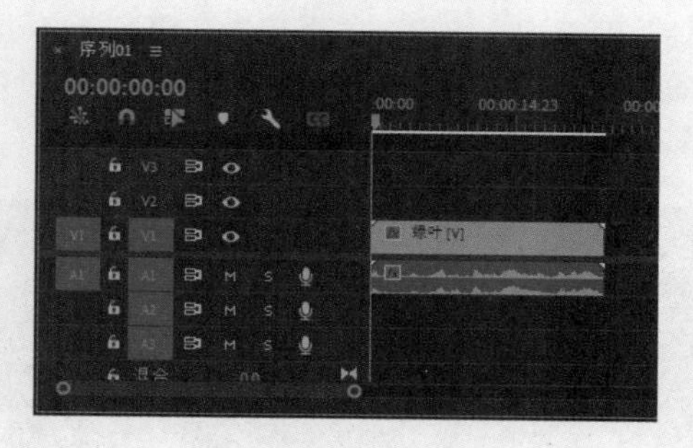

图9-3

在“时间轴”面板中处理素材时，可以使用“剃刀工具”来分割视频剪辑，操作时，与该剪辑链接在一起的音频素材会被同时分割，如图 9-4 所示。若不想音视频素材被同时分割，则可以选择视频剪辑素材，执行“剪辑”→“取消链接”命令；或者右击视频剪辑素材，在弹出的快捷菜单中选择“取消链接”选项，如图 9-5 所示，可以使剪辑中的视频与音频断开链接。

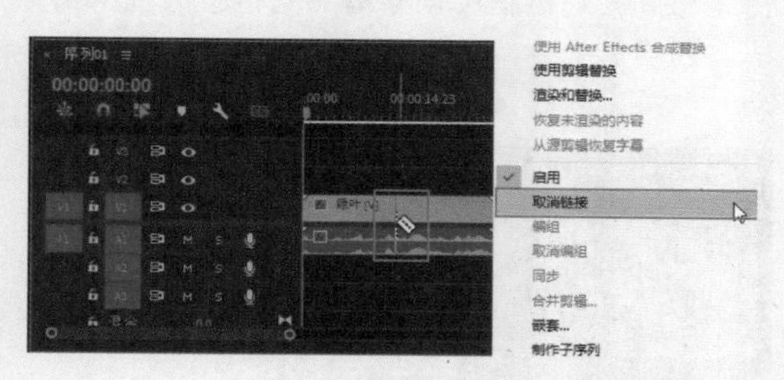


图9-4

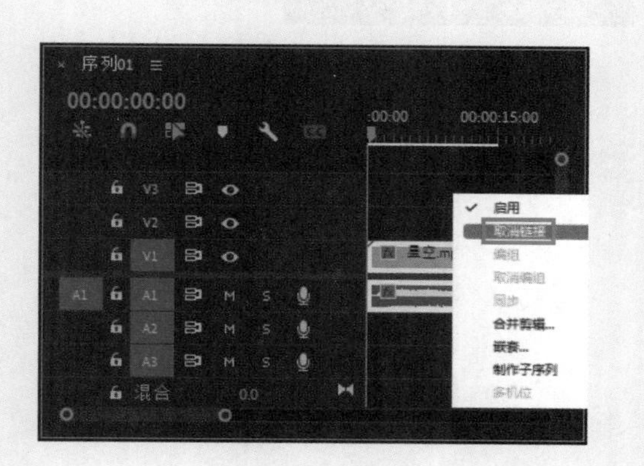


图9-5

## 9.1.3　调整音频持续时间

音频的持续时间就是指音频的入点和出点之间的素材持续时间，因此可以通过改变音频的入点或者出点位置来调整音频的持续时间。在“时间轴”面板中，使用“选择工具”直接拖动音频的边缘，以改变音频轨道上音频素材的长度，如图 9-6 所示。

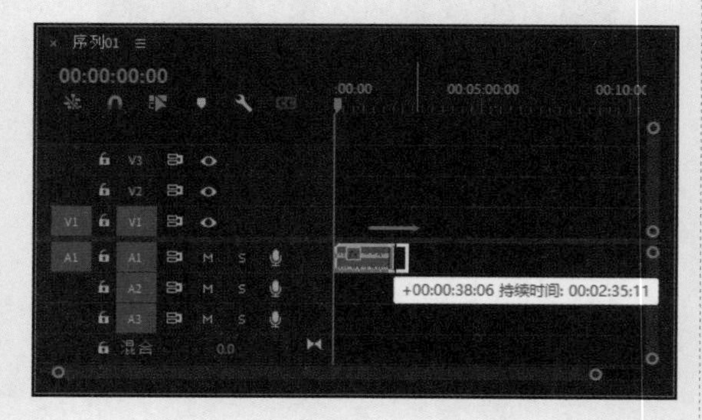


图9-6

此外，还可以右击“时间轴”面板中的音频素材，在弹出的快捷菜单中选择“速度 / 持续时间”选项，如图 9-7 所示，在弹出的“剪辑速度 / 持续时间”对话框中调整音频的持续时间，如图 9-8 所示。

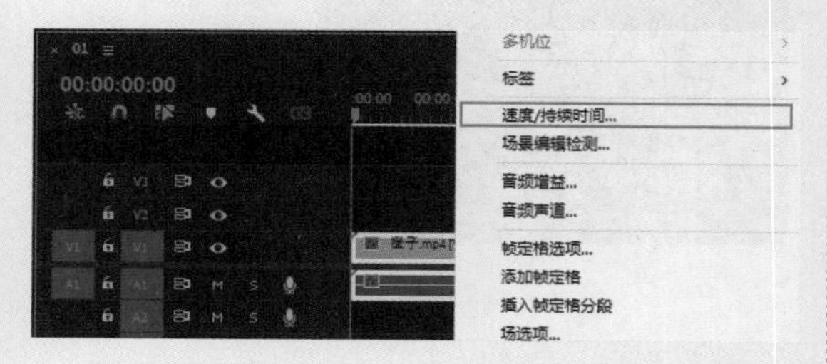


图9-7

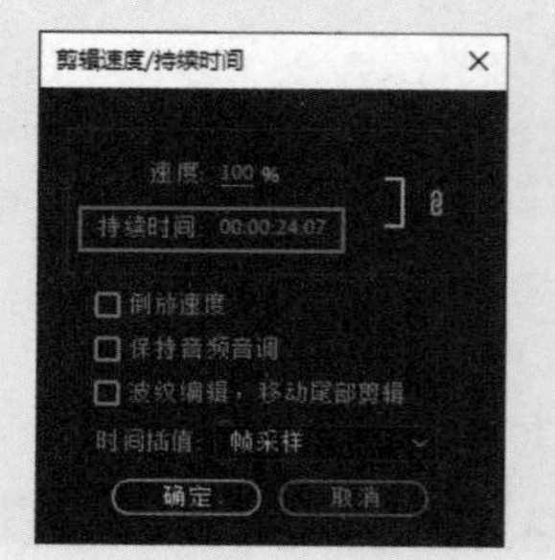


图9-8

提示：在“剪辑速度/持续时间”对话框中，还可以通过调整音频素材的“速度”参数，改变音频的持续时间，改变音频的播放速度后会影响音频的播放效果，音调会因速度的变化而改变。同时播放速度变化了，播放时间也会随之改变，需要注意的是，这种改变与单纯改变音频素材的出、入点而改变持续时间是不同的。

## 9.1.4　音量的调整

在编辑音频素材时，经常会遇到音频素材固有音量过大或过小的情况，此时就需要对素材的音量进行调节，从而满足项目制作的需求。调节素材的音量有多种方法，下面简单介绍两种调节音频素材音量的操作方法。

### 1．通过“音频剪辑混合器”调节音量

在“时间轴”面板中选择音频素材，然后在“音频剪辑混合器”面板中拖动相应音频轨道的音量调节滑块，如图 9-9 所示，向上拖动滑块增大音量，向下拖动滑块减小音量。

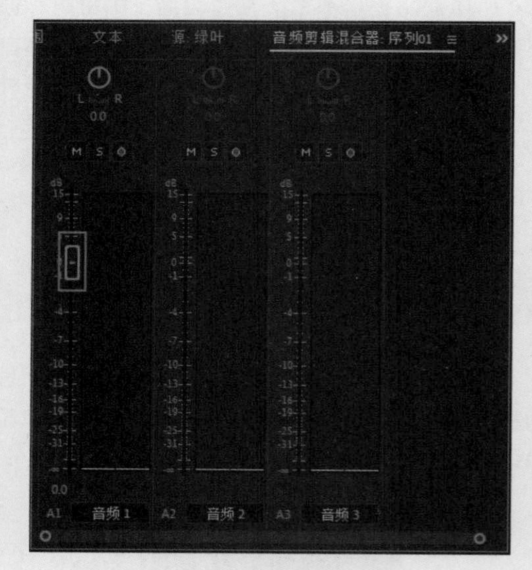


图9-9

提示：每个音频轨道都有一个对应的音量调节滑块，滑块下方的数值显示了当前音量，也可以通过单击数值，在文本框中手动输入数值来改变音量。

### 2．在“效果控件”面板中调节音量

在“时间轴”面板中选择音频素材，在“效果控件”面板中展开素材的“音频”属性，然后通过设置“级别”参数来调节所选音频素材的音量大小，如图 9-10 所示。

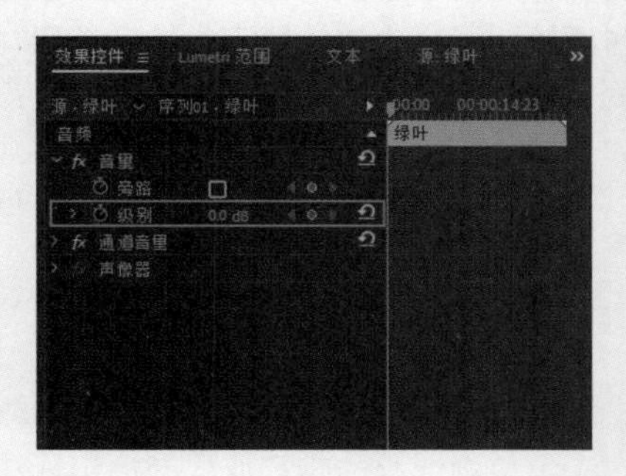


图9-10

在“效果控件”面板中，可以为选中的音频素材参数设置关键帧，从而制作音频关键帧动画。单击某个音频参数右侧的“添加/移除关键帧”按钮，如图 9-11 所示，然后将时间指示器移至下一个时间点，调整音频参数，Premiere Pro 2023 会自动在该时间点添加一个关键帧，如图 9-12 所示。

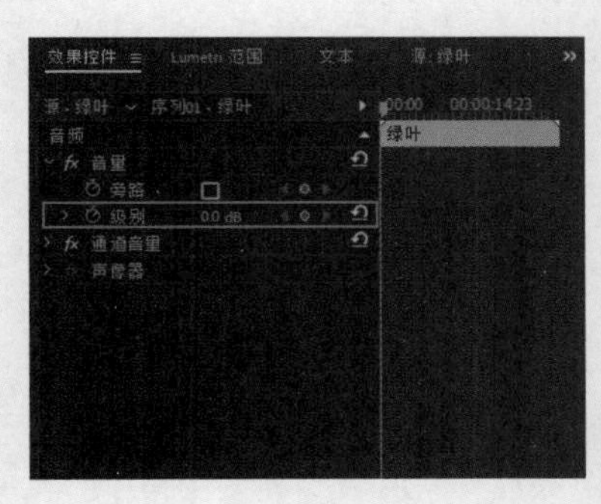


图9-11

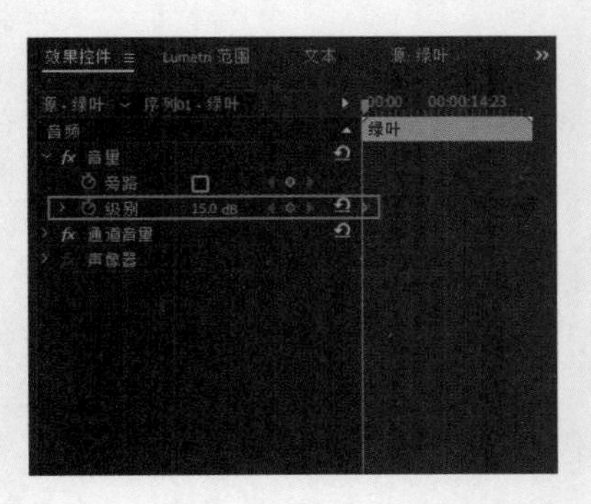


图9-12

## 9.1.5 实例：调整音频增益及速度

下面将以实例的形式，演示如何调整音频增益及其速度。

**01** 启动Premiere Pro 2023，按快捷键Ctrl+O，打开素材文件夹中的“调整音频增益.prproj”项目文件。进入工作界面后，可以看到“时间轴”面板中已经添加的素材，如图9-13所示。在“节目”面板中可以预览当前素材的效果，如图9-14所示。

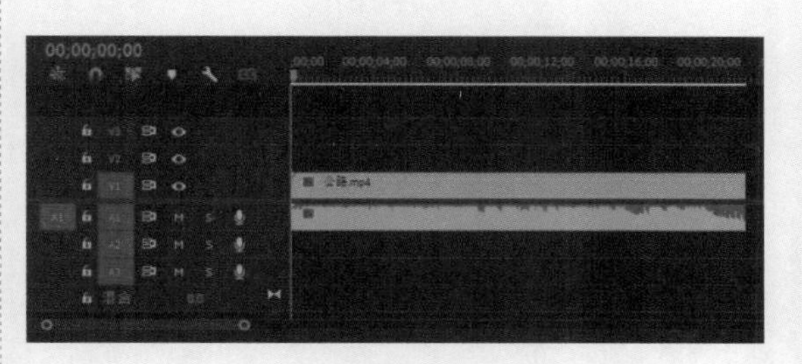


图9-13

图9-14

**02** 右击“时间轴”面板中的“公路.mp4”素材，在弹出的快捷菜单中选择“速度/持续时间”选项，如图9-15所示。

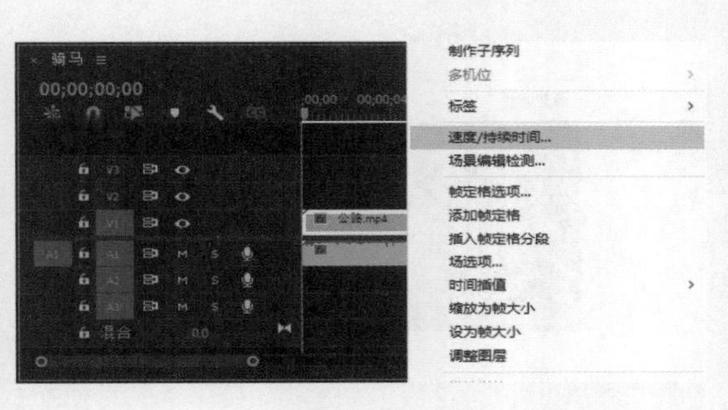


图9-15

**03** 弹出“剪辑速度/持续时间”对话框，在其中

修改音频的“速度”值为85，如图9-16所示，完成后单击“确定”按钮。

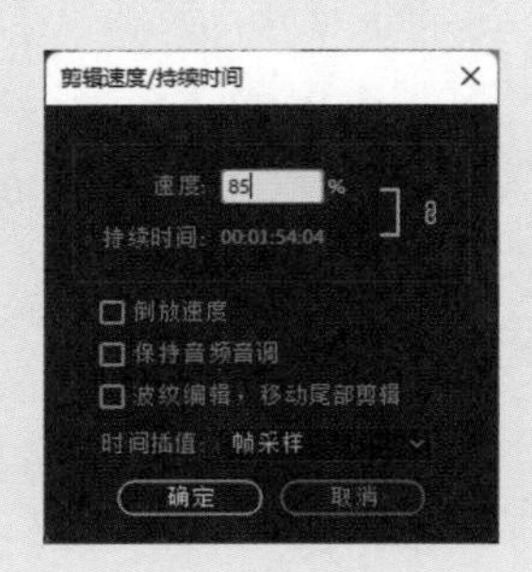


图9-16

提示：在“剪辑速度/持续时间”对话框中，还可以设置“持续时间”参数来精确调整音频素材的时长。

**04** 选择“公路.mp4”素材，执行“剪辑”→“音频选项”→“音频增益”命令，如图9-17所示。

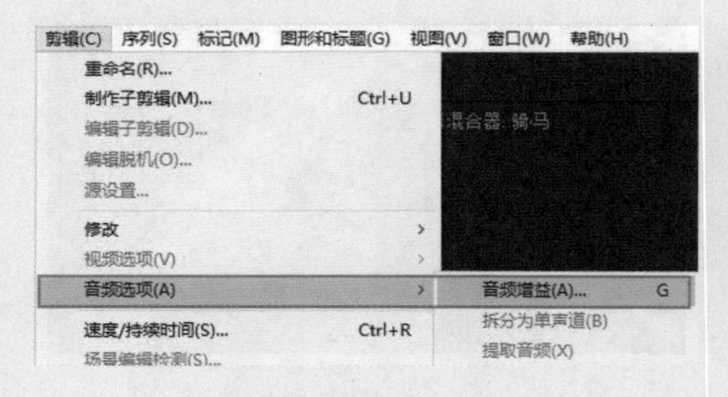


图9-17

**05** 弹出“音频增益”对话框，在其中设置“调整增益值”值为5，如图9-18所示，完成后单击“确定”按钮。

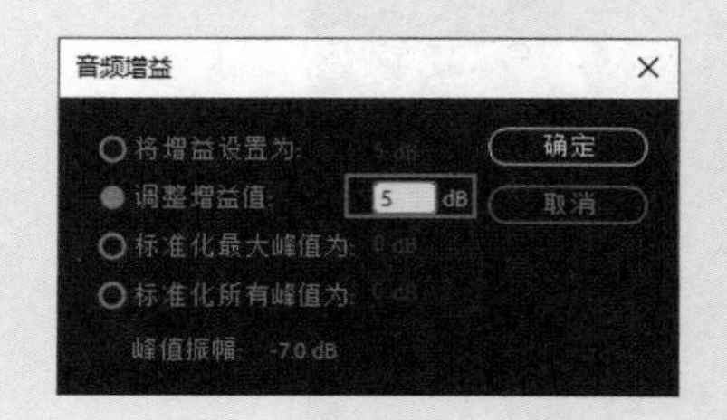


图9-18

**06** 完成上述操作后，可以在“节目”面板中可聆听音频效果。

## 9.2 使用音频剪辑混合器

“音频剪辑混合器”面板可以实时混合“时间轴”面板中各轨道的音频素材，还可以在该面板中选择相应的音频控制器进行调整，以调节它在“时间轴”面板中对应轨道中的音频素材，通过该面板可以很方便地把控音频的声道、音量等属性。

### 9.2.1 认识“音频剪辑混合器”面板

“音频剪辑混合器”面板由若干个轨道音频控制器、主音频控制器和播放控制器组成，如图9-19所示。其中轨道音频控制器主要用于调节“时间轴”面板中与其对应轨道上的音频。轨道音频控制器的数量与“时间轴”面板中音频轨道的数量一致。轨道音频控制器由控制按钮、声道调节旋钮和音量调节滑块这三部分组成。

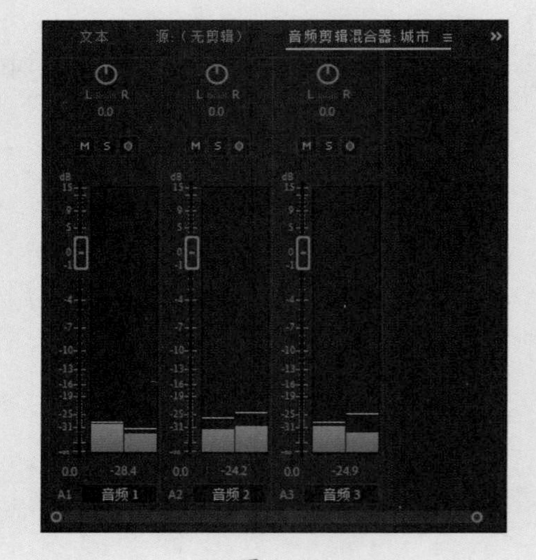


图9-19

下面对“音频剪辑混合器”面板中主要按钮参数进行具体介绍。

#### 1．控制按钮

轨道音频控制器的控制按钮主要用于控制音频调节器的状态，下面分别介绍各个按钮名称及其功能作用。

※ “静音轨道”按钮M：主要用于设置轨道

音频是否为静音状态，单击该按钮后，变为绿色，表示该音轨处于静音状态；再次单击该按钮，取消静音状态。

※ “独奏轨道”按钮S：单击该按钮，激活状态为黄色，此时其他普通音频轨道将自动设置为静音模式。

※ “写关键帧”按钮◎：单击该按钮，激活状态为蓝色，用于对音频素材进行关键帧设置。

**2. 声道调节旋钮**

声道调节旋钮如图 9-20 所示，主要是用来实现音频素材的声道切换。当音频素材为双声道音频时，可以使用声道调节旋钮来调节播放的声道。将鼠标指针放在旋钮上方，按住鼠标左键向左转动旋钮，则左声道的音量增大，向右拖动旋钮则右声道的音量增大。

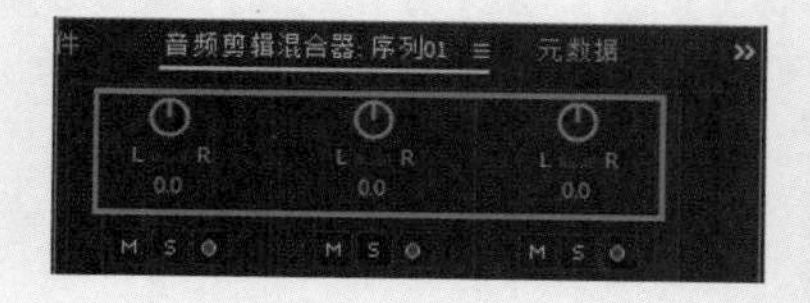

图9-20

**3. 音量调节滑块**

音量调节滑块如图 9-21 所示，主要用于控制当前轨道音频素材的音量大小，按住鼠标左键向上拖动滑块提高音量，向下拖动滑块降低音量。

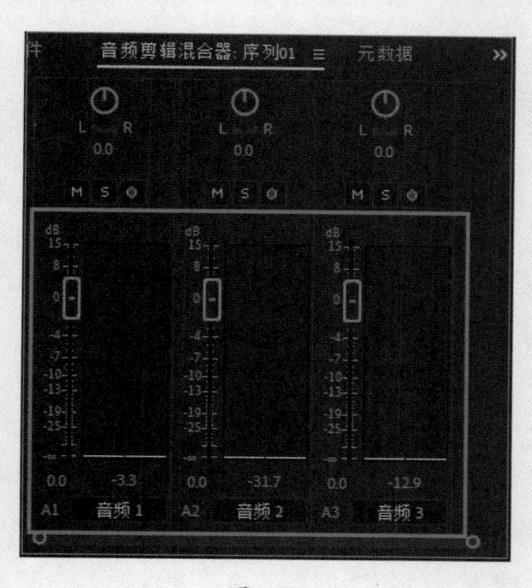

图9-21

## 9.2.2 实例：使用“音频剪辑混合器”调节音频

如果“时间轴”面板中的音频素材出现音量过高或过低的情况，可以选择在“效果控件”面板中对音量进行调整，也可以在“音频剪辑混合器”面板中更直观、便捷地调控音频音量。

**01** 启动Premiere Pro 2023，按快捷键Ctrl+O，打开素材文件夹中的“音频.prproj”项目文件。进入工作界面后，可以看到“时间轴”面板中已经添加好的两段音频素材，如图9-22所示。

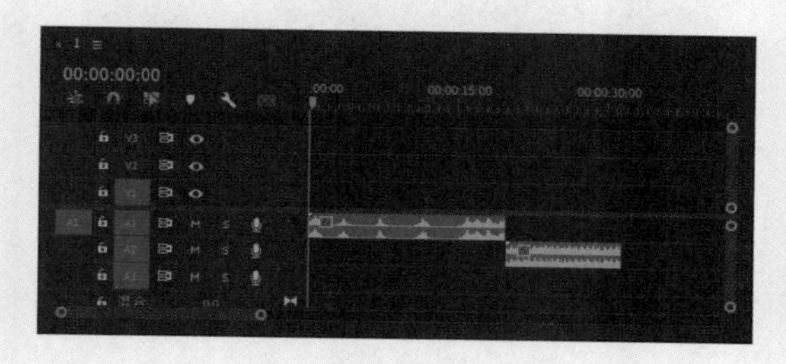

图9-22

**02** 分别预览两段音频素材，会发现第一段音频素材的音量过低，而第二段音频素材的音量过高。

**03** 打开“音频剪辑混合器”面板，在“时间轴”面板中将时间指示器定位到A1轨道中第一段音频素材范围内，此时在“音频剪辑混合器”面板中可以看到该段音频素材对应的音量调节滑块位于-40.0，如图9-23所示。

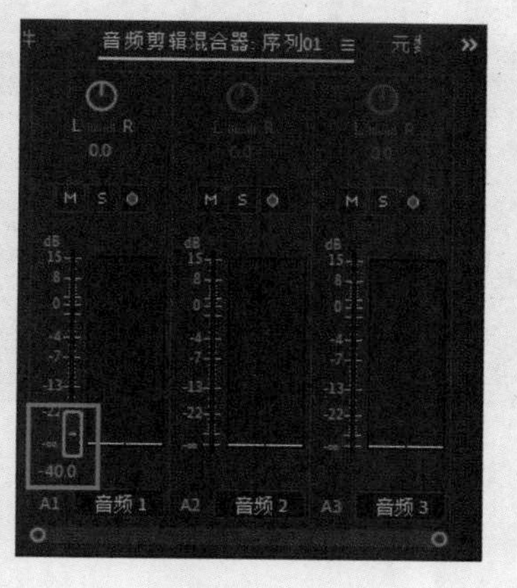

图9-23

**04** 将音量滑块向上拖至0.0的位置，以此来提高素材的音量，如图9-24所示，也可以选择在下方的文本框中直接输入数值0.0。

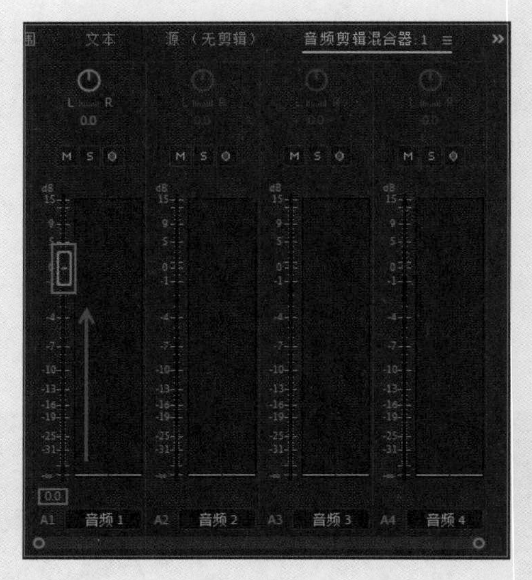

图9-24

**05** 在“时间轴”面板中将时间指示器定位到A2轨道中第二段音频素材范围内，此时在“音频剪辑混合器”面板中可以看到该段音频素材对应的音量调节滑块位于0的位置，如图9-25所示。

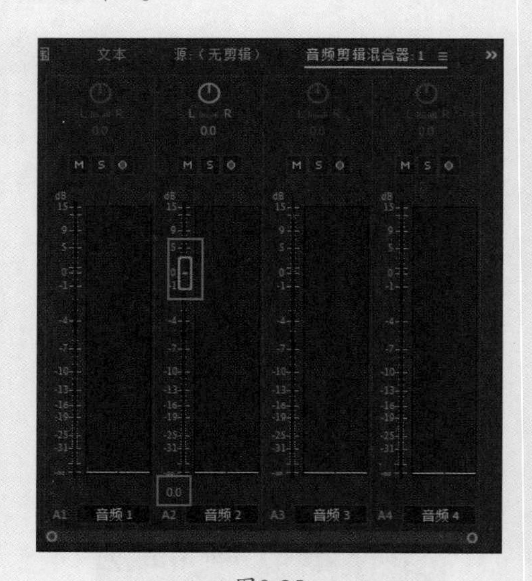

图9-25

**06** 将音量滑块向下拖至−8.0的位置，以此来降低素材的音量，如图9-26所示，也可以选择在下方的文本框中直接输入数值−8.0。

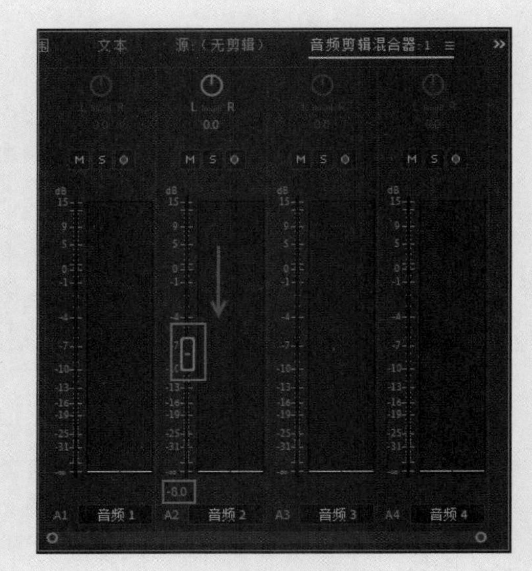

图9-26

**07** 完成上述操作后，可以在“节目”面板中可聆听音频效果。

## 9.3 音频效果

Premiere Pro 2023 具有完善的音频编辑功能，在“效果”面板的“音频效果”栏中提供了大量的音频特殊效果，可以满足多种音频效果的编辑需求，下面将简单介绍一些常用的音频效果。

### 9.3.1 多功能延迟效果

一般来说，延迟效果可以使音频产生回声效果，而“多功能延迟”效果则可以产生 4 层回声，并能通过调节参数，控制每层回声发生的延迟时间与程度。

添加音频效果的方法与添加视频效果的方法一致。在“效果”面板中展开“音频效果”效果栏，将其中的“多功能延迟”效果拖至需要应用该效果的音频素材上，如图 9-27 所示。

完成效果的添加后，在“效果控件”面板中

可以对其进行参数设置，如图 9-28 所示。

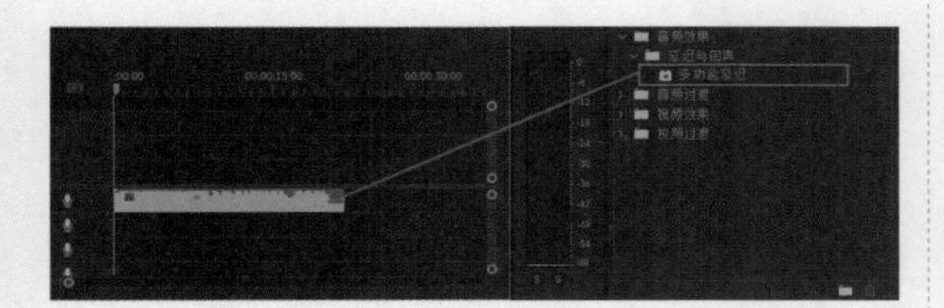

图9-27

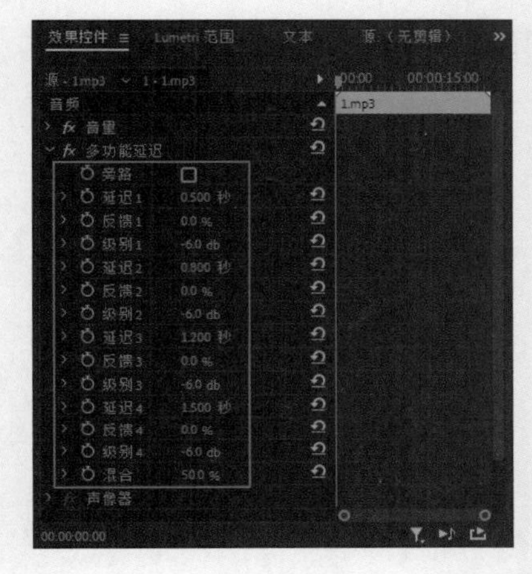


图9-28

“多功能延迟”效果的主要参数介绍如下。

※ 延迟 1/2/3/4：用于指定原始音频与回声之间的时间长度。

※ 反馈 1/2/3/4：用于指定延迟信号的叠加程度，以控制多重衰减回声的百分比。

※ 级别 1/2/3/4：用于设置每层回声的音量强度。

※ 混合：用于控制延迟声音和原始音频的混合比例。

## 9.3.2 带通效果

“带通”效果可以删除指定声音外的范围或者波段的频率。在“效果”面板中展开“音频效果”效果栏，在其中选择“带通”效果，将其拖至需要应用该效果的音频素材上，还可以在“效果控件”面板中对其参数进行调整，如图 9-29 所示。

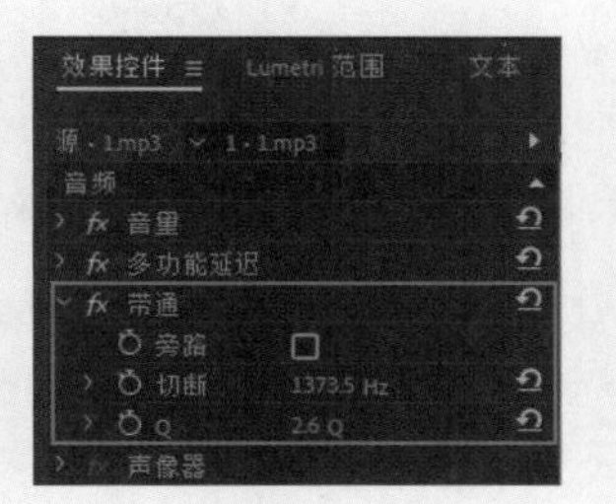


图9-29

“带通”效果的主要参数介绍如下。

※ 旁路：可以临时开启或关闭施加的音频特效，以便和原始声音进行对比。

※ 切断：数值越小，音量越小，数值越大，音量越大。

※ Q：用于设置波段频率的宽度。

## 9.3.3 低通 / 高通效果

“低通”效果用于删除高于指定频率界限的音频，从而使音频产生浑厚的低音效果；“高通”效果则用于删除低于指定频率界限的影片，使音频产生清脆的高音效果。

在“效果”面板中展开“音频效果”效果栏，在其中选择“低通”或“高通”效果，将其添加到音频素材上，还可以在“效果控件”面板中对效果进行参数调整，如图 9-30 所示。

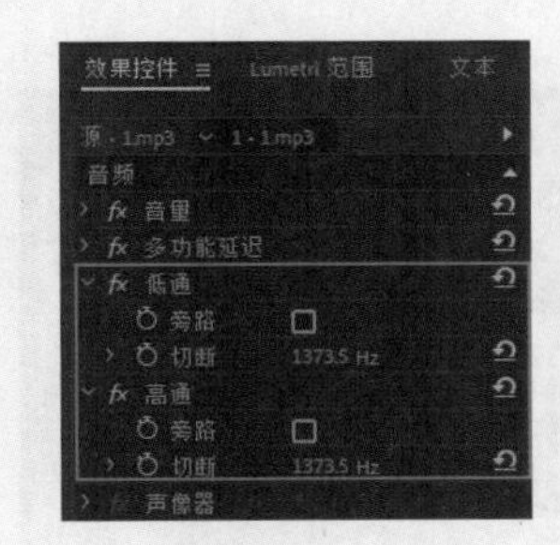


图9-30

## 9.3.4 低音 / 高音效果

“低音”效果用于提升音频波形中低频部分

的音量，使音频产生低音增强效果；“高音”效果用于提升音频波形中高频部分的音量，使音频产生高音增强效果。

在“效果”面板展开“音频效果”效果栏，将“低音”或“高音”效果添加到需要应用效果的音频素材上，还可以在“效果控件”面板中对效果参数进行调整，如图9-31所示。

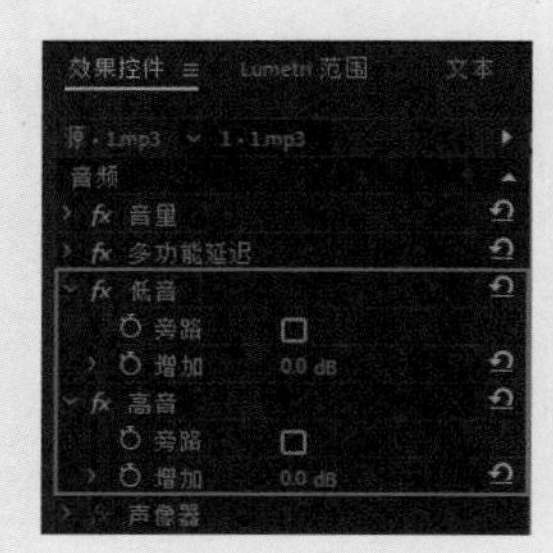


图9-31

## 9.3.5 消除齿音效果

“消除齿音”效果可以用于对人声进行清晰化处理，消除人物对着麦克风说话时产生的齿音。在“效果”面板中展开“音频效果”效果栏，选择“消除齿音”效果，将其添加到需要应用该效果的音频素材上，还可以在“效果控件”面板中对其参数进行调整，如图9-32所示。在效果参数设置中，可以根据语音的类型和具体情况，选择对应的预设处理方式，对指定的频率范围进行限制，以便能高效地完成音频内容的优化处理。

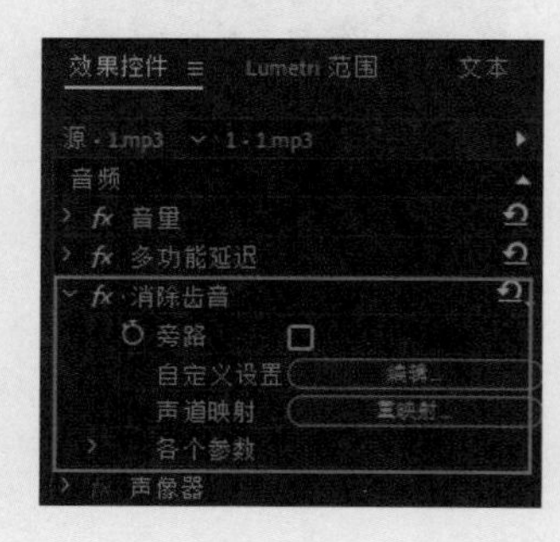


图9-32

提示：可以在同一个音频轨道上添加多个音频效果，并进行分别控制。

## 9.3.6 音量效果

“音量”效果是指可以使用音量效果的音量来代替原始素材的音量，该效果可以为素材建立一个类似封套的效果，在其中设定一个音频标准。

在“效果”面板中展开“音频效果”效果栏，选择“音量”效果，将其添加到需要应用该效果的音频素材上，还可以在“效果控件”面板中对其进行参数调整，如图9-33所示。

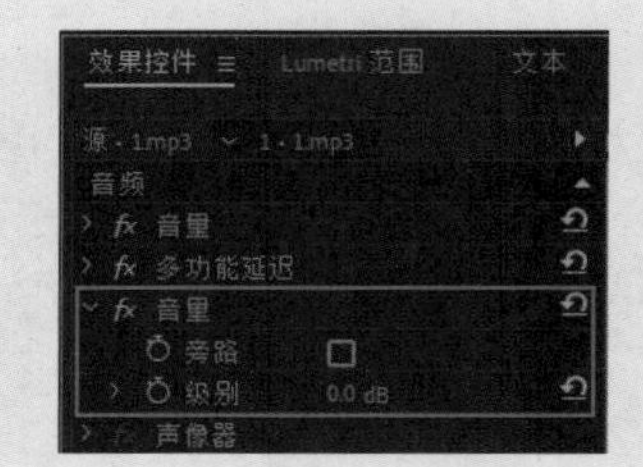


图9-33

提示：在“效果控件”面板中只包含一个“级别”参数，该参数用于设置音量的大小，正值提高音量，负值则降低音量。

## 9.3.7 实例：音频效果的应用

下面将以添加“延迟”效果为例，使“时间轴”面板中的音频素材产生余音绕梁的效果，具体的操作方法如下。

**01** 启动Premiere Pro 2023，按快捷键Ctrl+O，打开素材文件夹中的“音乐.prproj”项目文件。进入工作界面后，可以看到“时间轴”面板中已经添加的音频素材，如图9-34所示。

图9-34

**02** 在“效果”面板中，展开“音频效果”选项栏，选择“延迟”效果，将其拖至“时间轴”面板的音频素材中，如图9-35所示。

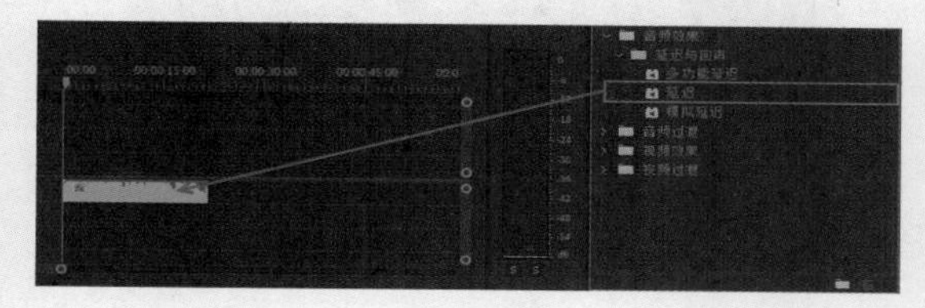

图9-35

**03** 选择音频素材，在“效果控件”面板中设置“延迟”效果属性中的“延迟”值为1.700秒，“反馈”值为30.0%，“混合”值为70.0%，如图9-36所示。

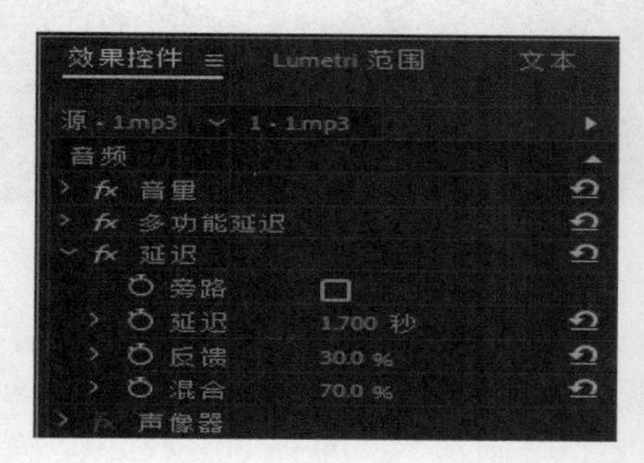


图9-36

**04** 完成上述操作后，可以在“节目”面板中可聆听音频效果。

## 9.4 音频过渡效果

音频过渡效果，即通过在音频素材的首尾添加效果，使音频产生淡入淡出效果，或者在两个相邻音频素材之间添加效果，使音频与音频之间的衔接变得柔和、自然。

### 9.4.1 交叉淡化效果

在“效果”面板中，展开“音频过渡”效果栏，在其中的“交叉淡化”文件夹中提供了“恒定功率”“恒定增益”和“指数淡化”这三种音频过渡效果，如图 9-37 所示。

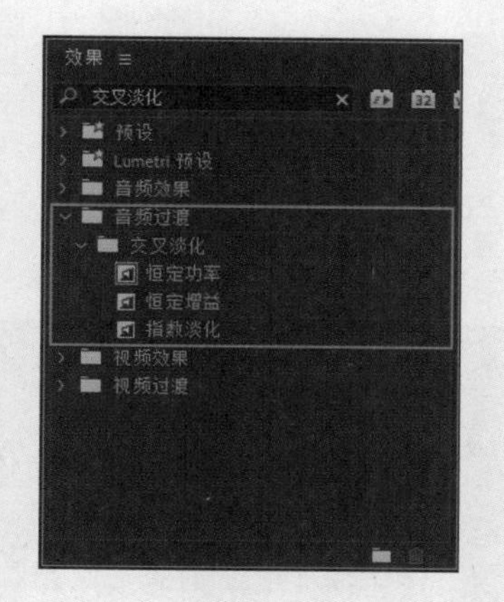


图9-37

音频过渡效果的添加方法与添加视频过渡效果的方法相似，先将效果拖至音频素材的首尾或两个素材之间，如图 9-38 所示。

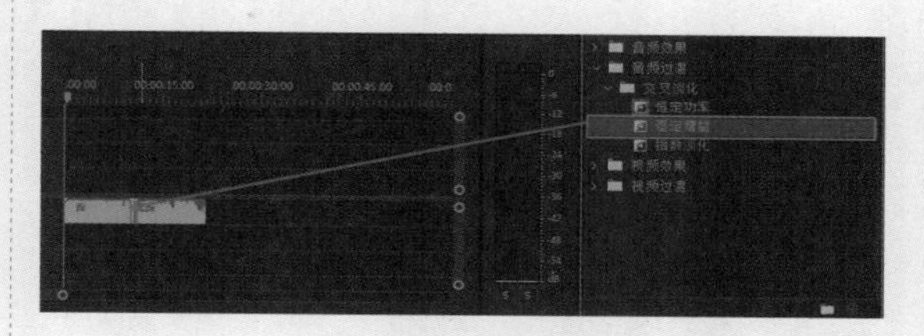

图9-38

在“时间轴”面板中选中音频过渡效果，在“效果控件”面板中可以调整其持续时间、对齐方式等参数，如图 9-39 所示。

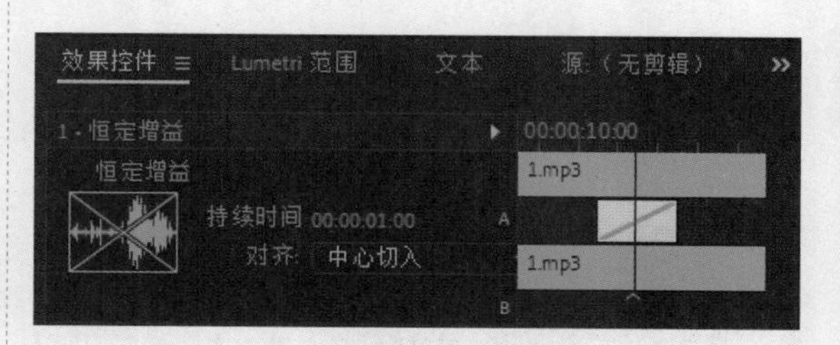


图9-39

### 9.4.2 实例：音频的淡入淡出

在剪辑视频时，若添加的音乐和音频的开始和结束太突兀，会令其在整个剪辑中显得不自然，此时可以通过在音频首尾处添加淡化效果，来实现音频的淡入淡出，使剪辑项目的衔接更加自然。

**01** 启动Premiere Pro 2023，按快捷键Ctrl+O，打开素材文件夹中的“淡入淡出.prproj”项目文件。进入工作界面后，将“项目”面板中的“2023.mp4”素材添加到“时间轴”面板中，如图9-40所示。

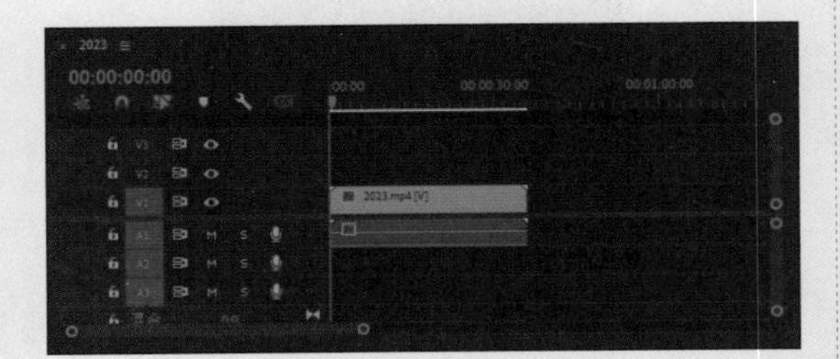


图9-40

**02** 右击“时间轴”面板中的2023.mp4素材，在弹出的快捷菜单中选择“取消链接”选项，如图9-41所示。

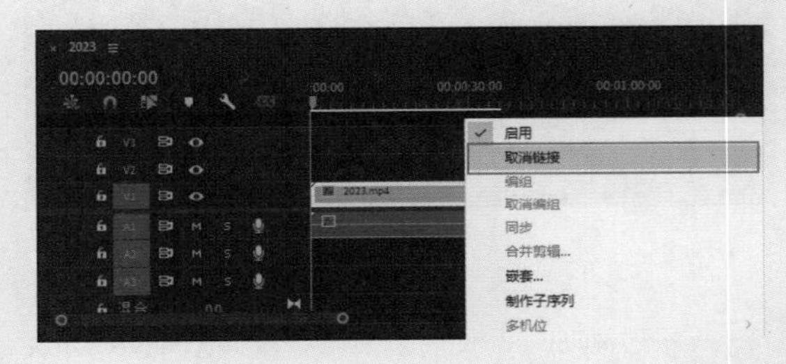


图9-41

**03** 解除视音频链接后，选中A1轨道中的音频，按Delete键将其删除。接着，将“项目”面板中的“音频.wav”素材添加到A1轨道上，如图9-42所示。

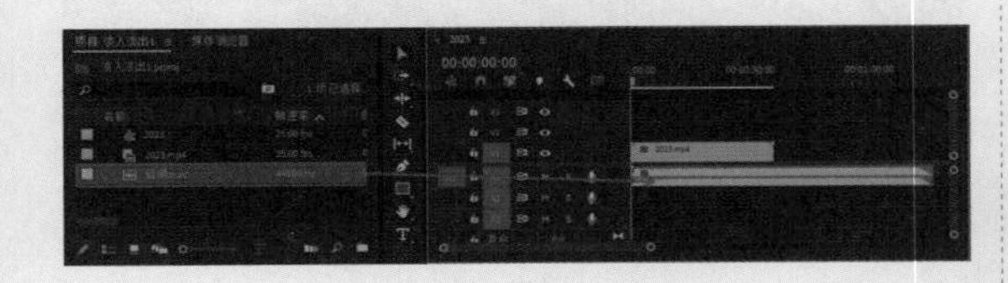

图9-42

**04** 在“时间轴”面板中，将时间指示器移至2023.mp4素材的末尾处，并使用“剃刀工具”将“音频.wav”素材沿时间指示器所处位置进行切割，如图9-43所示。音频素材切割完成后，将时间指示器之后的部分删除。

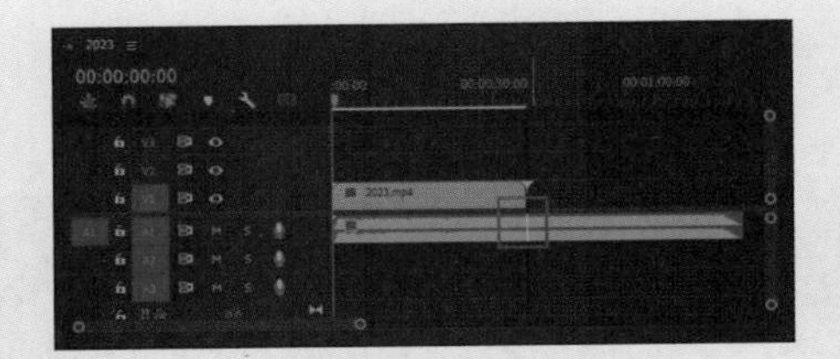


图9-43

**05** 在“效果”面板中，展开“音频过渡”选项栏，选择“交叉淡化”文件夹中的“恒定增益”效果，将其添加至“音频.wav”素材的起始位置，如图9-44所示。

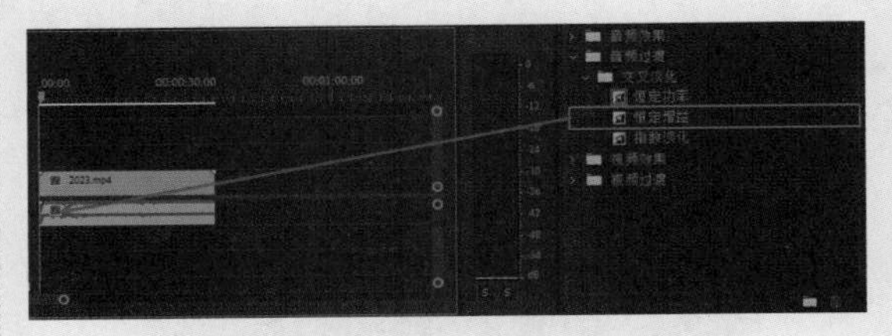

图9-44

**06** 在“时间轴”面板中单击“恒定增益”效果，进入“效果控件”面板，在其中设置“持续时间”为00:00:01:00，如图9-45所示。

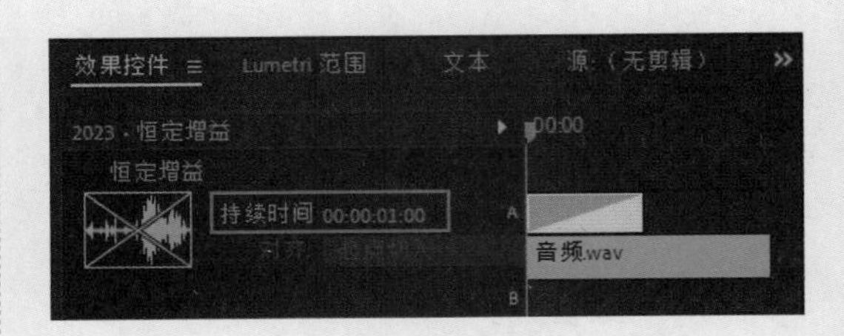


图9-45

**07** 将“恒定增益”效果添加至“音频.wav”素材的结尾位置，如图9-46所示。

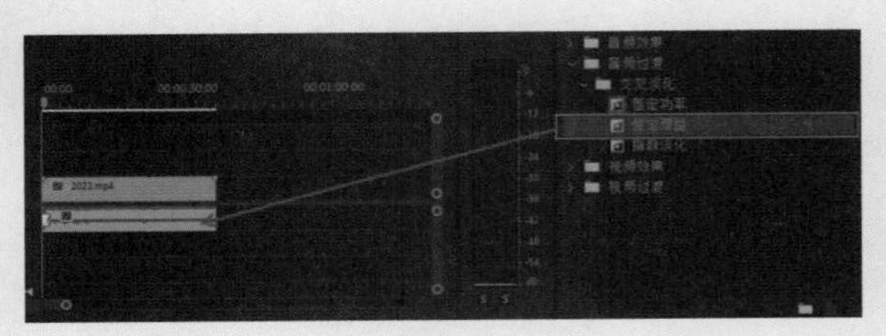

图9-46

**08** 在“时间轴”面板中单击“恒定增益”效果，进入“效果控件”面板，在其中设置“持续时间”为00:00:01:00，如图9-47所示。

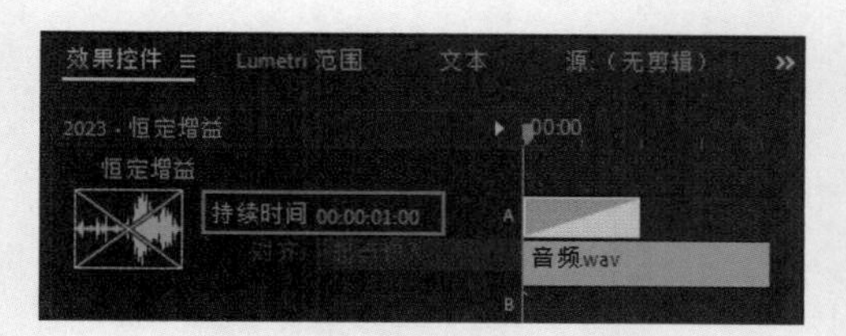


图9-47

**09** 最终，在A1轨道上的音频素材包含了两个音频过渡效果，一个位于开始处对音频进行淡入处理，另一个位于结束处对音频进行淡出处理，如图9-48所示。

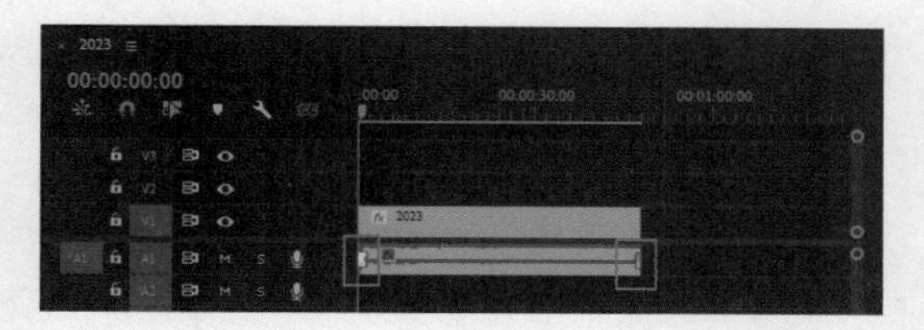


图9-48

提示：除了可以使用音频过渡效果来实现音频素材的淡入淡出效果，还可以通过添加“音量”关键帧来实现相同的效果。

## 9.5 综合实例：制作沙滩音乐

本例为素材视频和音乐先后制作了左右声道切换、水下沉闷效果和手机外放效果，具体的操作方法如下。

**01** 启动Premiere Pro 2023，按快捷键Ctrl+O，打开素材文件夹中的“沙滩音乐制作.prproj”项目文件。进入工作界面后，可以看到“时间轴”面板中已经添加的视频素材，如图9-49所示。在“节目”面板中可以预览当前素材效果，如图9-50所示。

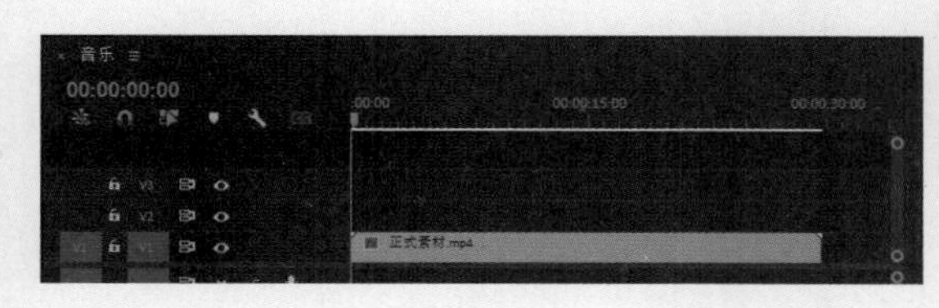


图 9-49

图9-50

**02** 将“项目”面板中的“音乐.wav”素材添加到“时间轴”面板中，如图9-51所示。

图9-51

**03** 根据画面内容为音频素材分段，分别在00:00:01:15、00:00:03:24、00:00:06:01、00:00:07:16、00:00:11:20、00:00:17:23、00:00:21:19时按下快捷键Ctrl+K，分割音频素材，如图9-52所示。

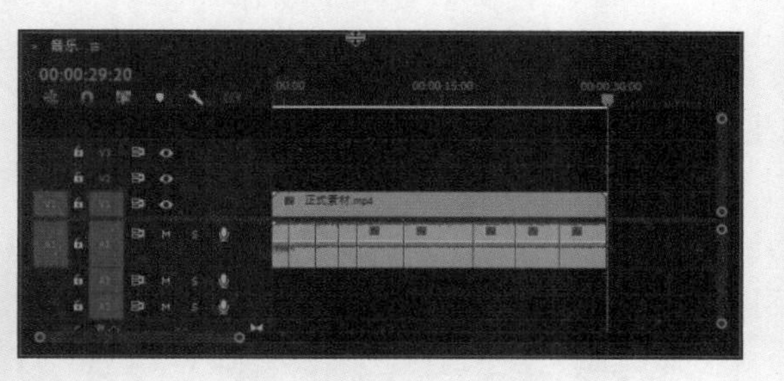


图9-52

**04** 制作左右声道效果。打开“效果”面板，在搜索栏中搜索“静音”，将该效果拖至如图9-53所示素材上，选中A1轨道上的第二段素材，在“效果控件”面板中将“静音”下的“静音左侧”值修改为1.0，再选中第三段素材，将“静音”下的“静音右侧”值修改为0.0，第四段素材的操作与第二段一致，如图9-54所示。

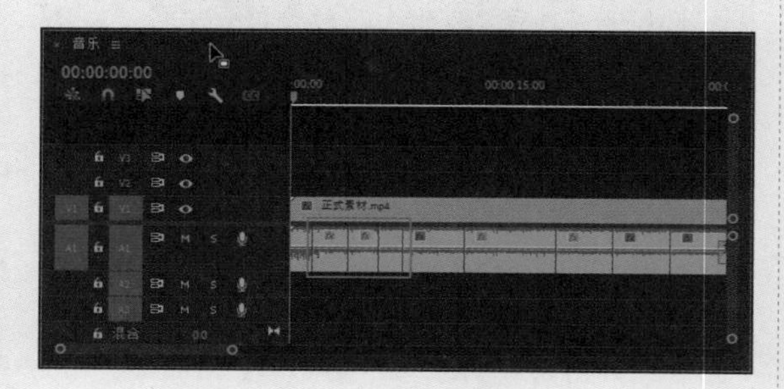

图9-53

图9-54

**05** 制作水下沉闷的音乐效果。根据视频素材挑选适合此效果的段落，建议将从00:00:11:20开始的素材作为目标，在“效果”面板搜索“低通”，将该效果拖至选中素材上，如图9-55所示。在“效果控件”面板中，将“低通”选项的“切断”值调整为1486.0Hz，如图9-56所示。“切断”值越大，越能抑制高频分量和干扰噪声。

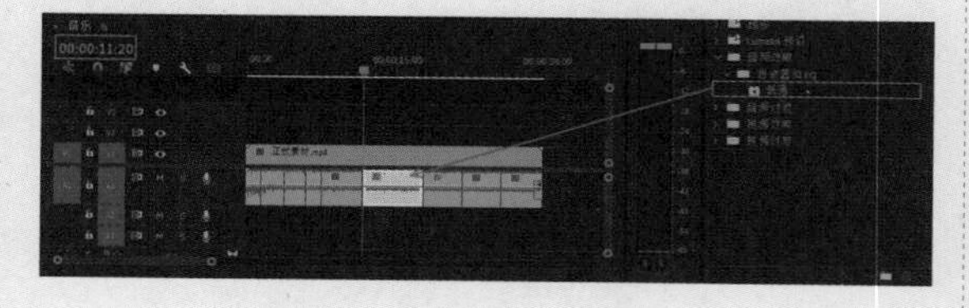

图9-55

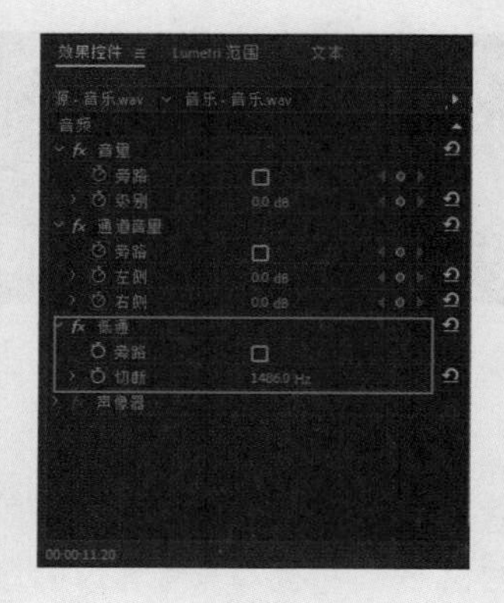

图9-56

**06** 制作音频手机外放效果。在视频素材中挑选适合此效果的段落，建议将从00:00:17:23开始的素材作为目标，在“效果”面板搜索“高通”，将该效果拖入选中素材上，如图9-57所示。在“效果控件”面板中，设置“高通”选项的“切断”值为268.1Hz，如图9-58所示。

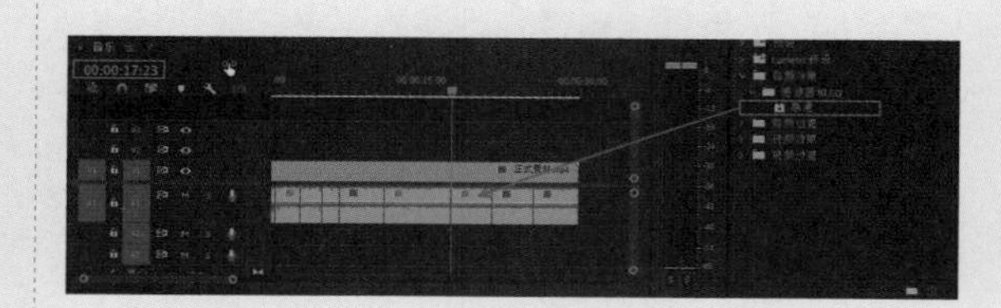

图9-57

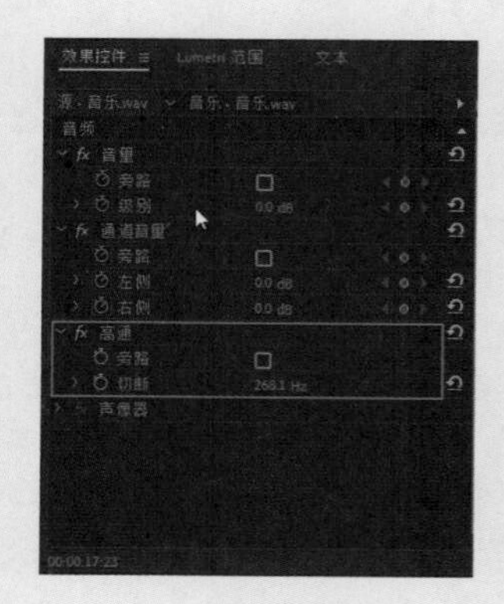

图9-58

**07** 添加音频过渡。在“效果”面板中找到“音频过渡”下的“交叉淡化”文件夹，将“恒定增益”与“指数淡化”效果分别拖入音频的开始与结束两端，如图9-59所示，沙滩音乐制作完成。

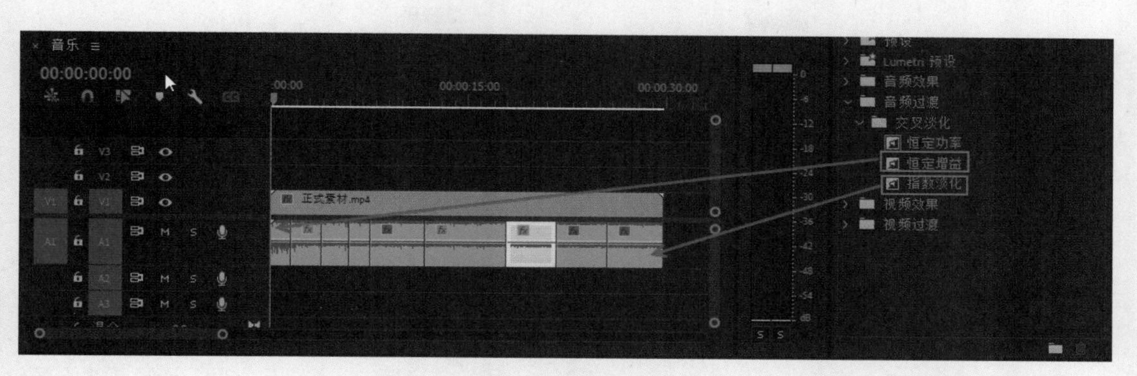


图9-59

## 9.6 本章小结

本章主要学习了如何在 Premiere Pro 2023 中为剪辑项目添加音频、对音频进行编辑和处理，以及音频效果、音频过渡效果的具体应用方法。

在 Premiere Pro 2023 中，通过为音频添加音效调整命令，或者在“效果控件”面板、“音频剪辑混合器”面板中对音频参数进行调整，可以获取想要的特殊音频效果。此外，在“音频效果”文件夹中提供了大量的音频效果，可以满足多种音频特效的编辑需求；在“音频过渡”文件夹中提供了“恒定功率”“恒定增益”“指数淡化”这三种简单的音频过渡效果，应用它们可以使音频产生淡入/淡出的效果，或者使音频之间的衔接变得柔和、自然。

# 第10章
# 奶茶产品宣传广告

奶茶以其多变的口味深受年轻人的喜爱。本章制作一段奶茶产品的宣传广告视频，通过新鲜水果和原料的直接展示，体现奶茶的健康和美味。

本例视频的制作分为 6 部分，分别是“导入整理素材”“制作背景音乐”“制作文字字幕”“制作画面分屏效果”“添加视频效果”和“输出视频”，具体的操作方法如下。

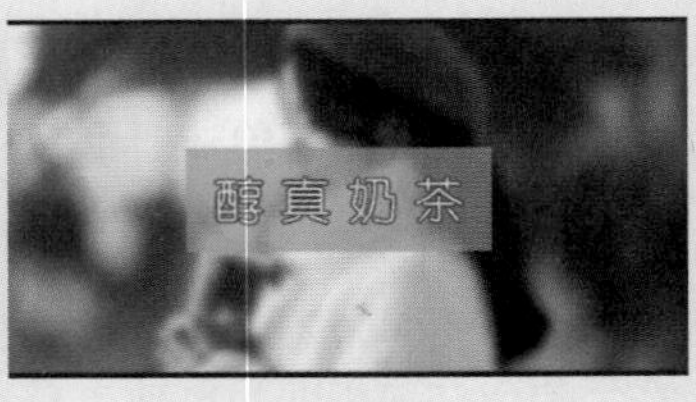

片头效果

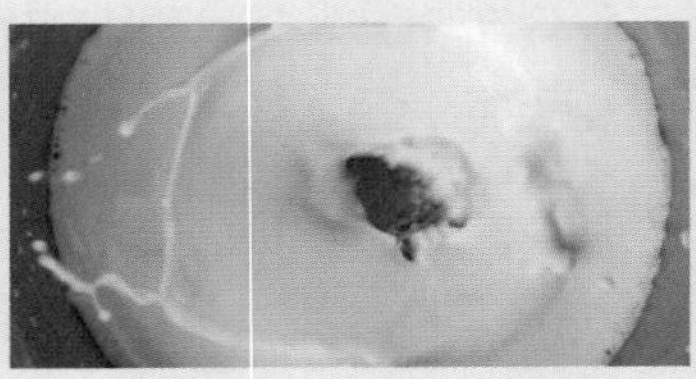
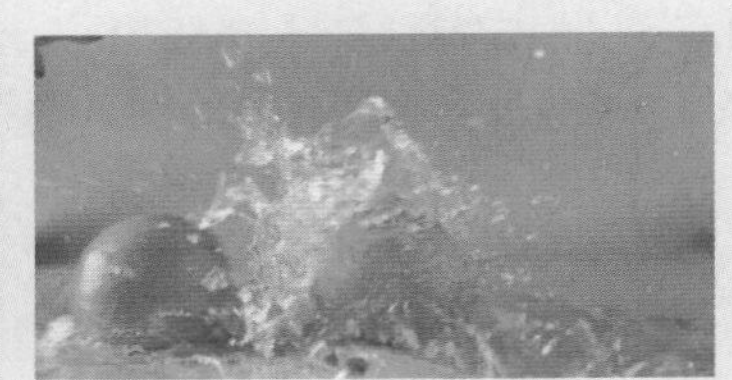

片段效果

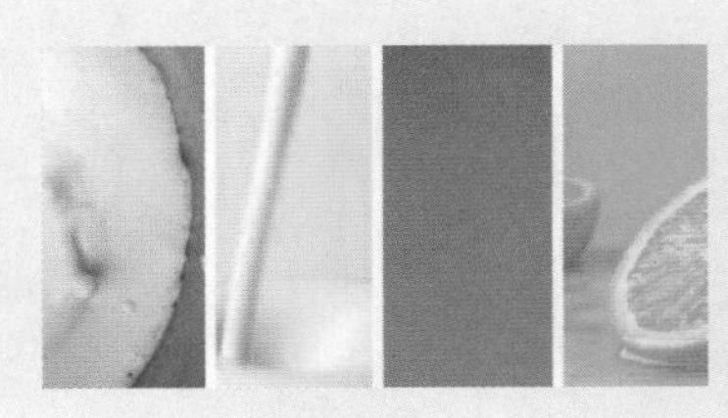

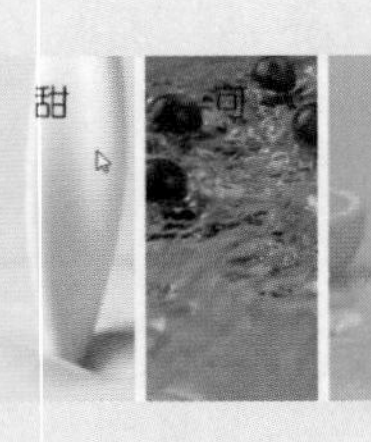

分割画面效果

片尾效果

## 10.1 导入整理素材

**01** 启动Premiere Pro 2023，执行“文件”→“新建”→“项目”命令，进入“导入”界面，选择素材所在的文件夹，如图10-1所示，单击“创建”按钮完成项目的创建。

图10-1

**02** 执行“文件”→“新建”→“序列”命令，或者按快捷键Ctrl+N，弹出“新建序列”对话框，在左侧的“可用预设”列表中选择AVCHD文件夹中的AVCHD 1080p25预设选项，如图10-2所示，单击“确定”按钮。

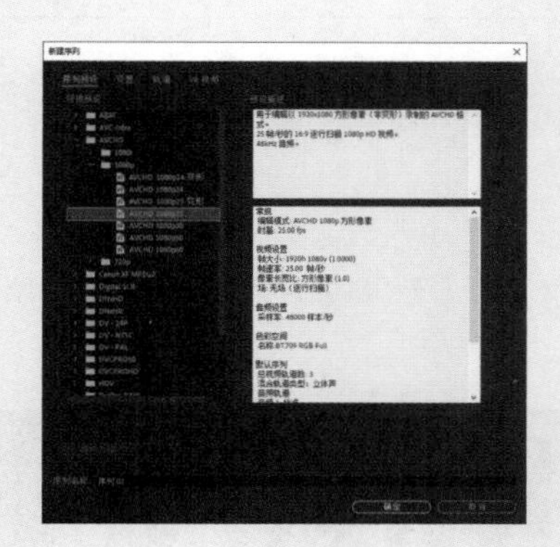

图10-2

**03** 将“喝奶茶.mp4”素材拖入“时间轴”面板中，右击素材，在弹出的快捷菜单中选择“速度/持续时间…”选项，在弹出的“剪辑速度/持续时间”对话框中修改“速度”值为300，如图10-3所示。

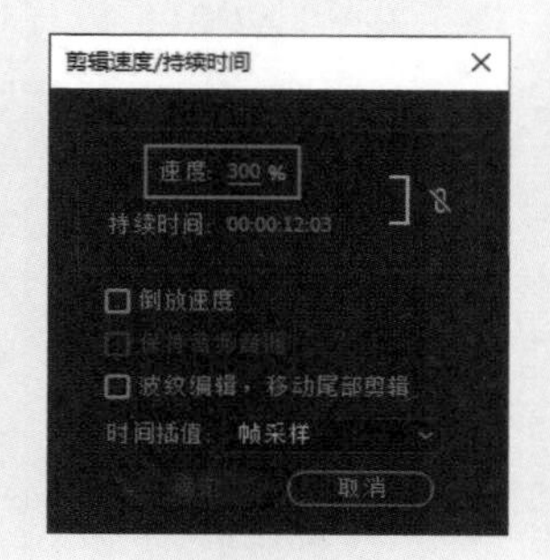


图10-3

**04** 双击素材，在“源”面板中截取素材，在时间指示器为00:00:04:00处按下O键，标记素材的出点，如图10-4所示。

图10-4

**05** 采用同样的方法，按照如表10-1所示的参数，分别将其他素材截取并添加至“时间轴”面板。

表10-1

| 素材名称 | 起点 | 终点 | 速度 | 截取片段 |
|---|---|---|---|---|
| 喝奶茶 | 00:00:00:00 | 00:00:04:00 | 300% | 00:00:00:00至00:00:04:00 |
| 咖啡牛奶 | 00:00:04:00 | 00:00:05:14 | 300% | 00:00:00:00至00:00:01:12 |
| 草莓 | 00:00:05:14 | 00:00:09:11 | 100% | 00:00:02:22至00:00:06:18 |
| 橙子2 | 00:00:09:11 | 00:00:11:16 | 300% | ” 00:00:00:00至00:00:02:04 |

| 素材名称 | 起点 | 终点 | 速度 | 截取片段 |
|---|---|---|---|---|
| 橙子1 | 00:00:11:16 | 00:00:14:19 | 300% | 00:00:00:00至00:00:03:02 |
| 青桔 | 00:00:14:19 | 00:00:16:03 | 300% | 00:00:00:00至00:00:01:08 |
| 欢呼 | 00:00:16:03 | 00:00:19:24 | 100% | 00:00:00:00至00:00:03:20 |
| 奶茶 | 00:00:19:24 | 00:00:23:16 | 300% | 00:00:07:21至00:00:11:12 |
| 倒牛奶 | 00:00:23:16 | 00:00:27:22 | 100% | 00:00:00:00至00:00:04:05 |
| 打发蛋清 | 00:00:27:22 | 00:00:31:11 | 150% | 00:00:00:00至00:00:03:13 |
| 奶茶2 | 00:00:31:11 | 00:00:35:07 | 100% | 00:00:00:00至00:00:03:20 |
| 奶茶2（1） | 00:00:35:07 | 00:00:39:11 | 50% | 00:00:07:17至00:00:11:20 |
| 倒牛奶（V1轨道） | 00:00:39:11 | 00:00:46:12 | 50% | 00:00:00:00至00:00:07:00 |
| 青桔（V2轨道） | 00:00:39:11 | 00:00:46:12 | 100% | 00:00:00:00至00:00:07:00 |
| 草莓（V3轨道） | 00:00:39:11 | 00:00:46:12 | 50% | 00:00:05:19至00:00:12:19 |
| 橙子（V4轨道） | 00:00:39:11 | 00:00:46:12 | 50% | 00:00:00:00至00:00:07:00 |
| 微笑 | 00:00:46:12 | 00:00:47:24 | 300% | 00:00:00:00至00:00:01:11 |
| 微笑（1） | 00:00:47:24 | 00:00:54:22 | 100% | 00:00:04:10至00:00:11:07 |

## 10.2 添加广告背景音乐与音效

**01** 将“项目”面板中的“音乐.wav”素材拖入“时间轴”面板中，如图10-5所示，再拖动音频素材的末端使其与视频素材对齐。

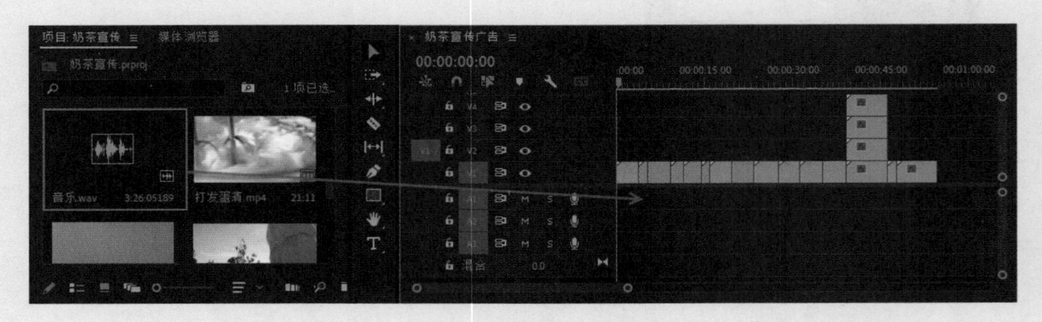


图10-5

提示：当素材拖入“时间轴”面板中时，若弹出“剪辑不匹配警告”对话框，一般建议单击“保持现有设置”按钮，以维持序列设置不变。若单击“更改序列设置”按钮，则序列将依据拖入的素材进行修改。

**02** 添加音效。根据视频画面添加音效，例如在00:00:10:17处的“水泡声.mp3”音效，与视频素材“橙子2.mp4”相结合，在两个水果相碰撞的瞬间使用水泡音效模拟碰撞声，增添音效的层次感。继续在00:00:14:13、00:00:20:08与00:00:35:14处添加“水流.mp3”“倒牛奶.mp3”和“放下杯子.mp3”三个音效，这三个音效是拟真音效，可以为观者增加代入感，如图10-6所示。

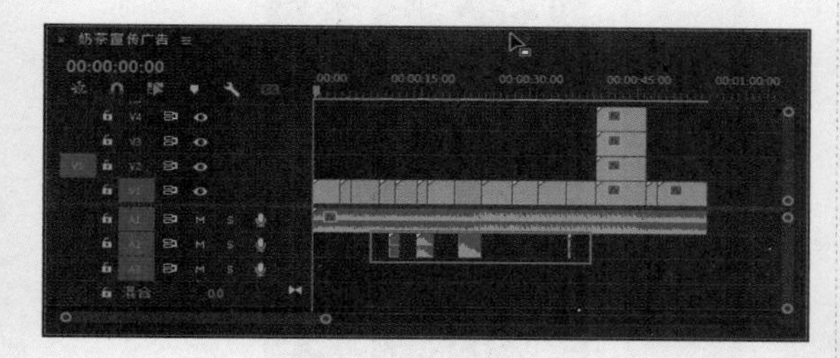

图10-6

**03** 为音频添加过渡效果。在“效果”面板中找到“音频过渡”→“交叉淡化”→“恒定增益”效果，将该效果拖至音频素材的起始处，在“效果控件”中将“级别”值调整为-20.0dB。再找到“音频过渡”→“交叉淡化”→“指数淡化”效果，将其拖至音频素材的末尾，将“级别”值为-18.8dB，如图10-7所示。音频过渡效果可以让此影片的整体观感更流畅、自然，适当的音频处理让影片更生动有趣。

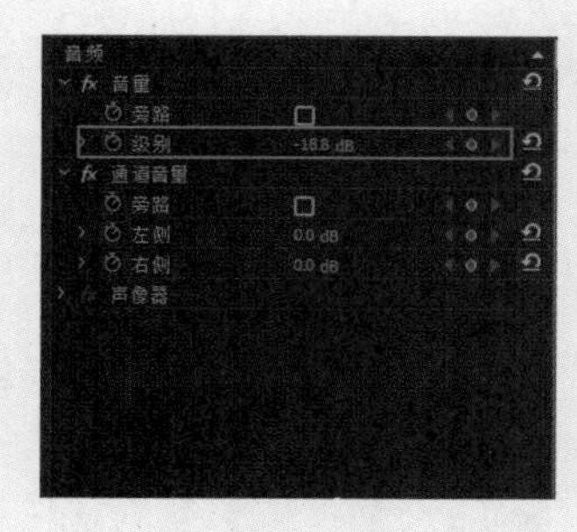

图10-7

## 10.3 制作广告字幕

本广告视频中的字幕主要是视频的标题和奶茶产品的特色说明文字，具体的制作方法如下。

### 10.3.1 制作广告标题

标题是一部影片的门面，好的标题设计在影片开头就能抓住观者的心，有效增加视频对用户的留存率。

**01** 将时间指示器拖至视频开头，单击“文字工具”按钮T，在“节目”面板中单击并输入“醇真奶茶”文字，再单击“选择工具”按钮，选中输入的文字，设置“文字大小”值为100，文字的“填充”“描边”与“背景”颜色如图10-8所示。

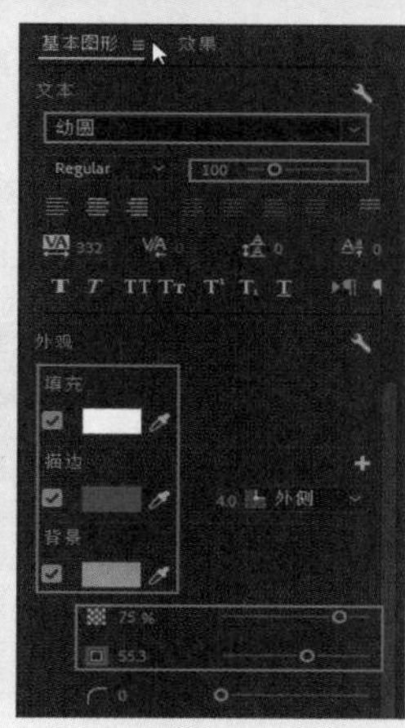


图10-8

**02** 在“基本图形”面板的“对齐与变换”选项组中单击“水平居中对齐”与“垂直居中对齐”按钮，如图10-9所示。

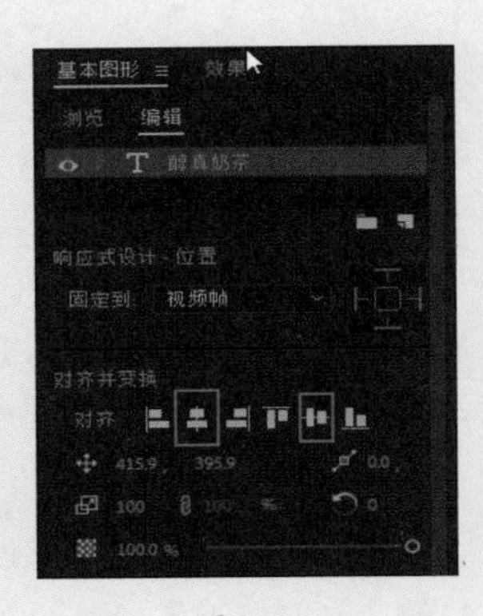

图10-9

**03** 在“时间轴”面板中拖动文字素材的末端，使其与“喝奶茶.mp4”视频素材的末端对齐，如图10-10所示，使标题文字只出现在喝奶茶视频的画面中。

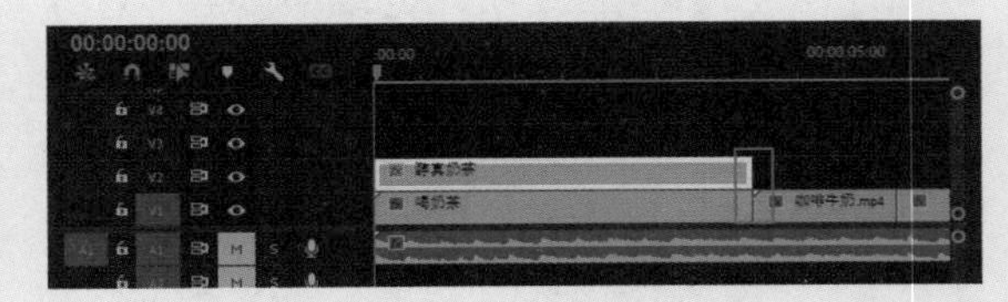

图10-10

提示：文字素材的位置除了可以在“效果控件”面板上修改位置参数，还可以在“节目”面板中直接拖动，这样操作更加直观。

**04** 按住Alt键，拖动“醇真奶茶”文字素材到V2轨道上的“青桔.mp4”素材之后，再拖动文字素材的末尾，使其延长至00:00:53:18，如图10-11所示。

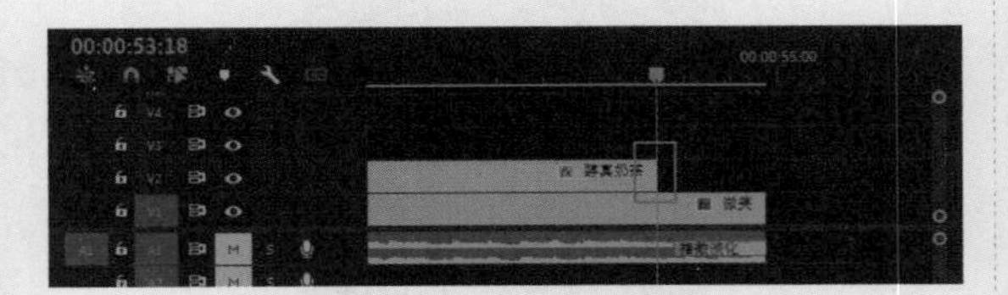

图10-11

## 10.3.2 制作说明字幕

字幕能辅助观者了解视频的内容，接下来制作广告的说明字幕。

**01** 制作字幕。将时间指示器拖至00:00:06:11，选择“文字工具”T，在“节目”面板上单击并输入“丝滑，醇厚…”文字，并在输入逗号后按Enter键，文字位置和参数设置如图10-12所示，文字素材的终点应该与“草莓.mp4”素材保持一致。

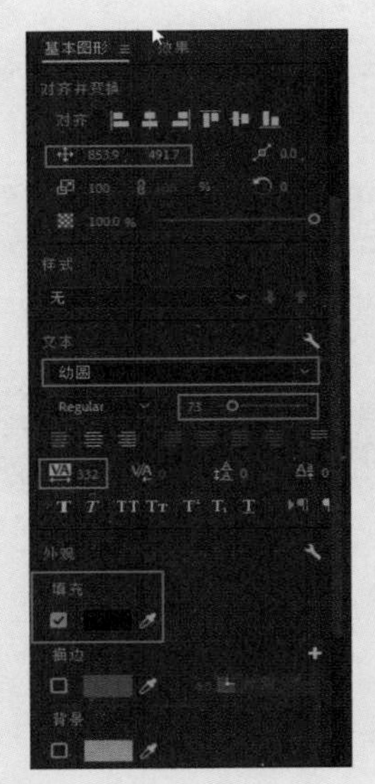

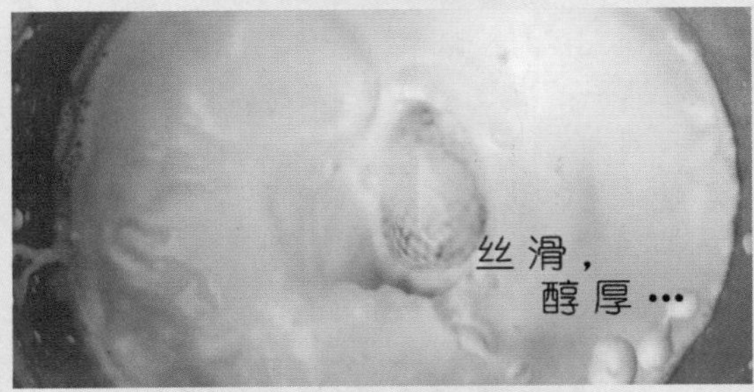


图10-12

**02** 选中上一步制作的字幕，按住Alt键将文字拖动复制到00:00:11:16处，将文字修改为“甜蜜。清新…”，其他参数如图10-13所示。

图10-13

图10-13（续）

**03** 将文字素材的终点调整至与“橙子.mp4”素材保持一致，如图10-14所示。

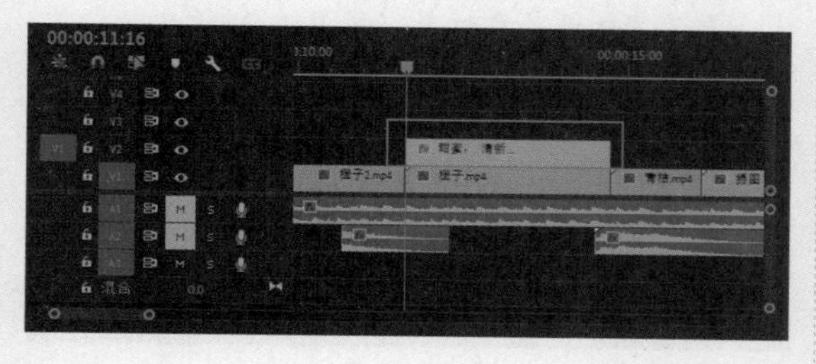

图10-14

**04** 单击前文制作的字幕，按住Alt键拖动素材至00:00:17:11处，将文字改为“香甜，可口…”文字，在“基本图形”面板的“对齐与变换”选项组中单击“水平居中对齐”与“垂直居中对齐”按钮，如图10-15所示。

图10-15

**05** 调整“香甜，可口…”文字素材的时长，尾部与“欢呼.mp4”视频素材对齐，如图10-16所示。

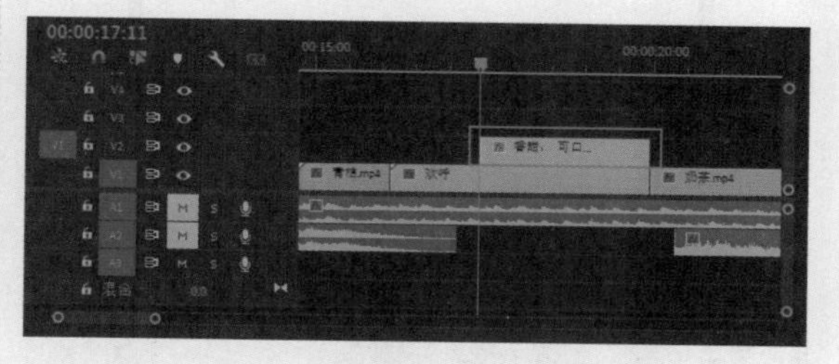

图10-16

**06** 单击选择前文制作的字幕，按住Alt键拖动复制至00:00:23:15，将文字内容改为“至”文字，如图10-17所示。

图10-17

**07** 调整“至”文字素材的时长，使其尾部在00:00:26:03处，如图10-18所示。

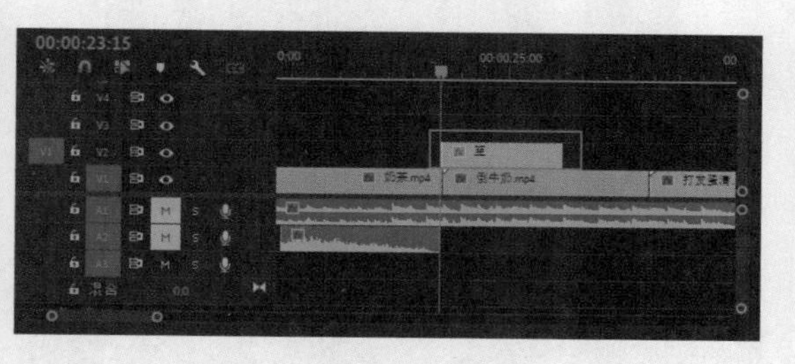

图10-18

**08** 按住Alt键拖动复制文字素材到V3轨道上，并在“节目”面板单击文字素材，将内容改为“至臻”文字，拖动文字素材在“时间轴”面板中的位置，使其开头位于00:00:24:15，结尾位于00:00:27:22，如图10-19所示。

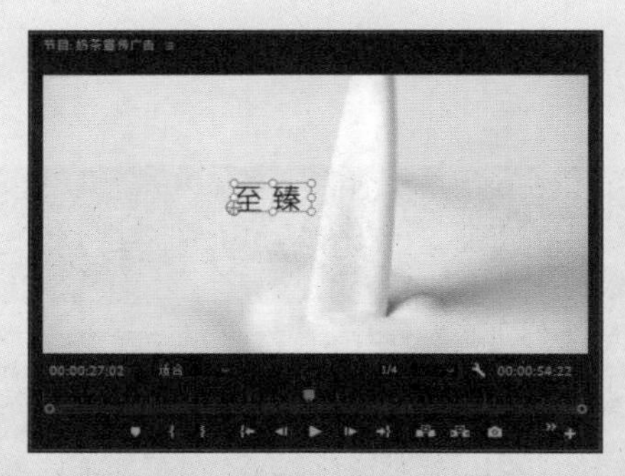


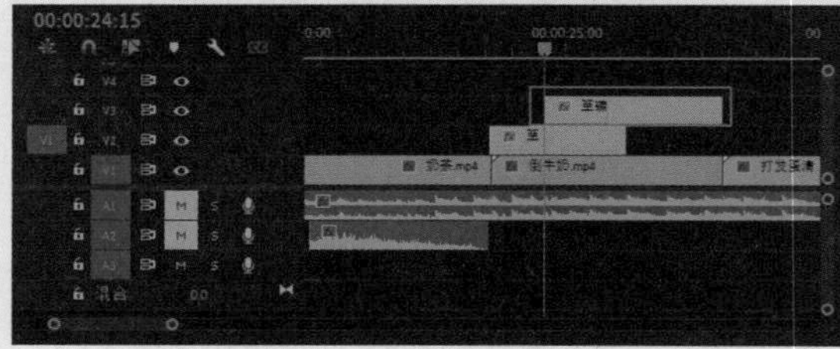

图10-19

提示：文字的效果和出现的方式应与视频节奏匹配。

**09** 采用同样的方法制作“真情 真心……”文字效果，如图10-20所示。文字素材的结尾与“奶茶2.mp4”视频素材对齐，如图10-21所示。

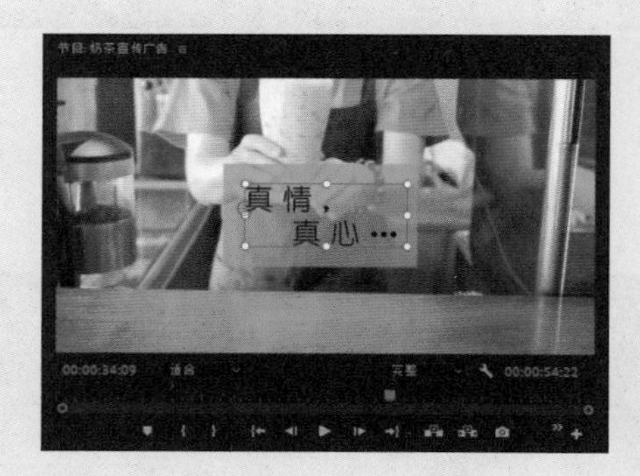


图10-20

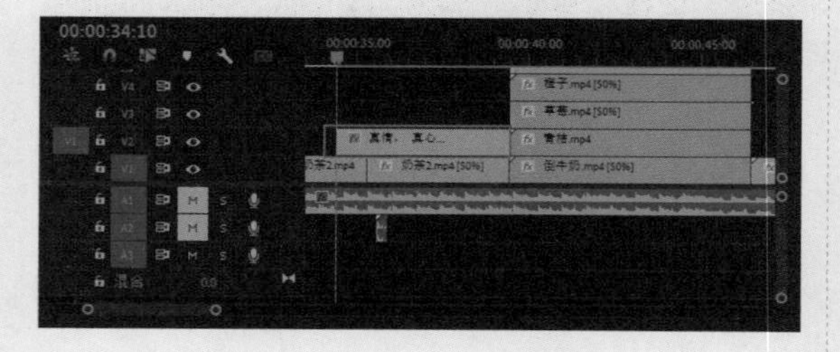

图10-21

## 10.4 制作分屏效果

视频分屏又称为“视频分割画面”，是指在单独的视频画面中同时出现多个视频画面的视觉效果，这是一种特殊的视频画面呈现形式，能够在单位时间内呈现更多的内容。分屏效果的制作方法很多，这里使用Premiere Pro的“线性擦除”效果制作。

**01** 在“效果”面板的搜索栏中搜索“线性擦除”，将该效果分别拖至“橙子.mp4”“草莓.mp4”“青桔.mp4”和“倒牛奶.mp4”四个不同轨道的素材上，如图10-22所示。

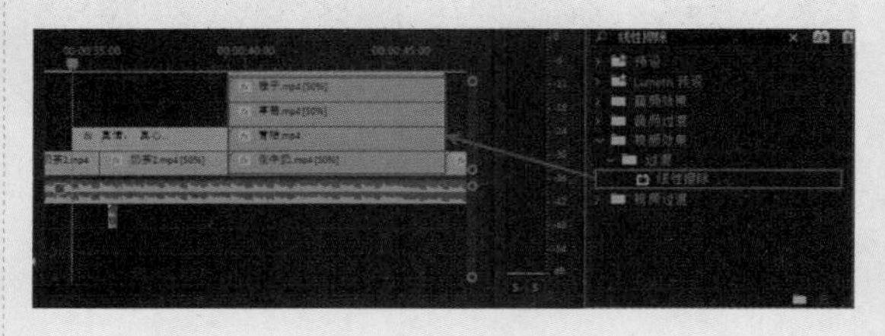

图10-22

提示：批量为素材添加同一效果时，可以按住Shift键逐一选中素材，并在“效果”面板中双击相应效果，即可批量添加效果。

**02** 调整以上四个素材在“效果控件”面板中的“线性擦除”参数，将“过渡完成”值统一调整为25%，“擦除角度”值统一调整为90°，如图10-23所示。

图10-23

**03** 调整分割素材的位置。在“效果控件”面板中调整四个素材的“运动”→“位置”→“X轴”参数，按“橙子.mp4”“草莓.mp4”“青桔.mp4”“倒牛奶.mp4”从左到右的顺序，分别调整参数值为1446.0、-338.0、1366.0、342.0，使四个画面分配均匀，如图10-24所示。

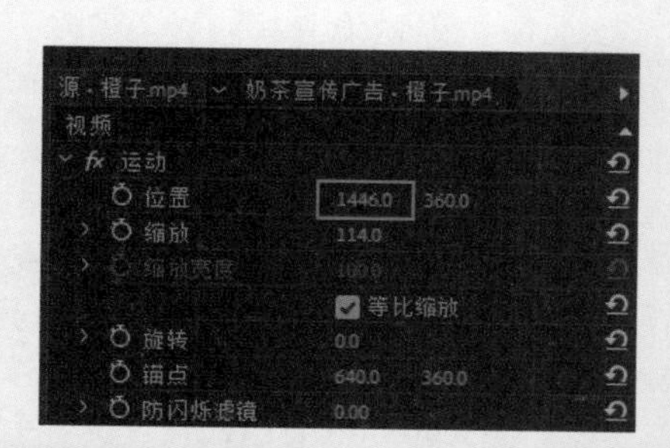


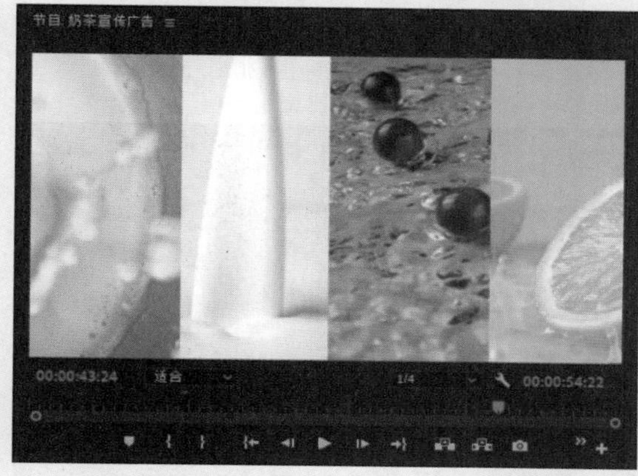


图10-24

**04** 为分割的视频素材分割线添加外框。单击工具箱中的“矩形工具”按钮，在“节目”面板中单击拖曳绘制矩形，并将颜色设置为白色，如图10-25所示。

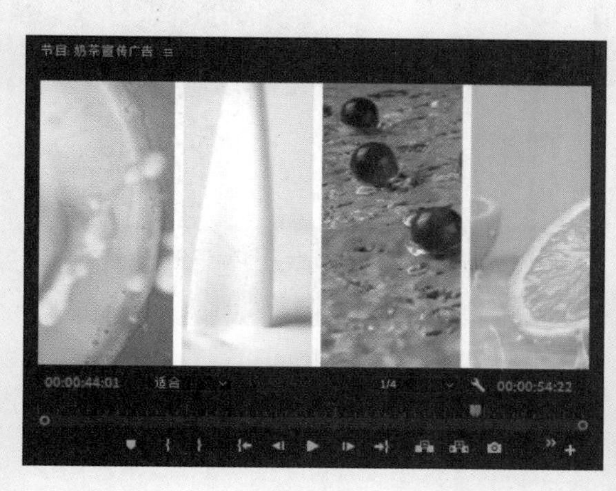


图10-25

**05** 为分屏添加文字。单击工具箱中的“文字工具”按钮，在“节目”面板中单击创建“清”“甜”“可”“口”四个文字，将文字调整至每个分屏画面的中上方，最终效果如图10-26所示。

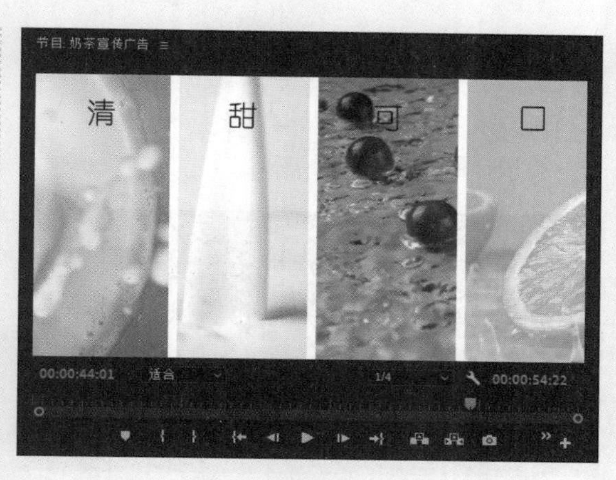


图10-26

# 10.5 添加视频效果

## 10.5.1 视频过渡效果

为视频添加过渡效果，例如淡入淡出的过渡方式能让视频过渡更加自然，具体的操作方法如下。

**01** 为视频添加效果。在“效果”面板的搜索“交叉溶解”效果，将此效果分别拖入到V2轨道上的“醇真奶茶”文字素材之后，“喝奶茶.mp4”素材与“咖啡牛奶.mp4”之间，“咖啡牛奶.mp4”与“草莓.mp4”素材之间，以及“橙子.mp4”与“橙子2.mp4”之间，如图10-27所示。

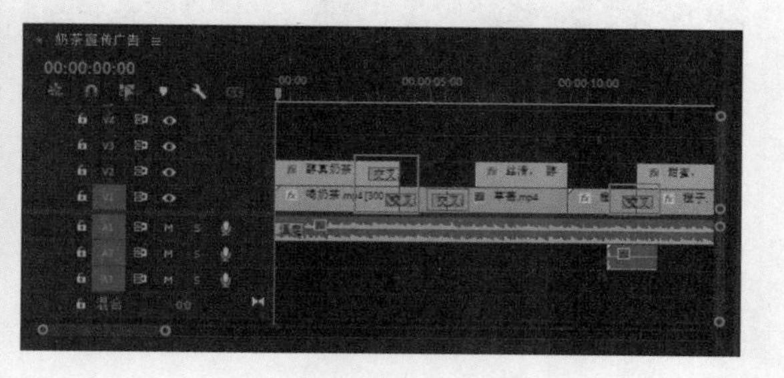


图10-27

**02** 继续将“交叉溶解”效果分别拖至V3轨道上“至臻”的起始部分、V2轨道上的文字素材“香甜可口”的起始部分、“至”文字素材的起始部分、V1轨道上的“人群.mp4”的起始处、“人群.mp4”素材与“奶茶.mp4”中间，以及“倒牛奶.mp4”素材的起始处，如图10-28所示。

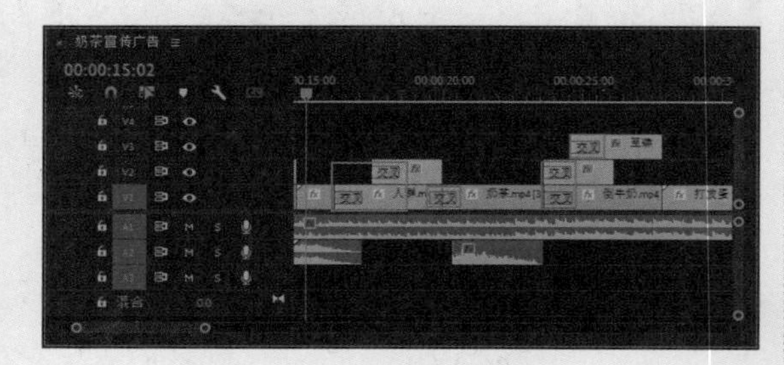

图10-28

**03** 继续将“交叉溶解”效果拖至V2轨道上的“真心真情”文字素材的起始部分，由00:00:39:11开始的V1到V4轨道的四个素材的末尾处，以及V2轨道的“醇真奶茶”文字素材的末尾处，如图10-29所示。

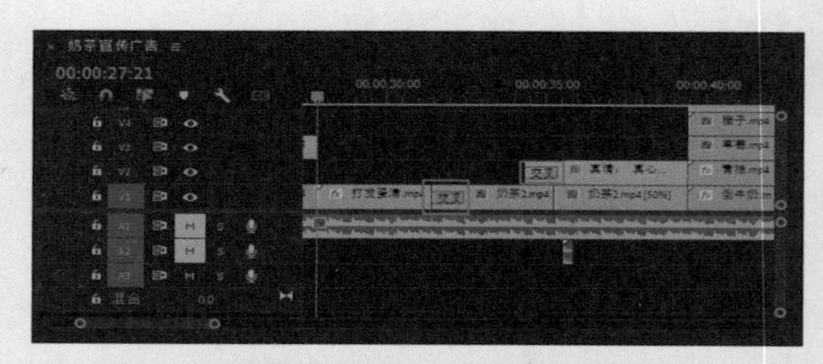

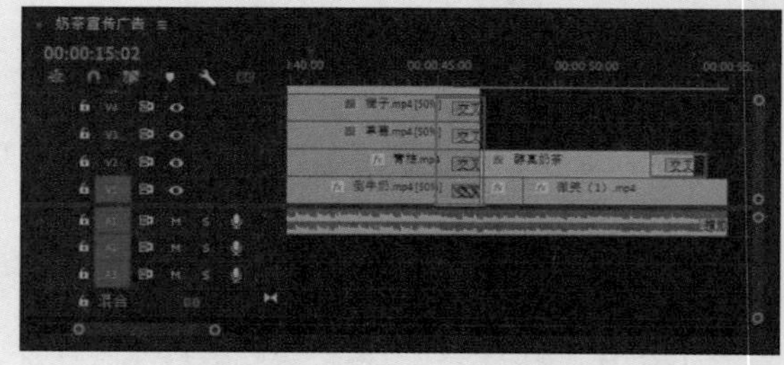

图10-29

提示：“交叉溶解”是默认过渡效果，在素材结尾处右击，在弹出的快捷菜单中选择“应用默认过渡”选项，即可快捷添加“交叉溶解”效果。

## 10.5.2 视频动画效果

本节主要制作的是文字动画效果，使视频更具动感，具体的操作方法如下。

**01** 在“效果”面板中搜索“高斯模糊”效果，将该效果拖至“喝奶茶.mp4”素材中，将时间指示器调整至00:00:01:04，在“效果控件”面板中单击“模糊度”参数的“切换动画”按钮，创建第一个关键帧，然后将时间指示器调整至00:00:01:15，将“模糊度”值调整为30.0，因参数发生变化，系统会自动创建第二个关键帧，如图10-30所示。

图10-30

**02** 采用同样的方法，为“奶茶3.mp4”和“微笑.mp4”文字素材制作模糊效果，如图10-31所示。

提示：“高斯模糊”效果一般来说是开头和结尾都可以使用的万用效果，使用该效果让画面淡入淡出会呈现一种朦胧的电影感。

图10-31

## 10.6 输出视频

视频剪辑完成后，可以在“节目”面板中预览视频效果。如果对影片效果满意，即可保存项目并进行输出，具体的操作方法如下。

**01** 执行“文件”→“导出”→“媒体”命令，或者按快捷键Ctrl+M，找到“设置”面板，在“格式”下拉列表中选择H.264选项，展开“预设”下拉列表，选择“高品质1080p HD”选项，如图10-32所示。

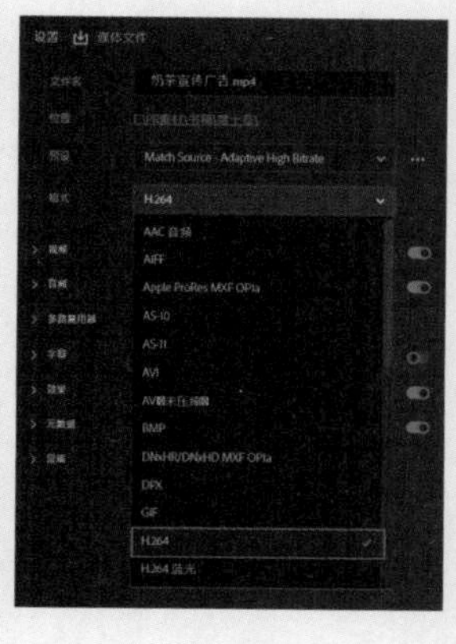

图10-32

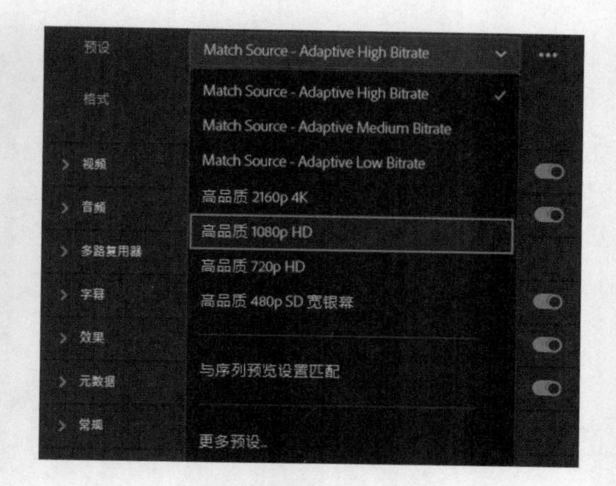


图10-32（续）

**02** 单击“位置”选项右侧蓝色文字，选择导出视频文件的位置，在弹出的“另存为”对话框中，为输出文件设定名称及存储路径，如图10-33所示，完成后单击“保存”按钮。

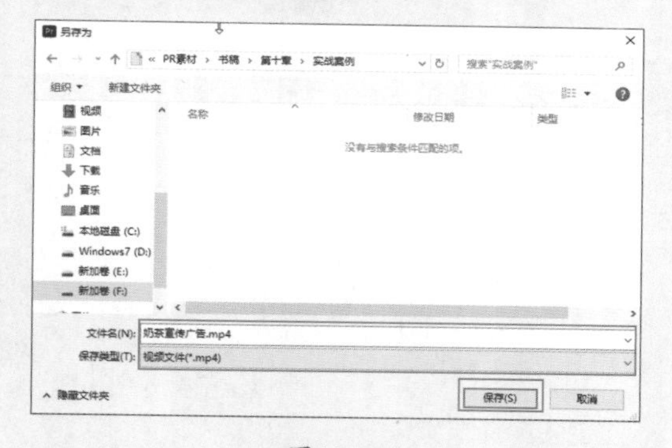


图10-33

**03** 在“设置”对话框中，还可以对其他选项进行更详细的设置，设置完成后单击界面右下角的“导出”按钮，影片开始导出，如图10-34所示。

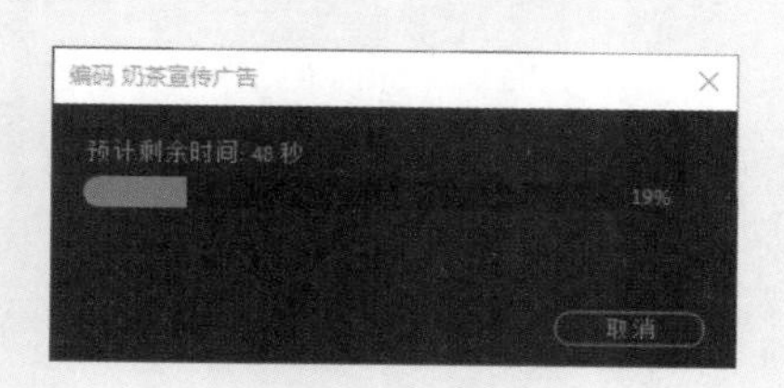


图10-34

**04** 导出完成后，可以在设定的存储文件夹中找到输出的MP4格式视频文件，并预览最终效果，如图10-35所示。

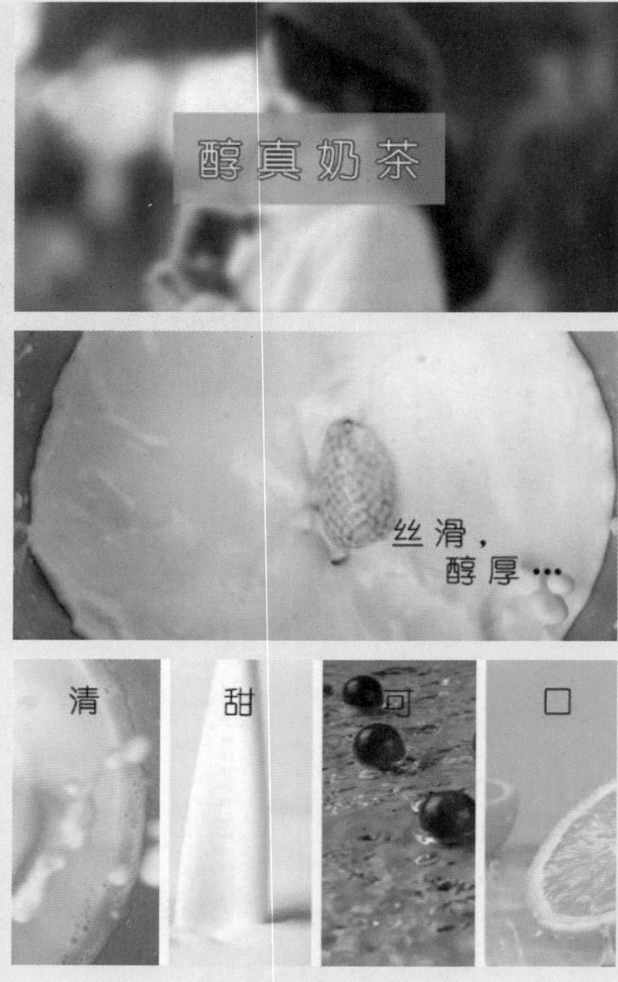

图10-35

第11章

# MV视频制作

本章讲解音乐 MV 的制作方法。音乐 MV 的视频节奏要跟随音乐的节奏而变化，同时歌词字幕的出现位置需要与音乐歌曲同步。

这里将视频拆分为六部分进行讲解，分别是“导入整理素材”“添加音乐”“制作标题与字幕”“添加效果”“制作片尾”和“输出视频”，具体的操作方法如下。

开头效果

片中效果

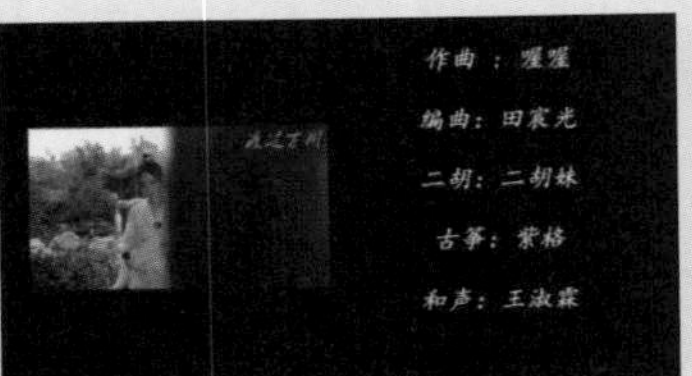

结尾效果

## 11.1 新建项目并导入素材

本视频是以人物画面为主的音乐MV，画面中有很多歌词字幕和人物影像，为了节省素材搜索的时间，可以提前将歌词制作成文本文件，将人物影像放在素材文件夹中，进行分类。

**01** 启动Premiere Pro 2023，执行“文件”→“新建”→“项目”命令，进入“导入”界面，选择本例所需的素材，如图11-1所示，单击“创建”按钮，完成项目的创建。

图11-1

**02** 进入工作界面，执行“文件”→“新建”→“序列”命令，或者按快捷键Ctrl+N，弹出“新建序列”对话框，在左侧的“可用预设”列表中选择AVCHD文件夹中的AVCHD 1080p25预设选项，如图11-2所示，完成后单击“确定”按钮。

**03** 在“项目”面板中双击“小镇.mp4”素材，在“源”面板对素材进行截取，在时间指示器为00:00:00:18处，按下O键标记素材的出点，如图11-3所示，并将截取的“小镇.mp4”素材拖入“时间轴”面板中。

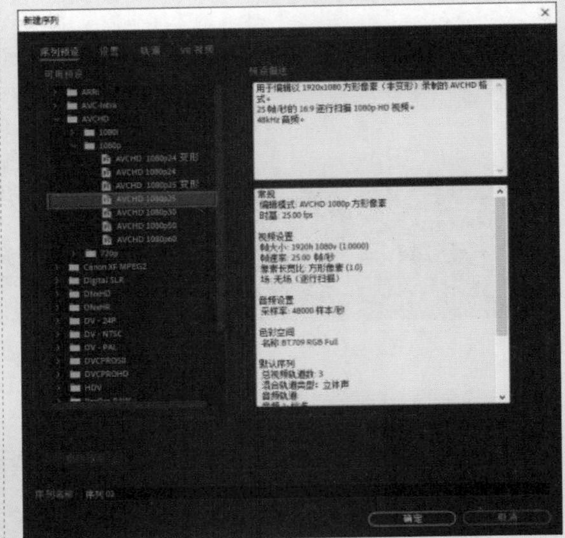


图11-2

图11-3

**04** 采用同样的方法，按照表11-1所示的顺序，将其他素材拖入“时间轴”面板。

表11-1

| 素材名称 | 起点 | 终点 | 速度 | 截取片段 |
| --- | --- | --- | --- | --- |
| 小镇 | 00:00:00:00 | 00:00:00:18 | 100% | 00:00:00:00至00:00:00:18 |
| 船1 | 00:00:00:18 | 00:00:01:01 | 100% | 00:00:00:00至00:00:00:08 |
| 船2 | 00:00:01:01 | 00:00:01:10 | 100% | 00:00:00:00至00:00:00:09 |
| 江南 | 00:00:01:10 | 00:00:01:20 | 100% | 00:00:00:00至00:00:00:10 |
| 桥 | 00:00:01:20 | 00:00:02:04 | 100% | 00:00:00:00至00:00:00:09 |
| 荷叶 | 00:00:02:04 | 00:00:03:14 | 100% | 00:00:00:00至00:00:01:10 |
| 女人 | 00:00:03:14 | 00:00:04:12 | 600% | 00:00:01:02至00:00:02:00 |
| 上楼 | 00:00:04:12 | 00:00:06:08 | 600% | 00:00:00:00至00:00:01:21 |
| 上楼（1） | 00:00:06:08 | 00:00:06:24 | 100% | 00:00:09:05至00:00:09:21 |
| 屋檐 | 00:00:06:24 | 00:00:08:09 | 100% | 00:00:00:00至00:00:01:10 |
| 亭子 | 00:00:08:09 | 00:00:09:18 | 500% | 00:00:00:00至00:00:01:09 |
| 树影 | 00:00:09:18 | 00:00:11:11 | 100% | 00:00:00:00至00:00:01:18 |
| 女人2 | 00:00:11:11 | 00:00:13:07 | 100% | 00:00:01:04至00:00:03:00 |
| 写字 | 00:00:13:07 | 00:00:15:19 | 300% | 00:00:00:00至00:00:02:12 |
| 弹琴 | 00:00:15:19 | 00:00:18:14 | 50% | 00:00:00:00至00:00:02:20 |
| 倚靠 | 00:00:18:14 | 00:00:21:04 | 100% | 00:00:07:01至00:00:09:16 |
| 光球 | 00:00:21:04 | 00:00:22:23 | 100% | 00:00:00:00至00:00:01:19 |
| 夕阳 | 00:00:22:23 | 00:00:25:06 | 100% | 00:00:02:05至00:00:04:13 |
| 裙摆 | 00:00:25:06 | 00:00:28:06 | 100% | 00:00:00:00至00:00:03:00 |

## 11.2 添加音乐

音乐MV的灵魂在于音乐，需要下载音质清晰且没有噪声的音乐源文件，并导入项目作为背景音乐，然后根据音乐的起伏来控制视频的节奏。

**01** 将“项目”面板中的“音乐.mp3”素材拖入“时间轴”面板，如图11-4所示。

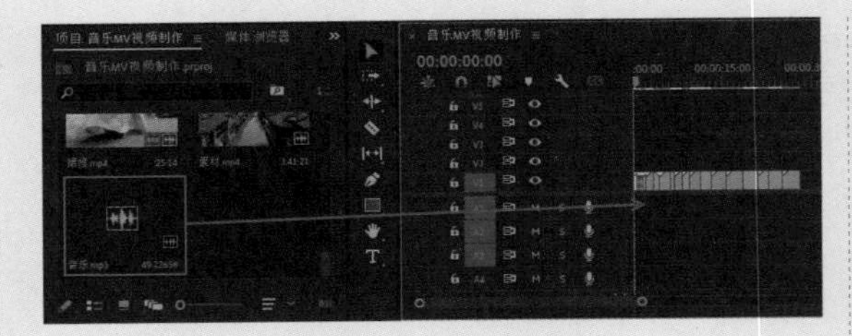

图11-4

**02** 为音频添加过渡效果。在“效果”面板中找到“音频过渡”→“交叉淡化”→“指数淡化”效果，将其拖至音频素材的结尾处，无须更改数值，添加效果后会自带淡出效果，添加过程如图11-5所示。

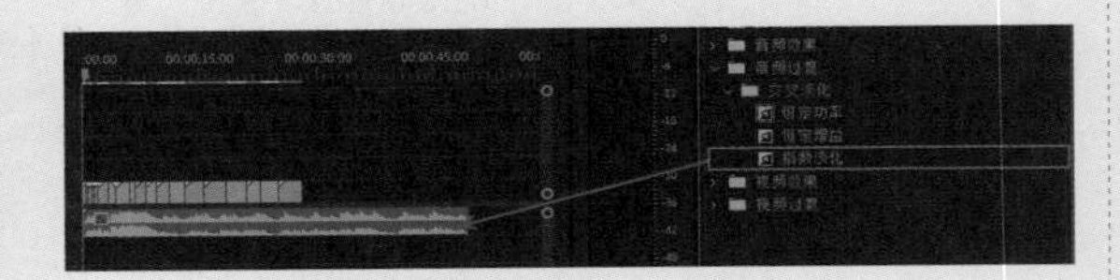

图11-5

## 11.3 制作标题与字幕

标题与字幕是音乐MV的重要组成部分，其中字幕的呈现形式是字幕制作的重点。

### 11.3.1 制作标题

**01** 制作标题文字。将时间指示器拖至00:00:02:04，选择“文字工具”T，在“节目”面板上单击并输入“故里逢春”文字，如图11-6所示。

图11-6

**02** 单击“选择工具”按钮▶，在“节目”面板中选中输入的文字，并修改文字参数如图11-7所示。

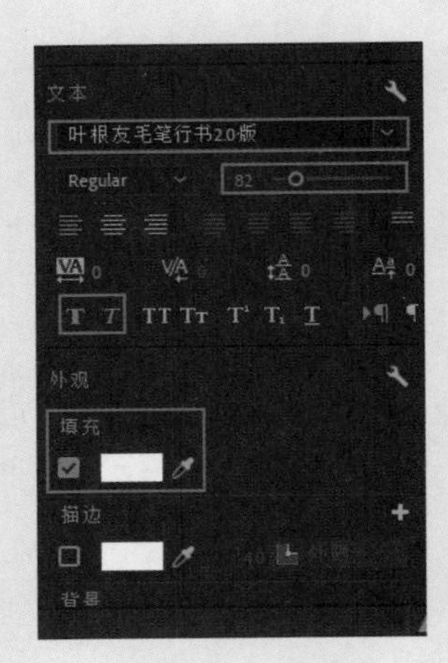


图11-7

**03** 返回到“时间轴”面板，调整“故里逢春”文字素材的持续时间，使素材结尾与“荷叶.mp4”素材的结尾对齐，如图11-8所示。

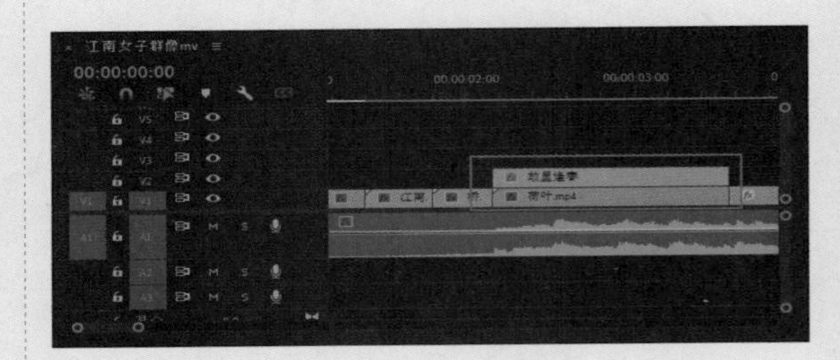


图11-8

**04** 制作“歌手”文字。按Alt键拖动“故里逢春”文字，复制到V3轨道中，如图11-9所示。再在“基本图形”面板中调整文字的位置和大小，然后在“节目”面板中双击文字素材，修改文字内容为歌手的名字，如图11-10所示。

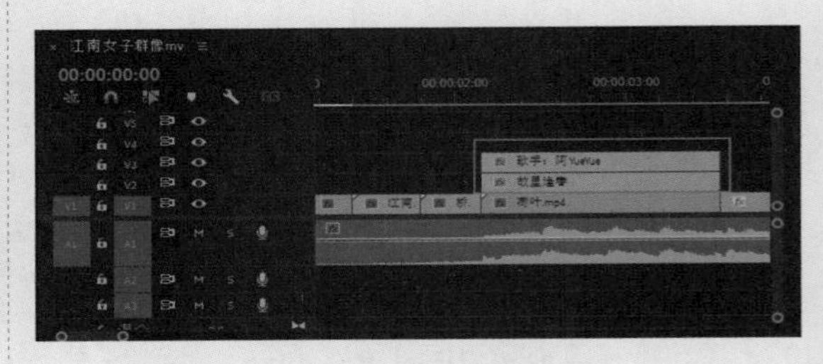


图11-9

图11-10

## 11.3.2 制作字幕与字幕动画

音乐MV中歌词较多，且每一句歌词都应与相应的画面匹配，具体的操作方法如下。

**01** 制作字幕。将时间指示器拖至00:00:04:18，选择"文字工具"T，在"节目"面板中单击并输入歌词"江南又梦烟雨"，调整文字素材的结尾与"上楼（1）.mp4"素材的结尾对齐，如图11-11所示。

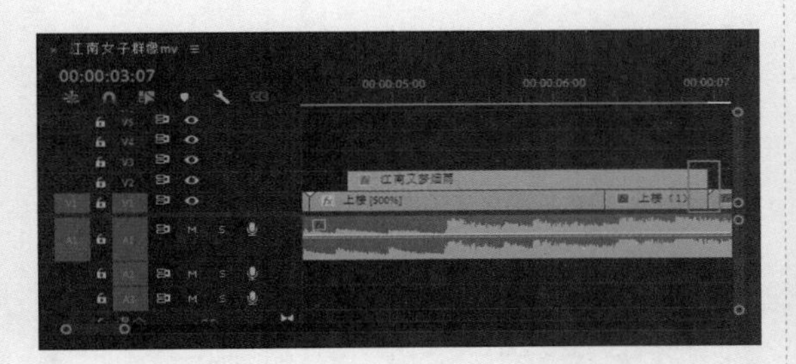

图11-11

**02** 选择"选择工具"▶，选中并修改文字的大小和位置，如图11-12所示。

图11-12

**03** 制作分离字幕。将时间指示器拖至00:00:06:24，选择"文字工具"T，在"节目"面板中单击并输入"长河流"文字，并调整文字素材的结尾，与"亭子.mp4"视频素材的结尾对齐。在00:00:07:22处创建"入故里"文字，如图11-13所示。

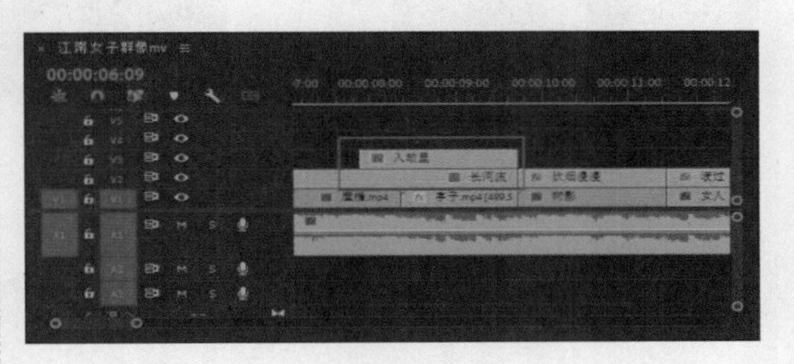

图11-13

**04** 制作分离字幕动画。将时间指示器移至00:00:07:11，选择"长河流"文字素材，在"效果控件"面板中，单击"视频"→"运动"→"位置"参数左侧的"切换动画"按钮，创建第一个关键帧，再将时间指示器移至00:00:06:24，将"位置"参数中的X轴值调整至-55.0，这样就制作出了一个从屏幕外移至屏幕内的动画，如图11-14所示。

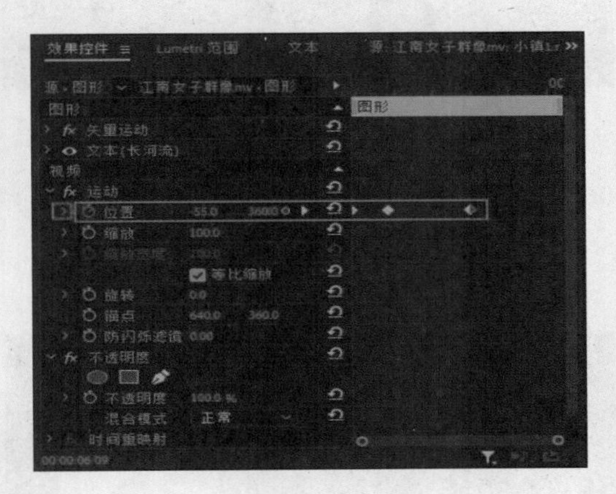

图11-14

**05** 右击关键帧，在弹出的快捷菜单中选择"临时插值"→"贝塞尔曲线"选项，如图11-15所示。单击"切换动画"按钮左边的按钮，展开"速率"选项组，调整速率曲线，如图11-16所示。

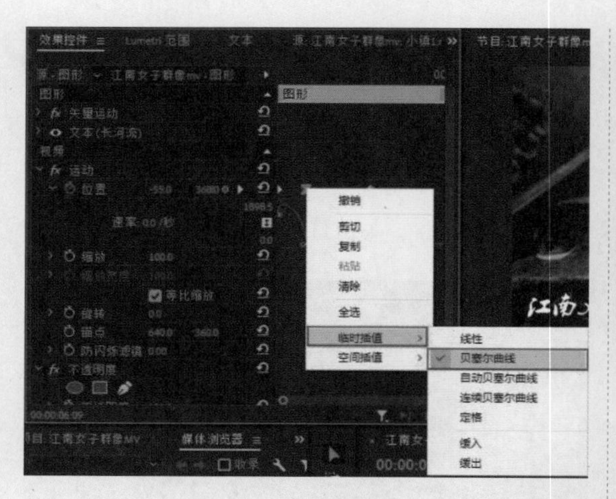


图11-15

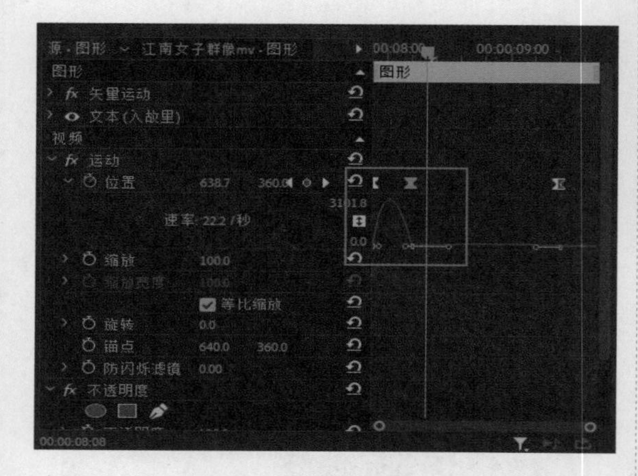


图11-16

**06** 采用同样的方法，为“入故里”文字添加同样的动画效果，平移的方向改为从右至左，如图11-17所示。

图11-17

图11-17（续）

**07** 将歌词文本中的“炊烟漫漫”“渡过百川”“千万里”三句歌词都按照标题字幕的参数进行调整，时长分布如图11-18所示。

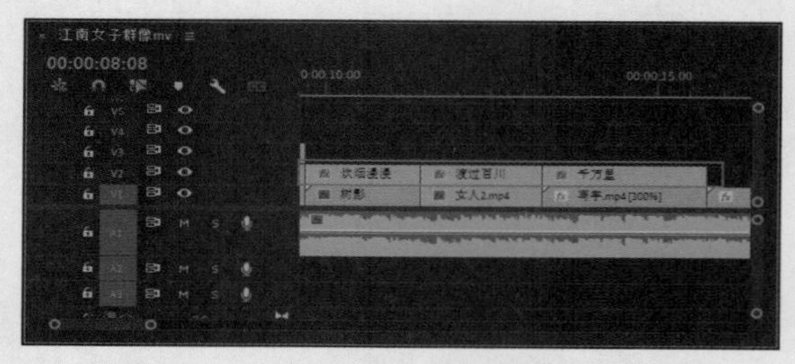

图11-18

图11-18（续）

**08** 制作变色字幕效果。将时间指示器移至00:00:15:19，选择“文字工具”T，在“节目”面板中单击并输入歌词“我听着笙笛曲”，调整文字素材结尾至00:00:18:14处，然后按住Alt键，将V2轨道中的“我听着笙笛曲”文字素材复制到V3轨道，如图11-19所示。

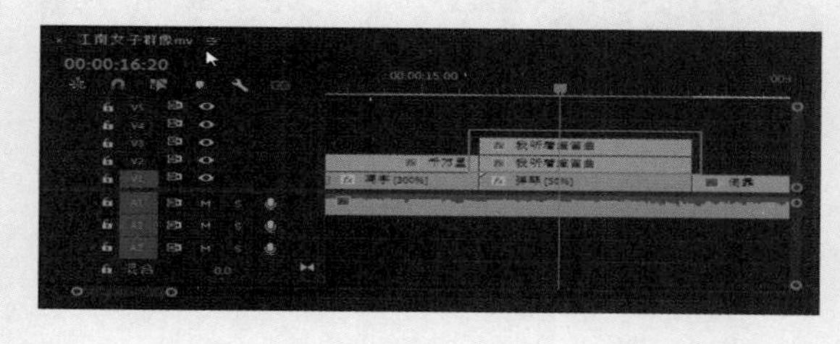

图11-19

**09** 设置V3轨道上的文字素材颜色为红色，如图11-20所示。

**10** 制作动画效果。将时间指示器调至00:00:17:01，选择V3轨道上的文字素材，在“效果控件”面板中找到“变换”→“不透明度”参数，单击其左侧的“切换动画”按钮，创建第一个关键帧，再将时间指示器调至00:00:16:20，设置“不透明度”值为0.0%，创建第二个关键帧，如图11-21所示，即可得到文字渐出的效果。

图11-20

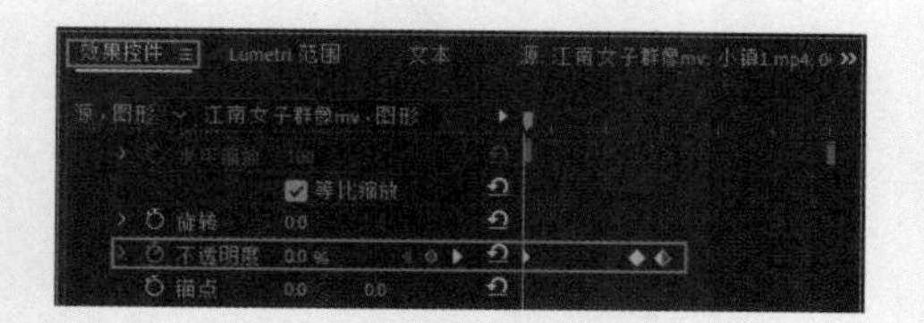


图11-21

**11** 将变色字幕调整得更有节奏感。选中V3轨道上“我听笙笛曲”文字素材，单击“效果控件”面板中“文本”选项的“创建椭圆形蒙版”按钮，为文字创建蒙版，在“节目”面板将蒙版拖至画面中央，拖动定位点使其仅包含“着笙”两个字，然后在“效果控件”面板的蒙版中找到“蒙版扩展”参数，在其左侧单击“切换动画”按钮，创建第一个关键帧。接着将时间指示器拖至00:00:17:10，将“蒙版扩展”值调整为77.0，再将时间指示器调整到00:00:17:23，将“蒙版扩展”值调整为166.0，如图11-22所示。

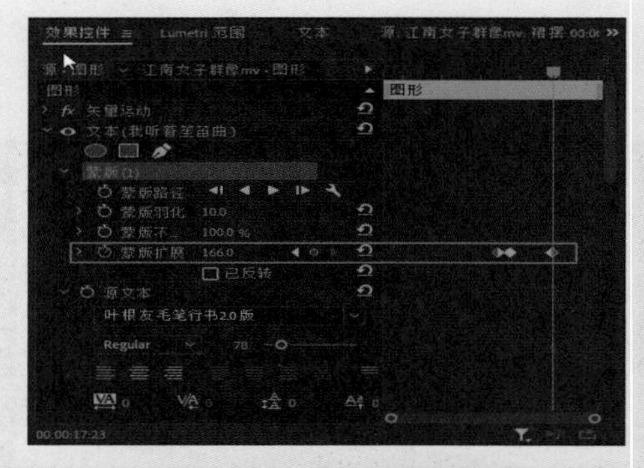

图11-22

**12** 按照台词顺序添加普通字幕。将“人间清欢可期”文字素材添加到00:00:18:14处，调整素材结尾使其结束于00:00:21:04。“流转着千年”文字则从00:00:22:23开始，到00:00:25:06结束，两个文字素材在“基本图形”面板中的设置与标题一致，如图11-23所示。

**13** 采用同样的方法，继续制作音乐MV的歌词字幕，这里就不逐一介绍了。

图11-23

图11-23（续）

## 11.4 添加效果

**01** 为视频添加效果。在“效果”面板中搜索“交叉溶解”效果，将该效果分别拖入V2轨道的“歌手：阿YueYue”和V3轨道的“故里逢春”文字素材的起始端，“女人.mp4”素材与“上楼.mp4”之间，以及“江南又梦烟雨”文字素材的起始端，如图11-24所示。

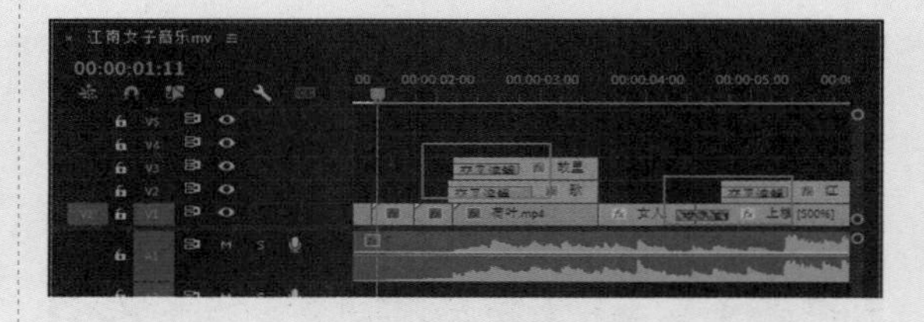

图11-24

**02** 将“交叉溶解”效果分别拖入V2轨道的“炊烟漫漫”和“千万里”文字素材起始端端，以及“亭子.mp4”与“树影.mp4”、“女人2.mp4”与“写字.mp4”素材之间，如图11-25所示。

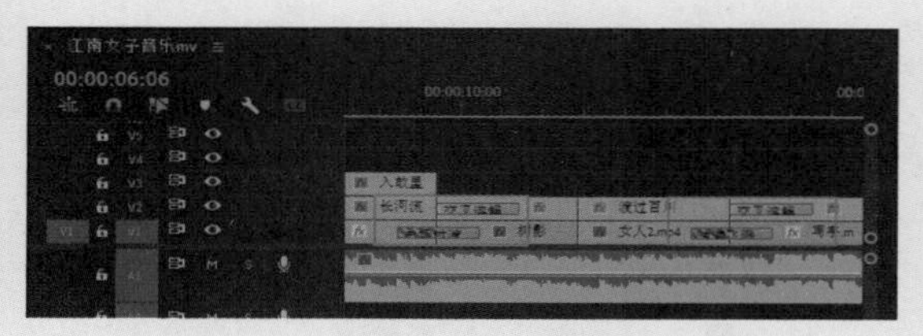

图11-25

**03** 将“交叉溶解”效果拖入V2轨道的“我听着笙笛曲”文字素材起始端，以及从00:00:25:06起始的V1到V3轨道上的三段素材结束端，如图11-26所示。

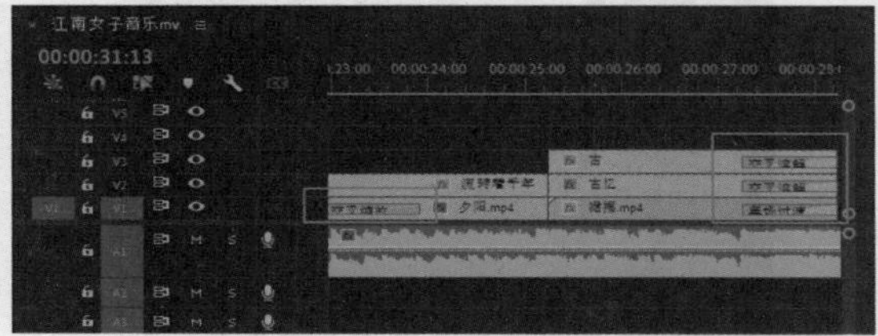

图11-26

## 11.5 制作片尾

本例的片尾效果比较简单，主要是将视频画面缩小，再将歌曲MV的制作人员名单滚动播放，制作影视剧片尾的效果，具体的操作方法如下。

**01** 制作片尾的小动画。执行“文件”→“导出”→“媒体”命令，或者按快捷键Ctrl+M，导入视频为“素材.mp4”，如图11-27所示。

图11-27

**02** 打开资源文件提供的“片尾”素材，选择“文字工具”T，进入“节目”面板，按快捷键Ctrl+V粘贴复制的文本内容。切换到“选择工具”选择文本内容。在“基本图形”面板中设置字体、行距和填充颜色等参数，并将文字摆至合适的位置。如图11-28所示。

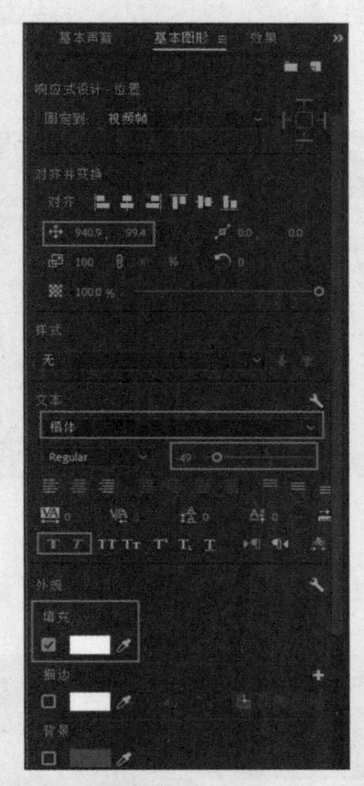

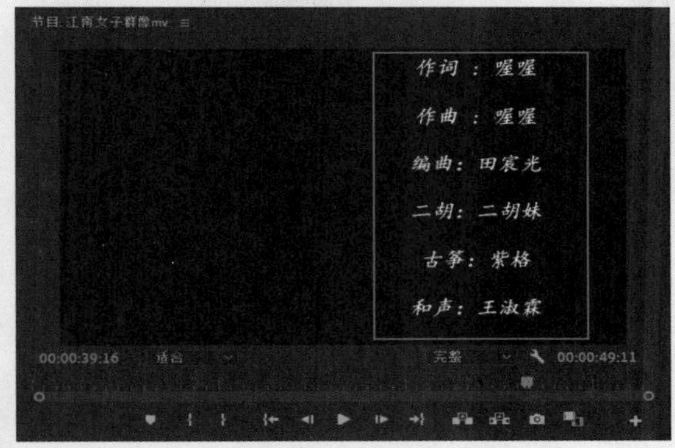


图11-28

**03** 导入之前导出的“素材.mp4”，将其拖入“时间轴”面板中的00:00:30:13处，拖动素材结尾端延长至视频结尾端，如图11-29所示。在“效果控件”面板中将“缩放”值调整为44.0，“位置”中的X轴值调整为338.0，Y轴值调整为360.0，如图11-30所示。

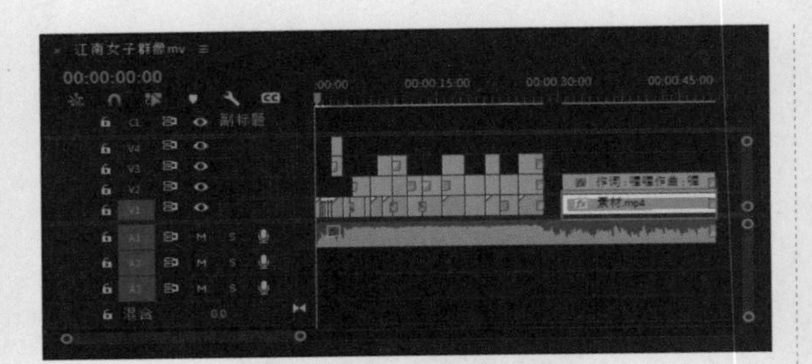

图11-29

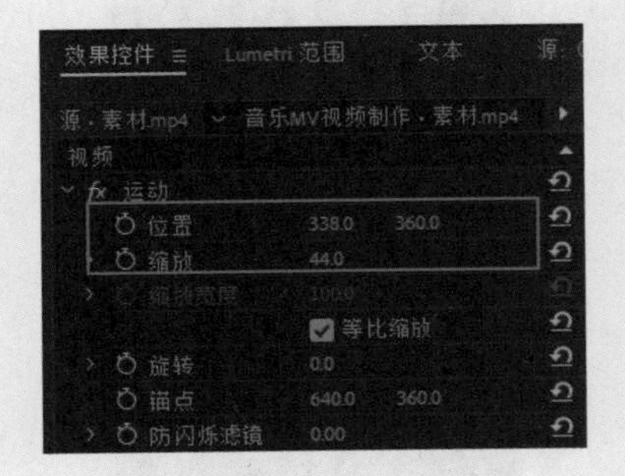


图11-30

视频片尾的预览效果如图 11-31 所示。

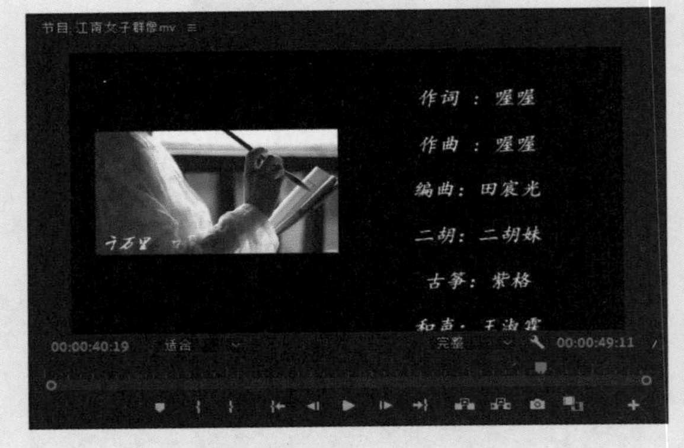


图11-31

## 11.6 输出视频

**01** 执行“文件”→“导出”→“媒体”命令，或者按快捷键Ctrl+M，找到“设置”面板，在“格式”下拉列表中选择H.264选项，展开“预设”下拉列表，选择“高品质1080p HD”选项，如图11-32所示。

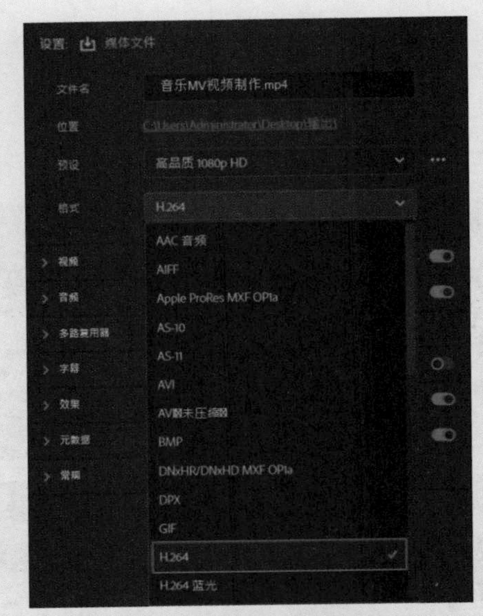


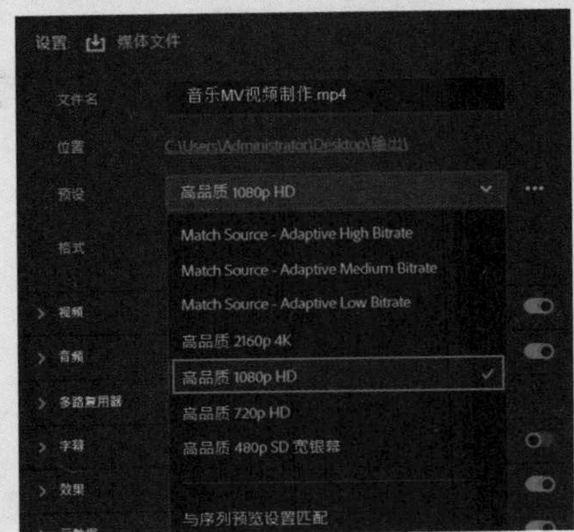


图11-32

**02** 单击“输出名称”右侧的文字，在弹出的“另存为”对话框中，为输出文件设定“文件名”及“保存类型”，如图11-33所示，完成后单击“保存”按钮。

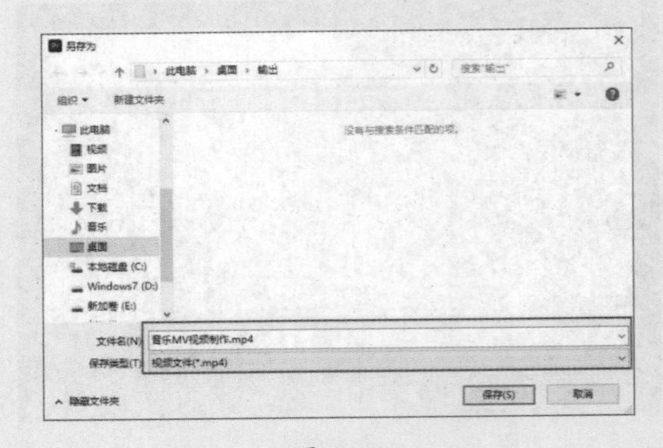

图11-33

**03** 在“设置”面板中，还可以进行更详细的设置，设置完成后单击面板右下角的“导出”按钮，影片开始导出，如图11-34所示。

图11-34

**04** 导出完成后可以在设定的存储路径中找到输出的MP4格式视频文件，并预览最终效果，如图11-35所示。

图11-35